黑河流域生态-水文过程集成研究

黑河生态水文遥感试验

李新　刘绍民　柳钦火　肖青　马明国　晋锐

车涛　郭建文　冉有华　王维真　祁元　著

科学出版社

北京

内 容 简 介

　　大型观测试验是理解水文、生态等陆面过程，发展定量模型，推进遥感科学的前提。"黑河生态水文遥感试验"是2012～2017年在我国第二大内陆河流域——黑河流域开展的一次卫星和航空遥感及地面观测互相配合的多尺度综合观测试验。本书全面介绍"黑河生态水文遥感试验"的背景与设计方案、航空遥感、生态水文气象等观测系统的设置、非均匀下垫面地表蒸散发的多尺度观测等试验的实施情况，以及在流域尺度生态水文遥感产品、遥感产品真实性检验、生态水文应用等方面的研究进展，并探讨实验遥感今后发展的方向。

　　本书可供遥感及其相关的水文、生态、气象等方面的科研和技术人员，以及大专院校师生使用与参考。

图书在版编目（CIP）数据

黑河生态水文遥感试验/李新等著. —北京：科学出版社，2022.1

（黑河流域生态-水文过程集成研究）

ISBN 978-7-03-069343-3

Ⅰ. ①黑… Ⅱ. ①李… Ⅲ. ①遥感技术–应用–黑河–水文观测 Ⅳ. ①P344.231-39

中国版本图书馆 CIP 数据核字（2021）第 138380 号

责任编辑：杨帅英 张力群/责任校对：何艳萍
责任印制：吴兆东/封面设计：黄华斌

科 学 出 版 社 出版
北京东黄城根北街 16 号
邮政编码：100717
http://www.sciencep.com
北京建宏印刷有限公司 印刷
科学出版社发行 各地新华书店经销
*
2022年1月第 一 版 开本：787×1092 1/16
2022年6月第二次印刷 印张：24 3/4
字数：585 000

定价：280.00 元
（如有印装质量问题，我社负责调换）

"黑河流域生态-水文过程集成研究"编委会

《黑河生态水文遥感试验》作者名单

全书主要作者

李　新，中国科学院青藏高原研究所，中国，北京

刘绍民，北京师范大学，中国，北京

柳钦火，中国科学院空天信息创新研究院，中国，北京

肖　青，中国科学院空天信息创新研究院，中国，北京

马明国，西南大学，中国，重庆

晋　锐，中国科学院西北生态环境资源研究院，中国，兰州

车　涛，中国科学院西北生态环境资源研究院，中国，兰州

郭建文，中国科学院西北生态环境资源研究院，中国，兰州

冉有华，中国科学院西北生态环境资源研究院，中国，兰州

王维真，中国科学院西北生态环境资源研究院，中国，兰州

祁　元，中国科学院西北生态环境资源研究院，中国，兰州

各章节共同作者（按姓氏汉语拼音排序）

柴琳娜，北京师范大学，中国，北京

常海龙，中国科学院西北生态环境资源研究院，中国，兰州

付东杰，北京师范大学，中国，北京

盖迎春，中国科学院西北生态环境资源研究院，中国，兰州

葛　咏，中国科学院地理科学与资源研究所，中国，北京

耿丽英，中国科学院西北生态环境资源研究院，中国，兰州

韩辉邦，青海省气象灾害防御技术中心，中国，西宁

郝晓华，中国科学院西北生态环境资源研究院，中国，兰州

胡龙飞，中国科学院空天信息创新研究院，中国，北京

胡晓利，中国科学院西北生态环境资源研究院，中国，兰州

亢　健，中国科学院西北生态环境资源研究院，中国，兰州

李　静，中国科学院空天信息创新研究院，中国，北京

李　丽，中国科学院空天信息创新研究院，中国，北京

李弘毅，中国科学院西北生态环境资源研究院，中国，兰州

刘　丰，中国科学院西北生态环境资源研究院，中国，兰州

刘　睿，上海师范大学，中国，上海

刘向锋，同济大学，中国，上海

马春锋，中国科学院西北生态环境资源研究院，中国，兰州

马燕飞，河北师范大学，中国，石家庄

穆西晗，北京师范大学，中国，北京

潘小多，中国科学院青藏高原研究所，中国，北京

尚庆生，兰州财经大学，中国，兰州

宋立生，北京师范大学，中国，北京

王海波，中国科学院西北生态环境资源研究院，中国，兰州

王旭峰，中国科学院西北生态环境资源研究院，中国，兰州

王雪梅，西南大学，中国，重庆

闻建光，中国科学院空天信息创新研究院，中国，北京

吴阿丹，中国科学院西北生态环境资源研究院，中国，兰州

吴桂平，中国科学院南京地理与湖泊研究所，中国，南京

吴善龙，中国科学院空天信息创新研究院，中国，北京

谢东辉，北京师范大学，中国，北京

徐菲楠，中国科学院西北生态环境资源研究院，中国，兰州

徐自为，北京师范大学，中国，北京

杨爱霞，中国科学院空天信息创新研究院，中国，北京

于文凭，西南大学，中国，重庆

张　凌，中国科学院西北生态环境资源研究院，中国，兰州

张　苗，陕西师范大学，中国，西安

赵　静，中国科学院空天信息创新研究院，中国，北京

仲　波，中国科学院空天信息创新研究院，中国，北京

周彦昭，中国科学院青藏高原研究所，中国，北京

技术支持

冉有华，中国科学院西北生态环境资源研究院，中国，兰州

总　　序

20 世纪后半叶以来，陆地表层系统研究成为地球系统中重要的研究领域。流域是自然界的基本单元，又具有陆地表层系统所有的复杂性，是适合开展陆地表层地球系统科学实践的绝佳单元，流域科学是流域尺度上的地球系统科学。流域内，水是主线。水资源短缺所引发的生产、生活和生态等问题引起国际社会的高度重视。与此同时，以流域为研究对象的流域科学也日益受到关注，研究的重点逐渐转向以流域为单元的生态-水文过程集成研究。

我国的内陆河流域占全国陆地面积 1/3，集中分布在西北干旱区。水资源短缺、生态环境恶化问题日益严峻，引起政府和学术界的极大关注。十几年来，国家先后投入巨资进行生态环境治理，缓解经济社会发展的水资源需求与生态环境保护间日益激化的矛盾。水资源是联系经济发展和生态环境建设的纽带，理解水资源问题是解决水与生态之间矛盾的核心。面对区域发展对科学的需求和学科自身发展的需要，开展内陆河流域生态-水文过程集成研究，旨在从水-生态-经济的角度为管好水、用好水提供科学依据。

国家自然科学基金重大研究计划，是集成不同学科背景、不同学术思想和不同层次的项目，形成具有统一目标的项目群，给予相对长期的资助；重大研究计划坚持在顶层设计下自由申请，针对核心科学问题，以提高我国基础研究在具有重要科学意义的研究方向上的自主创新、源头创新能力。流域生态-水文过程集成研究面临认识复杂系统、实现尺度转换和模拟人-自然系统协同演进等困难，这些困难的核心是方法论的困难。为了解决这些困难，更好地理解和预测流域复杂系统的行为，同时服务于流域可持续发展，国家自然科学基金 2010 年度重大研究计划"黑河流域生态-水文过程集成研究"（以下简称黑河计划）启动，执行期为 2011～2018 年。

该重大研究计划以我国黑河流域为典型研究区，从系统论思维角度出发，探讨我国干旱区内陆河流域生态-水-经济的相互联系。通过黑河计划集成研究，建立我国内陆河流域科学观测-试验、数据-模拟研究平台，认识内陆河流域生态系统与水文系统相互作用的过程和机理，提高内陆河流域水-生态-经济系统演变的综合分析与预测预报能力，为国家内陆河流域水安全、生态安全以及经济的可持续发展提供基础理论和科技支撑，形成干旱区内陆河流域研究的方法、技术体系，使我国流域生态水文研究进入国际先进行列。

为实现上述科学目标，黑河计划集中多学科的队伍和研究手段，建立了联结观测、试验、模拟、情景分析以及决策支持等科学研究各个环节的"以水为中心的过程模拟集成研究平台"。该平台以流域为单元，以生态-水文过程的分布式模拟为核心，重视生态、大气、水文及人文等过程特征尺度的数据转换和同化以及不确定性问题的处理。按模型驱动数据集、参数数据集及验证数据集建设的要求，布设野外地面观测和遥感观测，开展典型流域的地空同步实验。依托该平台，围绕以下四个方面的核心科学问题开展交叉研究：①干旱环境下植物水分利用效率及其对水分胁迫的适应机制；②地表-地下水相互作用机理及其生态水文效应；③不同尺度生态-水文过程机理与尺度转换方法；④气候变化和人类活动影响下流域生态-水文过程的响应机制。

黑河计划强化顶层设计，突出集成特点；在充分发挥指导专家组作用的基础上特邀项目跟踪专家，实施过程管理；建立数据平台，推动数据共享；对有创新苗头的项目和关键项目给予延续资助，培养新的生长点；重视学术交流，开展"国际集成"。完成的项目涵盖了地球科学的地理学、地质学、地球化学、大气科学以及生命科学的植物学、生态学、微生物学、分子生物学等学科与研究领域，充分体现了重大研究计划多学科、交叉与融合的协同攻关特色。

经过连续八年的攻关，黑河计划在生态水文观测科学数据、流域生态-水文过程耦合机理、地表水-地下水耦合模型、植物对水分胁迫的适应机制、绿洲系统的水资源利用效率、荒漠植被的生态需水及气候变化和人类活动对水资源演变的影响机制等方面，都取得了突破性的进展，正在搭起整体和还原方法之间的桥梁，构建起一个兼顾硬集成和软集成，既考虑自然系统又考虑人文系统，并在实践上可操作的研究方法体系，同时产出了一批国际瞩目的研究成果，在国际同行中产生了较大的影响。

本系列丛书就是在这些成果的基础上，进一步集成、凝练、提升形成的。

作为地学领域中第一个内陆河方面的国家自然科学基金重大研究计划，黑河计划不仅培育了一支致力于中国内陆河流域环境和生态科学研究队伍，取得了丰硕的科研成果，也探索出了与这一新型科研组织形式相适应的管理模式。这要感谢黑河计划各项目组、科学指导与评估专家组及为此付出辛勤劳动的管理团队。在此，谨向他们表示诚挚的谢意！

中国科学院院士

2018 年 9 月

序　言

黑河流域是我国第二大内陆河流域，总面积约14.3万平方千米，其寒区和干旱区自然景观的多元性和复杂的水资源问题代表了我国西北甚至中亚内陆河流域的典型特征，使其成为陆地表层系统科学集成研究的试验基地。

正如没有地球观测系统就不会有地球系统科学一样，开展综合观测试验，建立流域观测系统，是开展流域集成研究的重要前提之一，是流域3M[观测（monitoring）、数据处理与分析（manipulating）、模型（modeling）]一体化平台的重要组成部分，已经成为国际趋势。

黑河流域生态-水文过程综合遥感观测联合试验（简称黑河生态水文遥感试验，英文简称HiWATER）是我国继腾冲遥感试验之后最大规模的一次遥感试验，也是继1992年结束的"黑河地区地气相互作用野外观测实验研究"（HEIFE）以来，在黑河流域开展的又一次更大规模和更加综合的流域科学试验。试验建立了多要素-多过程-多尺度-网络-立体-精细化的黑河流域陆表过程综合观测网，实现了对以水为纽带的"冰川/冻土/积雪-森林-草原-绿洲-荒漠-河流-湖泊"流域复杂系统的综合观测，显著提升了流域生态水文综合观测能力，被国际同行评价为"世界级的观测""中国内容最丰富的水文遥感试验"。研发了分辨率和精度都远高于同类产品的黑河流域生态水文遥感产品，在提升流域生态水文模拟能力和精度中发挥了关键支撑作用。试验数据全部共享，为大量科研项目和科研人员提供数据服务，开创了国内地学数据共享的新模式。总之，"黑河生态水文遥感试验"在流域综合观测、尺度转换、遥感产品生产与真实性检验、模型-观测融合及生态水文应用方面形成了系统解决方案，其建立的观测平台和综合数据集为发展和验证黑河流域生态-水文-经济集成模型发挥了关键作用，增强了对流域尺度关键生态水文过程的认识与理解，在国内外产生了重要学术影响，提升了黑河集成研究的国际影响力。

非常高兴地看到由李新研究员等领衔的黑河遥感试验团队撰写的《黑河生态水文遥感试验》一书的出版，该书全面介绍了"黑河生态水文遥感试验"的设计、观测系统、主要研究进展，并总结了实验遥感的未来努力方向。借本书出版之际，对他们表示祝贺。

相信本书的出版对于读者全面了解"黑河生态水文遥感试验"，推动遥感科学与陆地表层系统科学的深度结合具有重要意义。

中国科学院院士

2021年7月20日

自　序

　　黑河遥感试验从 2007 年启动到 2017 年结束，前后历时 10 年，由两次大规模试验组成，600 多位试验人员参与其中。本书介绍的是第二次试验，即"黑河生态水文遥感试验"。

　　回顾自 2006 年起密集调研中国科学院空间中心、中国科学院上海技术物理研究所等单位，商讨机载遥感传感器方案，2008 年 3 月航空遥感试验首飞，两次试验 40 多个架次的航空遥感试验，见证了我国遥感传感器的日新月异，也见证了高光谱、激光雷达、多角度热红外、微波传感器在流域生态水文集成研究中的成功应用。

　　期间遥感地面同步观测技术也从人工为主，转而在 2012 年成功实现通量矩阵和生态水文传感器网络观测，为多尺度观测开辟了一条新路，试验数据也成为尺度问题研究中的一套基准数据，观测方式也被广为借鉴。

　　黑河遥感试验始终与流域科学和生态水文集成研究相伴相随。特别是第二次试验，是在国家自然科学基金委"黑河流域生态-水文过程集成研究"的框架下开展，地理、水文、生态、大气、遥感学者同堂论道、共同观测和分析数据，学科交叉带来显著增量，推进了生态水文遥感应用的广度和深度。

　　十年野外工作，住行在从祁连山到河西走廊再到大漠戈壁的无限风光中。常见雨后彩虹，也会偶遇暴雪、沙尘。晨曦，穿行在祁连山谷地中，太阳从河水的波光里一跃而起；午夜，越野车从山顶到林线再到县城，明月和车迹一路相伴。山谷中采样，从金露梅灌丛下行到开满鲜花的草坡；林中建站，看通量塔从云杉间升起到天际。野外驻站，有清澈的"相看两不厌，唯有敬亭山"；也有三五好友，共数满天繁星……

　　十年忠于一事，略有所成，全赖于师长支持，同事用力，多方帮助。感激之情，无以言表。

　　试验是在黑河集成研究的领导者——程国栋院士的精心指导下开展的。程老师在黑河流域集成研究工作开始时，就提出"十年铸一剑"的方针，2012 年在黑河遥感站题写"脚踏实地、眼望星空"勉励参试人员，程老师强调的"工匠精神"是试验数据质量的保证。

　　每到祁连山大野口，就会回忆起李小文院士在山前小路上带领联合考察队伍攀行向上的情景。李老师对黑河试验倾注深情。唯愿李老师叮嘱的尺度问题和真实性检验发扬光大，而黑河试验的多尺度数据能够对遥感基础性问题做出更大贡献。

试验科学指导委员会、国际顾问小组、"黑河计划"专家组，及国家自然科学基金委员会和中国科学院科技促进发展局，对试验设计、实施、数据处理、科学应用都提出过宝贵建议。试验的圆满完成也离不开当地政府、群众和专业机构的热情支持。我们在此表示衷心的感谢！

十年试验中，670 多位科研人员、研究生和工程技术人员团结一心，共同身体力行了黑河试验"服务、协同、共享、卓越"的方针。与大家的亲密合作，是我人生的荣耀。

今天，黑河流域已经成为国际上屡屡论及的重要试验流域。愿黑河流光溢彩，愿试验发扬光大，这是众多试验参加者所寄愿！

李　新

2022 年新春

前　言

　　大型观测试验是理解水文、生态等陆面过程，发展定量模型的前提。随着陆地表层系统科学研究的深入，突破 "水-土-气-生-人" 各个要素的集成方法需要寻找一个具有一定边界、相对可控的基本单元。这种需求使传统的陆地表层系统研究向以流域为基本单元的精细研究过渡，催生出一门新的科学——流域科学。正如没有地球观测系统就不会有地球系统科学，发展流域观测系统、开展综合观测试验，也是发展流域科学的重要前提之一。

　　黑河流域是我国第二大内陆河流域，从流域的上游到下游，以水为纽带形成了"冰雪／冻土—森林—草原—河流—湖泊—绿洲—沙漠—戈壁"的多元自然景观，山区冰冻圈和极端干旱的河流尾闾地区形成了鲜明对比。黑河流域开发历史悠久，人类活动显著地影响了流域的水文环境，自然和人文过程交汇在一起，其水资源如何合理利用代表了我国西部乃至全球内陆河流域可持续发展所共同面临的问题，使黑河流域成为开展流域综合研究的一个十分理想的试验流域。黑河遥感试验是在黑河流域已有研究基础上，围绕国家自然科学基金"黑河流域生态-水文过程集成研究"重大研究计划的核心科学目标，于 2007～2017 年开展了大型卫星-航空-地面综合遥感试验。分为黑河综合遥感联合试验（2007～2010 年；WATER）和黑河生态水文遥感试验（2012～2017 年）两个阶段。其总体目标是：建立世界领先的流域观测系统；发展流域尺度高分辨率遥感产品，突破遥感尺度转换瓶颈；为实现卫星遥感对流域的动态监测提供方法和范例。

　　黑河遥感试验先后由 52 家单位、670 多位科研人员参与，在寒区水文、人工绿洲生态水文、天然绿洲生态水文三个重点试验区的 283 个观测点上，针对 60 多个生态水文参量，开展了卫星-航空-地面综合试验，650 多个试验数据集全部共享。试验首次采用了通量观测矩阵、生态水文传感器网络、全波段航空遥感等手段，在试验基础上建立了国际知名的流域观测系统。在定量遥感的基础研究方面，显著推进了尺度转换、遥感产品真实性检验研究；在遥感应用方面，发展了高分辨率流域尺度遥感产品和高分辨率遥感数据同化系统，改进了多种冰冻圈和水文参量的遥感方法；在支撑寒区生态水文和干旱区生态水文研究方面，实现了遥感在流域水循环、绿洲-荒漠相互作用、流域水资源管理中的深度应用。

　　本书是黑河遥感试验第二阶段——黑河生态水文遥感试验的系统总结。全书重点介绍黑河生态水文遥感试验设计思路、观测系统设置及相关研究进展，总结了实验遥感进一步努力的方向。全书共分 13 章，第 1 章和第 2 章分别介绍试验背景和总体设计，由李新撰写；第 3 章介绍航空遥感试验，由肖青、闻建光、车涛撰写；第 4 章介绍水文气象观测网，由刘绍民、徐自为撰写；第 5 章介绍生态水文传感器网络，由晋锐、亢健撰写；第 6 章介绍地面同步观测试验，由马明国、王旭峰、耿丽英、于文凭、王海波、盖迎春、李弘毅、张苗、韩辉邦、柴琳娜、穆西晗、谢东辉、吴桂平、刘向锋、付东杰撰写；第

7 章介绍非均匀下垫面地表蒸散发的多尺度观测试验，由刘绍民、徐自为撰写；第 8 章介绍流域尺度生态水文遥感产品，由柳钦火、仲波、李静、赵静、李丽、李新、晋锐、潘小多、郝晓华、宋立生、马燕飞、杨爱霞、吴善龙、胡龙飞、马春锋、亢健撰写；第 9 章介绍遥感产品真实性检验，由晋锐、李新、葛咏、刘丰、冉有华撰写；第 10 章介绍针对流域上中下游关键生态水文问题的遥感应用试验，由车涛、王维真、祁元、李弘毅、徐菲楠撰写；第 11 章介绍生态水文应用的研究进展，由李新、刘绍民、周彦昭、徐自为、刘睿、王海波、张凌撰写；第 12 章介绍试验信息系统，由郭建文、吴阿丹、刘丰、尚庆生、常海龙撰写；第 13 章总结试验的主要成果、存在的问题并展望未来发展方向，由李新、冉有华撰写。附录 A 由冉有华、李新、胡晓利、王雪梅撰写。全书由李新统稿，由冉有华担任技术编辑，负责校稿及全书的出版事宜。

由于我们经验不足、学识有限，本书难免有不足或疏漏之处，敬请读者批评指正。

作　者

2020 年 11 月

目　录

第1章 黑河生态水文遥感试验的背景

李 新

大型观测试验是理解水文、生态等陆地表层系统过程，发展水文、生态等模型的前提。流域是自然界的基本单元，流域科学（watershed science）是地球系统科学在流域尺度上的实践。正如没有地球观测系统就不会有地球系统科学，发展流域观测系统，开展综合观测试验，也是发展流域科学的重要前提之一。本章回顾了开展黑河生态水文遥感试验的背景，包括遥感试验在地球系统科学中的重要角色，以及流域集成研究对综合遥感观测试验的需求；介绍了黑河流域作为一个试验流域，过去几十年来在观测系统建设和综合试验方面的积累；回顾了黑河遥感试验的历程，以及与国家自然科学基金委"黑河流域生态-水文过程集成研究"重大研究计划的关系。

1.1 遥感试验与地球系统科学

随着全球观测手段的出现和日趋成熟，以能量循环、水循环和生物化学循环为研究对象的表层地球系统科学已逐渐发展成为实验特征明显的科学。遥感对地观测系统的建立和应用，大大提高了表层地球系统科学研究的效率，各种物质和能量定量测试的新技术，也为这一学科的发展带来了新的契机（郑度，2001）。科学工作者第一次可以从宏观到微观，从全球到区域，利用前所未有的先进手段观察地球表面的各种过程，并通过可重复的实验深入理解过程，进而发展定量描述这些过程的计算机模型。表层地球系统科学已成为实验科学！在表层地球系统科学从经验科学走向实验科学的进程中，一系列针对地表过程的大型观测试验扮演了重要的角色（Sellers et al., 1995, 1988），正是这些观测试验对地理学、水文学、生态学、大气科学和整个地球系统科学的快速发展起到了举足轻重的作用，许多试验甚至成为一个阶段科学认识和研究方法进步的里程碑。

大型观测试验是理解水文、生态等陆面过程，发展定量模型的前提。据不完全统计，在世界气候研究计划（WCRP）和国际地圈-生物圈计划（IGBP）的协调组织下，各类陆面过程试验已经超过 50 个。从 1980 年代开始实施的第一批陆面过程试验中，就把遥感作为主要的观测手段之一，例如，第一次国际卫星陆面过程气候计划野外试验（FIFE）是由美国国家航空航天局（NASA）主导的影响深远的一次重大陆面过程试验。FIFE 以陆气相互作用为科学目标，强调：①同步获取卫星、大气和地表观测数据；②多尺度的生物物理参数和过程观测；③集成分析和公共数据信息平台。在 3 年试验期内，FIFE 动用了 8 架飞机和大量地面观测设备，提供了可供科学家在各个尺度上发展模型和卫星遥感反演算法并开展尺度推绎研究的完整数据集，它至今仍产生着重要的影响，为各类试验提供了成功的范例（Sellers et al., 1988）。

北方生态系统-大气研究（BOREAS）是继 FIFE 之后另一次更大尺度的、以陆气相互作用为科学目标的科学试验。BOREAS 特别强调一个嵌套的多尺度观测，因而建立了不同尺度上的观测系统，地面以涡动相关仪测量为主要观测手段，辅之以大量的生物物理、水文和生物化学观测。在遥感试验方面，BOREAS 共成立了 18 个科学小组，动用 11 架飞机，飞行 350 架次，获得了不同分辨率的大量光学和微波观测资料[1]（Sellers et al., 1995）。其科学成果为发展和验证各种能量、水分和生物化学循环模型做出了重要贡献。

1993 年，全球能量与水循环试验（GEWEX）开始实施，其宗旨是观测、理解和模拟大气内部、陆地表面土壤-水文-生态和上层海洋的水文循环和能量通量，并最终预测全球和区域气候变化及生态环境变化。GEWEX 成立了世界各大区的相应子计划，如在干旱区开展的典型试验：撒哈拉沙漠南缘地区萨赫勒水文大气引导试验（HAPEX Sahel）。在 4 年试验期和 1992 年 8 个星期的加强观测期中，来自 7 个国家的 170 位科学家在西非荒漠草原上开展了水文、地表通量、植被、大气、遥感等方面的密集观测。其中，遥感观测动用 4 架飞机，获取了多角度的可见光、近红外和热红外资料，以及 5 个频率的双极化微波辐射计资料（Goutorbe et al., 1994），并系统收集了 9 种卫星遥感传感器的资料。HAPEX 试验对于理解干旱区的陆面过程、陆气相互作用以及萨赫勒地区的极端气候变化都做出了重要贡献。亚马孙流域大尺度生物圈-大气圈试验（LBA）是在 GEWEX 协调下由巴西发起的国际研究计划，旨在通过试验揭示亚马孙流域气候、生态、生物地球化学和水文等因子的特性、土地利用变化对上述要素的影响以及亚马孙流域与地球系统的相互作用，其研究内容分气候、碳循环、生物地球化学、大气化学、水文、土地覆盖和利用等专题，试验项目包括风场和云的探测、痕量气体、气溶胶、温室气体等的监测及地气之间物质和能量交换等（Avissar and Nobre, 2002）。GEWEX 亚洲季风试验（GAME）分别在青藏高原、淮河流域、西伯利亚和东南亚热带地区开展研究[2]，其中，我国科学家在 GAME 青藏高原试验中发挥了重要作用（王介民，2000），试验中的观测按高原尺度和重点试验区尺度分别展开，运用大量的通量观测设备、自动气象站、土壤温湿度廓线观测、地面双偏振多普勒雷达、激光雷达、边界层探空、卫星遥感等手段，取得了以往高原观测从未有过的大量极其珍贵的资料，将青藏高原陆面过程研究大大推动了一步。

寒区试验以寒区陆面过程试验（CLPX）为代表，其目标是提高对陆地冰冻圈的水文、气象和生态过程的理解。在遥感方面，CLPX 的特点是使用了大量机载主动和被动微波传感器，包括合成孔径雷达（SAR）、波段极化扫描辐射计（PSR）、GPS（全球定位系统）双基雷达、极化 Ku 波段散射计，同时也使用了新型的可见光/红外光谱仪、激光雷达、伽马射线等传感器，并配合多种卫星数据、地面遥感传感器以及同步的地面常规观测，构成了一套适用于寒区陆面过程模拟的综合数据集（Cline et al., 1999）。

在国际上陆面过程试验大潮和全球观测的推动下，国内自 1980 年代末期以来也开展了有关陆面过程实验，如国家自然科学基金和中国科学院重大项目"黑河地区地气相互作用野外观测实验研究"（HEIFE）和国家自然科学基金重大项目"内蒙古半干旱草原土

---

① BOREAS Science Steering Committee. 1996. BOREAS Experiment Plan.

② GAME International Science Panel. 1998. GEWEX Asian Monsoon Experiment(GAME)Implementation Plan.

壤－植被－大气相互作用"（IMGRASS）等陆面试验（胡隐樵等，1994；吕达仁等，1997）。HEIFE 的一个重要成果是发现了临近绿洲沙漠中的逆湿现象，并进一步证实了绿洲中的逆位温现象，从而准确地阐述了绿洲与沙漠相互作用的机理。IMGRASS 的特点是强调生态方面的观测以及人类活动对草原生态的影响。这两次试验均产生了重要的国际影响，但限于当时的条件，观测项目与国际上的同类试验相比较少，也均未涉及航空遥感，所使用的卫星遥感资料的类型和数量也不多，但在利用可见光/近红外和热红外资料估算异质性地表的能量平衡方面取得了重要的进展（Wang et al., 1995）。

在航空遥感试验方面，我国在 20 世纪 80 年代、90 年代先后组织了腾冲航空遥感试验（资源遥感）、津渤环境遥感试验（环境遥感）和雅砻江二滩水力开发航空遥感试验（能源遥感）。进入 21 世纪，我国又陆续组织了几次大型的综合遥感试验，其中航空-卫星-地面结合的代表性定量遥感试验有 2001 年 3～5 月在 973 计划 "地球表面时空多变要素的定量遥感理论及应用"支持下的顺义遥感综合试验，以及 2005 年 4～5 月在 863 计划信息获取技术领域支持下的山东济宁遥感综合试验。顺义遥感综合试验围绕农田生态系统中的 7 个主要时空多变要素（地表反照率、地表温度、叶面积指数、叶绿素含量、土壤水分含量、地表蒸发与植被蒸腾等）的遥感定量反演研究这一中心，获取以冬小麦为主的典型地物的多光谱、多角度、多时相、多比例尺的遥感数据（地面、航空和卫星）以及地表通量、农田基本参数、光合有效辐射、气象与大气观测数据。其中，航空遥感试验获取了我国自行研制的机载多角度多光谱成像仪系统（AMTIS）数据和实用型模块化成像光谱仪（OMIS）数据。山东济宁遥感综合试验针对农业、林业、环境、土地利用、城市规划等专业领域，开展了全方位的、立体的综合遥感科学与应用试验。在航空遥感方面，使用了电荷耦合器件（CCD）高分辨率数字相机、PHI 成像光谱仪和激光雷达，对面积为 8000 余平方千米的试验区进行了观测；在地面测量方面，分应用领域对地物光谱、土壤水分、土地利用、作物分布、作物生理与生化指标、水体污染等进行同步或准同步测量。这些试验对推动我国遥感技术发展、提高我国遥感理论研究水平、促进我国遥感应用都具有积极的意义。

大型观测试验的重要产出是综合模型和多尺度的数据集。如生物圈-大气圈传输方案模型（BATS）、简单生物圈模型（SiB）和第二代简单生物圈模型（SiB2）等被国际科学界所广为承认和普遍使用的陆面过程模型都诞生于试验（Dickinson et al., 1993; Sellers et al., 1996）。它们和试验相伴相生，观测事实为模型的发展、改进和验证提供了依据；而模型反过来又可提供最有效的观测试验方案。综合数据集则是观测试验成果汇总的重要方式，它们不仅是试验本身集大成的资料总结，也是科学事业薪火相传的媒介，是科学家们不断完善和发展各类陆面过程模型，开展综合集成研究所不可或缺的重要基础。

1.2　流域科学与流域试验

随着陆地表层系统科学研究的深入，突破 "水-土-气-生-人"各个要素的集成方法需要寻找一个具有一定边界、相对可控的基本单元。这种需求使传统的陆地表层系统研究向流域为基本单元的精细研究过渡，催生出一门新的科学——流域科学（程国栋和李新，2015）。

流域科学是地球系统科学在流域尺度上的实践，兼备地球系统科学基础研究和区域可持续发展应用研究的特性。从陆地表层系统科学基础研究的角度看，流域科学的目标是理解和预测流域复杂系统的行为，其研究方法可以被看作是陆地表层系统科学的研究方法在流域尺度上的具体体现；而从流域综合管理的应用角度看，流域科学关注流域尺度上人和自然环境的相互作用，因此它也是通过对自然资源和人类活动的优化配置而为可持续发展服务的应用科学。

正如地球系统科学研究离不开地球观测系统，发展流域科学的重要前提之一也是建立流域观测系统。卫星和地面观测技术的快速进步，极大地推进了流域科学的各个分支的发展，重塑了这些学科的面貌。卫星遥感已经能够观测到主要的水文、生态变量和通量（NRC，2008），并且展现出多尺度、更加专门（如全球降水计划）、空间和时间分辨率越来越精细的趋势。就地面观测而言，新技术层出不穷，最大的特点是大量使用传感器网络以及各种足迹尺度观测技术（如宇宙射线土壤水分观测系统、闪烁仪等）。这些新技术为流域观测带来了前所未有的机遇，并且迅速地演进为流域观测的主流手段，使得建立分布式、多尺度、实时控制的流域观测系统成为可能（李新等，2010a）。

过去10年来，以流域为单元建立分布式的观测系统蔚然成风。国际上较为成熟的流域观测系统包括美国国家科学基金会支持的关键带观测平台（CZO）、德国陆地环境观测平台（TERENO）（Zacharias et al., 2011; Bogena et al., 2015）、丹麦水文观测系统（HOBE）（Jensen and Illangasekare, 2011）、加拿大的变化中的寒区观测网络（CCRN）（Debeer et al., 2015）等（图1-1）。此外，美国国家生态观测站网络（NEON）也把流域作为其重要观测单元。这些观测系统的共同特征是：①多变量、多尺度观测；②大量使用传感器网络技

关键带观测平台

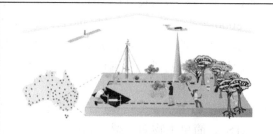

澳大利亚陆地生态系统研究网络(TERN)

美国国家生态观测站网络

德国陆地环境观测平台

图1-1　国际上主要的流域观测系统

术；③新的观测技术的试验场；④航空遥感作为获取流域精细数字高程模型（DEM）等甚高分辨率数据的重要手段；⑤监测和控制试验并重；⑥与模型建模目标密切配合；⑦与信息系统高度集成。图 1-2 给出了流域观测系统的愿景。

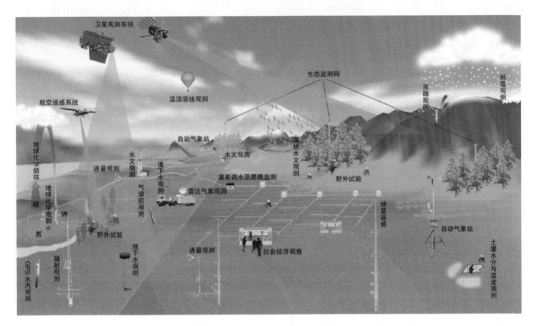

图 1-2　流域观测系统示意图（李新和程国栋，2008）

1.3　黑河流域：陆地表层系统科学的试验场

1.3.1　黑河流域是典型的内陆河流域

内陆河流域是指以陆地上湖泊或洼地为最终容泄区的流域，它们在水文单元上更加完整，水循环在流域内即可闭合，因此流域是探索表层地球系统的各种过程相互作用的绝佳实验室。同时，内陆河流域水资源缺乏，用水矛盾尖锐，也为实践流域综合管理提供了很好的样板。

中国西北内陆河流域面积共计 219 万 km^2，这些内陆河流域具有一个共同的特征，上游山区有较多的降水和冰雪融水，是流域水资源的形成区；中下游的盆地内则降水稀少，是水资源的耗散区。水出山后流入盆地，呈现"有水是绿洲，无水成荒漠，水多则盐碱化"，因此，水是控制这些内陆河流域生态状况的决定因素。过去几十年，西北干旱区不同的内陆河流域都在讲述着同样的故事：随着上、中游人口持续增加，经济不断增长，耗水日益增多，越来越多地挤占下游的生态用水，最终导致下游尾闾湖干涸，沙尘暴迭起，胡杨林成批死亡，酿成严重的生态灾难。这些故事中都毫无例外地涉及水，涉及生态，涉及经济。这些内陆河流域问题的实质在于如何用有限的水资源，既保证经济发展，又维系生态系统的健康（程国栋，2009）。

黑河流域是我国第二大内陆河流域，总面积为 14.3 万 km²，位于 97.1°～102.0°E 和 37.7°～42.7°N 之间，发源于祁连山中段，东与石羊河流域接壤，西与疏勒河流域毗邻（图 1-3）。从流域的上游到下游，以水为纽带形成了"冰雪／冻土-森林-草原-河流-湖泊-绿洲-沙漠-戈壁"的多元自然景观，流域内寒区和干旱区并存，山区冰冻圈和极端干旱

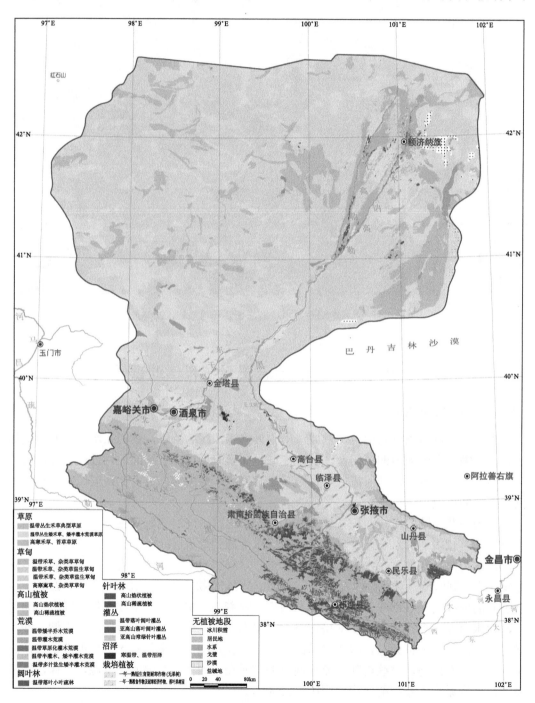

图 1-3 黑河流域植被类型图

的河流尾闾地区形成了鲜明对比。同时，黑河流域开发历史悠久，人类活动显著地影响了流域的水文环境，2000多年来，这一地区的农业开发，屯田垦殖，多种文化的碰撞交流、此消彼长，无不与水深刻地联系在一起。自然和人文过程交汇在一起，使黑河流域成为开展流域综合研究的一个十分理想的试验流域（Cheng et al., 2014）。

20世纪末，国家实施生态调水，拯救下游生态取得了成功。并由此引发了对黑河流域水、土、气、生、人等要素的大量研究。这些研究对内陆河流域的可持续发展具有重要的指导意义。黑河的生态研究已经走出了就生态论生态的小圈子，正在走上探索"以流域为单元，以水为主线"、协调水-生态-经济系统中各种关系的新阶段。近30年来，黑河流域已成为我国内陆河研究的基地，具有了较为完善的观测网络和各种科学研究与实验积累下来的大量资料；同时，它也是近年来开展内陆河综合治理的典型案例，是建设节水型社会的基地（Cheng et al., 2014；李新等，2010b）。

1.3.2　黑河流域有坚实的观测基础

黑河流域作为我国流域科学研究的重要试验流域，其观测系统的建设，积30多年之功，已较为完善，形成了以野外研究站和大规模综合观测试验为核心，并与气象、水文、农业、林业等部门的业务观测站网密切配合的流域观测系统。图1-4展示了2012之前的黑河流域观测系统。接下来从中国科学院寒区旱区环境与工程研究所在黑河建立的四个野外综合观测研究站和在黑河开展的三次大规模的综合观测试验两个方面介绍黑河流域观测系统的基础。

1. 野外研究站

中国科学院寒区旱区环境与工程研究所在黑河流域上游高山冰雪带、草原森林带、中游平原绿洲带、下游戈壁荒漠带，先后建有4个野外研究站，它们针对流域上、中、下游不同的自然景观和特色鲜明的水文与生态过程，开展长期观测研究，形成了黑河流域观测系统的主干。这四个站分别是：

（1）临泽内陆河流域综合研究站，始建于1975年，2003年加入中国生态系统研究网络，2005年加入中国生态环境国家野外科学观测研究站。研究站主基地位于黑河流域中游临泽县平川镇，站区周边主要景观类型为绿洲、绿洲-荒漠过渡带、沙漠和戈壁。主要开展荒漠及荒漠绿洲农田生态系统演变长期定位研究，以及内陆河流域水-生态-经济系统综合观测研究。观测设施主要包括分布在黑河流域中上游不同景观带的环境观测系统，位于站区的涡动相关仪、波文比、自动气象站和一系列生态水文观测设备，站区周边地区的水分、土壤、植被、地下水等长期观测样地／点，并配备有农业试验地、水肥试验场、土壤与水化学分析实验室。2007年，扩展了祁连山大野口观测点，开展森林生态水文研究。

（2）阿拉善荒漠生态水文试验研究站，始建于1982年，位于黑河流域下游阿拉善高原额济纳旗，站区周边主要景观类型为河岸林（乔木胡杨、灌木红柳和怪柳）和戈壁荒漠。主要开展极端干旱荒漠生态系统中绿洲生态水文、恢复生态、荒漠生态研究。观测设施主要包括安装在额济纳旗七道桥胡杨林内的自动气象站和二氧化碳、树干茎流、土壤温度、土壤湿度、土壤热通量、土壤张力等观测，安装在红柳样地内的波文比系统，以及大量地下水、土壤水、生态样带/样方调查。

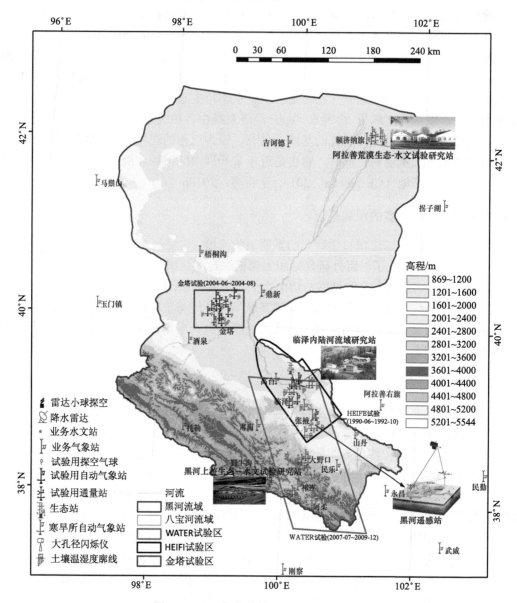

图1-4 2012年之前的黑河流域观测基础

（3）黑河上游生态水文试验研究站，承袭1950～1990年代祁连山寒区水文观测站积累，2004年新建了野牛沟寒区水文过程定位观测站，2008年正式迁移到青海省祁连县扎马什乡马粪沟试验小流域，并命名为"黑河上游生态水文试验研究站"（Chen et al., 2018）。该流域内分布有几乎所有的寒区典型下垫面类型，包括高山草原、高山草甸、沼泽化草甸、河谷灌丛、山坡灌丛、青海云杉、祁连圆柏，并且季节性冻土、多年冻土、高山寒漠、积雪和冰川共存。主要开展寒区水文、寒区生态和寒区生态水文研究工作。观测设施包括冰川水文观测场，积雪水文观测场，寒漠带试验子流域，森林、灌丛水文观测场，季节性冻土高山草甸试验子流域，寒区生态长期观测场和土壤水热物理参数实验室。观测涉及气象、水文、土壤、生态、地下水、冰川、积雪和冻土等，并配备 4 套综合环境观测系统专门研究冻土水热传输过程。

（4）中国科学院黑河遥感观测系统试验研究站，2009 年新建，位于张掖市甘州区党寨镇的张掖绿洲现代农业示范区，主要目标是加强遥感-地面观测同步试验，开展多源遥感卫星定标试验与真实性检验，以及发展遥感数据同化系统。在观测设施方面，致力于建设与遥感观测相匹配的地面分布式观测系统，目前已在黑河上游八宝河流域、中游盈科绿洲和花寨子荒漠等区域布设了多个自动气象站和通量站。并以这些站为中心，以无线传感器网络为纽带，建立了与遥感观测配合的多尺度嵌套、自动化、时空协同的综合观测网络。

2. 综合观测试验

自 1980 年代以来，黑河流域共开展过三次大规模的综合观测试验。

1）黑河地区地气相互作用野外观测实验

1990 年 6 月至 1992 年 10 月，在黑河流域中游开展了"黑河地区地气相互作用野外观测实验研究"，简称"黑河实验"。HEIFE 是国际上最早在复杂地表干旱区开展的大型陆面过程观测研究，一开始就受到国际科学界的关注，被列为 WCRP 和 IGBP 的组成部分（胡隐樵等，1994；王介民，1999）。实验区位于黑河流域中游地区 70 km × 90 km 范围内（图 1-4）。实验的目标是"研究干旱气候形成和变化的陆面物理过程；为气候模式的中纬度干旱半干旱地带水分和能量收支的参数化方案提供观测依据，以便提高气候预报的能力；同时研究本地区作物需水规律和节水灌溉技术，为河西农业发展提供节水和合理用水方案"（胡隐樵等，1994）。HEIFE 共设置了 5 个包括大气、植被和土壤的多学科综合观测站，以及加密的水文站（雨量、地下水位等），同时收集观测实验期间实验区内 3 个高空气象站、3 个地面气象站和 4 个水文站的常规气象和水文资料；在张掖站开展了需水量、需水规律和节水灌溉技术的田间试验。

HEIFE 试验揭示出一幅绿洲和沙漠环境相互作用的完整图像，即新发现了绿洲边缘沙漠的逆湿现象，并证明了绿洲的冷岛效应（胡隐樵和高由禧，1994）。这次试验开创了黑河流域综合观测研究的先河，其共享数据集至今仍为研究者所广泛使用，成为我国地学试验的一段佳话。

2）金塔试验

2003 年 7 月至 2008 年 8 月，在黑河流域西部子水系中游金塔绿洲，分四个阶段开展了"金塔试验"。试验目标是"以研究绿洲系统内部土壤、植被和近地层大气以及绿洲系统与周围荒漠环境和上层大气之间水热循环的相互作用过程为核心，揭示绿洲系统的形成、维持和演变规律；探讨利用小气候资源开发绿洲和发展绿洲的科学途径"。试验期间，在金塔流域内部和围绕绿洲边缘的沙漠上共布置了 7 个观测站，运用涡动相关仪、自动气象站、雷达小球探空、系留气球探空等观测手段，获取了金塔绿洲及其外围荒漠戈壁的地面和低空气象资料、土壤温湿和热通量资料、地面辐射和能量水分交换资料等；同时，收集了观测期间卫星遥感数据和地表参数，以期获得绿洲系统能量与水分循环全貌（胡泽勇等，2005；Lu et al.，2004）。其中，2003 年 7~8 月和 2004 年 6~8 月分别开展了对比观测和基本观测试验，加强观测试验于 2005 年 6~7 月进行，第四阶段的绿洲能量水分及边界层观测试验于 2008 年 6~8 月进展（吕世华等，2019）。

　　3）黑河综合遥感联合试验

　　2007 年，中国科学院西部行动计划项目"黑河流域遥感-地面观测同步试验与综合模拟平台建设"和国家重点基础研究发展计划项目"陆表生态环境要素主被动遥感协同反演理论与方法"共同发起了"黑河综合遥感联合试验"，又称 WATER 试验（Li et al.，2009；李新等，2008）。其总体目标是：开展航空-卫星遥感与地面观测同步试验，为发展流域科学积累基础数据；发展能够融合多源遥感观测的流域尺度陆面数据同化系统，为实现卫星遥感对流域的动态监测提供方法和范例；发展尺度转换方法，实现对地表生态和水文变量的主被动遥感协同反演。黑河综合遥感联合试验是黑河生态水文遥感试验的重要基础，将在下一节单独介绍。

1.4　黑河遥感试验回顾

　　黑河遥感试验主要经历了两个阶段（图 1-5），包括 2007~2010 年的"黑河综合遥感联合试验"和 2012~2017 年的"黑河生态水文遥感试验"，2017 年试验结束后，观测系统经过优化调整，转为"黑河流域地表综合观测系统"继续运行。

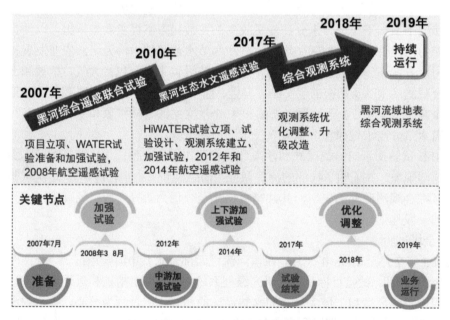

图 1-5　黑河遥感试验阶段

2007～2010 年间开展的"黑河综合遥感联合试验"由寒区水文试验、森林水文试验、干旱区水文试验和水文气象试验组成，分为准备期、预试验、加强试验和持续观测期 4 个阶段。其中，预试验在 2007 年 7～12 月展开。加强试验在 2008 年 3～9 月间分阶段展开，共计 120 天，由 28 家单位 280 多名科研人员、研究生和工程技术人员参加。航空遥感共使用了 4 类机载遥感传感器，分别是微波辐射计（L、K 和 Ka 波段）、激光雷达、高光谱成像仪、红外广角双模式成像仪；累计飞行 26 次，110 小时。在地面试验方面，布置了由 12 个加强和超级自动气象站、5 个涡动相关仪、2 个大孔径闪烁仪以及大量业务气象站和水文站组成的加密地面观测网，使用了车载降雨雷达、地基微波辐射计、地基散射计等地面遥感设备和大量自动观测仪器，在流域尺度、重点试验区、加密观测区和观测小区 4 个尺度上展开了密集的同步观测，测量了大量的积雪、地表冻融、森林结构、蒸散发（ET）、土壤水分、反照率/反射率、地表温度、生物物理参数和生物化学参数。在卫星遥感方面，获取了丰富的可见光/近红外、热红外、主被动微波、激光雷达等卫星数据（李新等，2012a，2012b）。持续观测期延续至 2011 年，主要以通量站和自动气象站观测为主。随着观测期的结束，黑河综合遥感联合试验已初步实现了建立一个开放的试验平台和发展多尺度、多分辨率、高质量并最终完全共享的综合数据集的目标，全部数据最初通过黑河综合遥感联合试验信息系统发布共享（http://westdc.westgis.ac.cn/water）（李新等，2010b）。试验结束后，试验数据通过"国家青藏高原科学数据中心"（https://data.tpdc.ac.cn）继续提供数据服务。

"黑河综合遥感联合试验"在积雪参数提取、地表冻融微波遥感、森林结构参数的观测和遥感反演、蒸散发观测与遥感估算、土壤水分反演、生物物理参数和生物化学参数反演、水文气象观测、尺度推绎、流域水文模拟和同化等方面取得初步结果。相关进展已分别在《冰川冻土》（2009 年第 2 期）、《地球科学进展》（2009 年第 7 期）、《遥感技术与应用》（2010 年第 6 期）、*Hydrology and Earth System Sciences*、*International Journal of Applied Earth Observation and Geoinformation* 以专刊的形式报道，并相继见诸国内外其他学术期刊。

"黑河综合遥感联合试验"的顺利完成，为在此基础上开展新一轮试验研究做好了充分的科学储备、积累了宝贵的经验。但同时，也发现和遗留了一些问题，需要在新的试验中寻求解决方案，特别是：

（1）缺乏能够从整体上分析流域水循环和生态过程的遥感产品。由于在流域尺度上，地表异质性更被凸现出来，加之内陆河流域景观类型多样，导致很多水循环和生态过程参量的变化剧烈，需要更高空间和时间分辨率且时空分辨率相对一致的遥感产品，但现阶段的许多全球遥感产品还满足不了这种需求。如何利用多源卫星遥感数据，在航空遥感和地面观测的支持下，生产出可用于流域生态-水文研究的高质量、高时空分辨率遥感产品，是一个很大的科学挑战。

（2）缺乏将遥感应用于生态-水文模型的成熟方法论。遥感在生态-水文建模中的作用主要表现为提供参数、验证模型，以及通过模型和观测的融合提高模型的模拟精度和可预报性。以上几个方面，只有利用遥感为模型提供参数的方法较为成熟，而对于利用遥感数据标定模型以及将遥感观测同化到模型中，还缺乏通行的方法。以至于对遥感究竟有多大用处，在多大程度上可以提高我们对生态-水文过程的认识，还存在着很大挑战。

因此，如果说"黑河综合遥感联合试验"是一次数据获取试验，"黑河生态水文遥感试验"将是一次方法论试验。更进一步，如果说"黑河综合遥感联合试验"是一次遥感试验加上水文气象试验，"黑河生态水文遥感试验"将是一次遥感水文和遥感生态试验，是一次检验和实证遥感在流域生态-水文集成研究中应用能力的试验。

1.5　"黑河流域生态-水文过程集成研究"重大研究计划

与国际上流域科学研究的热潮相契合，既着眼于地球系统科学综合研究的前沿，又同时瞄准我国西部环境建设和流域综合管理中的重大国家战略需求，国家自然科学基金委员会于 2010 年启动了"黑河流域生态-水文过程集成研究"重大研究计划（以下简称"黑河计划"）。其科学目标是："通过建立联结观测、实验、模拟、情景分析以及决策支持等环节的'以水为中心的生态-水文过程集成研究平台'，揭示植物个体、群落、生态系统、景观、流域等尺度的生态-水文过程相互作用规律，刻画气候变化和人类活动影响下内陆河流域生态-水文过程机理，发展生态-水文过程尺度转换方法，建立耦合生态、水文和社会经济的流域集成模型，提升对内陆河流域水资源形成及其转化机制的认知水平和可持续性的调控能力，使我国流域生态水文研究进入国际先进行列"。这一研究计划，是在已经较有优势的内陆河流域集成研究的基础上，将我国流域科学研究推进到国际先进行列的重大举措，也将是一次地球系统科学研究方法的全面实践（程国栋等，2020，2014）。

显然，正如没有地球观测系统就不会有地球系统科学，发展流域观测系统、开展综合观测试验，也是发展流域科学的重要前提之一。"黑河生态水文遥感试验"正是在这样的背景下提出的（李新等，2012c），试验围绕"黑河计划"中的核心科学目标，以黑河流域已建立的观测系统以及 "黑河综合遥感联合试验"成果为基础，联合了多学科、国际国内多家研究单位和多个项目的科研人员，开展了卫星-航空-地面一体化的多尺度综合观测试验，建立了国际领先的流域观测系统，显著提升了对流域生态和水文过程的观测能力，为流域生态水文集成研究做出了重要贡献。

1.6　小　　结

本章回顾了开展黑河生态水文遥感试验的背景，介绍了黑河流域作为一个试验流域的观测积累，回顾了黑河遥感试验的完整历程。

正如没有地球观测系统就不会有地球系统科学，发展流域观测系统、开展综合观测试验，也是发展流域科学的重要前提之一。黑河生态水文遥感试验正是在流域科学集成研究的大背景下，选择我国第二大内陆河流域——黑河流域，在前期已开展的"黑河综合遥感联合试验"的基础上，开展的一次更加精心准备、科学问题更明确、更强调多学科联合的流域科学综合试验。黑河生态水文遥感试验也是国家自然科学基金委"黑河流域生态-水文过程集成研究"重大研究计划的重要组成部分，体现了遥感生态-水文集成研究的深度结合，把从 2007 年开始的黑河遥感试验推向了新的阶段。

参 考 文 献

程国栋. 2009. 黑河流域水-生态-经济系统综合管理研究. 北京: 科学出版社.

程国栋, 傅伯杰, 宋长青, 等. 2020. "黑河流域生态-水文过程集成研究"重大计划最新研究进展. 北京: 科学出版社.

程国栋, 李新. 2015. 流域科学及其集成研究方法. 中国科学(地球科学), 45(6): 811-819.

程国栋, 肖洪浪, 傅伯杰, 等. 2014. 黑河流域生态-水文过程集成研究进展. 地球科学进展, 29(4): 431-437.

胡隐樵, 高由禧. 1994. 黑河实验(HEIFE)——对干旱地区陆面过程的一些新认识. 气象学报, 52(3): 285-296.

胡隐樵, 高由禧, 王介民, 等. 1994. 黑河实验(HEIFE)的一些研究成果. 高原气象, 13(3): 225-236.

胡泽勇, 吕世华, 高洪春, 等. 2005. 夏季金塔绿洲及邻近沙漠地面风场、气温和湿度场特性的对比分析. 高原气象, 24(4): 522-526.

李国英. 2008. 维持西北内陆河健康生命. 郑州:黄河水利出版社.

李新, 程国栋. 2008. 流域科学研究中的观测和模型系统建设. 地球科学进展, 23(7): 756-764.

李新, 程国栋, 马明国, 等. 2010a. 数字黑河的思考与实践 4：流域观测系统. 地球科学进展, 25(8): 866-876.

李新, 程国栋, 吴立宗. 2010b. 数字黑河的思考与实践 1：为流域科学服务的数字流域. 地球科学进展, 25(3): 297-305.

李新, 李小文, 李增元. 2010b. 黑河综合遥感联合试验数据发布. 遥感技术与应用, 25(6): 761-765.

李新, 李小文, 李增元, 等. 2012a. 黑河综合遥感联合试验研究进展：概述. 遥感技术与应用, 27(5): 637-649.

李新, 刘强, 柳钦火, 等. 2012b. 黑河综合遥感联合试验研究进展：水文与生态参量遥感反演与估算. 遥感技术与应用, 27(5): 650-662.

李新, 刘绍民, 马明国, 等. 2012c. 黑河流域生态-水文过程综合遥感观测联合试验总体设计. 地球科学进展, 27(5): 481-498.

李新, 马明国, 王建, 等. 2008. 黑河流域遥感-地面观测同步试验：科学目标与试验方案. 地球科学进展, 23(9): 897-914.

吕达仁, 陈佐忠, 王庚辰, 等. 1997. 内蒙古半干旱草原土壤-植被-大气相互作用——科学问题与试验计划概述. 气候与环境研究, 2(3): 199-209.

吕世华, 奥银焕, 孟宪红, 等. 2019. 西北干旱区沙漠绿洲陆气相互作用. 北京:科学出版社.

王介民. 1999. 陆面过程实验和地气相互作用研究——从 HEIFE 到 IMGRASS 和 GAME-Tibet/TIPEX. 高原气象, 18(3): 280-294.

王介民, 邱华盛. 2000. 中日合作亚洲季风实验——青藏高原实验(GAME-Tibet). 中国科学院院刊, 15(5): 386-388.

郑度. 2011. 地理学研究进展与前瞻. 中国科学院院刊, 16(1): 10-14.

Avissar R, Nobre C A. 2002. Preface to special issue on the Large-Scale Biosphere-Atmosphere Experiment in Amazonia(LBA). Journal of Geophysical Research, 107(D20): LBA 1-1-LBA 1-2.

Bogena H, Bol R, Borchard N, et al. 2015. A terrestrial observatory approach to the integrated investigation of the effects of deforestation on water, energy, and matter fluxes. Science China-Earth Sciences, 58(1): 61-75.

Chen R, Wang G, Yang Y, et al. 2018. Effects of cryospheric change on alpine hydrology: Combining a model with observations in the upper reaches of the Hei River, China. Journal of Geophysical Research: Atmospheres, 123(7): 3414-3442.

Cheng G D, Li X, Zhao W Z, et al. 2014. Integrated study of the water-ecosystem-economy in the Heihe River Basin. National Science Review, 1(3): 413-428.

Cline D, Davis R E, Edelstein W, et al. 1999. Cold Land Processes Mission(EX-7). In Report of the NASA Post-2002 Land Surface Hp drologv Planning Workshop, Iwine, CA, April 12-14, 1999, NASA Land Surface Hydrology Program.

Dai Y, Zeng X, Dickinson R E, et al. 2003. The common land model. Bulletin of American Meteorological Society, 84(8): 1013-1023.

DeBeer C M, Wheater H, Quinton W L, et al. 2015. The changing cold regions network: Observation, diagnosis, and prediction of environmental change in the Saskatchewan and Mackenzie River Basins, Canada. Science China-Earth Sciences, 58(1): 46-60.

Dickinson R E, Henderson-Sellers A, Kennedy P J, et al. 1993. Biosphere-Atmosphere Transfer Scheme(BATS)Version 1e as Coupled to the NCAR Community Climate Model. University Corporation for Atmospheric Research.

Goutorbe J P, Lebel T, Tinga A, et al. 1994. HAPEX-SAHEL—A large-scale study of land-atmosphere interactions in the semiarid tropics. Annales Geophysicae, 12(1): 53-64.

Jensen K H, Illangasekare T H. 2011. HOBE: A hydrological observatory. Vadose Zone Journal, 10(1): 1-7.

Li X, Li X W, Li Z Y, et al. 2009. Watershed Allied Telemetry Experimental Research. Journal of Geophysical Research, 114: D22103.

Lu S H, An X Q, Chen Y C. 2004. Simulation of oasis breeze circulation in the arid region of the Northwestern China. Science in China Series D: Earth Sciences, 47(0z1): 101-107.

National Research Council. 2008. Earth Observations from Space: The First 50 Years of Scientific Achievements. New York: National Academies Press.

Sellers P, Hall F, Margolis H, et al. 1995. The boreal ecosystem-atmosphere study(BOREAS): An overview and early results from the 1994 field year. Bulletin of the American Meteorological Society, 76(9): 1549-1577.

Sellers P J, Hall F G, Asrar G, et al. 1988. The first ISLSCP field experiment(FIFE). Bulletin of American Meteorological Society, 69(1): 22-27.

Sellers P J, Randall D A, Collatz G J, et al. 1996. A revised land surface parameterization(SiB2)for atmospheric GCMs. Part I: model formulation. Journal of Climate, 9(4): 676-705.

Wang J, Ma Y, Menenti M, et al. 1995. The scaling-up of processes in the heterogeneous landscape of HEIFE with the aid of satellite remote sensing. Journal of Meteorological Society of Japan, 73(6): 1235-1244.

Zacharias S, Bogena H, Samaniego L, et al. 2011. A network of terrestrial environmental observatories in Germany. Vadose Zone Journal, 10(2011): 955-973.

第2章 黑河生态水文遥感试验总体设计

李 新

"黑河生态水文遥感试验"的总体设计围绕国家自然科学基金委"黑河流域生态-水文过程集成研究"(简称"黑河计划")中的核心科学目标，并遵循模型需求驱动、监测与控制试验并重、定量空间异质性的多尺度观测、密集但优化的地面观测、全程质量控制、与信息系统高度集成和联合试验的原则。试验的科学目标是：显著提升对流域生态和水文过程的观测能力，建立国际领先的流域观测系统，提高遥感在流域生态-水文集成研究和水资源管理中的应用能力，突破异质性地表遥感尺度转换和不确定性度量难题。本章简介了黑河生态水文遥感试验的总体设计，详细试验设计（李新等，2012）见数字黑河网站（http://heihe.tpdc.ac.cn/zh-hans/）。

2.1 试 验 目 标

试验的总体目标是：显著提升对流域生态和水文过程的观测能力，建立国际领先的流域观测系统，提高遥感在流域生态-水文集成研究和水资源管理中的应用能力。

在基础观测方面的具体目标包括：

（1）建立支持流域科学研究和水资源综合管理的流域观测系统。

（2）精细观测流域水循环各分量，获取水循环各分量的多尺度观测数据。

（3）获取理解内陆河流域生态系统动态变化的多尺度观测数据。

在遥感产品和真实性检验方面的目标包括：

（4）在综合试验基础上，制备一套支持流域生态-水文集成研究的高精度遥感产品。

（5）开展真实性检验试验，发展异质性地表尺度转换方法和不确定性度量方法，验证遥感模型及遥感产品。

在应用方面的目标是：

（6）将综合观测数据和遥感产品用于上游寒区分布式水文模型、中游地表水-地下水-农作物生长耦合模型、下游生态耗水模型，精细闭合全流域、子流域、灌区、景观、河道水循环，通过实证研究提升遥感在流域生态-水文集成研究和水资源管理中的应用能力。

2.2 试 验 原 则

"黑河生态水文遥感试验"的设计和实施遵循以下原则：

（1）科学目标导向，模型需求驱动。根据流域上、中、下游各自的集成模型的需求，有的放矢地开展针对性的观测试验。

（2）多尺度观测。即兼顾水文、生态、陆面过程观测的不同空间尺度和时间尺度，通过卫星-航空-地面配合，形成多层嵌套的观测方案。

（3）尝试在观测试验中定量空间异质性。不再以均质地表为唯一观测对象，而应真正考虑异质性地表，尽可能捕捉到各种变量和参数在不同空间尺度上的异质性，并度量其不确定性。

（4）监测与控制试验并重，重视控制试验对理解核心的生态-水文过程的作用；短期加强观测与长期监测相结合；重点试验区加强观测和全流域监测相结合。

（5）高度重视遥感传感器的定标和遥感真实性检验。针对拟开展的航空遥感的每个直接观测量，设计定标试验；针对航空和卫星遥感的反演和估计量，设计真实性检验试验。

（6）密集但优化的地面观测。增加地面自动观测的空间密度和时间频率，重视采样设计，预先根据对所观测变量的空间和时间异质性的先验认识，设计优化的观测网络。

（7）全程质量控制。高度重视观测规范、人员培训、仪器比对与标定、技术巡检、数据汇交、数据处理等质量控制环节。

（8）与信息系统高度集成。在正式试验开展之前，实现数据的自动采集、传输、发布等方面的数字化改造，以及对各种观测节点的远程控制。在观测试验过程中，同周期完成数据的质量控制，元数据和数据文档制备，以及大部分数据的入库。

（9）联合试验。在组织方式上，实现多项目、多团队、多学科的联合试验。

2.3　试验总体设计

2.3.1　试验区设置

根据以下两个原则：一是要有代表性，应该具有鲜明的生态水文问题；二是具有较好的研究基础和观测设施，同时适合于开展航空遥感试验。在黑河流域选择了 3 个重点试验区开展加强和长期观测试验（图 2-1），具体如下：

（1）上游寒区试验区：黑河主干流上游流域（10009 km²）。在干流山区流域、子流域（八宝河流域）、小流域（葫芦沟和冰沟）三个尺度上开展观测试验。

八宝河流域是黑河流域干流的上游子流域之一。八宝河发源于峨堡东的景阳岭，自东向西河流长约 105 km，流域面积约 2452 km²，介于 $100°06.00'\sim101°09.05'E$，$37°43.01'\sim38°19.02'N$ 之间（图 2-1）；流域海拔为 2640～5000 m，属大陆性高寒山区气候，年平均气温 1℃，年降水量为 270～630 mm。植被覆盖以天然草地为主，包含高山和高寒草甸/草原等类型，流域西部山区分布有少量灌木林和青海云杉林，4200 m 以上有常年积雪和永久冰川；冻土地貌相当发育，多年冻土分布下限大约在 3600 m。八宝河流域是结合遥感开展冻土水文研究的理想流域。在该子流域内重点观测获取空间分布的积雪和冻土水文模型的驱动数据和模型参数。

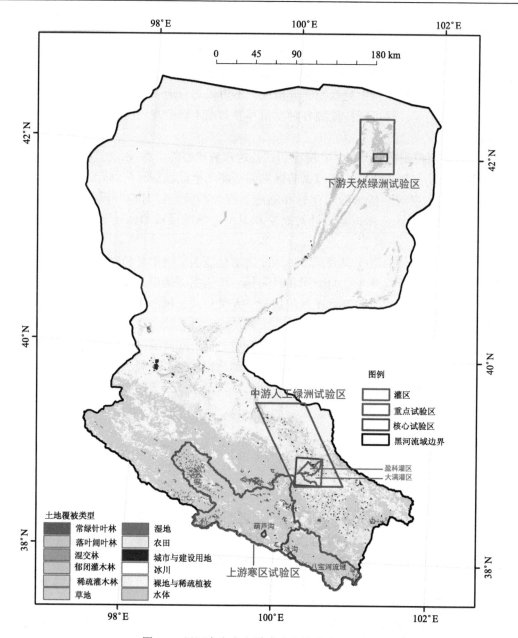

图 2-1　黑河生态水文遥感试验的试验区分布

　　葫芦沟流域，位于黑河流域上游西支，流域面积约 23.1 km²。该流域内分布有几乎所有的寒区典型下垫面类型，包括高山草原、高山草甸、沼泽化草甸、河谷灌丛、山坡灌丛、青海云杉、祁连圆柏，并且季节性冻土、多年冻土、高山寒漠、积雪和冰川共存。流域内已建立黑河上游生态水文试验研究站，主要开展寒区水文、寒区生态和寒区生态水文研究工作。

　　冰沟小流域，位于黑河上游东支二级支流上，流域面积约 30.28 km²，流域源头的年平均气温为–7℃，季节性积雪厚度约为 0.5m，最深达 0.8～1.0m。主要开展复杂地形条件下的积雪水文过程观测试验，并在大冬树垭口设置积雪观测站长期观测风吹雪和积雪水文等过程。

（2）中游人工绿洲试验区：在中游的人工绿洲-河岸生态系统-湿地-荒漠复合体内，选择两个典型灌区——盈科灌区与大满灌区，开展加强观测。这两个灌区位于黑河流域中游张掖市黑河主干道以东沿岸，海拔 1400～1600 m，是流域中游人工绿洲区域灌溉基础设施最完备的灌区，以河灌为主、井灌为辅。灌区主要种植小麦、制种玉米、大田玉米、蔬菜瓜果等作物。灌区内密布干渠、支渠和斗渠等各级灌溉渠系。灌区主要种植小麦、制种玉米、大田玉米、蔬菜瓜果等作物。

（3）下游天然绿洲试验区：在下游沙漠戈壁-额济纳胡杨林-戈壁-尾闾湖区，选择额济纳核心绿洲至西北方向的乌兰图格嘎查为试验区，其中，额济纳核心绿洲二道桥东至七道桥典型河岸林区域为核心观测区。下游额济纳旗属于极端干旱气候区，多年平均降水量不足 45 mm，多年平均潜在蒸发量为 3755 mm，下游额济纳绿洲是天然的绿洲生态系统，其结构简单并极度脆弱，植被稀疏，以分布于河道两岸的乔木胡杨和灌木柽柳为主。

在以上 3 个重点试验区内，按不同的试验目标嵌套布置核心观测区、观测小区和观测（采样）单元，开展多尺度观测试验。

2.3.2　试验期

考虑到人力、设备和其他资源的配置，各研究区的有关试验顺次展开。

（1）准备期：2010 年 1 月至 2012 年 3 月。

（2）中游加强试验期：2012 年 4 月至 2012 年 10 月

（3）上游加强试验期：2014 年 3～5 月。

（4）下游加强试验期：2014 年 5～10 月。

（5）全流域持续观测期：2013～2017 年。主要针对自动化的气象水文观测和生态水文传感器网络。

2.3.3　试验组成

黑河生态水文遥感试验由基础试验、专题试验、应用试验、产品与方法研究和信息系统组成（图 2-2）；同时，将与“黑河计划”项目及其他有关项目互相配合，开展联合观测，优势互补，共同形成流域观测系统，共同开展应用研究。

（1）基础试验是以建设观测系统，提供基础数据，提升观测能力，发展观测方法为目标的观测试验。包括：航空遥感试验、水文气象观测网、生态水文无线传感器网络、定标与真实性检验试验。

（2）专题试验是针对特定的水文或生态过程，而组织开展的综合性加强试验，包括非均匀下垫面多尺度地表蒸散发观测试验。

（3）应用试验的目标是针对流域上、中、下游各具特色的生态-水文过程，以综合观测试验为手段，检验和标定生态-水文模型，实证遥感产品和其他观测数据在流域生态-水文集成研究和水资源管理中的应用能力。包括上游寒区遥感水文试验、中游灌区遥感支持下的灌溉优化配水试验和下游绿洲生态耗水尺度转换遥感试验。

（4）产品与方法研究。在基础试验、专题试验和应用试验的支持下，开展全流域生态-水文关键参量遥感产品生产，发展尺度转换方法，开展多源遥感数据同化研究。

（5）信息系统。包括卫星遥感数据获取、数据质量控制和自动综汇系统及数据发布与共享系统。

图 2-2　黑河生态水文遥感试验的总体构架

2.3.4　主要观测变量和参数

从流域集成模型的角度，对拟观测的变量／参数划分为三大类，分别是水文与生态变量（模型状态变量和通量）、模型驱动数据、模型参数（包括植被参数、土壤参数、地形参数、水文参数、空气动力参数等）。再参考现有的一些典型分布式水文模型、地下水模型、作物生长模型和动态植被模型、陆面过程模型，并对已应用在黑河流域的水文和生态模型进行分析的基础上（李新等，2010），根据模型对数据的需求，制定了观测量表。其中，主要参考的分布式水文模型包括 DHSVM（分布式水文-土壤-植被模型）（Wigmosta et al.，1994）、SWAT（分布式水土评价模型）（Arnold and Fohrer，2005）和 GEOtop（Rigon et al.，2006）；地下水模型以 MODFLOW（模块化三维有限差分地下水流模型）的各个版本为核心（Harbaugh et al.，2000）；动态植被模型和作物生长模型以 LPJ-DGVM（Sitch et al.，2003）、BIOME-BGC[①]和 WOFOST（世界粮食作物研究模型）（Van Diepen et al.，1989）为原型，其他植被模型具有和以上两个模型类似的结构；陆面过程模型则主要参考 SiB2（Sellers et al.，1996）、CoLM（通用陆面过程模型）（Dai et al.，2003）和 CLM（公共陆面模式）3.0 及 4.0[②]。

---

① Thornton P E, Running S W. 2002. User's Guide for Biome-BGC, Version 4. 1. 2.

② Oleson K W, Lawrence D M, Gordon B, et al. 2010. Technical description of version 4. 0 of the Community Land Model(CLM).

此外，在黑河流域已初步发展了包含冻土过程的分布式寒区水文模型（Zhang et al., 2013）以及中游的地表水-地下水-作物生长耦合模型（Zhou et al., 2011, 2012）。这些模型的数据需求也是我们制定试验方案的重要参考依据。

观测量表中，表 2-1 针对核心的观测量；表 2-2～表 2-4 分别针对模型变量、驱动和参数。

表 2-1　核心的水文和生态变量 / 参数的观测方法及其与卫星遥感的关系

变量 / 参数	目标	地面测量	航空遥感/测量[①]	国内卫星	国外卫星或卫星计划[②]
降水	流域水循环；驱动变量	地基多普勒雷达、雨量计、雨雪量计、降水粒子滴谱仪	—	FY-3	TRMM、GPM
蒸散发	流域水循环；生态耗水；水分利用效率（生态水文耦合）	涡动相关仪、LAS、蒸渗仪、稳定同位素（分割蒸发和蒸腾）	可见光/近红外、热红外、激光雷达[③]、航空 EC	FY-3 成像光谱仪、HJ-1	ASTER、MODIS、MERIS、AATSR
径流	流域水循环；分布式水文模型	ADCP、径流场、水文断面、水文站、超声水位传感器	干涉 SAR、绿光激光雷达、多光谱		OSTM/Jason-2 Radar Altimeter、ENVISAT Radar Altimeter-2、TerraSAR-X、SWOT
地下水	流域水循环；地表-地下水相互作用	测井	P 波段 SAR、航空 TDEM		GOCE、GRACE、GRACE-FO
土壤水分与地表冻融	流域水循环；冻土水文	TDR、宇宙射线土壤水分/积雪探测系统、探地雷达、烘干称重	L 波段微波辐射计、L 波段 SAR	FY-3 微波辐射计	SMAP、SMOS、ALOS PALSAR、Envisat ASAR、BIOMASS
雪深/雪水当量	流域水循环；积雪水文	雪枕、snowfork、超声雪深传感器	K 和 Ka 波段微波辐射计、X 和 Ku 波段 SAR	FY-3 微波辐射计	CoReH2O、SCLP
植被类型	分布式水文模型和生态模型所需参数	样带 / 样方调查	成像光谱仪、激光雷达	HJ-1、CBERS	Proba CHRIS、HYSPIRI、其他高光谱卫星
土地利用和土地覆盖	分布式水文模型和生态模型所需参数；人类活动影响评价	土地利用调查	多光谱、成像光谱仪、激光雷达	HJ-1、CBERS	TM、SPOT、MODIS、其他多光谱卫星
种植结构	水文模型和生态模型所需参数；灌溉管理	田间调查	成像光谱仪、激光雷达	HJ-1、CBERS	Proba CHRIS、HYSPIRI、其他高光谱卫星
植被覆盖度	水文模型和生态模型所需参数	照相法、目视法	可见光/近红外	HJ-1、CBERS	TM、SPOT、MODIS、其他多光谱卫星
叶面积指数	水文模型和生态模型所需参数；生态系统动态	LAI-2000、TRAC、LI-3100 等	可见光/近红外[④]、激光雷达、低频 SAR	HJ-1、CBERS	TM、SPOT、Proba CHRIS、MODIS、其他多光谱卫星

续表

变量/参数	目标	地面测量	航空遥感/测量[①]	国内卫星	国外卫星或卫星计划[②]
植被结构参数（冠顶高度、冠幅等）	生态模型所需参数	测高仪、HemiView、地基激光雷达	激光雷达		
生物量（NPP和NEP）	生态系统动态；水分利用效率（生态水文耦合）	涡动相关、地基激光雷达、收割法	激光雷达、P波段SAR	HJ-1	DESDynI、BIOMASS、其他高光谱卫星、其他激光雷达卫星
DEM	分布式水文模型和生态模型所需参数	差分GPS	激光雷达、干涉SAR		ALOS PRISM、ASTER等立体像对数据

① 表中列举了可能的遥感观测手段，SAR、干涉 SAR 和绿光激光雷达遥感未能在"黑河生态水文遥感试验"中实施。
② 以近年在轨和即将实施的卫星计划为主，至今，GPM、SMAP、GRACE-FO 已实施；CoReH2O、SCLP 和 DESDynI 已取消；SWOT、BIOMASS、HYSPIRI 等仍在计划中。
③ 辅助提供蒸散发估算所需参数。
④ 辅助提供生态系统生产力估算所需参数。

表 2-2　水文与生态变量

变量	地面观测方法	遥感观测方法	航空/地基遥感		卫星遥感	
			空间分辨率	精度	空间分辨率	精度
水文模型和陆面过程模型的状态变量及通量						
蒸散发	涡动相关仪、LAS、蒸渗仪、稳定同位素（分割蒸发和蒸腾）	可见光/近红外、热红外、激光雷达[①]	5~10 m	90%	30~1000 m	80%
径流	ADCP、径流场、水文断面、水文站	未开展				
灌溉	水位计和流速仪、水表	未开展				
土壤水分（表层及廓线）与地表冻融	TDR、宇宙射线土壤水分/积雪探测系统、探地雷达、烘干称重	L波段微波辐射计	100~1000 m（辐射计）	0.04 m³/m³	3~50 km（辐射计）	0.06 m³/m³
地表温度	红外温度计、热像仪	热红外	≤3 m	1 K	60~1000 m	1~2 K
植被冠层温度	红外温度计、热像仪	热红外	≤3 m	2 K	60~1000 m	2~4 K
土壤温度（廓线）	温度探头	N/A				
土壤热通量	土壤热流板					
雪深	量雪尺、花秆、超声雪深传感器	K 和 Ka 波段微波辐射计	20~100 m	10 cm	30~1000 m（SAR）	10 cm
雪水当量	雪枕、snowfork	K 和 Ka 波段微波辐射计	20~100 m（辐射计）	3~5 cm		
雪粒径	显微镜、拍照显微镜	高光谱	1~5 m	80%	30~100 m	70%
雪湿度	snowfork	微波辐射计	20~100 m（辐射计）	80%	30~1000 m（SAR）	70%
雪面凝结/升华	涡动相关、蒸渗仪					

$$\frac{m^3}{m^3}$$

续表

变量	地面观测方法	遥感观测方法	航空/地基遥感		卫星遥感	
			空间分辨率	精度	空间分辨率	精度
生态模型的状态变量						
净初级生产力	LI-6400 光合仪、涡动相关、收割法	可见光/近红外、热红外[②]、激光雷达	5～10 m	85%	30～1000 m	80%
净生态系统生产力	LI-6400 光合仪、涡动相关	同上	5～10 m	80%	30～1000 m	75%
叶面积指数	LAI-2000、TRAC、LI-3100	可见光/近红外、激光雷达	1～5 m	85%	30～1000 m	80%

① 辅助提供蒸散发估算所需参数。

② 辅助提供生态系统生产力估算所需参数。

表 2-3　模型驱动变量

变量	地面观测方法	遥感观测方法	航空/地基遥感		卫星遥感	
			空间分辨率	精度/%	空间分辨率	精度/%
降水	雨量桶、雨雪量计、降水粒子滴谱仪	天气雷达	3 km	70	3～20 km	70
气温（梯度）	自动气象站	N/A				
大气压	自动气象站	N/A				
比湿（梯度）	自动气象站	N/A				
风速（梯度）	自动气象站	N/A				
风向	自动气象站	N/A				
CO_2 浓度	Li-7500 等 CO_2 分析仪	不开展				
太阳辐射可见光直射分量[①]	辐射表			90	15～1000 m	90
太阳辐射可见光漫射分量	辐射表			90	15～1000 m	85
太阳辐射近红外直射分量	辐射表			90	15～1000 m	90
太阳辐射近红外漫射分量	辐射表			90	15～1000 m	85
长波向下辐射	辐射表			90	60～1000 m	90
光合有效辐射	光合有效辐射表、SunScan			90	15～1000 m	90

① 观测试验加强期中利用所有可用遥感资料和地面资料计算数日辐射驱动量。

表 2-4 模型参数

参数	地面观测方法	遥感观测方法	航空／地基遥感		卫星遥感	
			分辨率/m	精度	分辨率/m	精度
通用参数						
DEM	差分 GPS	激光雷达	1~5	0.1 m（激光雷达）	5~30	5 m（垂直）
土地覆盖／土地利用类型	土地利用调查	多光谱、成像光谱仪等	1		5~30	90%分类精度
植被图	植被调查	多光谱、成像光谱仪	1~5	90%分类精度	5~30	90%分类精度
种植结构	田间调查	多光谱、成像光谱仪、激光雷达	1~5	90%分类精度		
能量平衡参数						
反照率	反照率表、辐射表	可见光/近红外	1~5	90%	15~1000	90%
发射率	热红外波谱仪	热红外	5~10	0.01	60~1000	0.01
植被参数						
冠顶高度	测高仪、HemiView、地基激光雷达	激光雷达	~1	90%		
植被覆盖度	照相法、目视法	可见光/近红外	1~5	85%	30~1000	85%
冠层反射率（可见光）	光谱仪	可见光	~1	90%	15~1000	90%
冠层反射率（近红外）	光谱仪	近红外	1~3	90%	15~1000	90%
冠层透过率（可见光）	PAR 表、光谱仪	可见光	1~3	90%	15~1000	90%
冠层透过率（近红外）	光谱仪	近红外	1~3	90%	15~1000	90%
C3/C4 分类	野外调查	高光谱	1~3	85%分类精度	30~100	80%分类精度
叶绿素含量	SPAD-502 叶绿素含量测量仪	可见光/近红外	1~3	85%	15~1000	80%
植被含水量	烘干称重法	高光谱	1~3	80%	30~100	70%
空气动力参数						
动力粗糙度	梯度+涡动组合法	激光雷达	1~5	5 cm	~30	10 cm
热力粗糙度	梯度+涡动组合法	N/A				
大气光学参数						
温湿风压廓线、气溶胶光学厚度等	探空、分光光度计、风雷达+RASS	不开展				

2.4 小　　结

本章简要介绍了试验的总体设计。"黑河生态水文遥感试验"的总体目标是显著提升对流域生态和水文过程的观测能力，建立国际领先的流域观测系统，提高遥感在流域生态-水文集成研究和水资源管理中的应用能力，突破异质性地表遥感尺度转换和不确定性度量难题。试验以黑河流域主干流上游流域、中游盈科灌区与大满灌区、下游额济纳核心绿洲至西北方向的乌兰图格嘎查为核心试验区，从 2012~2017 年分阶段展开。由基础试验、专题试验、应用试验、产品与方法研究和信息系统组成，并与"黑河计划"项目及其他有关项目互相配合，针对流域集成模型所需的水文与生态变量（模型状态变量和通量）、驱动数据、模型参数（包括植被参数、土壤参数、地形参数、水文参数、空气动力参数等）开展联合观测和试验。

参 考 文 献

李新, 程国栋, 康尔泗, 等. 2010. 数字黑河的思考与实践 3: 模型集成. 地球科学进展, 25(8): 851-865.

李新, 李小文, 李增元. 2010. 黑河综合遥感联合试验数据发布. 遥感技术与应用, 25(6): 761-765.

李新, 刘绍民, 马明国, 等. 2012. 黑河流域生态-水文过程综合遥感观测联合试验总体设计. 地球科学进展, 27(5): 481-498.

Arnold J G, Fohrer N. 2005. SWAT2000: Current capabilities and research opportunities in applied watershed modelling. Hydrological Processes: An International Journal, 19(3): 563-572.

Dai Y, Zeng X, Dickinson R E, et al. 2003. The common land model. Bulletin of the American Meteorological Society, 84(8): 1013-1024.

Harbaugh A W, Banta E R, Hill M C, et al. 2000. MODFLOW-2000, The U. S. Geological Survey Modular Ground-Water Model-User Guide to Modularization Concepts and the Ground-Water Flow Process. Open-file Report. U S Geological Survey, (92): 134.

Li X, Cheng G, Liu S, et al. 2013. Heihe watershed allied telemetry experimental research(HiWATER): Scientific objectives and experimental design. Bulletin of the American Meteorological Society, 94(8): 1145-1160.

Rigon R, Bertoldi G, Over T M. 2006. GEOtop: A distributed hydrological model with coupled water and energy budgets. Journal of Hydrometeorology, 7(3): 371-388.

Sellers P J, Randall D A, Collatz G J, et al. 1996. A revised land surface parameterization(SiB2)for atmospheric GCMs. Part I: Model formulation. Journal of Climate, 9(4): 676-705.

Sitch S, Smith B, Prentice I C, et al. 2003. Evaluation of ecosystem dynamics, plant geography and terrestrial carbon cycling in the LPJ dynamic global vegetation model. Global Change Biology, 9(2): 161-185.

Van Diepen C A, Wolf J, Van Keulen H, et al. 1989. WOFOST: A simulation model of crop production. Soil Use and Management, 5(1): 16-24.

Wigmosta M S, Vail L W, Lettenmaier D P. 1994. A distributed hydrology‐vegetation model for complex terrain. Water Resources Research, 30(6): 1665-1679.

Zhang Y, Cheng G, Li X, et al. 2013. Coupling of a simultaneous heat and water model with a distributed hydrological model and evaluation of the combined model in a cold region watershed. Hydrological Processes, 27(25): 3762-3776.

Zhou J, Cheng G, Li X, et al. 2012. Numerical modeling of wheat irrigation using coupled HYDRUS and WOFOST models. Soil Science Society of America Journal, 76(2): 648-662.

Zhou J, Hu B X, Cheng G D, et al. 2011. Development of a three-dimensional watershed modelling system for water cycle in the middle part of the Heihe rivershed, in the west of China. Hydrological Processes, 25(12): 1964-1978.

第3章 航空遥感试验

肖 青 闻建光 车 涛

围绕黑河流域水文生态要素的航空观测需求和流域航空遥感试验本身的科学问题，组织与开展了黑河流域航空光学遥感综合试验。相对于星载数据，机载遥感数据的几何分辨率、光谱范围和分辨率、获取的时相以及重复周期等都可以根据需求灵活配置，从而可以缩小星载传感器面测量与地面点测量之间遥感数据属性特征的差异，可以在遥感时刻尺度转换的过程中起到一个很好过渡桥梁作用。我们利用航空遥感数据开展了土地利用/地表覆盖、植被群落结构、地表温度、发射率、叶面积指数、粗糙度、反照率等关键生态水文变量/参数的光学遥感模型和算法研究，并与地面观测及卫星遥感相配合，提供适于流域尺度研究的高分辨率、高质量光学遥感数据与应用产品，为内陆流域生态水文过程的理解，模型的发展、改进和验证，地面台站观测和卫星遥感观测尺度转换，以及多尺度模型集成和应用研究提供数据支撑。

航空观测组于 2012～2014 年先后在黑河上中下游黑河组织开展了 21 架次、超过 100 小时航空遥感飞行试验，利用航空成像光谱仪、LiDAR（机载激光雷达）、微波辐射计和自主研发的多角度 WiDAS（机载红外广角双模式成像仪）系统获取了数据。生产了上游天姥池、葫芦沟米级分辨率的数字高程数据，生产了中游 30km×30km 大区地表温度很多角度数据，5km×5km 核心绿洲区地表数字高程、冠层高度、植被叶面积指数、土壤和植被分类、地表温度、地表反照率等数据产品；生产了下游额济纳旗试验区米级分辨率的 DEM、红外温度和地表分类产品。飞行试验获得了航空遥感原始数据 24 条，航空遥感数据产品 19 条。这些数据通过数据观测网站共享，为黑河流域计划项目及其他后续研究提供了黑河流域重点研究区高精度的地表下垫面信息，为小流域高分辨生态水文模型的构建提供了米级分辨率的数据支撑。

3.1 航空遥感试验总体设计

黑河流域水文生态要素的航空遥感试验，主要面向三个科学目标：①结合流域水分生态综合观测需求，设计高分辨率航空观测样带和样区，搭载先进的光学航空遥感设备，如成像光谱仪、激光雷达、热红外多角度相机等，提供适于流域尺度研究的高分辨率、高质量航空遥感数据。②围绕航空光学遥感试验的科学问题，解决航空遥感中高精度几何与辐射校正等共性技术难点，提供定量化的光学航空遥感数据；面向流域水文生态要素高精度观测需求，发展与研发地表水文生态要素的遥感反演模型，提供适用、好用的高分辨率航空遥感应用与反演产品。③面向地面-航空-卫星的多平台流域观测需求，解决航空遥感数据与产品多尺度转换的关键技术，如地表辐射与反射信号的 BRDF（二向性反射率分布函数）效应、航空遥感反演模型和反演产品的尺度转换模型等，提供多分辨率的航空遥感产品，搭建地面-卫星遥感验证与应用的桥梁。

根据流域水文与生态研究的综合观测需求，搭载成像光谱仪、激光雷达、热红外多角度相机、微波辐射计等先进的光学和微波航空遥感设备，提供适于流域尺度研究的高分辨率、高质量航空遥感数据与定量化数据产品。为保证机载数据的可信度，重视对飞行姿态参数的获取、机载传感器的定标和数据产品的质量控制；合理设计航线和留空时间，密切配合地面以及过境卫星的观测；在可能的情况下，尽量采用多传感器配置的策略，提高航空遥感数据获取效率，增加各种数据的时间可比性。飞行区总体布设如图3-1所示。

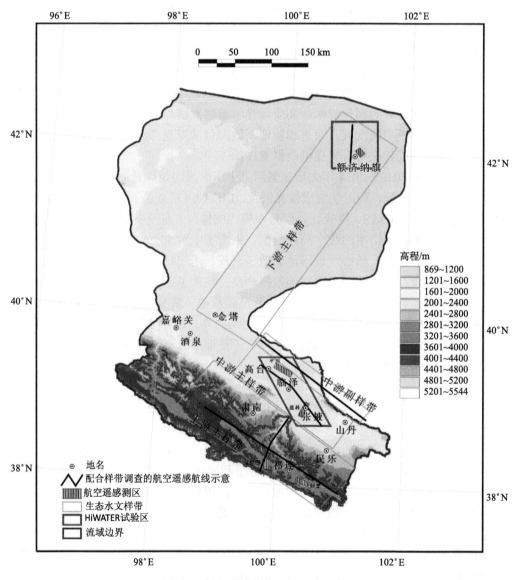

图 3-1　航空遥感试验飞行区域分布图

3.2　航空遥感传感器

航空遥感中使用传感器的选择依据是以科学目标为导向,各专题试验需求驱动。2.3.4 节中详述了"黑河生态水文遥感试验"中着眼的水文与生态变量、驱动数据和参数,其中许多可以依靠航空遥感飞行获得,表 3-1 中列举了以观测目标为导向的传感器需求。

表 3-1　航空遥感试验传感器需求

目标需求	可采用传感器	主要性能指标需求
土壤水分与地表冻融	L 波段微波辐射计	L 波段微波辐射计:中心频率 1.413 GHz,灵敏度 0.08 K,波束宽度<15°,空间分辨率 100 m 级
雪深、积雪水当量、雪湿度	K 和 Ka 波段微波辐射计、LiDAR	K 波段微波辐射计:中心频率 18.7 GHz,灵敏度 0.15 K,波束宽度 2.5°,空间分辨率 20～100 m(Ka 波段同);Ka 波段微波辐射计:中心频率 37 GHz,灵敏度 0.15 K,波束宽度 2.5°
生物物理参数、生物化学参数、植被分类、反射率、反照率	成像光谱仪	光谱范围 400～2500 nm,光谱分辨率≤5 nm,空间分辨 1～5 m
土地覆盖/土地利用类型、种植结构	CCD 相机、成像光谱仪	光谱范围 400～2500 nm,光谱分辨率≤5 nm,空间分辨 1～5 m
DEM、冠层结构	LiDAR	高程精度 2 cm,全波形,波型采样间隔 1 ns
地表温度、植被冠层温度、雪表面温度	热红外	光谱范围 8～12μm,等效噪声温度 0.2 K,空间分辨率 5～10 m
地表 BRDF	多角度相机	光谱范围 400～750 nm,>5 个观测角度
蒸散发等通量	航空涡动相关	测量三维风速、空气温、湿度;H_2O 和 CO_2 通量测量采用 Licor 7500 开路气体分析仪

根据表 3-1 所列的研究目标和对传感器性能的需求,航空遥感中拟采用的传感器及其性能如表 3-2 所示。

表 3-2　机载遥感传感器

传感器	主要性能指标	设备来源
激光雷达+CCD 相机	型号 Leica ALS70,系统最大飞行高度为 5000 m(AGL),最大扫描角 75°,内置数码相机,记录 1、2、3 次回波强度,高程精度 5～30 cm	瑞士 Leica 公司制造,中国科学院对地观测中心引进
AISA 成像光谱仪	光谱范围 400～1000 nm,244 通道,FOV 40°,线阵推扫成像,1600 像素	芬兰 SPECIM 公司制造,北京师范大学引进
CASI1500 成像光谱仪	光谱范围 380～1050 nm,每行像元数 1500,连续光谱通道数 288,光谱带宽 2.3 nm,帧频(全波段)14,垂直航线方向视场角 40°	加拿大 ITRES 公司制造。核工业北京地质研究院引进
SASI600 成像光谱仪	光谱范围 950～2450 nm,每行像元数 600,连续光谱通道数 101,光谱带宽 15 nm,帧频(全波段)100,垂直航线方向视场角 40°	加拿大 ITRES 公司制造,核工业北京地质研究院引进
TASI600/32 热红外成像光谱仪	光谱范围 8000～11500 nm,通道数 32,空间像元数 600,光谱采样间隔 110 nm,总视场 40°	加拿大 ITRES 公司制造,核工业北京地质研究院引进

传感器	主要性能指标	设备来源
WiDAS	覆盖 5 个可见光波段，1 个热红外波段；热红外相机：波长 800～1200 nm，320×240 像元，视场角 80°，记录 7 个角度；CCD 相机视场 50°，每个记录 7 个角度	中国科学院遥感应用研究所研制
双极化 L 波段微波辐射计（PLMR）	双极化 L 波段微波辐射计：中心频率 1.413 GHz，带宽 24 MHz，垂直与水平极化，分辨率 1 km（相对航高 3 km），入射角可调，为±7°、±21.5°、±38.5°，灵敏度<1K	澳大利亚 Monash 大学、Melbourne 大学和 Newcastle 大学，拟引进
被动微波遥感集成系统	L 波段微波辐射计：中心频率 1.413 GHz，带宽 20 MHz，灵敏度 0.08 K，波束角 15°，入射角 45°，垂直与水平极化 K 和 Ka 波段成像微波辐射计：中心频率 18.7GHz 和 37 GHz，带宽 400 MHz，灵敏度 0.15 K，波束角 2.5°，入射角 45°，垂直与水平极化，扫描成像，扫描范围±12°	中国科学院东北地理与农业生态研究所研制

3.3　航空遥感平台

航空遥感平台的选择取决于各专题试验区飞行区域的特点、飞行目标、设计的航高、飞行频次以及携带载荷的重量、飞机供电、续航时间等因素。黑河航空试验中主要选用运-12 作为此次航空遥感的主要平台。运-12 小型涡桨多用途运输机（图 3-2）巡航速度可达 240～250 km/h（航高 3000 m），升限 7000 m，最大航程 1400 km。在"黑河综合遥感联合试验"中，运-12 发挥了重要的作用，总计飞行了 25 架次，累计 110 小时（Li et al.，2009）。运-12 作为"黑河生态水文遥感试验"航空遥感的主要搭载平台，将搭载被动微波遥感集成系统、激光雷达+CCD 系统、成像光谱仪、WiDAS 等主要传感器。

图 3-2　运-12 飞机

3.4　航空遥感数据获取

2012 年 5 月 22 日至 8 月 28 日，共飞行 17 架次，总计约 81 小时飞行，获取了中游和上游的成像光谱、多角度、LiDAR 和微波辐射计多个测区的机载数据，表 3-3 为飞行数据获取清单，图 3-3 为中游实验的飞行区示意图。2014 年 7 月 29 日至 10 月 5 日，搭载激光雷达+高光谱+CCD 和热像仪对黑河下游额济纳胡杨林核心区、补充测量葫芦沟激光雷达和 CCD、新测冰沟激光雷达和 CCD 数据，图 3-4 为 2014 年额济纳旗和上游葫芦沟和冰沟实验的飞行区示意图。

表 3-3　飞行数据获取清单

测区	目标	传感器	飞行时间
30km×30km 测区	温度分布	TASI+PLMR	2012 年 6 月 30 日
		TASI+PLMR	2012 年 7 月 10 日
		WiDAS+PLMR	2012 年 8 月 4 日
核心区	植被分类、生化理化参数、	CASI+PLMR	2012 年 6 月 29 日，7 月 8 日
	组分温度、反照率、分类	WiDAS+PLMR	2012 年 7 月 26 日，8 月 4 日
	冠层高度、种植结构	ALS70	2012 年 7 月 25 日
河道和 WSN 加密区、临泽	河道水体分布	TASI+PLMR	2012 年 7 月 3 日，7 月 4 日
中游样带	样带地表覆盖	CASI+PLMR	2012 年 6 月 29 日
上游样带	土壤水、地表温度、分类	WiDAS+PLMR	2012 年 8 月 2 日
葫芦沟、天姥池	地表高程	ALS70	2012 年 7 月 25 日，8 月 19 日，8 月 25 日，8 月 28 日
额济纳胡杨林核心区	植被参数（胡杨林）、地表温度、地表分类	AISA Eagle II	2014 年 7 月 29 日，8 月 4 日
额济纳胡杨林核心区	地表高程	LiDAR+CCD	2014 年 7 月 29 日，8 月 4 日
葫芦沟和冰沟	地表高程	LiDAR+CCD	2014 年 9 月 23 日至 10 月 5 日

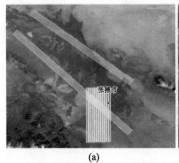 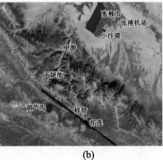 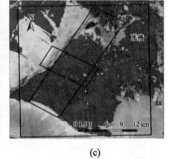

(a)　　　　　　　　　　(b)　　　　　　　　　　(c)

图 3-3　2012 年 CASI/SASI+PLMR 中游绿洲飞行区域（a）、TASI+PLMR 中游绿洲和上游飞行区域（b）和 WiDAS 中游绿洲飞行区域（c）

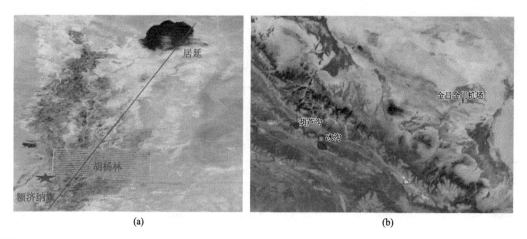

图 3-4　2014 年 LiDAR+CCD+ AISA Eagle II 下游飞行区域（a）、LiDAR+CCD 上游葫芦沟和冰沟飞行区域（b）

　　图 3-5 为机载 LiDAR 获取的黑河上游冰沟地区 DEM、葫芦沟区域 DEM 结果图。点云密度每平方米超过 1 个点。这些米级高空间分辨率的高精度 DEM 为分析黑河上游地区地表径流提供了很好的支持。

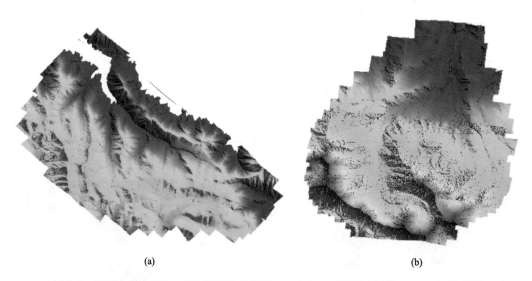

图 3-5　黑河上游 LiDAR 获取的冰沟地区 DEM（a）、葫芦沟区域 DEM（b）结果图

　　图 3-6 为张掖大满灌区机载 TASI 红外影像。机载红外数据传感器 TASI 获取了高空间分辨率（<3 m）的地表温度与红外发射率，可用于分析地表温度的空间异质性。
　　我们亦尝试利用机载 TASI 红外数据对黑河河道内地下水的出渗点检测方法进行了分析。图 3-7 为获取的原始数据和噪声去除、信号增强处理后的结果，低温区域（蓝色区域）反映了地下水的出渗。

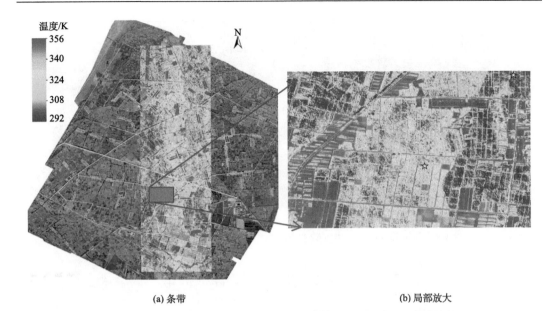

(a) 条带　　　　　　　　　　　　　　　　　(b) 局部放大

图 3-6　张掖大满灌区机载 TASI 红外影像

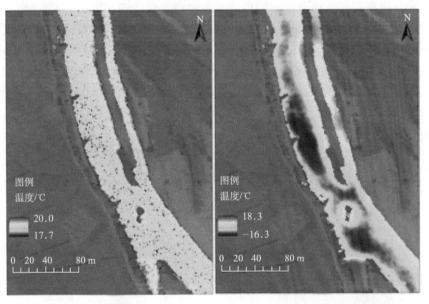

(a) 原始温度数据　　　　　　　　　　　　(b) 噪声去除后的河道温度数据

图 3-7　机载 TASI 黑河河道获取的原始数据及处理结果

　　如图 3-8 所示，本次实验中，红外成像光谱仪与 PLMM 是同机搭载，可以同时获取光学红外与微波亮温，为土壤水分、植被含水量和地表粗糙度等参量的反演方法研究提供了不同尺度的数据。

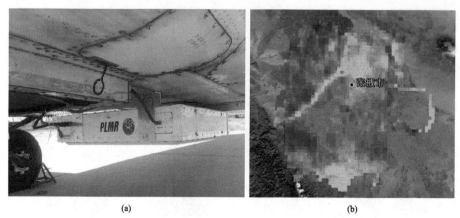

（a）　　　　　　　　　　　　　　（b）

图 3-8　与机载 TASI 同步安装的 PLMM 平板天线（a）与亮温图像（b）

3.5　航空数据处理与信息提取

3.5.1　黑河中游航空遥感土地覆盖制图

高空间分辨率和高光谱分辨率的机载成像光谱数据能够利用高空间光谱信息可以获得高精度的土地覆盖制图（Wang et al., 2014；王志慧等, 2013）。根据实地土地覆盖类型分布调查以及不同地物在 CASI（轻便机载光谱成像仪）影像中的光谱特征，将分类体系确定为：树木（乔木、灌木）、草地、裸地+建筑用地、不同农作物（玉米、马铃薯、白菜、洋葱、辣椒、韭菜）、水体。基于定量化处理后的 CASI 影像和土地覆盖类型实地调查数据（图 3-9），使用分层分类法对航空飞行样带某区域影像进行逐级分类。分类结果如图 3-10 所示。

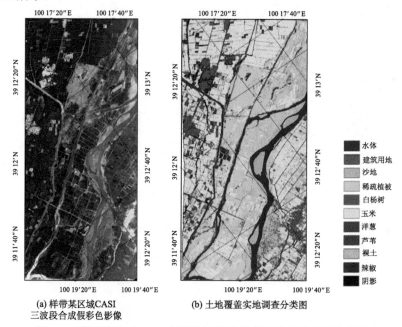

（a）样带某区域CASI　　　　　　（b）土地覆盖实地调查分类图
三波段合成假彩色影像

图 3-9　样带某区域 CASI 假彩色影像样带某区域土地覆盖分类图

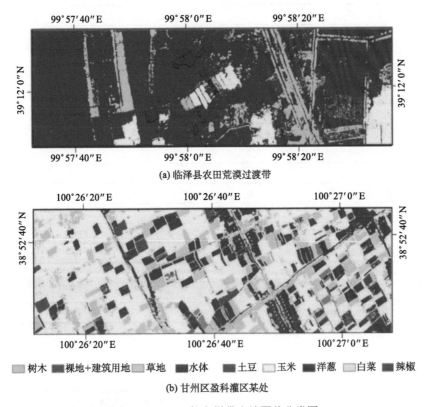

(a) 临泽县农田荒漠过渡带

■树木 ■裸地+建筑用地 □草地 ■水体 ■土豆 □玉米 ■洋葱 □白菜 ■辣椒

(b) 甘州区盈科灌区某处

图 3-10　CASI 航空样带土地覆盖分类图

将样本数据中的验证点与 CASI 土地覆盖分类图进行比较，建立误差矩阵对分类结果进行精度评价，总体分类精度为 84.2%，Kappa 系数为 0.793（表 3-4）。其中，非植被区（裸地+建筑用地、水体）的生产者精度与用户精度均接近 100%。树木类别中较多像素被错分为农田，各种农作物类别的分类精度均较低，这是由于不同农作物之间的相似光谱特征导致，而且其他农作物类型均与玉米存在混分现象。从表 3-4 中可以看出，若将所有农作物都作为农田类别，其生产者精度达到 90.8%，用户精度为 85.8%，五种类别的总体分类精度为 91.6%。基于航空样带遥感分类结果统计可知，中游灌溉区内接近59.1%地区为裸地与建筑用地；植被覆盖区域占据 39.8%，其中人工植被占绝大多数，自然植被只包括少量在河道两旁与荒漠中分布的灌木与草地；在农田区域中，玉米为大宗作物，占据 96.1%，各种主要蔬菜农作物（马铃薯、白菜、洋葱、辣椒、韭菜）分类成数分别为 1.4%、1.3%、0.4%、0.6%、0.2%（王志慧等，2013）。

融合 LiDAR 与光学数据，利用支持向量机与最大似然分类器实现土地利用分类，实现优势互补，可提高土地利用分类的精度，图 3-11 为融合分类制图。

表 3-4 CASI 样带分类结果误差矩阵

类别		验证参考数据								裸地+建筑用地	水体	用户精度/%
		树木	草地	农田								
				玉米	马铃薯	白菜	洋葱	辣椒	韭菜			
土地覆盖分类图	树木	2768	20	239	52	0	0	0	0	9	0	89.6
	草地	0	652	0	0	0	0	0	0	0	0	100
	农田 玉米	698	71	1888	162	171	138	147	223	0	0	53.9
	马铃薯	0	0	245	509	0	0	0	0	0	0	67.5
	白菜	68	0	167	0	390	0	134	0	0	0	51.3
	洋葱	0	0	0	0	0	360	0	0	0	0	100
	辣椒	0	0	0	0	0	0	374	0	0	0	100
	韭菜	32	0	87	0	0	0	0	259	0	0	68.5
	裸地+建筑用地	21	223	198	0	0	0	38	0	8150	0	94.4
	水体	0	0	0	0	0	0	0	0	0	1510	100
生产者精度/%		77.1	67.5	66.8	70.4	69.5	72.2	53.9	53.7	99.8	100	
				90.8								

农田用户精度 85.8

总体分类精度= 84.2%　　Kappa 系数 =0.793

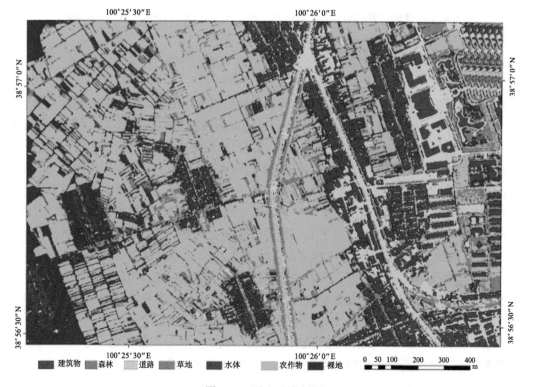

图例：■ 建筑物　■ 森林　■ 道路　■ 草地　■ 水体　■ 农作物　■ 裸地

0 50 100 200 300 400 m

图 3-11 融合分类制图

基于不同数据集、分类器获得的分类结果见表 3-5。

表 3-5 不同分辨率和信息源条件下分类精度比较

分辨率/m	精度	只用 LiDAR 或 CASI 数据				融合 LiDAR 与 CASI 数据			
		LiDAR 数据		CASI 数据		PCA		波段合成	
		MLC	SVM	MLC	SVM	MLC	SVM	MLC	SVM
1	OA/%	25.0	75.6	84.7	88.7	91.9	95.3	92.9	97.8
	Kappa 系数	0.181	0.582	0.758	0.836	0.868	0.923	0.888	0.964
2	OA/%	27.8	78.2	82.8	87.1	90.7	96.5	92.1	97.7
	Kappa 系数	0.203	0.654	0.743	0.825	0.862	0.943	0.884	0.963
4	OA/%	34.1	74.5	80.2	85.6	89.9	94.5	91.2	96.3
	Kappa 系数	0.262	0.626	0.726	0.803	0.860	0.922	0.878	0.948
8	OA/%	37.8	69.5	76.6	81.1	87.1	88.9	89.0	92.8
	Kappa 系数	0.292	0.579	0.694	0.757	0.829	0.849	0.855	0.904
10	OA/%	39.3	68.2	75.6	80.5	85.9	87.9	87.7	91.2
	Kappa 系数	0.302	0.561	0.692	0.746	0.814	0.836	0.840	0.883
20	OA/%	53.5	62.6	74.8	77.3	81.5	81.2	84.5	86.5
	Kappa 系数	0.401	0.445	0.679	0.692	0.741	0.723	0.783	0.805
30	OA/%	48.7	60.3	73.1	71.2	81.4	79.7	83.3	82.0
	Kappa 系数	0.298	0.401	0.619	0.589	0.696	0.644	0.727	0.686

从表 3-5 中也可发现，高程信息的引入，提高了分类精度，但是随着空间分辨率的降低，分类精度也会相应降低，这主要是由于分辨率降低后，像元成为混合像元导致。

3.5.2 植被结构参数航空遥感数据反演

以植被结构中的农作物植被高度和叶面积指数两种重要的参数作为实例，说明观测的航空遥感数据可较高精度反演植被结构参数：利用激光雷达数据来反演植被高度，以及利用成像光谱 CASI 数据反演叶面积指数（Ni et al., 2014, 2015; Lou et al., 2015）。

机载激光雷达数据以点云的形式存储，原始数据中将点云分为了地面点云和非地面点云两类，经过处理后，分别生成了 DEM、数字表面模型（DSM）和点云密度图，在此基础上将 DSM 与 DEM 直接相减得到植被高度图，结果如图 3-12 所示。

对于叶面积指数，根据航空影像成像时间（2012-06-29）地面测量的叶面积指数（LAI）地面数据与植被指数进行相关性分析。构建了 LAI 反演模型：

$$NDVI = NDVI_\infty + (NDVI_{bs} - NDVI_\infty) \times \exp(-K_{ndvi} \times LAI) \tag{3-1}$$

式中，$NDVI_{bs}$ 为裸土的 NDVI 值；$NDVI_\infty$ 为 LAI 达到无穷大时的 NDVI 值；$-K_{ndvi}$ 为消光系数。$NDVI_{bs}$ 取影像中无植被区 $NDVI = 0.1045$，$NDVI_\infty$ 影像中有植被区最大 $NDVI = 0.92$，通过反复实验取消光系数 $-K_{ndvi} = 0.86$。验证结果很好地分布在 1∶1 线附近（图 3-13），反演的 LAI 具有一定的可靠性。

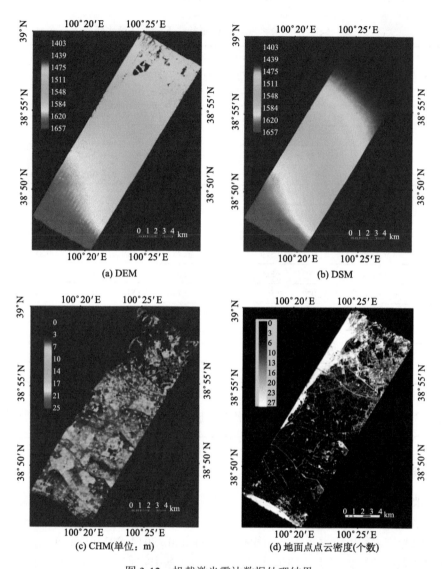

图 3-12　机载激光雷达数据处理结果

进一步，将 CASI 数据用于湿地结构参数的反演。由于湿地植被的均一性与低矮性，精确的植被高度与 LAI 估算具有一定的挑战性。发展了基于 LiDAR 数据的低矮湿地植被高度及 LAI 估算方法，通过去趋势的 LiDAR 高度标准差实现了低矮湿地植被高度的反演，结果表明该方法得到的反演模型可靠、反演精度较高（$R^2 = 0.84$, RMSE = 0.14 m）（图 3-14）。基于激光穿透指数（LPI）与估算的植被高度，分别估算了湿地植被 LAI，结果表明 LiDAR 数据能够可靠地估算低矮湿地植被 LAI，估算精度为 $R^2 = 0.79$, RMSE=0.52（图 3-15）。

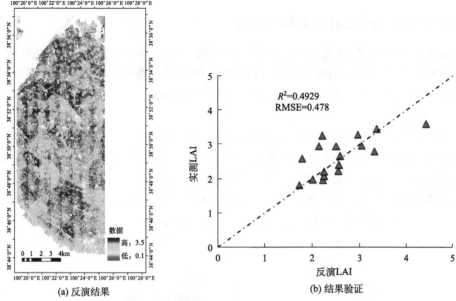

(a) 反演结果　　　　　　　　　　　　　　　　　(b) 结果验证

图 3-13　基于航空数据反演的 LAI 产品及与实测 LAI 对比结果

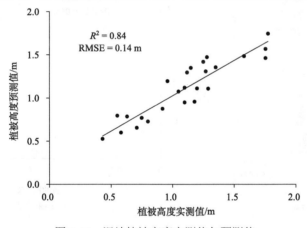

图 3-14　湿地植被高度实测值与预测值

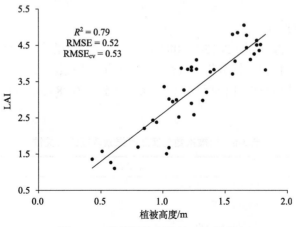

图 3-15　基于植被高度的 LAI 反演

3.5.3　植被生理物理参数航空遥感数据反演

成像光谱 CASI 与激光雷达数据是两种反演植被生理物理参数的重要航空遥感数据，选择植物光合有效辐射吸收比例（FPAR）、叶绿素、森林生物量等参数开展航空数据反演植被生物物理参数研究（Liu et al., 2013, 2014; Zhao et al., 2014; 张苏等，2013）。

1）FPAR 反演

FPAR 参数是一个瞬时变量，要对其进行航空影像反演及反演结果验证需要获取同步的地面实验数据。采用基于能量平衡原理的 FPAR 反演模型（FPEB 模型）对 HiWATER 试验的航空影像进行 FPAR 反演，并将反演结果与地面实验获取的 FPAR 数据进行对比分析如图 3-16 所示。可看出 FPEB 模型反演 FPAR 的结果看出数据点较好地分布在 1∶1 线附近，均方根误差为 0.0682，反演结果具有一定的可靠性。

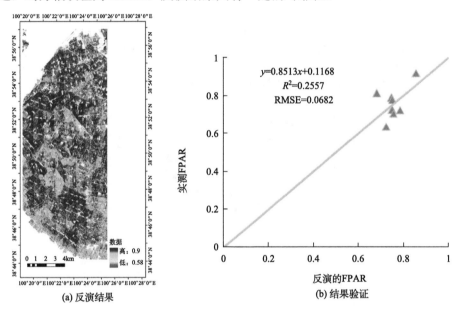

(a) 反演结果　　　　　　　　　(b) 结果验证

图 3-16　FPEB 模型反演结果与实测值对比图

2）叶绿素浓度反演

根据航空影像成像时间（2012-07-08）的 15 个样方点的实测叶绿素浓度地面数据与选用的各植被指数进行相关性分析。如表 3-6 列出了叶绿素浓度与植被指数复相关系数，选择精度最高的植被指数统计模型（复相关系数达到了 0.88）进行叶绿素浓度的反演（张苏等，2013）。

表 3-6　植被指数与实测叶绿素浓度的相关性

植被指数	函数关系	R^2
	$y = 1.7799\ln(x) + 3.5606$	0.79
NDVI	$y = 3.8353x^{0.8592}$	0.88
	$y = 3.5549x + 0.3365$	0.80

续表

植被指数	函数关系	R^2
RVI2	$y = 0.4483x + 0.7177$	0.79
	$y = 1.7012\ln(x) + 0.3013$	0.82
	$y = 0.8364x^{0.7879}$	0.84
ND705	$y = 4.2003x + 0.9325$	0.76
WDRVI	$y = 2.1678x + 2.5487$	0.77
SIPI	$y = 14.872e^{-1.522x}$	0.84
RM	$y = 3.3547x^{0.4434}$	0.79

注：x=VI，y=叶绿素浓度（单位：mg/g）。

图 3-17 是实测叶绿素浓度与 NDVI（归一化植被指数）建立的植被指数统计模型，用于航空影像的叶绿素浓度的反演结果。

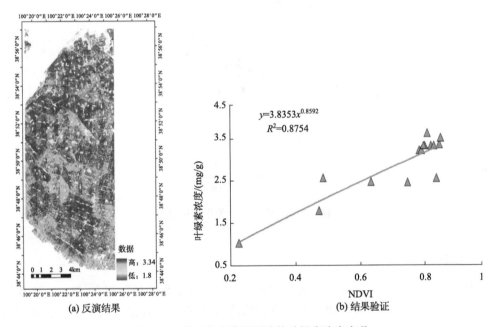

(a) 反演结果 (b) 结果验证

图 3-17 基于航空数据反演的叶绿素浓度产品

3）森林生物量反演

森林生物量是森林生态系统运行的物质基础，是描述森林冠层表面物质和能量交换最直接的定量指标，在全球气候变化和碳循环研究中起着重要的作用。激光雷达具有穿透冠层的能力，能可靠地反演植被生物量。用 LiDAR 数据实现了森林地下、地上及总生物量的反演（图 3-18）。建立了 LiDAR 生物量反演模型，实现了研究区森林生物量制图，为碳循环研究提供可靠的基础数据。

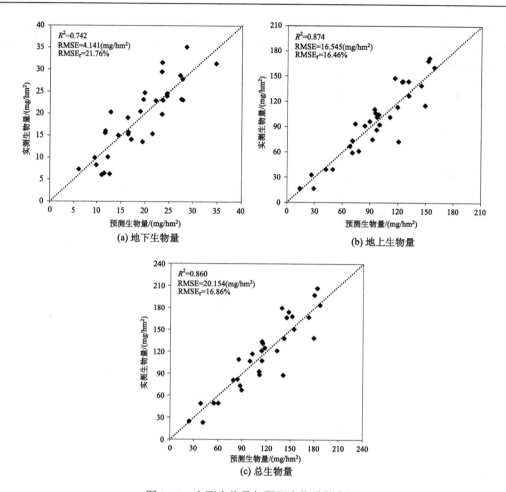

图 3-18　实测生物量与预测生物量散点图

3.5.4　地表辐射参数遥感反演

利用成像光谱数据 CASI（Hu et al., 2014）、热红外成像光谱数据 TASI，以及多角度观测数据 WiDAS 开展地表反照率和温度遥感反演研究（Hu et al., 2015; Cao et al., 2015; Wang et al., 2015）。

1）BRDF/反照率

CASI 数据具有高空间分辨率，但面临着角度信息不足而难以直接反演地表 BRDF 的问题。低分辨率的遥感数据尽管可以提供丰富的角度信息，但是两种数据的空间尺度不同，无法直接将低分辨的角度信息应用到高分辨率数据中。如何综合利用两种数据源的优势进行地表参数的联合反演是目前多源遥感数据应用的一个重要难点。基于地表类型的原型 BRDF 的假设，构建联合高分辨率空间信息和低分辨率角度信息的反演地表 BRDF/Albedo 的模型，称之为基于地表类型线性分解的 BRDF 模型，LLBU（land-cover-based linear BRDF unmixing）算法。基于 LLBU 模型，利用 CASI 数据进行地表 BRDF 和反照率遥感反演（You et al., 2015）。

为了验证提取的地表类型原型 BRDF 精度，利用地面同步测量的地面玉米地多角度数据集反演核驱动模型得到该类地表的地面测量原型 BRDF，并与反演的结果进行比较。

图 3-19 比较了 LLBU 反演的原型 BRDF 与地面测量获取的原型 BRDF，两者在图示的平行太阳主平面有非常相似的形状。波段 1、2 和 4 的相似性分别为 2%、5% 和 5%，都小于 10%，表明两者较高的吻合度。波段 3 的结果稍差，其相似性为 12%，主要是该波段易受大气影响，且在植被类型上的响应信号较弱，存在较大的噪声。图 3-20（a）为校正前的影像，整个核心区由 8 条航带组成。图幅中的条带出现明显的亮度对比，说明存在较强的角度效应。经过 LLBU 反演的 BRDF 订正后，如图 3-20（b）所示，航带间拼接处的亮度差异明显变小，从侧面证明了 LLBU 反演的 CASI 的 BRDF 能够较好地刻画地表各向异性特征。

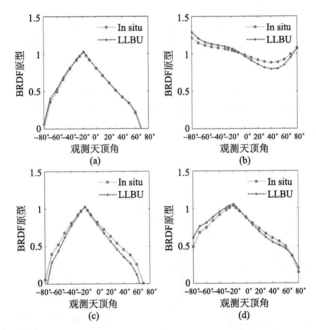

图 3-19 LLBU 反演的 BRDF 与实测 BRDF 原型比较

（a）～（d）分别为波段 1 到波段 4 的结果，主平面的太阳天顶角为 19.01°，
观测天顶角正值（负值）表示前向（后向）散射

CASI 各波段的 BRDF 在角度空间进行积分得到其黑空反照率和白空反照率。图 3-21 显示了 CASI 反照率与地面的测量值验证结果，大部分的散点分布在 1∶1 线附近。统计均方根误差 RMSE 为 0.013，平均相对误差为 7.62%，说明 CASI 反照率具有较高的精度（You, 2015）。

2）温度和发射率反演

TASI 作为国内近年引入的新一代机载高光谱红外成像光谱仪。以 TASI 为研究对象，提出针对中高分辨率热红外数据的地表温度与发射率分离算法（TES）。图 3-22 显示了反演的地表温度图。

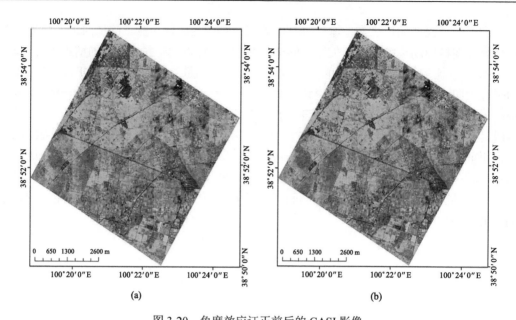

图 3-20　角度效应订正前后的 CASI 影像

（a）角度效应订正前的影像，数字标识了航带编号；（b）角度效应订正后的影像

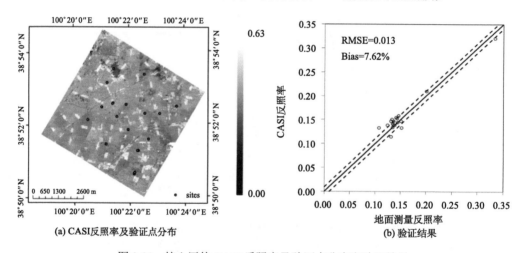

（a）CASI 反照率及验证点分布　　　　　（b）验证结果

图 3-21　核心区的 CASI 反照率及验证点分布和验证结果

虚线表示偏差范围为[−0.01, 0.01]

利用异质性符合要求的 WaterNET 站点采集的地表温度数据，经过处理得到地表真实温度，经过与 TASI 反演的地表温度数据进行时间和空间的匹配后，进行验证，结果如图 3-23 所示，6 月 30 日和 7 月 10 日的数据分别有三条航带和两条航带覆盖验证区域，这两天的均方根误差分别为 1.35 K 和 1.18 K。

发射率的验证，是通过准同步的地面测量完成的，鉴于发射率随时间的变化没有地表温度那么快，并且发射率的测量相比温度更为复杂，难以实现自动采集，因此利用 Bomem FTIR 在卫星过境前后 5 个小时内完成测量。这里利用沙漠站（SSW）进行发射率验证，如图 3-24 所示。结果可以反映出沙子中石英的 reststrahlen 波谱特征，9μm 以后

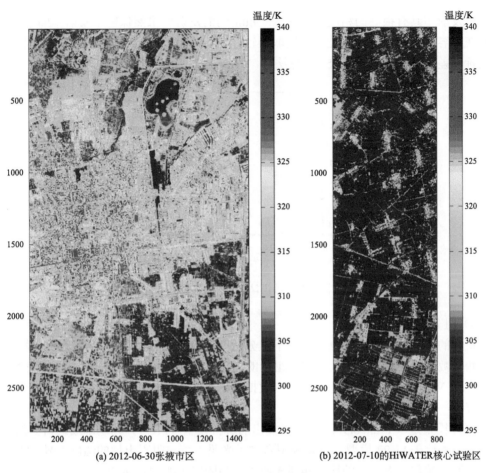

(a) 2012-06-30张掖市区　　　　　　(b) 2012-07-10的HiWATER核心试验区

图 3-22　TASI 反演的地表温度

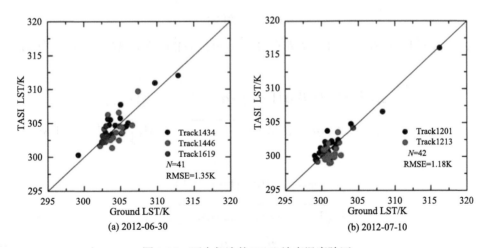

(a) 2012-06-30　　　　　　　　　　(b) 2012-07-10

图 3-23　两个架次的 TASI 地表温度验证

的波段发射率具有很高的精度，但在 8~9μm 间的发射率虽然保留了发射率的谱型，但仍存在不容忽视的偏差，在地表温度取得较好反演结果的同时，这些偏差要归因于数据中定标误差，在该站点利用 ISAC 算法时，存在过校正的问题。

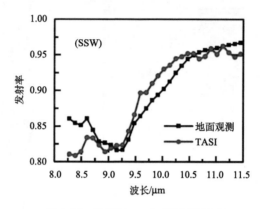

图 3-24　沙漠站 TASI 发射率验证

3）组分温度

机载的热红外多角度数据获取对于组分温度反演的发展具有重要意义，机载平台获取多角度数据，具有多尺度与多波段组合的优点。提出了可用于三组分温度反演的 TFR 模型，以 WiDAS 多角度观测数据作为数据源，反演了叶片、光照土壤和阴影土壤的组分温度。

TFR 模型是以 Francois 于 1997 年提出的解析模型（FR97）为基础改进得到的，模型如下式。相比于 FR97 模型，TFR 模型考虑了光照土壤与阴影土壤的温度差异，可通过视场内光照土壤与阴影土壤的比例实现光照土壤与阴影土壤的直接分离。

$$R(\theta) = p_g \tau_{to}(\theta) \varepsilon_s B(T_{s1}) + p_z \tau_{to}(\theta) \varepsilon_s B(T_{s2}) + \omega_{to}(\theta) B(T_v) + \left[1 - \varepsilon_c(\theta)\right] R_a \quad (3\text{-}2)$$

$$\tau_{to}(\theta) = b(\theta) \quad (3\text{-}3)$$

$$\omega_{to}(\theta) = \left[1 - b(\theta)\right] \varepsilon_v + (1 - M) b(\theta)(1 - \varepsilon_s) + (1 - \alpha)\left[1 - b(\theta) M\right]\left[1 - b(\theta)\right](1 - \varepsilon_v) \varepsilon_v \quad (3\text{-}4)$$

$$\varepsilon_c(\theta) = 1 - b(\theta) M(1 - \varepsilon_s) - \alpha\left[1 - b(\theta) M\right](1 - \varepsilon_v) \quad (3\text{-}5)$$

$$p_g = \exp\left[-\left(\lambda_i G_i / \mu_i + \lambda_v G_v / \mu_v - \sqrt{w \lambda_i \lambda_v G_i G_v / (\mu_i \mu_v)}\right) \cdot \text{LAI}_a\right] / \exp\left[-\lambda_v G_v \text{LAI}_a / \mu_v\right] \quad (3\text{-}6)$$

$$w = d / (H\delta) \cdot \left(1 - e^{-H\delta/d}\right) \quad (3\text{-}7)$$

$$\delta = \sqrt{1 / \mu_i^2 + 1 / \mu_v^2 - 2\cos\Delta\varphi / (\mu_i \mu_v)} \quad (3\text{-}8)$$

$$p_z = 1 - p_g \quad (3\text{-}9)$$

式中，T_{s1}、T_{s2} 和 T_v 分别为光照土壤、阴影土壤和叶片的温度；$B(T)$ 为普朗克函数计算的辐射发射项；ε_s 和 ε_v 分别为土壤和叶片的材料发射率；$p_g\tau_{to}(\theta)\varepsilon_s$、$p_z\tau_{to}(\theta)\varepsilon_s$ 和 $\omega_{to}(\theta)$ 分别为光照土壤、阴影土壤和叶片的有效发射率；R_a 为大气的下行辐射；φ 为太阳和观测方向夹角；G 为叶片在太阳方向或观测方向的投影比例，对于叶倾角球型分布的冠层 $G=0.5$；μ 为某个角度的余弦值；下标 i 和 v 分别表示太阳和观测方向；d 表示叶片的等效直径；H 为植被冠层高度。

组分温度反演策略以贝叶斯推论为基础，贝叶斯方法是结合多角度观测信息与先验知识来寻找组分温度的最优解：

$$S(B)=\left[\left(\mathrm{WB}-L_{\mathrm{obs}}\right)^T C_{\mathrm{D}}^{-1}\left(\mathrm{WB}-L_{\mathrm{obs}}\right)+\left(B-B_{\mathrm{p}}\right)^T C_{\mathrm{M}}^{-1}\left(B-B_{\mathrm{p}}\right)\right]/2 \tag{3-10}$$

组分温度的最优解为

$$B_{\mathrm{Bayes}}=\left(W^T C_{\mathrm{D}}^{-1}W+C_{\mathrm{M}}^{-1}\right)^{-1}\left(W^T C_{\mathrm{D}}^{-1}L_{\mathrm{obs}}+C_{\mathrm{M}}^{-1}B_{\mathrm{p}}\right) \tag{3-11}$$

式中，WB 与 L_{obs} 分别为模型模拟的与传感器观测的结果；B 与 B_{p} 分别为真正的组分温度与先验知识；C_{D} 为传感器的观测值与模拟值间的协方差，其可通过传感器噪声水平进行估算；C_{M} 为组分温度与先验知识间的协方差。当先验知识缺失时，B_{p} 和 C_{M} 可通过简单的最小二乘算法先行估算。

机载红外广角双模式成像仪由中国科学院遥感与数字地球研究所自主研制的航空多角度成像系统。由一个热红外相机、一个超高空间分辨率 CCD 相机和 2 个多光谱 CCD 相机共 4 个传感器组成，同时还配备了高精度的定位定向系统（POS）。图 3-25 为 WiDAS 搭载的传感器及安装平台。

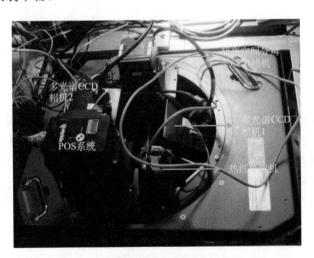

图 3-25　WiDAS 搭载的传感器及安装平台

热红外相机的型号为 FLIR A645SC，像素数为 640×480，飞行过程中在该相机镜头前加载了一个 80° 的广角镜头，即面阵传感器在对角线上的 FOV（视场角）为 80°（$\angle \mathrm{ASA_1}$），相应地可以计算出在正交方向的 FOV 为 68°（$\angle \mathrm{CSC_1}$）及 54°（$\angle \mathrm{BSB_1}$）。为了获得更大观测角度的热辐射信息，热红外相机安装装置具有前倾 12° 的夹角

（∠OSO₁），从而使得在飞行方向的前向和后向的观测角度分别为46°及22°。图3-26
为热红外相机在正交方向的FOV及倾斜安装后的视场区域。为了保证航向接近85%
的高重叠率，飞机飞行速度控制在200km/h左右，飞行高度为1160m，拍摄帧频为每
秒6帧。同时飞机在相邻航带之间亦有高达80%的重叠率，使得从不同航线观测同一
个目标成为可能（图3-27）。

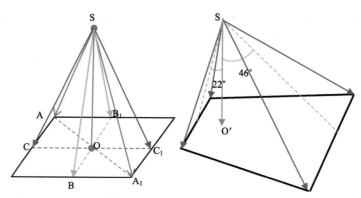

图 3-26　热红外相机在正交方向的 FOV 及倾斜安装后的视场区域

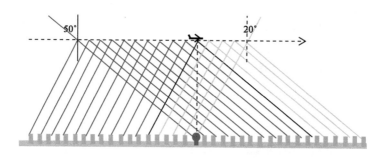

图 3-27　航向 15 个角度所对应的飞行位置的示意图

　　图3-28为选为研究区的玉米的温度反演结果，可以看出光照土壤与阴影土壤间存在
比较明显的温度差异（大于5℃），但是阴影土壤与叶片间温差比较小。基于地表同步测
量的组分温度数据对整个加强观测区的反演结果进行验证（图3-29），可以看出叶片与
光照土壤的温度反演结果与地表测量结果比较一致，但阴影土壤的反演结果存在一定高
估现象，其均方根误差分别为0.72℃、1.55℃和2.73℃。

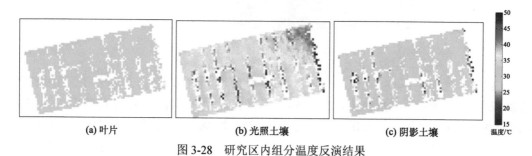

(a) 叶片　　　　　　　　(b) 光照土壤　　　　　　　(c) 阴影土壤

图 3-28　研究区内组分温度反演结果

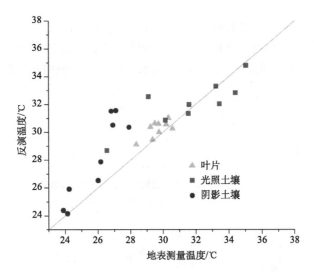

图 3-29 模型反演的组分温度与地表测量的组分温度散点图

3.5.5 土壤水分反演

1. 基于机载数据的土壤水分反演

温度-植被指数特征空间算法已经广泛应用于中低分辨率的星载数据,但是受到中低分辨率的限制,温度-植被指数特征空间法的合理构建缺乏探讨。高空间分辨率的机载数据具有更小的亚像元空间异质性的优势,对评价和改进温度-植被指数特征空间算法具有重要意义(Fan et al., 2015a)。

NDVI 的饱和和干扰像元的存在影响了特征空间的合理构建。NDVI 的去饱和算法主要利用其他植被指数(如比值植被指数)在高植被覆盖区比 NDVI 更加敏感的特点,来纠正 NDVI 饱和问题。根据特征空间的定义,除了植被像元、裸土像元以及部分植被覆盖的裸土的像元之外,其他的像元均属于干扰像元,会影响特征空间空间,进而影响干湿边的构建。为了对干扰像元进行有效剔除,本项目主要利用高空间分辨率地表分类数据对道路、房屋等人工地类进行识别并剔除。此外借助异常点识别算法对影像中存在的噪声及异常点进行剔除。最终实现特征空间的合理构建。

基于光学数据提出的土壤水分干旱因子多是通过经验统计方法来反演土壤水分,定量反演土壤水分的干旱因子较少。目前最常用的干旱因子是温度植被干旱指数(TVDI),但是该因子与土壤水分的关系缺乏定量化的模型。而蒸散比(EF)与土壤水分的定量化模型已广泛研究。基于改进的温度-植被指数特征空间,分别获取 TVDI 和 EF,通过与无线传感器网络获取的实测土壤水分数据对两种因子进行评价,确定最优的土壤水分干旱因子。图 3-30 为土壤水分反演算法改进流程图。

高空间分辨率土壤水分反演主要利用温度-植被因子特征空间算法。其反演结果如图 3-31 所示。基于 EF 和 TVDI 的土壤水分反演结果发现整体的土壤水分呈相似的分布:北部的戈壁地区土壤水分含量低,南部的戈壁地区土壤水分含量高。但是通过表 3-7 可以看出，利用 EF 反演的土壤水分结果反映的土壤水分变化范围更大。通过与地面实测土壤水分比较发现（图 3-32），EF 的土壤水分结果具有更高的精度。因此认为 EF 能够更好地反演土壤水分的变化情况。EF 的土壤水分数据也将应用于尺度转换分析。

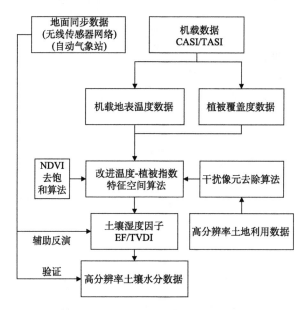

图 3-30　土壤水分反演算法改进流程图

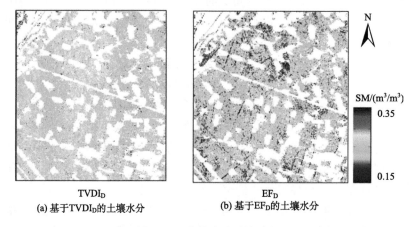

(a) 基于TVDI$_D$的土壤水分 　　 (b) 基于EF$_D$的土壤水分

图 3-31　土壤水分反演结果

表 3-7　基于 EF 和 TVDI 的土壤水分结果统计

土壤水分	研究区域			验证区域		
	范围/（m³/m³）	平均值/（m³/m³）	标准差	范围/（m³/m³）	平均值/（m³/m³）	标准差
TVDI$_N$	0.01～0.336	0.188	0.075	0.15～0.336	0.251	0.021
EF$_N$	0.002～0.35	0.171	0.092	0.15～0.35	0.260	0.040

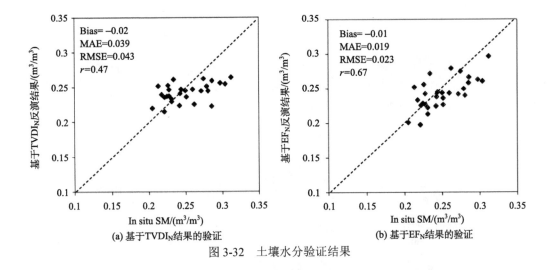

(a) 基于TVDI$_N$结果的验证　　　　(b) 基于EF$_N$结果的验证

图 3-32　土壤水分验证结果

2. 基于多源遥感及地面观测数据的异质性农田区高分辨率土壤水分反演

已有的土壤水分估算方法应用于异质性地表主要存在两个问题：①已有的高分辨率土壤水分估算方法受异质性地表干扰组分（如人工地物）导致土壤水分精度下降；②异质性地表植被对遥感光学数据干扰严重，降低了光学数据对土壤水分极值区的估算。为解决上述两个问题，项目提出一套多源数据融合的方案，将与土壤水分密切相关的无线传感器观测数据、ASTER（先进星载热辐射与反射辐射仪）可见光-热红外数据、地面灌溉数据以及被动微波辐射计的土壤水分产品进行融合，获得高分辨率的土壤水分分布（Fan et al., 2015b）。

图 3-33 显示了利用多源融合方法的反演结果。从图中可以看出，5 月 30 日及 6 月 24 日的土壤水分变化较大，而 7 月 10 日土壤水分变化较小。利用方法 Ⅰ/Ⅱ 获得反演的土壤水分空间变化平缓，无法有效地反映出灌溉区域的边界。但是方法Ⅲ可以清晰地勾画出灌溉边界，这是由于方法Ⅲ融合了灌溉信息。对比 7 月 10 日的土壤水分反演结果，方法Ⅳ反映了更大的土壤水分变化，这说明 PLMR 土壤水分数据的引入，能够提供更多土壤水分信息。总体来说，方法Ⅲ/Ⅳ能够融合更多的土壤水分信息。

融合地表无线传感器网络观测数据，高分辨率的 ASTER 光学数据，灌溉数据以及 PLMR 土壤水分产品，能够有效提高异质性农田地区土壤水分估算精度。5 月 30 日的 RMSE 为 0.0324 m³/m³ ，6 月 24 日的 RMSE 为 0.0331m³/m³。

3. 基于 PLMR L 波段航空遥感数据的土壤水分反演

本研究利用全局敏感性分析方法和集合反演方法定量研究了 L 波段被动微波反演土壤水分过程中会出现的各种不确定性；并针对航空 PLMR 的微波亮温观测开展了多种反演策略的比较研究。

首先分别对植被覆盖和裸土的微波辐射传输模型 L-MEB（L-band microwave emission of the biosphere）进行参数敏感性分析得到影响微波辐射传输模型输出的主要参数及其量化的贡献比例；通过对不同极化、不同角度和不同参数值域下的敏感性分析，

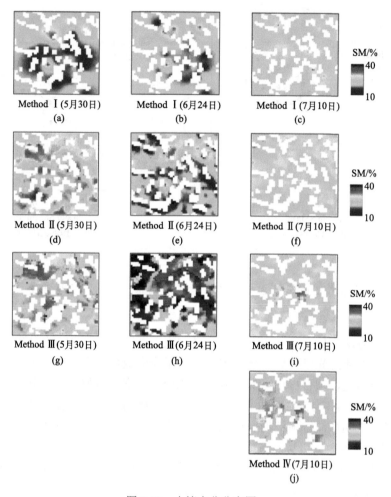

图 3-33　土壤水分分布图

（a）（b）（c），（d）（e）（f），（g）（h）（i），（j）分别为方法Ⅰ，Ⅱ，Ⅲ，Ⅳ的反演结果

得到各参数的一阶和总敏感性指数，以及参数耦合项的大小，比较参数在各个角度和极化的不同表现；采用集合反演的思路来研究土壤水分反演过程中由观测误差、模型参数误差以及不同的反演策略所引起的不确定性。通过对模型参数的敏感性分析和土壤水分反演中不确定性来源的分析，发现单通道单参数反演（尤其是大入射角 V 极化通道）最容易受到观测误差和参数误差的影响，其在不同入射角和极化下的表现与参数的敏感性密切相关；观测通道数量的增加可以显著降低观测误差和参数误差的影响，以及反演的不确定性；在参数反演时提供较精确的初猜值同样可以减少反演不确定性。

在 L-MEB 模型敏感性分析和反演不确定性理论分析的基础上，依托"黑河流域生态-水文过程综合遥感观测联合试验"黑河中游绿洲试验区的机载 PLMR 微波辐射计亮温数据及地面同步观测，并利用 MODIS（中分辨率成像光谱仪）地表温度产品（MOD11A1）和叶面积指数产品（MYD15A2）作为模型及反演中的先验辅助信息，采用微波辐射传输模型 L-MEB 模型和 LM（levenberg-marquardt）优化算法，针对土壤水分、植被含水量和地表粗糙度这 3 个敏感性参数，分别进行了土壤水分单参数反演、双参数反演以及三个参数同时反演（图 3-34），并利用地面生态水文无线传感器网络（WSN）观测数据对土壤水分反演结果进行验证。通过不同反演策略的比较可以得出结论，多源辅助数据及 PLMR 双极化、多角度观测信息的综合应用可以显著降低土壤水分定量反演的不确定性，提高反演精度；同时也证明在合理的模型参数和反演策略约束下，L-MEB 模型和土壤水分反演算法可以达到 0.04cm^3/cm^3 的反演精度，另外也说明无线传感器网络可以在遥感产品真实性检验中起到重要作用。

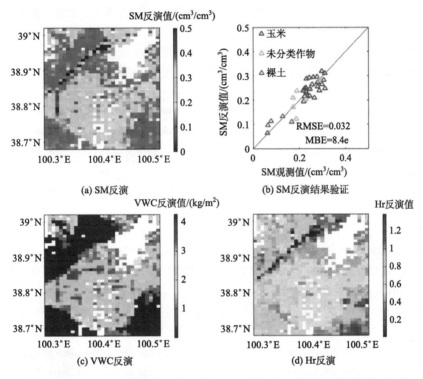

图 3-34　利用 PLMR 三角度双极化信息的土壤水分、植被含水量及地表粗糙度三参数反演结果
（以 2012 年 7 月 10 日为例）

3.6　小　　结

　　本章简要介绍了航空遥感试验的总体设计、航空平台选型、载荷、飞行计划实施等内容，并利用航空遥感数据进行了一些研究与示范应用。2012 年和 2014 年先后在黑河上中下游组织开展了 21 个架次、超过 100 小时航空遥感飞行试验，利用先进的成像光谱仪、LiDAR、微波辐射计和自主研发的多角度 WiDAS 系统获取了航空遥感数据。航空试验获取了覆盖不同区域不同传感器的原始数据 24 类,不同区域不同时期的航空遥感数据产品参数 19 类。这些数据通过数据观测网站共享，为 80 余个项目（黑河计划项目 20

余个）提供了黑河流域重点研究区高精度的地表下垫面信息，为小流域高分辨生态水义模型的构建提供了米级分辨率的数据支撑。

参 考 文 献

方莉, 刘强, 肖青, 等. 2009. 黑河试验中机载红外广角双模式成像仪的设计与实现. 地球科学进展, 24（7）: 696-704.

李大治, 晋锐, 车涛, 等. 2014. 联合 PLMR 微波辐射计和 MODIS 产品反演黑河中游张掖绿洲土壤水分研究. 地球科学进展, 29（2）: 295-305.

李新, 刘绍民, 马明国, 等. 2012. 黑河流域生态-水文过程综合遥感观测联合试验总体设计. 地球科学进展, 27（5）: 481-498.

浦瑞良, 宫鹏. 2000. 高光谱遥感及其应用. 北京: 高等教育出版社.

田庆久, 宫鹏, 赵春江, 等. 2000. 用光谱反射率诊断小麦水分状况的可行性分析. 科学通报, 45（24）: 2645-2650.

童庆禧, 张兵, 郑兰芬. 2006. 高光谱遥感——原理、技术与应用. 北京: 高等教育出版社.

童庆禧, 郑兰芬, 王晋年, 等. 1997. 湿地植被成像光谱遥感研究, 遥感学报, 1（1）: 50-57.

王志慧, 刘良云. 2013. 基于 CASI 航空样带数据的黑河中游土地覆盖类型调查. 地球科学进展, 28（8）: 948-956.

徐希孺, 范闻捷, 陶欣. 2009. 遥感反演连续植被叶面积指数的空间尺度效应. 中国科学（地球科学）, 39（1）: 79-84.

颜春燕, 刘强, 牛铮, 等. 2004. 植被生化组分的遥感反演方法研究. 遥感学报, 8（4）: 300-308.

张仁华. 2009. 定量热红外遥感模型与地面实验基础. 北京: 科学出版社.

张苏, 刘良云, 黄文江. 2013. 基于植被指数的叶绿素密度遥感反演建模与普适性研究. 遥感信息, 28（3）: 94-101.

赵春江, 黄文江, 王纪华, 等. 2006. 用多角度光谱信息反演冬小麦叶绿素含量垂直分布. 农业工程学报, 22（6）: 104-109.

Alonso L, Gómez-Chova L, Vila-Francés J, et al. 2008. Improved fraunhofer line discirimination method for vegetation fluorescence quantification. IEEE Geoscience and Remote Sensing Letters, 5（4）: 620-624.

Andersen H E. 2009. Using airborne light detection and ranging（lidar）to characterize forest stand condition on the Kenai Peninsula of Alaska. Western Journal of Applied Forestry, 24（2）: 95-102.

Broge N H, Leblanc E. 2001. Comparing prediction power and stability of broadband and hyperspectral vegetation indices for estimation of green leaf area index and canopy chlorophyll density. Remote Sensing of Environment, 76: 156-172.

Chang A, Foster J, Hall D. 1987. Nimbus-7 SMMR derived global snow cover parameters. Annals of Glaciology, 9: 39-44.

Chen J M, Cihlar J. 1996. Retrieving leaf area index of boreal conifer forests using landsat TM images. Remote Sensing of Environment, 55: 153-162.

Cline D, Yueh S, Chapman B, et al. 2009. NASA Cold Land Processes Experiment（CLPX 2002/03）: Airborne Remote Sensing. Journal of Hydrometeorology, 10（1）: 338-346.

Derksen C. 2008. The contribution of AMSR-E 18. 7 and 10. 7 GHz measurements to improved boreal forest snow water equivalent retrievals. Remote Sensing of Environment, 112: 2701-2710.

Doneus M, Briese C, Studnick N. 2010. Analysis of full-waveform als data by simultaneously acquired TLS data: Towards an advanced dtm generation in wooded areas. Vienna: Proceedings of ISPRS Technical Commission VII Symposium.

Dong J R, Walker J P, Houser P R. 2005. Factors affecting remotely sensed snow water equivalent uncertainty. Remote Sensing of Environment, 97: 68-82.

Dozier J, Warren S G. 1982. Effect of viewing angle on Infrared Brightness Temperature of Snow. Water Resources Research, 18: 1424-1434.

Entekhabi D, Njoku E, O'Neill P, et al. 2010. The Soil Moisture Active Passive（SMAP）mission. Proceedings of the IEEE, 98（5）: 704-716.

Entenkhabi D, Njoku E, Houser P, et al. 2004. The Hydrosphere State（HYDROS）mission concept: An Earth system pathfinder for global mapping of soil moisture and land freeze/thaw. IEEE Transactions on Geoscience and Remote Sensing, 42（10）: 2184-2195.

Fan L, Xiao Q, Wen J G, et al. 2015b. Evaluation of the airborne CASI/TASI Ts-VI space method for estimating near-surface soil moisture. Remote Sensing, 7（3）: 3114-3137.

Fan L, Xiao Q, Wen J G, et al. 2015a. Mapping high-resolution soil moisture over heterogeneous cropland using multi-resource remote sensing and ground observations. Remote Sensing, 7（10）: 13273-13297.

Fan W J, Xu X R. 2004. The correlation of multi-angle thermal infrared data and the choice of optimal view angles. Science in China Series D: Earth Sciences, 47（6）: 570-576.

Fu L L, Alsdorf D, Rodriguez E, et al. 2009. The SWOT（Surface Water and Ocean Topography）mission: Spaceborne radar interferometry for oceanographic and hydrological applications. OCEANOBS'09 Conference.

Gamon J A, Huemmrich K F, Peddle D R, et al. 2004. Remote sensing in BOREAS: Lessons learned. Remote Sensing of Environment, 89（2）: 139-162.

Goutorbe J P, Lebel T, Tinga A, et al. 1994. HAPEX-SAHEL - A large-scale study of land-atmosphere interactions in the semiarid tropics. Annales Geophysicae, 12（1）: 53-64.

Hollaus M, Wagner W, Krause K. 2005. Airborne laser scanning and usefulness for hydrological models. Advances in Geosciences, 5: 57-63.

Jaskierniak D, et al. 2011. Extracting LiDAR indices to characterise multilayered forest structure using mixture distribution functions. Remote Sensing of Environment, 115（2）: 573-585.

Jia L, Li Z L, Menenti M, et al. 2003. A practical algorithm to infer soil and foliage component temperatures from bi-angular ATSR-2 data. International Journal of Remote Sensing, 24（23）: 4739-4760.

Kampe T U, Johnson B R, Kuester M, et al. 2010. NEON: The first continental-scale ecological observatory with airborne remote sensing of vegetation canopy biochemistry and structure. Journal of Applied Remote Sensing, 4: 043510.

Lefsky M L. 2010. A global forest canopy height map from the Moderate Resolution Imaging Spectroradiometer and the Geoscience Laser Altimeter System. Geophysical Research Letters, 37: L15401.

Li D Z, Jijn R, Zhou J. 2015. Analysis and reduction of the uncertainties in soil moisture estimation with the L-MEB model using EFAST and ensemble retrieval. IEEE Geoscience and Remote Sensing Letters,

12（6）: 1337-1341.

Li X, Cheng G, Liu S, et al. 2013. Heihe Watershed Allied Telemetry Experimental Research（HiWATER）: Scientific Objectives and Experimental Design. Bulletin of the American Meteorological Society. 94（8）: 1145-1160

Liang S L. 2004. Quantitative Remote Sensing of Land Surface. New Jersey: John Wiley and Sons, Inc.

Liu L Y, Wang J H, Huang W J, et al. 2004. Estimating winter wheat plant water content using red edge parameters. International Journal of Remote Sensing, 25（17）: 3331-3342.

Liu Q H, Huang H G, Qin W H, et al. 2007. An extended 3-D radiosity-graphics combined model for studying thermal-emission directionality of crop canopy. IEEE Transactions on Geoscience and Remote Sensing, 45（9）: 2900-2918.

Liu Q H, Liu Q, Xin X Z et al. 2001. Experimental Study on Directionality in Thermal Infrared Observations of Corn Canopy. Proc IGARSS'01, Sydney, Australia.

Luo S Z, Wang C, Pan F F, et al. 2015. Estimation of wetland vegetation height and leaf area index using airborne laser scanning data. Ecological Indicators, 48: 550-559.

Martin M E, Newman S D, Aber J D et al. 1998. Determining forest species composition using high resolution spectral resolution remote sensing data. Remote Sensing of Environment, 65: 249-254.

Miller M A. 2007. SGP Cloud and Land Surface Interaction Campaign（CLASIC）: Science and Implementation Plan. DOE/SC-ARM-0703, U. S. Department of Energy: 14.

Naesset E, Gobakken T. 2008. Estimation of above- and below-ground biomass across regions of the boreal forest zone using airborne laser. Remote Sensing of Environment, 112（6）: 3079-3090.

NRC: Committee on Integrated Observations for Hydrologic and Related Sciences, NRC. 2008. Integrating Multiscale Observations of U S Waters. Pittsburgh: National Academies Press.

Pardé M, Goïta K, Royer A. 2007. Inversion of a passive microwave snow emission model for water equivalent estimation using airborne and satellite data. Remote Sensing of Environment, 111: 346-356.

Pascual C, et al. 2008. Object-based semi-automatic approach for forest structure characterization using lidar data inheterogeneous Pinus sylvestris stands. Forest Ecology and Management, 255（11）: 3677-3685.

Peischl S, Walker J P, Allahmoradi M, et al. 2009. Towards validation of SMOS using airborne and ground data over the Murrumbidgee Catchment. In: Anderssen R S, Braddock R D, Newham L T H. 18th World IMACS Congress and MODSIM09 International Congress on Modelling and Simulation. Modelling and Simulation Society of Australia and New Zealand and International Association for Mathematics and Computers in Simulation. Cairns, Australia: 3733-3739.

Sellers P, Hall F, Margolis H, et al. 1995. The Boreal Ecosystem–Atmosphere Study（BOREAS）: An overview and early results from the 1994 field year. Bulletin of the American Meteorological Society, 76（9）: 1549-1577.

Sellers P J, Hall F G, Asrar G, et al. 1988. The First ISLSCP Field Experiment（FIFE）. Bulletin of American Meteorological Society, 69（1）: 22-27.

Smith E A, Asrar G, Furuhama Y, et al. 2007. International Global Precipitation Measurement（GPM）Program and Mission: An overview. Measuring Precipitation From Space. Netherlands: Springer.

Smith L C, Pavelsky T M. 2009. Remote sensing of volumetric storage changes in lakes. Earth Surface Process and Landforms, 34: 1353-1358.

Sobrino J A, Jimenez-Munoz J C, Zarco-Tejada P J, et al. 2009. Thermal remote sensing from Airborne

Hyperspectral Scanner data in the framework of the SPARC and SEN2FLEX projects: an overview. Hydrology and Earth System Sciences, 13 (11) : 2031-2037.

Su Z, Timmermans W J, van der Tol C, et al. 2009. EAGLE 2006—Multi-purpose, multi-angle and multi-sensor in-situ and airborne campaigns over grassland and forest. Hydrology and Earth System Sciences, 13 (6) : 833-845.

Sun G, Ranson K J, Kimes D S, et al. 2008. Forest vertical structure from GLAS: An evaluation using LVIS and SRTM data. Remote Sensing of Environment, 112 (1) : 107-117.

Thenkabail P S, Smith R B, de Pauw E. 2002. Evaluation of narrowband and broadband vegetation indeces for determining optimal hyperspectral wavebands for agricultural crop characterization. Photogrammetric Engineering & Remote Sensing, 68: 607-621.

Walker J P, Panciera R. 2005. National Airborne Field Experiment 2005: Experiment Plan. Melbourne: Department of Civil and Environmental Engineering, the University of Melbourne.

Wessman C A, Aber J D, Peterson D L. 1989. An evaluation of imaging spectrometry for estimating forest canopy chemistry. International Journal of Remote Sensing, 10: 1293-1316.

Wu X D, Xiao Q, Wen J G, et al. 2015. Optimal Nodes Selectiveness from WSN to Fit Field Scale Albedo Observation and Validation in Long Time Series in the Foci Experiment Areas, Heihe. Remote Sensing, 7 (11) : 14757-14780.

Xu X R, Chen L F, Zhuang J L. 2001. Retrieval method of component temperatures of mixed pixel based on multi-angle remote sensing information. Science in China Series D,31(1):81-86.

You D Q, Wen J G, Xiao Q, et al. 2015. Development of a high resolution BRDF/Albedo product by fusing airborne CASI reflectance with MODIS daily reflectance in the oasis area of the Heihe River Basin, China. Remote Sensing, 7 (6) : 6784-6807.

第4章 水文气象观测网

刘绍民　徐自为

20 世纪 90 年代末全球长期通量观测网（FLUXNET）成立，实现从单站观测到多站点联网、长时间连续观测的转变。该观测网包括北/南美洲、欧洲、亚洲、大洋洲、非洲等区域，涵盖森林、农作物、草原、丛林、湿地、苔原等下垫面类型。截至2017 年 2 月，FLUXNET 总的注册站点为 914 个（达 7479 站年）。FLUXNET 主要用于监测地气间碳、水、能量的交换，并可为净初级生产力、地表蒸散发（ET）等遥感产品提供验证数据。其主要特点是多站点、长期监测和松散联盟。过去 10 年来，以流域为单元建立分布式的观测系统蔚然成风（程国栋等，2015；Cheng et al., 2014），主要特点是观测系统的顶层优化设计；多变量、多过程、多尺度的协同观测；无线传感器网络等新技术的应用；观测平台与信息系统相结合，形成多站点、长期监测，并强调观测系统的整体性、综合性和系统性。其中代表性的流域观测网有 2007 年建立的美国关键带观测站（Anderson et al., 2008）、2007 年建立的丹麦水文观测系统（HOBE）（Jensen et al., 2011）、2008 年建立的德国陆地环境观测网络（Zacharias et al., 2011）等。

黑河流域地表过程综合观测网包括水文气象观测网、生态水文无线传感器网络（见第 5 章）、多源遥感监测（见第 3、8 章）等（Liu et al., 2018）。其中水文气象观测网始建于 2007 年"黑河综合遥感联合试验"期间（包括 3 个观测站点，其中上游 2 个、中游1 个）（Liu et al., 2011；Li et al., 2009），建成于 2013 年的"黑河流域生态-水文过程综合遥感观测联合试验"期间，包括 23 个观测站点（3 个超级站和 20 个普通站，覆盖黑河流域上、中、下游主要下垫面类型）。2016 年起，精简与优化为 11 个观测站（3 个超级站和 8 个普通站）（Liu et al., 2018；Li et al., 2013）。

4.1　总　体　设　计

黑河流域水文气象观测网的目标是：①以流域为研究对象，构建国际领先的多要素-多过程-多尺度-分布式-立体的流域观测系统，显著提升对流域陆表系统的观测能力；②建设寒旱区典型地表像元尺度的遥感试验场，形成从单站到航空像元到卫星像元尺度转换的综合观测能力，成为国内外主流遥感产品的真实性检验场；③开展天空地一体化的流域尺度长期监测，积累长时间序列观测数据集，打通观测-模型-决策链条，支撑流域综合管理。

4.1.1　站点布局

流域水文气象观测网包括 3 个超级站和 20 个普通站，覆盖黑河流域上游（青海省祁连县）、中游（甘肃省张掖市）和下游（内蒙古自治区额济纳旗）区域，涵盖林地、草甸、农田、湿地、裸地以及荒漠/戈壁/沙漠等主要地表类型。上游包括 1 个超级站（阿柔超级站）和 9 个普通站（景阳岭站、峨堡站、黄草沟站、阿柔阳坡站、阿柔阴坡站、垭口站、黄藏寺站、大沙龙站、关滩站），中游包括 1 个超级站（大满超级站）和 6 个普通站（张掖湿地站、神沙窝沙漠站、黑河遥感站、花寨子荒漠站、巴吉滩戈壁站、盈科站），下游包括 1 个超级站（四道桥超级站）和 5 个普通站（混合林站、胡杨林站、农田站、裸地站、荒漠站）。2016 年起精简与优化为 11 个观测站，包括上游 4 个站点（阿柔超级站、景阳岭站、垭口站、大沙龙站）、中游 4 个站点（大满超级站、花寨子荒漠站、张掖湿地站、黑河遥感站）、下游 3 个站点（四道桥超级站、混合林站、荒漠站）。流域水文气象观测网上、中、下游的观测站点的相关信息如表 4-1 所示，各个观测站点的分布图如图 4-1、图 4-2 所示。

表 4-1　水文气象观测网的观测站点

序号	站点名称	经度/(°E)	纬度/(°N)	高程/m	位置	站点类型	观测期	植被类型
1	阿柔超级站	100.46	38.05	3033	上游	超级站	2008-03～	亚高山山地草甸
2	景阳岭站	101.12	37.84	3750	上游	普通站	2013-08～	高寒草甸
3	峨堡站	100.92	37.95	3294	上游	普通站	2013-06～2016-10	高寒草甸
4	黄草沟站	100.73	38.00	3137	上游	普通站	2013-06～2015-04	高寒草甸
5	阿柔阳坡站	100.52	38.09	3529	上游	普通站	2013-08～2015-08	高寒草甸
6	阿柔阴坡站	100.41	37.98	3536	上游	普通站	2013-08～2015-08	高寒草甸
7	垭口站	100.24	38.01	4148	上游	普通站	2013-12～	高寒草甸
8	黄藏寺站	100.19	38.23	2612	上游	普通站	2013-06～2015-04	小麦
9	大沙龙站	98.94	38.84	3739	上游	普通站	2013-08～	沼泽化高寒草甸
10	关滩站	100.25	38.53	2835	上游	普通站	2008～2011	青海云杉
11	大满超级站	100.37	38.86	1556	中游	超级站	2012-05～	玉米
12	张掖湿地站	100.45	38.98	1460	中游	普通站	2012-06～	芦苇
13	神沙窝沙漠站	100.49	38.79	1594	中游	普通站	2012-06～2015-04	沙地
14	黑河遥感站	100.48	38.83	1560	中游	普通站	2014-08～	草地
15	花寨子荒漠站	100.32	38.77	1731	中游	普通站	2012-06～	盐爪爪荒漠
16	巴吉滩戈壁站	100.30	38.92	1562	中游	普通站	2012-05～2015-04	红砂荒漠
17	盈科站	100.41	38.86	1519	中游	普通站	2008～2011	玉米
18	四道桥超级站	101.14	42.00	873	下游	超级站	2013-07～	柽柳
19	混合林站	101.13	41.99	874	下游	普通站	2013-07～	柽柳和胡杨
20	胡杨林站	101.12	41.99	876	下游	普通站	2013-07～2016-04	胡杨
21	农田站	101.14	42.00	875	下游	普通站	2013-07～2015-11	瓜地
22	裸地站	101.13	42.00	878	下游	普通站	2013-07～2016-03	裸地
23	荒漠站	100.99	42.11	1054	下游	普通站	2015-04～	红砂荒漠

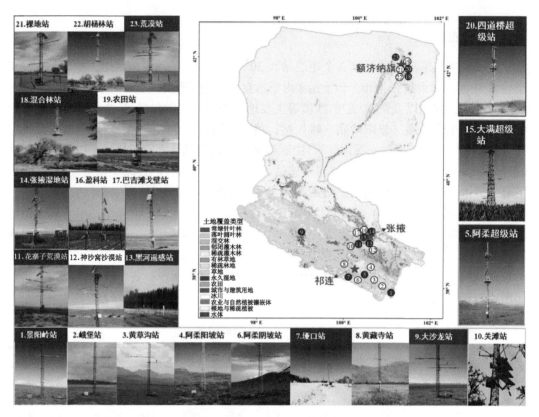

图 4-1　黑河流域水文气象观测网布设图

（蓝底白字为现有站点，白底黑字为已拆除站点）

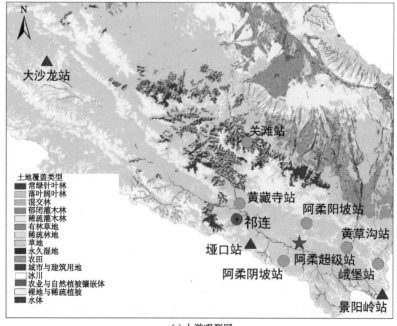

(a) 上游观测网

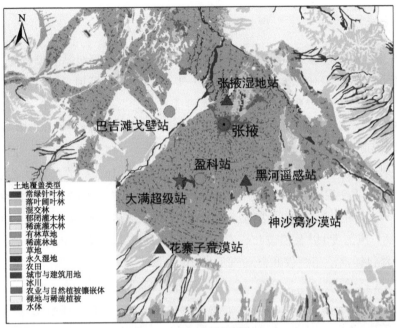

(b) 中游观测网

(c) 下游观测网

图 4-2　上、中、下游水文气象观测网

五角星和三角形为现有站点，分别代表超级站和普通站；圆圈为已拆除站点

4.1.2 仪器配置

流域水文气象观测网分超级站和普通站进行仪器配置。超级站的仪器配置为：蒸渗仪/植物液流仪（TDP）—涡动相关仪（EC）—闪烁仪、时域反射仪（TDR）—宇宙射线土壤水分观测系统（COSMOS）—土壤温湿度无线传感器网络（8~10个节点）等地表通量、土壤水分的多尺度观测系统以及水文气象要素梯度观测系统[30~40 m塔，包括6/7层空气温湿度、风速/风向和二氧化碳/水汽浓度梯度、气压、降水量、四分量辐射、光合有效辐射、红外地表温度、土壤温湿度廓线（上游：16/17层土壤湿度/温度，埋深至3.2 m；中游：8/9层土壤湿度/温度，埋深至1.6 m；下游：9/10层土壤湿度/温度，埋深至2 m）、土壤热通量、平均土壤温度等]、叶面积指数传感器网络（LAINet）、物候相机（植被物候与覆盖度）以及植被叶绿素荧光观测系统等观测设备组成（Liu et al., 2018）；普通站的仪器包括涡动相关仪和自动气象站[10 m塔，包括空气温湿度、风速/风向、气压、降水量、四分量辐射、光合有效辐射、红外地表温度、土壤温湿度廓线（7/8层土壤湿度/温度，上游埋深至1.6 m，中、下游埋深至1 m，其中混合林站的埋深至2.4 m）、土壤热通量等]以及物候相机（植被物候与覆盖度）。在以上仪器配置的基础上，还将根据不同站下垫面的特点，增设观测仪器。如重点关心的站点在冠层内和冠层上方有两层光合有效辐射观测（如中游大满超级站和湿地站）；在下游混合林站、胡杨林站附近，根据胡杨林的不同高度及胸径，选取样树安装植物液流仪测量胡杨树的蒸腾量（Bai et al., 2017, 2019），2019年将植物液流仪统一调整到混合林站旁的三个观测点（位于混合林站涡动相关仪源区内三个方位）；在上游垭口站布设了积雪观测系统，包括伽马射线雪水当量仪、积雪属性分析仪以及全球导航卫星系统的积雪观测系统、国际上标准的双栅式对比用标准雨量计、涡动相关系统、风吹雪粒子测量仪等；在阿柔站布设了冻土观测系统（包括16/17层土壤湿度/温度，埋深至3.2 m；6层土壤水势和导热率，埋深至1.2 m）（Che et al., 2019）；2013年8月起，在下游四道桥超级站、混合林站、胡杨林站、农田站和闪烁仪东北侧点开展针对胡杨和柽柳的5个地下水位观测（Li et al., 2017）；湿地站有甲烷观测系统，测量湿地的甲烷通量（Zhang et al., 2016），详见4.2节。

其中超级站的30~40m通量/气象塔仪器配置与观测项目如图4-3和表4-2所示。超级站观测场的具体布设如图4-4所示，其中蒸渗仪、涡动相关仪、水文气象要素梯度观测塔放置在中间，闪烁仪的发射与接收器架设在两端，光径路线长度大于1个半MODIS像元（其源区大于中等分辨率卫星像元大小，即1.5 km×1.5 km以上），并且尽量垂直于当地主风方向。闪烁仪的源区内设置无线传感器网络，密集布设影响地表蒸散发的关键地表参数传感器，如土壤温湿盐度、叶面积指数等。

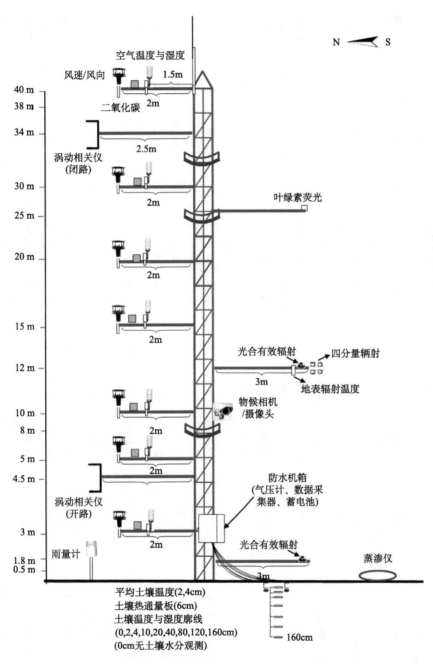

图 4-3　超级站的通量/气象塔示意图

表 4-2 水文气象观测网中各站点仪器型号信息表

站点	涡动相关仪	闪烁仪	风速风向传感器	空气温湿度传感器	四分量辐射仪	气压计	雨量计	红外辐射计	土壤温度探头	土壤水分探头	土壤热流板	光合有效辐射
阿柔超级站	CSAT3&Li7500A	MWSC-160&BLS900/ MW94&RR-RSS460	010C/020C	HMP45C	CNR4	CS100	T200B (DFIR) /TE525MM	SI-111	109	CS616	HFP01SC TCAV	PAR-LITE
景阳岭站	CSAT3B&Li7500DS	—	Windsonic	HMP45AC	CNR1	CS100	TE525MM	SI-111	109ss-L	CS616	HMP01	—
峨堡站	—	—	03001	HMP45D	CNR4	278	TE525MM	IRTC3	AV-10T	ECH2O-5	HFT3	—
黄草沟站	—	—	03001	HMP45D	CNR1	CS100	TE525MM	IRTC3	AV-10T	ECH2O-5	HFT3	—
阿柔阳坡站	—	—	034B	HMP45AC	CNR1	CS100	TE525MM	SI-111	109	CS616	HFP01	PQS-1
阿柔阴坡站	—	—	010C/020C	HMP45AC	CNR4	278	TE525MM	SI-111	109-L	CS616	HFP01	PQS-1
垭口站	CSAT3&Li7500A	—	010C/020C	HMP45C	CNR1	278	T200B (DFIR) /TE525MM	SI-111	109-L	CS616	HFP01	PQS-1
黄藏寺站	—	—	03001	HMP45D	CNR4	278	TE525MM	IRTC3	AV-10T	CS616	HFT3	—
大沙龙站	CSAT3&Li7500	—	010C/020C	HMP45C	CNR1	PTB110	TE525MM	SI-111	109ss-L	CS616	HFP01	—
大满超级站	CSAT3&Li7500A/ CPEC200	MWSC-160&BLS900	Windsonic	AV-14TH	PSP&PIR	CS100	TE525MM	SI-111	AV-10T	CS616	HFP01SC TCAV	LI190SB
张掖湿地站	CSAT3&Li7500A &Li7700	—	03002	HMP45AC	CNR1	CS100	TE525MM	SI-111	109ss-L	—	HFP01	PQS-1
神沙窝沙漠站	CSAT3&Li7500	—	010C/020C	HMP45AC	CNR1	PTB110	52203	ITRC3	109	CS616	HFP01	—
黑河遥感站	CSAT3&Li7500	—	010C/020C	HMP45AC	CNR4	CS100	TE525MM	SI-111	109ss-L	CS616	HFP01	—
花寨子荒漠站	CSAT3&Li7500A	—	Windsonic	AV-14TH	CNR1	CS100	TE525MM	SI-111	AV-10T	ML3	HFP01	—
巴吉滩戈壁站	CSAT3&Li7500	—	010C/020C	HMP45AC	CNR1	PTB110	TE525MM	IRTC3	AV-10T	ECH2O-5	HFT3	—

续表

站点	涡动相关仪	闪烁仪	风速风向传感器	空气温湿度传感器	四分量辐射仪	气压计	雨量计	红外辐射计	土壤温度探头	土壤水分探头	土壤热流板	光合有效辐射
四道桥超级站	CSAT3B&Li7500DS	BLS900/BLS450	010C/020C	HC2S3	CNR4	CS100	TE525MM	SI-111	109ss-L	ML2X	HFP01SC TCAV	PQS-1
混合林站	CSAT3B&Li7500DS	—	03001	HMP45D	CNR4	AV-410BP	52203	SI-111	AV-10T	ML2X	HFP01	PQS-1
胡杨林站	CSAT3&Li7500	—	010C	HMP45AC	CNR4	—	—	SI-111	109ss-L	ML2X	HFP01	PQS-1
农田站	CSAT3&Li7500A	—	—	—	CNR4	—	—	SI-111	AV-10T	ML2X	HFP01	PQS-1
裸地站	CSAT3&Li7500	—	—	—	CNR4	—	—	SI-111	AV-10T	ML2X	HFP01	—
荒漠站	CPEC200	—	010C/020C	HMP45AC	CNR1	PTB110	TE525MM	SI-111	AV-10T	ML3	HFT3	—

注: 阿柔超级站有雪深观测 (SR50A), 土壤水势 (PFmeter, 6 层) 和土壤导热率 (TP01, 6 层) 的观测, 垭口站建有积雪观测场 (TDP30 和一阵多点式)。阿柔、大满、四道桥三个超级站均有宇宙射线土壤水分测定仪的观测 (Cosmic-Ray, COSMOS), 大满、四道桥站有叶面积指数传感器网络 (LAINet), 阿柔有 8 个节点土壤水分传感器网络 (CS655), 大满有 10 个节点的土壤水分传感器网络 (SoilNet-II), 阿柔、大满、四道桥、混合林站有物候相机 (Cropphoto 和 CCFC), 景阳岭、大沙龙、垭口、花寨子、湿地、荒漠站也有物候相机 (海康威视)。黑河遥感站有直接辐射 (NIP), 散射辐射 (SBS) 和日照时数 (CSD-3) 的观测。大满超级站有蒸渗仪 (QYZS, 2 m², 西安清远), CO₂/H₂O 廓线仪的观测 (7 层, Grade CO₂), 混合林站和胡杨林站旁安有植物液流仪 (见 4.2 节)。

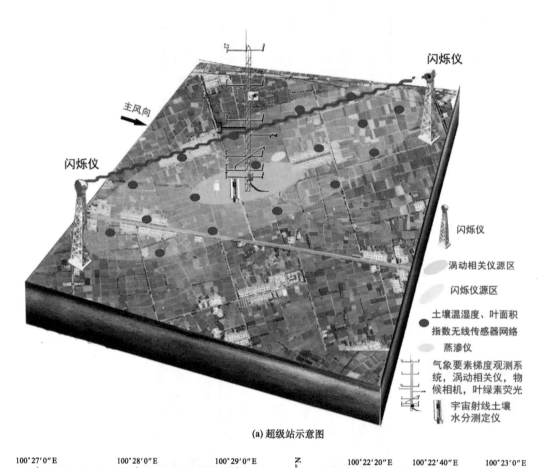

(a) 超级站示意图

(b) 阿柔超级站   (c) 大满超级站

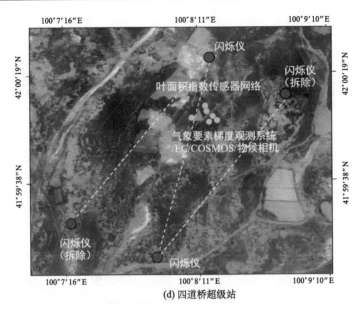

图 4-4　超级站的多尺度观测系统

普通站 10 米塔的仪器配置与观测项目如图 4-5 和表 4-2 所示。

4.2　仪 器 布 设

4.2.1　观测仪器的比对与标定

　　仪器的比对和标定是保证观测数据质量的前提条件。针对有多层观测梯度/埋深的站点（如超级站的空气温湿度、风速/风向梯度、土壤水分与温度廓线等）以及在同一区域有多个观测站点等（如无线传感器网络、通量观测矩阵等）情况，需对所用仪器设备进行统一的比对和标定。对于多层风速/风向和空气温湿度传感器，需将这些传感器安装到同一高度进行比对；对于土壤水分与温度传感器，分为干、湿极端条件进行标定；对于地表通量仪器设备（涡动相关仪和大孔径闪烁仪）和辐射传感器，需选取较均匀的地表，如戈壁（黑河流域中游）和灌丛（黑河流域下游）开展比对试验（Li et al., 2018; Xu et al., 2013）。另外，每年植被生长季开始和结束时对涡动相关仪的红外气体分析仪等进行定期标定。

　　中游非均匀下垫面地表蒸散发的多尺度观测试验开始之前，2012 年 5 月 14~24 日在张掖市巴吉滩戈壁上开展了为期 10 天的比对试验，涉及 20 台涡动相关仪、18 台辐射仪和 7 台大孔径闪烁仪等（详见第 7 章）。中游试验之后，相关仪器被布设到上、中游水文气象网中。下游水文气象观测网布设之前，在额济纳旗相对均匀的灌丛下垫面开展了地表通量和辐射观测仪器的比对（2013 年 6 月 27 日至 7 月 3 日），包括 6 台辐射仪、6台涡动相关仪和 2 台大孔径闪烁仪，比对场长度约 515 m，宽度约 300 m。比对仪器布设如图 4-6 所示。

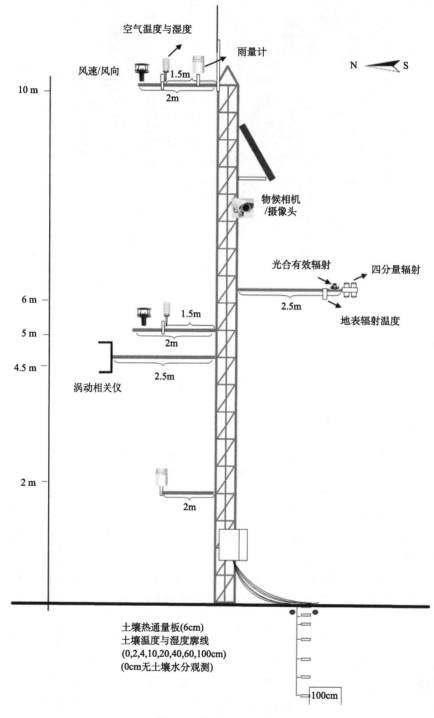

图 4-5　普通站的示意图

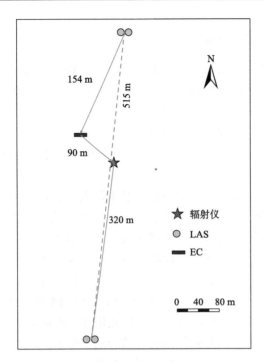

图 4-6　下游水文气象观测网仪器的比对试验（515 m × 300 m）

　　下游观测仪器的比对结果表明：观测仪器之间有很好的一致性，6 台涡动相关仪之间测量的感热通量差异（回归斜率）在 3%左右，潜热通量差异在 7%左右；涡动相关仪和大孔径闪烁仪测量的感热通量差异在 9%左右，而 6 台辐射仪之间观测净辐射差异为 0.3%。为后续仪器布设和观测数据的分析提供了依据（Li et al., 2018）。

　　针对双层、多层风温湿观测的站点，安装之前对同类传感器在相同高度上进行比对；试验开始前及每年作物生长季开始和结束时对土壤水分探头（干、湿极点）、涡动相关仪（CO_2/H_2O 红外气体分析仪）等进行了标定（图 4-7）。

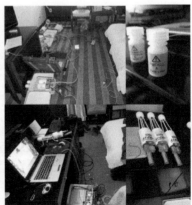

(a) 风温湿传感器在同一高度上的比对　　　(b) 土壤水分探头标定　　　(c) 涡动相关仪的标定

图 4-7　观测仪器的比对与标定

4.2.2 地表通量与气象要素的观测

黑河流域水文气象观测网分为上、中、下游子观测网（图 4-2）。在设计过程中，每个子观测网都选择在分布面积比较大、代表性比较强的地表类型上建设超级站，上、中、下游的超级站分别为阿柔站（草甸）、大满站（农田）和四道桥站（河岸林-柽柳）。每个超级站的下垫面均比较平坦和均匀，而且比较开阔。上、中、下游子观测网内布设多个普通站，这些观测站点均布设在上、中、下游区域的主要下垫面类型上（Xu et al., 2018, 2020）（表 4-1）。

在站点建设过程中，三角铁塔的一侧一般定位为南北向，以便支臂可以朝南或北。涡动相关仪、风速/风向、空气温湿度传感器架设在塔的北侧，四分量辐射仪、光合有效辐射仪、红外辐射计架设在南侧，土壤部分仪器（土壤热流板、土壤温湿度探头等）埋设在四分量辐射仪正下方。涡动相关仪的三维超声风速仪朝向北侧，CO_2/H_2O 红外气体分析仪距离三维超声风速仪一般在 20 cm 以内，安装时倾斜一个角度（15°～30°），以便水滴等可以滑落。涡动相关仪架设高度根据不同的下垫面类型以及不同的观测目的而定，一般要在地表或冠层高度的 1.5 m 以上。为防止塔体的影响，其支臂长度大于观测塔结构（塔体直径）的 2 倍以上。风速/风向传感器一般安装在距离塔体 2 m 的支臂上，空气温湿度传感器安装在距离塔体 1.5 m 处，四分量辐射仪视场角较大，应安装在距离塔体尽可能远处（2.5～3 m），红外辐射计和光合有效辐射仪一般与四分量辐射仪安装在一起，距离四分量辐射仪 0.3m 处。闪烁仪架设在上、中、下游三个超级站，其发射与接收塔之间的距离大于 1.5 个 MODIS 像元，方位一般为南北（或东北-西南）向，并沿光径路线精细地测量高程，以便计算有效高度。水文气象观测网各站的涡动相关仪、闪烁仪以及水文气象要素传感器的相关架设信息如表 4-3 所示。涡动相关仪、四分量辐射仪在观测中要尽可能保持平稳，为此，在涡动相关仪和四分量辐射的支臂增加了侧支臂以及上、下拉纤，以保证主支臂上的传感器不晃动（图 4-8）。

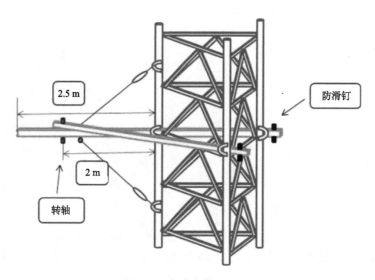

图 4-8 支臂安装示意图

表 4-3　水文气象观测网各站点观测仪器的架设信息

仪器名称	安装高度/埋深/m		朝向	光径长度/m	有效高度/m
	超级站	普通站			
涡动相关仪	3.5（阿柔），4.5、34（大满），8（四道桥）	4.5（一般站点），其中混合林和胡杨林站为22m，裸地和农田站为3m			
闪烁仪			北侧		
			东北—西南（阿柔）	2390（阿柔）	9.5（阿柔）
			东北—西南（大满）	1854（大满）	22.45（大满）
			北—南（四道桥，2015-05～）	2350（四道桥）	25.5（四道桥）
			东北—西南（四道桥，2013-08～2015-04）	2390（四道桥）	25.5（四道桥）
				2380（四道桥）	25.5（四道桥）
宇宙射线土壤水分仪	探头底部离地面0.5 m				
植物液流流仪	1.5（四道桥，2013-08～2019-04）	1.5（混合林，胡杨林，2013-08～2019-04）1.5（混合林，2019-04～）			
风速/风向	1,2,5,10,15,25（阿柔，风向在10m处）；3,5,10,15,20,30,40（大满）；5,7,10,15,20,28（四道桥，风向在10 m处）	5&10（一般站点），其中，混合林和胡杨林站为28 m			
空气温湿度传感器	1,2,5,10,15,25（阿柔）；3,5,10,15,20,30,30,40（大满）；5,7,10,15,20,28（四道桥）	5&10（一般站点），其中，混合林和胡杨林站为28 m			
雨量计	称重式（DFIR，阿柔），翻斗式（1.5,28）	称重式（垭口，大沙龙，景阳岭，其中垭口有DFIR），翻斗式			
四分量辐射仪	5（阿柔），12（大满），10（四道桥）	6（一般站点），其中，混合林和胡杨林站为24 m	南侧		
直接辐射仪、散射辐射仪、日照时数传感器		2（黑河遥感站）			

续表

仪器名称	安装高度/埋深/m		朝向	光径长度/m	有效高度/m
	超级站	普通站			
红外辐射计	5（阿柔），12（大满），10（四道桥）	6（一般站点），其中混合林和胡杨林站为24 m	南侧		
光合有效辐射仪	5（阿柔），0.5&12（大满），10（四道桥）	6（一般站点），其中湿地站2层（0.5&6 m），混合林和胡杨林站为24 m	南侧		
气压计	防水箱内	防水箱内			
土壤热流板	0.06（3个）	0.06（3个）	南侧		
土壤温度探头	0, 0.02, 0.04, 0.06, 0.1, 0.15, 0.2, 0.3, 0.4, 0.6, 0.8, 1.2, 1.6, 2.0, 2.4, 2.8, 3.2（阿柔）0, 0.02, 0.04, 0.1, 0.2, 0.4, 0.8, 1.2, 1.6（大满）0, 0.02, 0.04, 0.1, 0.2, 0.4, 0.8, 1.2, 1.6, 2（四道桥）	0, 0.02, 0.04, 0.1, 0.2, 0.4, 0.6,1（中、下游各站）0, 0.04, 0.1, 0.2, 0.8, 1.2, 1.6（上游各站）0, 0.02, 0.04, 0.1, 0.2, 0.4, 0.6, 1, 1.6, 2, 2.4 m（混合林站）	南侧		
土壤水分探头	0.02, 0.04, 0.06, 0.1, 0.15, 0.2, 0.3, 0.4, 0.6, 0.8, 1.2, 1.6, 2.0, 2.4, 2.8, 3.2（阿柔）；0.02, 0.04, 0.1, 0.2, 0.4, 0.8, 1.2, 1.6（大满）；0.02, 0.04, 0.1, 0.2, 0.4, 0.8, 1.2, 1.6, 2（四道桥）	0.02, 0.04, 0.1, 0.2, 0.4, 0.6, 1（中、下游各站）；0.04, 0.1, 0.2, 0.8, 1.2, 1.6（上游各站）0.02, 0.04, 0.1, 0.2, 0.4, 0.6, 1, 1.6, 2, 2.4 m（混合林站）	南侧		
平均土壤温度探头	0.02, 0.04（阿柔、大满、四道桥）		南侧		
土壤水势	0.04, 0.1, 0.2, 0.4, 0.8, 1.2（阿柔）		南侧		
土壤导热率	0.04, 0.1, 0.2, 0.4, 0.8, 1.2（阿柔）		南侧		
CO_2/H_2O测量探头	3, 5, 10, 15, 20, 30, 40（大满）		北侧		

超级站的观测塔一般为30～40 m高度。以中游大满超级站为例，该站建有40 m高的观测塔，塔上布设的仪器包括7层气温、湿度、风速与风向、CO_2浓度与水汽密度传感器（3、5、10、15、20、30、40 m）、土壤温湿度廓线（0、2、4、10、20、40、80、120、160 cm）、四分量辐射仪（12 m）、光合有效辐射仪（2层，0.5、12 m）、红外辐射计（2个，12 m）、土壤热流板（3块、6 cm）、平均土壤温度探头（2、4 cm）、气压计、雨量计以及2套涡动相关仪（4.5 m，开路；34 m，闭路），植被叶绿素荧光观测系统（25 m），物候相机（10 m）等（图4-9）。观测塔旁边安有一套宇宙射线土壤水分测定仪和蒸渗仪。以观测塔为中心，架设一套双波段闪烁仪（近红外+微波闪烁仪），光径路线长度1854 m，有效高度22.45 m；在闪烁仪光径路线上布设有10个节点的土壤温湿度无线传感器网络。

图4-9 大满超级站观测塔布设仪器

普通站以中游花寨子荒漠站为例（10米铁塔），该站包括2层风速/风向、气温、湿度（5、10 m），土壤温湿度廓线（0、2、4、10、20、40、60、100 cm），四分量辐射（6 m），红外辐射计（2个，6 m），土壤热通量（3块、6 cm），气压、降水量（2层翻斗式雨量计（2、10 m）、防溅式雨量计）和1层涡动相关仪（4.5 m）等，如图4-10所示。

图 4-10　花寨子荒漠站观测塔布设仪器

4.2.3　水文参数（降水量、河道径流与地下水位、积雪与冻土）的观测

为了准确地测量固态降水，除了每个站安装有翻斗式雨量计外，在上游阿柔超级站和垭口站安有国际上标准的双栅式对比用标准（double fence intercomparison reference, DFIR）雨量计，景阳岭站和大沙龙站安装有称重式雨雪量计。为了准确地测量小量的液态降水，花寨子站装有防溅式雨量计（图 4-11）。

为提供各类雨量计的降雨校正参考系数，需要把当前黑河流域使用的主要降雨观测仪器进行对比，故在中游大满超级站（2012～2015 年）、2012 年 6～11 月在中游小满镇上头闸村建有降雨比对场。2013～2015 年的降水比对结果表明：黑河中游 HiWATER 使用的翻斗式雨量计（TE525MM）系统误差的主要来源是浸润损失，平均为 12%，动力损失平均仅为 3%。基于比对结果建立了修正方案，校正后 2013 年大满超级站降水量从 135 mm 增至 159 mm。在上游液态降雨过程中，所有雨量计的动力损失均不明显，而浸润损失则不可忽略。在阿柔阳坡站，校正后 2014 年称重式雨量计降水量增加约 80 mm，而 TE525MM 测量值从 493.8 mm 增加到 578 mm。

在中游主河道加密布设水文断面，利用声学多普勒流速剖面仪、超声水位仪等观测设备开展精细的径流观测。2012 年 4 月中旬完成中游加密固定长期水文断面选址，由于黑河中游大部分河段水流较为分散，依托桥梁对径流的收拢作用确定了长期固定水文断面 8 处。分别在黑河中游 213 国道黑河桥、312 国道黑河桥、兰新铁路桥、乌江桥、板桥、高崖水文站、平川桥、高台桥 8 个水文断面监测黑河中游各断面流量变化过程（图 4-12）。

(a) 垭口站的标准DFIR雨量观测　　　　　(b) 花寨子站的防溅式雨量计观测

(c) 大满站的自然降雨、人工降雨比对场　　　　　(d) 上头闸村的降雨比对场

图 4-11　降水比对观测

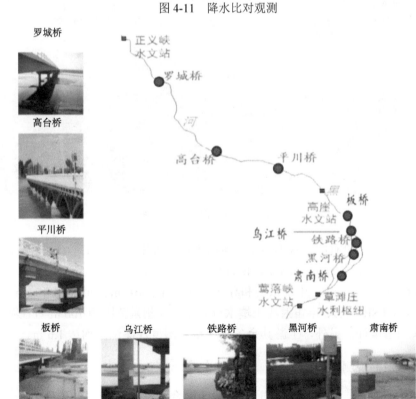

图 4-12　黑河中游径流观测系统

下游植被用水主要依靠深层土壤水和地下水。2013 年 8 月起在下游四道桥超级站、混合林站、胡杨林站、农田站和闪烁仪东北侧开展了针对胡杨与柽柳的地下水位观测。2016 年 4 月起在下游四道桥超级站、混合林站和胡杨站附近，布设了胡杨林下、林间的深层土壤水分廓线对比观测，合计 10 层，包括 2 cm、4 cm、10 cm、20 cm、40 cm、60 cm、100 cm、160 cm、200 cm、240 cm。

垭口站位于上游祁连县大冬树山垭口，海拔 4146 m，一年中冻结期较长，是开展积雪观测的最佳场地，2013 年 12 月在该站建立了积雪观测系统（图 4-13）。该站积雪观测系统包括积雪物理属性观测仪器与积雪物质和能量交换过程观测仪器。其中积雪物理属性观测仪器包括伽马射线雪水当量仪（GMON，雪水当量）、积雪属性分析仪（SPA，可自由移动，配合 GMON 的连续观测，获取 GMON 观测范围内的水平和垂直的雪层廓线密度及含水量）以及全球导航卫星系统（GNSS）的积雪观测系统（积雪深度）；积雪物质与能量交换过程观测仪器包括 DFIR 雨雪量计（降雪量）、涡动相关仪（雪升华量）、风吹雪粒子测量仪（FlowCapt，风吹雪粒子的通量及摩擦速度）（Che et al., 2019）。

图 4-13　垭口站积雪观测系统

上游阿柔超级站设有冻融观测系统，包括土壤温湿度观测系统（0 cm、2 cm、4 cm、6 cm、10 cm、15 cm、20 cm、30 cm、40 cm、60 cm、80 cm、120 cm、160 cm、200 cm、240 cm、280 cm、320 cm）、土壤水势和导热率（4 cm、10 cm、20 cm、40 cm、80 cm、120 cm）、雪深（SR50A）、宇宙射线土壤水分测定仪（测量范围为 700 m 直径圆形区域）以及双栅式雨雪量计。另外，上游其余各站土壤温湿度观测深度均达 1.6 m。

4.2.4　植被参数的观测

2013 年 8 月起，在下游四道桥超级站、混合林站与胡杨林站安装了植物液流仪（TDP30，胡杨林站 2016 年 4 月拆除），2019 年 4 月将观测点均移动到混合林站旁（有 3

个观测点），7 月安装了研制的一针多点式植物液流仪，用于测量胡杨树蒸腾量；2013～2017 年期间对植被物候（2013～2017 年，整个流域）、覆盖度（2013～2014 年，中游）、株高（2013～2017 年，整个流域）、叶面积指数（2013～2015 年，中下游）、生物量（2013～2014 年，中游）、光合作用（2014 年，下游）、土壤呼吸（2014 年，下游）进行了定期人工观测。2018 年 5 月在阿柔、大满、四道桥超级站以及混合林站安装了物候相机，并于 2020 年全部站点都安装了物候相机；在黑河流域中游大满超级站（ 6 个上节点、 28 个下节点）、下游四道桥（ 1 个上节点、 6 个下节点）和混合林站 1 个上节点、 5 个下节点）安装了叶面积指数自动观测系统，用于连续测量长时间序列的植被物候/覆盖度与叶面积指数（Qu et al., 2014）。

4.2.5　其他参数观测（土壤、地表辐射特性等）

包括土壤参数观测（土壤质地、孔隙度、容重、饱和导水率和土壤有机质含量等）和地表辐射特性参数（包括地物光谱、叶绿素荧光、地表发射率、微波辐射特征以及组分温度等）（图 4-14）。其中，2012 年在黑河流域上游阿柔超级站和中游观测站点开展了土壤参数的观测土壤质地、孔隙度、容重、饱和导水率和土壤有机质含量等；中游大满超级站（2017 年 5 月至今）和上游阿柔超级站（2019 年 5 月至今）安装了荧光光谱自动观测系统，用于连续自动观测反射率光谱和叶绿素荧光；在四道桥、混合林和胡杨林站利用热像仪和红外辐射计获取地物的热红外辐射信息，开展针对植被（胡杨和柽柳）和裸土的组分温度观测（2014 年 7 月至 2016 年 7 月）（Li et al., 2019）。

(a) 土壤参数　　　　　　　(b) 叶绿素荧光　　　　　　　(c) 地表发射率

(d) 微波辐射特征　　　　　　　　(e) 组分温度

图 4-14　其他参数观测

4.3　运行与维护

观测网内所有观测站点均安装了无线传输装置，实现了数据的自动、远程和实时传输；升级了涡动相关仪的数据采集器（CR6, Campbell Scientific Inc., USA），实现了涡动相关仪观测数据在线处理功能，而且所有观测数据均通过数据综汇系统进行综合管理。数据综汇系统包括数据自动采集、存储与管理、数据库、仪器设备状态监控以及数据的可视化等模块。通过数据综汇系统可实现数据的实时接收和入库、观测仪器设备工作状态的远程监控与预警、数据的综合管理与展示等功能，初步构建了智能监测物联网（Li et al., 2019），这是开展观测网运行与维护的关键环节。

水文气象观测网的观测站点横跨三个省份，纵横千余公里。为保证观测网内各站点仪器的正常运行，制定了观测网的维护流程（图4-15），分为日-旬-月-年的时间尺度，具体为：每日浏览观测网内各个站点无线传输到数据综汇系统的数据，查看观测数据质量、连续性与仪器运行状况（如，查看涡动相关仪的感热通量、潜热通量、三维风速、信号诊断值等；闪烁仪的空气折射指数结构参数、信号强度等；自动气象站风温湿压、辐射、降水、土壤温湿度等各要素的数值）；每旬由数据综汇系统绘制观测站点的每个观测要素的连续变化图，通过这些要素变化图进一步查看观测数据质量（如绘制涡动相关仪、闪烁仪、自动气象站等仪器获取的各观测要素的连续变化图）；每月实地到观测站点进行巡检，包括现场采集数据，检查仪器设备状况，擦拭易受外部环境影响的传感器，观测场景拍照以及植被物候、株高、下垫面状况等的测量与记录等（表4-4）；每年初对前一年观测数据进行预处理与检查。在上述过程中，如发现问题，及时前往观测站点对仪器进行检修与更换。另外，每年春、秋季（植被生长开始、结束时候）会对综合观测网内仪器设备进行全面的检查和标定（徐自为等，2020）。

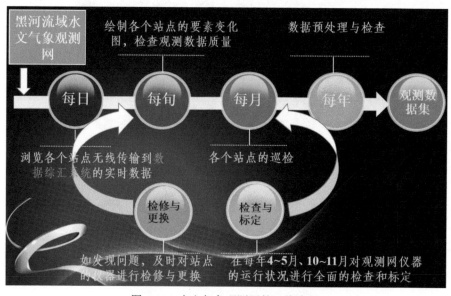

图4-15　水文气象观测网的运维流程

表 4-4 黑河流域水文气象观测网的巡检表（以 2020 年 5 月中下旬巡检为例）

站点	到达时间	离开时间	整体描述 a	下垫面状况 b	株高 c /m	物候期 d	是否灌溉	耕作措施 e	仪器工作状况 f	备注 g
大满	15:05	15:30	晴，仪器完整，塔体无倾斜	玉米，无明显变化。	0.1	出苗期	否	无	良好，标定涡动	
花寨子	16:30	16:50	晴，仪器完整，塔体无倾斜	盐爪爪，无明显变化	0.15	返青	否	无	良好，标定涡动	调试物候相机
湿地	9:30	11:30	晴，仪器完整，塔体无倾斜	芦苇，水深约 0.5 m	0.6	萌动期	否	无	良好，标定涡动	调试物候相机
黑河遥感站	16:30	17:30	晴，仪器完整，塔体无倾斜	杂草，无明显变化	0.1	返青	否	无	良好	
四道桥	9:10	15:00	晴，仪器完整，塔体无倾斜	柽柳，草甸，无明显变化。	3.0	萌芽	否	无	良好，标定涡动	更换6层二维风
混合林	16:00	19:30	晴，仪器完整，塔体无倾斜	胡杨&柽柳，无明显变化	15.0	展叶	否	无	良好，标定涡动	调试物候相机
荒漠	9:20	12:30	晴，仪器完整，塔体无倾斜	红砂，无明显变化	—	—	否	无	良好，标定涡动	调试物候相机
阿柔	9:10	11:50	多云，仪器完整，塔体无倾斜	草甸，无明显变化	0.2	返青	否	无	良好，标定涡动	
景阳岭	14:30	15:30	晴，仪器完整，塔体无倾斜	草甸，无明显变化	—	返青	否	无	良好，标定涡动	
垭口	9:30	11:20	晴，仪器完整，塔体无倾斜	草甸，有积雪	—	—	否	无	四分量辐射仪有问题，标定涡动	有积雪
大沙龙	11:10	12:20	雾，仪器完整，塔体无倾斜	草甸，无明显变化	—	返青	否	无	良好，标定涡动	

a.整体描述：包括天气情况、仪器是否完整（传感器和太阳能板）、塔体是否垂直、仪器周围环境是否有发生明显变化。b.下垫面状况：包括观测站周围以及四分量辐射仪正下方的下垫面是否有变化。c.株高测量方法：在每个气象塔旁固定一个观测点，每次选取 5 株高矮不同的作物作为对象进行测高（自然高度）。d.物候期：调查并咨询当地农牧民。e.耕作措施：播种、施肥、翻耕、收割等。f.仪器工作状况：包括涡动系统的超声风速仪和四分量辐射仪是否水平、CO_2/H_2O 红外气体分析仪和四分量辐射仪是否清洁、在有风的情况下风杯是否转动。g.备注：需要带的工具（铁锹、尺子、水平泡、记录笔、相机、擦拭工具等）、记录人、日期。

开展一次水文气象观测网的巡检，以甘肃兰州作为巡检的起始点为例，全程 3000 余千米，在仪器运行良好、不出现较大问题的情况下，完成整个巡检大约需要十天的时间，具体行程如表 4-5 所示。图 4-16 为黑河流域水文气象观测网的维护工作照片。

表 4-5　一次巡检的行程

日程	路线	路程/km
第一天	兰州—张掖	505
	大满站，花寨子荒漠站	80
第二天	巴吉滩戈壁站，张掖湿地站，神沙窝沙漠站，黑河遥感站	110
第三天	张掖—额济纳旗	590
第四天	四道桥站，混合林站，胡杨林站，裸地站，耕地站，荒漠站	50
第五天	额济纳旗—张掖	590
第六天	张掖—祁连县，阿柔站	210
第七天	大沙龙站，垭口站，黄藏寺站	500
第八天	阿柔阴坡站，阿柔阳坡站	100
第九天	黄草沟站，峨堡站，景阳岭站。至张掖	230
第十天	张掖—兰州	505
合计		3470

(a) 上游阿柔阴坡站　　　　　　(b) 中游张掖湿地站　　　　　　(c) 下游四道桥超级站

图 4-16　黑河流域水文气象观测网的维护工作照片

4.4　数据处理与质量控制

　　制定了一套针对水文气象观测网数据集的完整、可操作的数据处理流程，包括涡动相关仪、闪烁仪、自动气象站、宇宙射线土壤水分测定仪、径流计、植物液流仪、物候相机、叶面积指数传感器网络等，具体如图 4-17 所示。首先，针对不同的观测数据集制定详细的数据处理方案，进行严格的数据处理与质量控制。如大孔径闪烁仪，采用北京师范大学开发的大尺度水热通量观测系统数据处理与分析软件进行处理，主要是结合气象数据（风速、空气温度、气压等），基于莫宁-奥布霍夫相似理论通过迭代计算得到感热通量，进而结合地表能量平衡方程得到潜热通量。观测数据的筛选主要包括：①剔除空气折射指数结构参数（C_n^2）达到饱和的数据；②剔除解调信号强度较小的数据；③剔除降水时刻及其前后 1 小时的数据。涡动相关仪观测数据的处理主要应用在线计算模块或采用美国 Licor 公司开发的 Eddypro 软件（http://www.licor.com/env/products/eddy_covariance/software.html）进行后期处理，其主要步骤包括：野点值剔除、延迟时间校正、角度订正（针对 Gill 型号三维超声风速仪）、坐标旋转、频率响应修正、超声虚温修正和密度修正等，最后得到 30 分钟的通量值。同时对各通量值进行质量评价，主要是大气平稳性和湍流相似性特征的检验，每 30 分钟通量值对应一个质量标识。在此基础上，针对处理后的 30 分钟通量值进行数据筛选：①剔除仪器出错时的数据；②剔除降水前后 1 小时的数据；③剔除 10Hz 原始数据每 30 分钟内缺失率大于 10% 的数据。自动气象站观测数据的处理与筛选主要是检查和整理的过程，剔除明显超出物理含义的观测数据。宇宙射线土壤水分测定仪观测数据的处理与筛选步骤包括数据筛选（剔除电压小于等于11.8 伏特的数据、剔除空气相对湿度大于 80% 数据、剔除采样时间间隔不在 60±1 分钟内数据、剔除快中子数较前后一小时大于 200 的数据）、数据校正（去除气压、空气湿度和太阳活动对快中子数的影响）、仪器率定以及土壤水分的计算等（具体流程图可见第 7章，图 7-9）。

图 4-17　水文气象观测网的数据处理与质量控制规程

其次，数据的三级审核。包括数据处理人员针对各自负责数据集进行自检，不同数据集处理者进行交叉检查以及相关专家的终审。

最后，撰写每个观测数据集的元数据，包括站点描述、处理过程、表头说明、注意事项、参考文献、项目信息等（图 4-18）。进行上述步骤后，将处理后的观测数据集以及元数据交由相关数据中心进行发布。

4.5　数据共享

　　2013～2019 年黑河水文气象观测网的数据集涉及黑河流域上、中、下游的 21 个观测站（涡动相关仪、自动气象站、闪烁仪）以及 3 组植物液流仪、3 台宇宙射线仪、8个观测点的径流、4 个观测点的物候与植被覆盖度，2 套土壤水分传感器网络，3 套叶面积指数传感器网络，5 个观测点的地下水位等，分别于 2014～2020 年在黑河计划数据管理中心（http://www.heihedata.org）、寒区旱区科学数据中心（http://westdc.westgis.ac.cn）、国家青藏高原科学数据中心（http://data.tpdc.ac.cn/zh-hans/）以及英文版 Cold and Arid Regions Science Data Center at Lanzhou（http://card.westgis.ac.cn/）上发布。截至 2020 年 12 月，浏览查询量达 100 余万次，服务约 240 个研究项目。基于此数据集发表了 300 余篇 SCI 论文。

图 4-18　元数据示例

4.6 小 结

在黑河流域构建了多要素-多尺度-分布式-立体的流域尺度综合观测网,提升了黑河流域大气-生态-水文过程的综合监测能力。该观测网被德国于利希农业圈研究所所长、道尔顿奖获得者 Harry Vereecken 教授,英国皇家学会院士、霍顿勋章与道尔顿奖获得者 Keith Beven 教授,美国工程院和人文艺术与科学院院士 Susan S. Hubbard 教授等国际同行誉为:与美国关键带观测、德国的陆地环境观测平台、丹麦水文观测系统和澳大利亚陆地生态研究网络等并列为国际上最重要的观测系统(Vereecken et al., 2015; Beven et al., 2020; Hubbard et al., 2020)。今后将朝着基于物联网的、以"地面观测网-无人机-多源卫星"为主的智能监测系统方向发展,并且把观测区域扩展到祁连山地区。并且加强地表的大气-生态-水文过程与地下的生物地球化学过程的耦合研究,开展绿洲-荒漠关键带,乃至内陆河关键带的观测。同时也将重视地面、遥感观测与大尺度模型的集成,增强内陆河流域陆地表层系统的预测能力。

参 考 文 献

程国栋, 李新. 2015. 流域科学及其集成研究方法. 中国科学(地球科学), 45(6): 811-819.

徐自为, 刘绍民, 车涛等. 2020. 黑河流域地表过程综合观测网的运行、维护与数据质量控制. 资源科学, 42(10): 1975-1986.

Anderson S P, Bales R C, Duffy C J. 2008. Critical Zone Observatories: Building a network to advance interdisciplinary study of earth surface processes. Mineralogical magazine, 72(1): 7-10.

Bai Y, Li X, Liu S M, et al. 2017. Modelling diurnal and seasonal hysteresis phenomena of canopy conductance in an oasis forest ecosystem. Agricultural and Forest Meteorology, 246: 98-110.

Bai Y, Li X Y, Zhou S, et al. 2019. Quantifying plant transpiration and stomatal behavior at thecanopy scale: An underlying water use efficiency method. Agricultural and Forest Meteorology, 271 : 375-384.

Beven K, Asadullah A, Bates P, et al. 2020. Developing observational methods to drive future hydrological science: Can we make a start as a community? Hydrological Processes, 34(3): 868-873.

Che T, Li X, Liu S M, et al. 2019. Integrated hydrometeorological, snow and frozen-ground observations in the alpine region of the Heihe River Basin, China. Earth System Science Data, 11(3): 1483-1499.

Cheng G D, Li X, Zhao W Z, et al. 2014. Integrated study of the water-ecosystem-economy in the Heihe River Basin. National Science Review, 1(3): 413-428.

Jensen K H, Illangasekare T H. 2011. HOBE: A hydrological Observatory. Vadose Zone Journal, 10(1): 1-7.

Li M S, Zhou J, Peng Z X, et al. 2019. Component radiative temperatures over sparsely vegetated surfaces and their potential for upscaling land surface temperature. Agricultural and Forest Meteorology, 276 : 107600.

Li X, Cheng G D, Liu S M, et al. 2013. Heihe Watershed Allied Telemetry Experimental Research (HiWATER): Scientific objectives and experimental design. Bulletin of the American Meteorological Society, 94(8): 1145-1160.

Li X, Li X W, Li Z Y, et al. 2009. Watershed allied telemetry experimental research. Journal of Geophysical Research, 114: D22103.

Li X, Liu S M, Li H X, et al. 2018. Intercomparison of six upscaling evapotranspiration methods: From site to the satellite pixel. Journal of Geophysical Research: Atmosphere, 123(13): 6777-6803.

Li X, Zhao N, Jin R, et al. 2019. Internet of things to network smart devices for ecosystem monitoring. Science Bulletin, 64(17): 1234-1245.

Li X, Zheng Y, Sun Z, et al. 2017. An integrated ecohydrological modeling approach to exploring the dynamic interaction between groundwater and phreatophytes. Ecological Modelling, 356 : 127-140.

Liu S M, Li X, Xu Z W, et al. 2018. The Heihe integrated observatory network: A basin-scale land surface processes observatory in China. Vadose Zone Journal, 17(1): 1-21.

Liu S M, Xu Z W, Wang W Z, et al. 2011. A comparison of eddy-covariance and large aperture scintillometer measurements with respect to the energy balance closure problem. Hydrology and Earth System Sciences, 15(4): 1291-1306.

Qu Y H, Zhu Y Q, Han W C, et al. 2014. Crop leaf area index observations with a wireless sensor network and its potential for validating remote sensing products. IEEE Journal of Selected Topics in Applied Earth Observations and Remote Sensing, 7(2): 431-444.

Vereecken H, Huisman J A, Hendricks Franssen H J, et al. 2015. Soil hydrology: recent methodological advances, changes, and perspectives. Water Resources Research, 51(4): 2616-2633.

Xu T R, Guo Z X, Liu S M, et al. 2018. Evaluating different machine learning methods for upscaling evapotranspiration from flux towers to the regional scale. Journal of Geophysical Research: Atmospheres, 123(16): 8674-8690.

Xu Z W, Liu S M, Li X, et al. 2013. Intercomparison of surface energy flux measurement systems used during the HiWATER-MUSOEXE. Journal of Geophysical Research, 118(23): 13 140-13 157.

Xu Z W, Liu S M, Zhu Z L, et al. 2020. Exploring evapotranspiration changes in a typical endorheic basin through the integrated observatory network. Agricultural and Forest Meteorology, 290 : 108010.

Zacharias S, Bogena H, Samaniego L, et al. 2011. A network of terrestrial environmental observatories in Germany. Vadose Zone Journal, 10(3): 955-973.

Zhang Q, Sun R, Jiang G Q, et al. 2016. Carbon and energy flux from a *Phragmites australis* wetland in Zhangye oasis-desert area, China. Agricultural and Forest Meteorology, 230 : 45-57.

第5章 生态水文传感器网络

晋　锐　亢　健

在黑河上游八宝河流域、中游张掖绿洲和下游额济纳旗，以无线传感器网络为纽带，高效集成了流域内密集分布的、多源异构传感器的各种气象、水文及生态观测项目，建立了自动化、智能化、时空协同、各观测节点远程可控的生态水文传感器综合观测网络。通过地理空间优化的地面采样方案精细观测和准确度量流域尺度内空间异质性较强的关键水文生态要素的时空动态过程、时空变异性和不确定性，全面提高了流域生态水文过程的综合观测能力和观测信息化水平。生态水文传感器网络可为生态水文过程建模、模型标定和验证、遥感产品真实性检验等提供经过质量控制的、多尺度嵌套的时空协同观测数据。

5.1 "黑河生态水文传感器网络"的意义

无线传感器网络是指将传感器技术、自动控制技术、数据网络传输、存储、处理与分析技术集成的现代信息技术（宫鹏，2007）。无线传感器网络作为"地球观测系统"的近地组成部分之一，近年得到广泛公认。众多从事地球信息科学的著名机构，如美国地质调查局（United States Geological Survey，USGS）、美国国家研究委员会（National Research Council，NRC）、美国地球空间情报局（National Geospatial-Intelligence Agency，NGA）等都把无线传感器网络与卫星遥感并列为2006年之后的重点10年研究计划，把WSN作为EOS（Earth Observing System）、IEOS（International Earth Observing System）和GEOSS（Global Earth Observation System of Systems）计划的扩充，被视为地球空间信息科学领域的重要组成部分。我国的《国家中长期科学和技术发展规划纲要（2006—2020年)》在重大专项、优先发展主题、前沿领域也均将WSN列为其重要方向之一。可以预见，WSN将为地球系统科学和环境科学研究带来一场革命，并将成为其标准的观测手段（Hart and Martinez，2006）。开放、标准化、具有互操作性的WSN组网构成传感器Web，为进一步实现GEOSS目标提供了基础设施和技术手段（Van et al.，2009）。

近年来，水文研究领域的长足发展得益于传感器技术、无线通信和信息基础设施的最新成果，逐步开发实现了成熟的传感器网络用于更高时空分辨率的采样观测以及集成化的"传感器—科学家"应用（Harmon et al.，2007; Barrenetxea et al.，2006; Cayan et al.，2003）；并在较大的空间范围、以较高的时空分辨率，提供分布式的实时观测数据，更精确地刻画流域尺度水循环过程及其机理。国际上诸多流域信息基础设施建设和生态水文观测计划，也将WSN技术引入到流域水文与生态研究，以流域为单元建立了遥感-地面一体化的观测平台，以多尺度嵌套方式实现跨时空尺度的对比观测和科学假设检验。例如，关键带观测平台 CZO[①]（Andersen et al.，2008）、推进水文科学人学联盟 CUAHSI（consortium of universities for the advancement of hydrologic science）（CUAHSI, 2007; Loescher et al., 2007）、水与环境研究系统网络 WATERS（water and environmental research systems）（Committee on the Review of WATERS Network, 2010; Bonner and Harmon, 2007）。

在国家自然科学基金委"黑河流域生态-水文过程集成研究"重大研究计划的支持下，组织开展了"黑河流域生态-水文过程综合遥感观测联合试验"。其中，生态水文传感器网络是 HiWATER 的四个基础试验之一（Jin et al., 2014），其重要作用及建设意义体现在如下 3 个方面。

1. 分布式的地面观测

WSN 除了具备自动、实时、可控的数据获取能力，还具有小型化、集成化和高效节能的突出优势，便于野外大范围安装布设和维护。更为突出的是 WSN 是一种智能化的网络，通过各种通信技术可将各个传感器节点动态组网，形成传感器矩阵，实现传统单点观测无能为力的区域尺度关键要素的时空连续监测；各传感器节点作为一个"智能微尘"（Kahn et al., 2000），通过相互通信可实现信息共享和触发式反馈（Delin et al., 2005）。

在流域生态水文应用方面，随着土壤水分、土壤温度以及其他生物物理、生物化学传感器变得越来越精巧、廉价、可靠和低功耗，大量部署这些传感器已完全成为可能（Committee on Integrated Observations for Hydrologic and Related Sciences, 2008）。空间密度空前提高的传感器网络，使得我们能够精细观测到流域生态水文过程的空间变化特征和空间变异性，连续捕捉生态水文关键变量的空间场分布特征和时间演进过程。

以水为主线的黑河流域生态水文过程集成研究，离不开发展分布式的生态水文模型、流域数据同化系统以及流域综合管理决策支持系统。但是空间分布且时间连续的驱动数据、模型参数和验证数据始终是流域模型集成研究的瓶颈，也是导致模型不确定性的重要因素之一，尤其是时空变异性较强的关键生态水文要素，例如降水、土壤水分、蒸散发等。如果能够准确度量这些关键要素在流域尺度的时空变异特征和不确定性，将促进我们对异质性地表水文过程的深入理解，显著改善和提高流域水文模型和水文数据同化系统的精度。

降水是黑河上游山区径流的主要补给源，而高时空分辨率（～1 km & 1h）的降水数据是任何生态水文模型必要且关键的驱动数据之一，直接决定着模拟的精度。但由于受到流域内局地气候条件、地形及下垫面的影响，降水具有强烈的时空异质性，导致土壤水分、蒸散发、径流和生态格局的时空分布差异，而这些因素的时空变异性又进而导致降水的局地特征。目前，传统方法主要依靠再分析资料的降尺度和水文气象观测站空间插值获得流域尺度的降水驱动；但黑河上游山区地形复杂，业务化气象水文站点分布极其稀疏，导致这两种降水驱动的空间分辨率和精度都不能满足流域水文建模的需求。多

---

① Brantley S L, White T S, White A F, et al. 2006. Frontiers in exploration of the critical zone: report of a workshop sponsored by the National Science Foundation(NSF).

普勒雷达是监测流域尺度降水强度及其空间分布特征的有效手段,但需要密集的地面降水观测来进行细致的算法标定和验证。利用数据同化方法,在区域气候模型的多层嵌套结构中同化再分析资料、卫星降水产品、地面站点及降水雷达观测,实现动力降尺度是目前获取流域尺度降水驱动的崭新发展方向(Pan et al., 2012)。通过地面具有代表性的分布式 WSN 的部署,将为以上研究提供不同海拔带、坡向和下垫面条件的降水时空分布格局及其异质性特征,进而获得准确的流域尺度降水驱动。

土壤水分是水循环"四水"转换的核心变量之一。虽然从水文过程的年循环角度着眼,其变化量很小,但对于一次降水过程来说,土壤水分直接决定着降水转化为蒸发、径流及地下水的比例,这对于精细模拟水文过程各分量的时空动态及准确估计黑河上游来水量极其重要。在蒸散发作用强烈、受人为灌溉管理和调配的黑河中游地区,土壤水分被认为是生态格局变化的主要驱动力,因此准确获得土壤水分的时空动态分布对于研究生态水文过程、植被水分胁迫、旱情监测和灌溉优化管理等方面都至关重要。但黑河中游地表景观单元破碎,加之以社为单元的轮灌制度,使得几百米范围内的地表水热特性呈现显著差异,甚至不连续性,因此需要空间密集的观测手段来捕捉异质性地表的土壤水分和蒸散发的空间分布,这恰好可以发挥 WSN 的长处。

2. WSN 是实现遥感真实性检验的全新技术手段

实现定量遥感产品的真实性检验,需要同时保证地面观测的时间同步性和空间代表性。

鉴于遥感的瞬时观测特性以及地表变量的快速变化,尤其是地表温度和地表冻融状态,即使依靠"人海战术"也难以做到精准的地面同步观测;而且即便采用统一的测量仪器和观测规范,人工测量也无法避免主观性带来的不确定性,而这种不确定性是难以统计度量的。WSN 中各观测节点都可远程控制,设置其观测频率或观测时刻,以实现与星载/机载遥感传感器的精确同步测量;而自动仪器的观测误差可通过系统的比对试验进行统一标定和评估,有利于获得标准化、一致性且误差可度量的高质量观测数据。

生态水文参数的遥感定量反演需要地面观测数据的精细验证,地面观测相对于遥感观测而言更加直接,因此常被认为是遥感像元的真值。但遥感验证目前面临的共性问题之一即单点观测缺乏对遥感像元的空间代表性,尤其是在非均一地表条件下,会造成两者之间因尺度不匹配引起的误差无法解释。地表异质性无处不在而且千变万化,真正意义的地毯式测量相对于地表异质性是无法穷举的。为了正确评估遥感产品的精度,实现遥感真实性检验,亟须考虑地表变量的时空变异特征,加密布置遥感像元尺度的地面观测场,度量其时空异质性和不确定性。通过地统计分析,获得像元真值的无偏最优估计,以及各关键变量/参数的空间相关性及时间稳定性,确定最佳的地面采样方案,实现以有限且具有代表性的多点观测验证遥感像元尺度的真实性(张仁华,2009),获得真正与遥感像元尺度相匹配的地面观测。无线传感器网络的出现,在空间上弥补了传统点观测和遥感观测之间的尺度空白,为遥感产品真实性检验提供了革新的技术手段,可进而推进遥感产品真实性检验的理论体系发展和关键技术的完善。

3. WSN 具有统一的数据实时获取与管理平台

野外自然条件恶劣，太阳能供电不足、气温过低以及人为破坏等多种因素均会引起仪器故障，导致无法弥补的数据损失；而在地形复杂的黑河山区单靠人力定期巡检维护是无法及时发现和解决这些问题的。因此需要建立统一的生态水文传感器网络数据综汇平台，远程监控各节点的工作状态，实时检查观测数据质量，实现基于数据分析的自动诊断和报警，最大程度避免数据缺失问题。

统一的数据综汇系统便于有效管理密集分布，且多源异构的传感器节点；便于数据的实时标准化采集、传输、数据质量控制、可视化及仪器状态监测，实现数据及其元数据与数据平台的无缝集成，便于实现分布式观测数据与遥感数据、地图及其他专题数据库的综合分析和决策支持，有利于观测数据与流域集成模型和流域数据同化系统的有机结合，促进多学科的协同观测和集成研究。

5.2 总 体 设 计

针对黑河流域上、中、下游三个研究区各自的关键科学问题，采用多尺度、多层嵌套、多源异构传感器的部署方式，实现对全流域关键生态水文要素自动化、智能化、时空协同的分布式综合观测。"生态水文无线传感器网络"不同于以往常规站点观测，其最大特点是可实现全流域内所有自动观测传感器的组网和数据实时获取，形成传感器矩阵，实现联网式的流域生态水文过程监测。

为了保证观测内容的合理设计和系统规划，整个"生态水文无线传感器网络"需要遵循的基本原则和系统基本功能如下：

（1）服务于科学目标，以科学问题为导向；

（2）稳定、可靠的在线数据获取能力；

（3）多尺度嵌套的地面观测优化采样方案和合理的采样频率，最大化利用有限数量的观测节点捕捉流域尺度生态水文过程，及其关键要素的时空变异性和不确定性；

（4）可扩展性，易于增减节点，同时不影响观测网络中其他节点的正常工作和数据传输；

（5）系统的实时监控能力，包括网络通信可靠性，数据传输完整性，各节点传感器、存储空间及供电运行状态，对异常情况能够及时诊断、定位并报告；

（6）数据通信的双向性，既可实现各节点观测数据向数据服务器的定时汇交，也可由数据服务器下达指令，通过远程控制实时获取观测数据或改变节点的观测行为；

（7）所有节点观测数据组织结构、存储方式、表达形式的标准化和时钟同步；

（8）观测数据的动态可视化和分析能力，不仅可实现单个节点观测变量的在线可视化，还可通过升尺度算法获取其空间分布特征及其变化趋势；

（9）观测数据与模型集成的接口，便于与水文生态模型和水文数据同化系统的无缝集成；

（10）通过数据库方式管理数量庞大且多样化的传感器，包括各节点传感器配置、数

据通信方式、观测位置、下垫面描述，传感器型号、采样频率、安装位置和朝向、定标
系数、观测误差、服役时间、更换维护日志等。

5.2.1　"生态水文无线传感器网络"总体架构

遵循以上原则，"生态水文传感器观测网络"分为三层架构（图 5-1），便于清晰地
结构化管理：

第一层：观测数据自动综汇平台，设置在兰州，利用数据服务器和数据可视化显示
终端，实现对各区域数据汇聚中心所汇交的自动观测数据和人工观测数据的质量控制、
存储入库、可视化分析以及与模型的无缝集成接口，并为用户提供数据查看、申请和下
载服务；管理员可利用互联网操作数据服务器向下通过区域汇聚中心向各观测节点发送
远程控制指令。可视化显示终端提供观测数据和节点运行状态的实时显示，以及错误提
示（详见 11.2 节）。

第二层：区域数据汇聚中心，主要包括上游八宝河流域数据汇聚中心和中游张掖数
据汇聚中心，并为其他数据汇聚中心预留接口。各数据汇聚中心相互独立，分别负责采
集和汇聚各区域内的视频数据和无法无线传输的大数据量自动观测数据，并通过 ADSL
专线传送至兰州数据服务器。此外，区域数据汇聚中心还起到本地数据备份的作用。

第三层：观测节点，包括气象、水文、生态多种观测要素的异构传感器节点，主要
负责采集数据，并通过各种无线通信方式将数据定时发送至兰州数据中心或区域数据汇
聚中心；接受下达的远程指令，实时返回观测数据或改变观测行为。

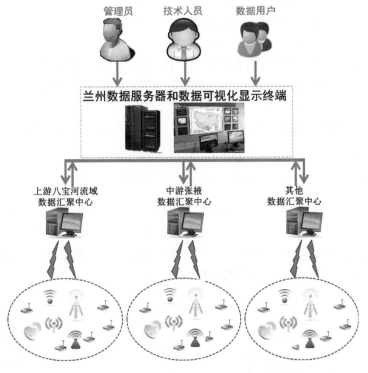

图 5-1　生态水文无线传感器网络的整体框架

5.2.2　无线传感器网络节点

无线传感器网络节点由数采仪（data logger）、传感器（sensor）和无线通信模块（wireless data communication sensor）三部分组成。

数采仪硬件决定了传感器的接口方式和接口数量，软件确定了数据采集、传输和控制机制。为了实现协同观测并便于维护，尽可能将关系紧密的传感器安装在同一节点，例如降水和土壤水分、土壤水分和土壤温度，并针对不同的观测目标确定不同的组合方式。传感器探头的接口宜采用插拔式，便于探头更换和维护。每个节点配置一定存储空间，在无法通信情况下确保能存储至少半年数据量，以防数据丢失。当存储空间满后，自动根据时间标签优先删除老数据，或可由管理员发送远程指令进行全部或部分清空。为保证数据时效性并最大程度减小节点耗电量，可订制每天几次数据发送的策略，对于需要实时查看的数据，也可由管理员发送远程指令取回数据。"生态水文无线传感器网络"中以固定节点为主，也可根据观测需要，灵活接入传感器节点，对节点间的空白区域进行补充观测，这点在遥感产品真实性检验中可发挥巨大作用。

传感器是构成"生态水文传感器网络"的基本元素，针对特定环境条件和观测对象，在传感器的选型上需要遵循以下原则：

- 观测精度：可靠稳定的观测精度，观测误差在允许范围内；
- 可标定：每个传感器在安装之前都须进行系统定标工作，确定适合安装区域的定标系数，并对传感器观测误差给出定量评价；
- 坚固性：结构坚固，封装严密，有防水措施；
- 稳健性：具备自动纠错和自我恢复能力，能够适应野外恶劣环境条件；
- 低功耗：采用休眠机制，减小耗电量；
- 集成化：具有体积小、观测变量多样性的特点，便于野外安装；
- 耐低温：黑河三个研究区在冬季都存在地表冻融循环，传感器需能在低温条件下正常工作并获得质量可靠的观测数据；
- 廉价：在保证必要观测精度的前提下，只有最大程度降低传感器成本，才能适于野外大规模部署。

5.2.3　网络通信

由于布设环境的差异性和布设方案的多样性，无线传感器网络需要有多种通讯方式的支持。黑河生态水文传感器网络的通讯方式以无线为主，辅以有线方式支持大数据量传输，均为双向通信。综合考虑节点间距、供电情况、传输数据量及所需带宽等因素，本传感器网络采用以下 5 种通讯方式（图 5-2）。

1. Zigbee

适用于短距离（～100m）数据传输，基于 IEEE 802.15.4 协议，采用 2.4GHz 进行通信。Zigbee 的最大优势是高效节能，仅需要普通 AA 电池即可维持传感器工作半年以上，减少维护工作量；各节点间可自动建立网络拓扑关系，寻找最优路径将数据传输至汇聚节点；具有灵活的可扩展性，便于节点的删减和补充，而损坏节点也不会影响整个网络的正常数据采集和传输；握手机制也保证了观测数据的传输完整性。Zigbee 适用于局部地区的加密观测。

2. GPRS

GPRS（通用分组无线服务）适用于有手机信号覆盖地区，数据传输依赖于通信公司运营商的现有网络，不受传输距离的限制；数据可由观测节点直接无线传输至远程数据中心并进行入库。

3. 无线电

适用于无手机信号覆盖地区的传感器网络节点，尤其是山区地形遮蔽区域。无线电波可将数据首先传输到有手机信号的中继节点，然后再通过 GPRS 无线传输至远程数据中心。无线电波在通视条件时的传输距离最远可达 90 km，有地形、森林或建筑物遮蔽时，传输距离有所衰减。因此野外布置时要同时满足经济性和传输可靠性的原则。

4. 微波

微波也是一种无线电波，传送距离一般只有十几千米，但微波频带通信容量较大，适用于传输图片、影像等较大文件，但必须符合通视性的要求。

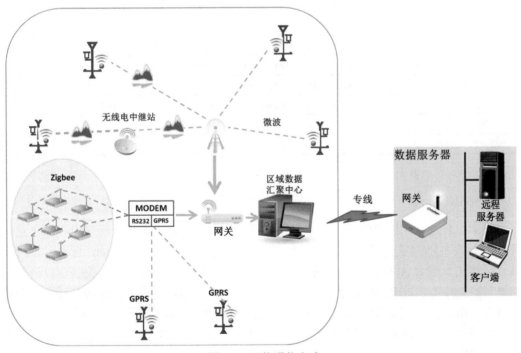

图 5-2　网络通信方式

5. 网络专线

在黑河上游八宝河和中游张掖分别设置一个区域数据汇聚中心，通过光纤向兰州数据中心传输网络摄像头等大数据量观测数据。各区域数据汇聚中心和总中心之间的数据传输采用网络专线保证传输数据量、稳定性和可靠性。

5.3 无线传感器网络节点类型

1. WATERNET

WATERNET 是由中国科学院西北生态环境资源研究院和北京师范大学联合定制开发的支持多接口、多种传输方式的生态水文传感器网络节点（图 5-3）。WATERNET 节点共计 55 套，加密观测期（2012 年 4～9 月）在黑河中游 5.5km×5.5km 观测矩阵内密集布设了 50 套；随后的上游寒区水文试验（2013 年 6 月至今）中，在八宝河流域安装 40 套进行长期观测，同时在中游大满超级站 LAS（大孔径闪烁仪）观测源区内布设 10 套进行生长季（每年 5～10 月）的连续观测。

WATERNET 节点支持的传感器型号及其接口数量如表 5-1 所示，数采设备可支持 IPv6 协议，无线传输方式包括 GPRS、无线电及 2.4G。

表 5-1　WATERNET 支持的传感器型号及其接口数量

传感器	型号	接口数量
土壤温度、湿度、盐度	Hydra Probe II（SDI-12）- 93640-025-3	3+1
地表红外辐射温度	Apogee20 Infrared Radiometer（standard FOV）- SI-111	1
雨量筒	Texas Electronics 24.5cm Tipping Bucket Rain Gage（0.1mm tip）- TE525MM	1
超声雪深	CSC Untrasonic Distance Sensor for Snow Depth or Water Level - SR50A	1
空气温湿度	Vaisala Temperature and RH Probe - HMP45C	1
风速风向（高山型）	RM Yong 05103-45-L Alpine Wind Monitors	1

2. SoilNET

SoilNET 是由中国科学院西北生态环境资源研究院和德国尤里希研究中心联合定制开发的土壤水分/温度无线传感器网络系统。该系统包含 50 个节点（end device），每个节点可连接 4 层 SPADE TDT 土壤水分/温度传感器，采用 Jennet 网络协议栈，以最邻近中继节点为中心，在其 800m 距离范围内呈星形网络布设，要求满足通视条件；9 个中继节点（router）用于汇聚各个节点的观测数据，并将其传输至汇聚节点（<4km）；1 个汇聚节点（coordinator）用于汇集全部观测数据，并用 GPRS 远程传输至数据中心，不受距离限制。SoilNET 的示意图如图 5-4 所示。

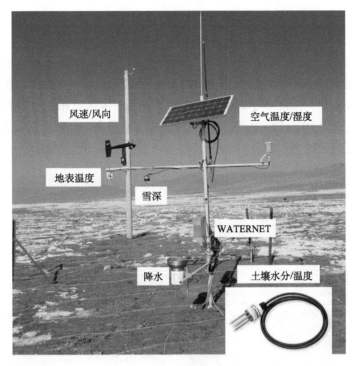

图 5-3　WATERNET 节点示意图（八宝河 5 号点为例）

(a) 中继节点　　　　　　　　　　　　　(b) 终端节点

图 5-4　SoilNET 中继和终端节点的示意图

3. BNUNET

BNUNET 是由北京师范大学定制开发的轻量版土壤水分/温度传感器节点。在黑河中游人工绿洲试验区加密观测期（2012 年 5～9 月），布设了共计 75 个 BNUNET 节点，每个节点均包含 4cm、10cm 和 20cm 深的 3 层土壤温度传感器和 4cm 深的 1 层土壤水分传感器，观测频率为 10 分钟；各节点由 8 节 5 号电池供电，自带存储设备，无数据传输功能，需人工定期巡检下载数据（图 5-5）。

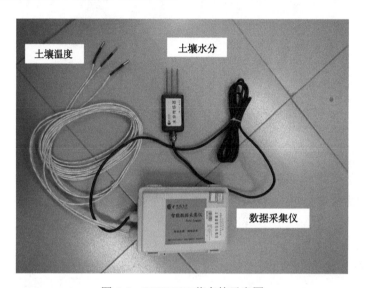

图 5-5　BNUNET 节点的示意图

4. LAINet

LAINet 是由北京师范大学自主研发的分布式叶面积指数测量系统，该系统由三类传感器节点组成，包括：①冠层下节点：传感器水平向上放置于地面，测量冠层透过辐射；②冠层上节点：传感器水平向上放置于冠层之上，测量太阳入射总辐射；③汇聚节点：接收并转发前两类节点的观测数据（图 5-6）。

LAINet 系统基于冠层辐射传输理论，通过计算一天内不同太阳高度角冠层下透过辐射与冠层上的太阳入射总辐射的比值得到冠层透过率；进而，基于多角度冠层透过率反演计算得到叶面积指数。黑河中游加密观测期（2012 年 4～9 月），在 5.5km×5.5km 观测矩阵内密集布设共计 45 个节点。

5. 网络摄像头

在黑河中游的大满超级站、花寨子荒漠站、张掖湿地站及黑河遥感站分别架设网络摄像头，主要用于连续监测植被生长状况及站点现场情况。网络摄像头采用有云台的球机，考虑网络传输带宽质量，采用 40 万像素标清探头，以微波方式进行数据传输，同时也支持 IPv6 协议。

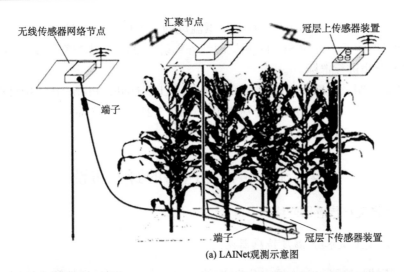

(a) LAINet观测示意图

(b) 冠层上PAR传感器及中继　　　　　　　(c) 冠层下PAR传感器

图 5-6　LAINet 叶面积指数无线传感观测系统

6. 传感器的标定

针对每个 Hydra Probe II、SPADE TDT、BNUNET 及 SI-111 传感器采用两点定标法确定每类传感器的观测误差。针对土壤水分,采用黑河中游农田的饱和含水量土壤和自然风干的沙漠干砂进行两点定标的测量,同时采用烘箱烘干法获取真实土壤水分来定量评价各种传感器的观测不确定性。针对土壤温度的观测精度，对 40℃温水的自然降温过程进行连续温度测量。针对 SI-111 测量的红外辐射温度，采用 23℃恒温的 BDB 黑体和 0℃的冰水混合物进行定标。

统计结果表明，传感器的一致性可达 95%以上。Hydra Probe II、SPADE TDT 和 BNUNET 的土壤水分观测精度可分别达 1.1%vol、3.2%vol 及 5%vol；SI-111 的红外辐射温度观测精度可达 0.15℃。

5.4 无线传感器网络的野外布设

5.4.1 黑河上游无线传感器网络

1. 流域尺度土壤水分/温度传感器网络

为度量流域尺度降水、土壤水分/温度的时空动态、空间异质性和不确定性，为流域水文模拟和流域尺度水文同化提供基础资料和观测误差信息，同时为生态-水文模型的标定和参数化提供参考数据，2013 年 6～8 月间在黑河上游东支的八宝河流域部署安装了共计 40 套 WATERNET 节点（图 5-7），这些节点持续运行至今，按照观测变量的配置，节点分为三类，如图 5-8 所示。

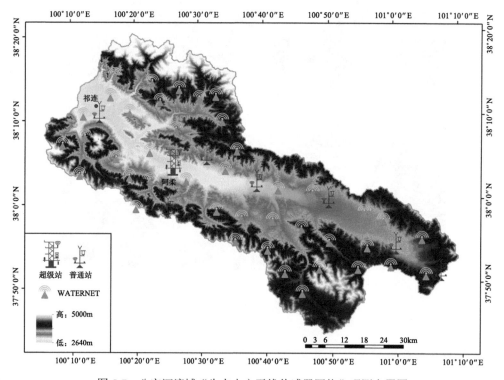

图 5-7 八宝河流域"生态水文无线传感器网络"观测布置图

图 5-8　八宝河流域三种类型 WATERNET 节点

（a）土壤水分/温度；　（b）土壤水分/温度+地表温度+降水+雪深；　（c）土壤水分+地表温度

①土壤水分和温度观测节点，21 个；②土壤水分和温度+地表温度节点，8 个；③土壤水分和温度+地表温度+雪深+降水观测节点，11 个。

其中，4cm、10cm 和 20cm 土壤水分/温度是每个节点的基本配置；19 个节点包含土壤水分/温度和地表红外辐射温度观测；11 个节点包含土壤水分/温度、地表红外辐射温度观测、雪深和降水观测。观测频率均为 5 分钟。

采用基于地统计模型的空间采样方法进行多目标优化，设计 WATERNET 节点的空间分布位置。布置方案以 30m 分辨率数字高程、坡度、坡向作为基础地理信息数据，采用多年 MODIS 平均地表温度、地形湿度指数及 GSMaP（global satellite mapping of precipitation）表征流域地表温度、土壤水分和降水的空间分布及变异结构，进行多目标（土壤水分、地表温度、降水）的地统计布样优化。采用泛协克里金采样优化模型（UCK model-based sampling），将观测目标看作多变量空间随机场，利用协同区域化模型（LMC：linear model of coregionalization）构建多变量之间的空间相关性，以多变量加权估计误差平方和最小为目标，采用空间模拟退火算法优化观测节点的空间位置和属性分布（Ge et al., 2015）。优化采样设计分为以下 6 个步骤（图 5-9）：

（1）数据与先验信息准备。

（2）趋势建模。对变量的辅助信息进行预处理，探索目标变量与环境协变量之间的关系，去除目标变量的空间趋势，即将目标变量分解为空间趋势（漂移）和具有自相关性的残差（剩余）两个部分。

（3）计算残差的 LMC。采用协同区域化线性模型来计算并拟合残差的（交叉）变异函数。特别注意的是，在构建 LMC 时，需要考虑残差的方向变异特征；如果去除空间趋势后，残差在空间上依然存在空间异质性，则可以通过空间分区的方式来处理。

（4）构建并计算目标函数。多目标变量优化的目标函数可以通过将多个变量的目标函数加权平均的形式来获得。

（5）采用空间模拟退火算法优化选点。

（6）得到优化后的传感器网络并对其进行评价。

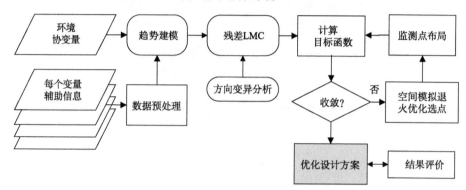

图 5-9　面向多变量的监测网布局优化流程图

2. 阿柔超级站土壤水分/温度传感器网络

2014 年 7 月在黑河上游阿柔超级站 LAS 源区范围内安装了共计 16 套 SoilNET 节点（图 5-10），并在源区中心进行了空间加密，该观测可支持地表土壤水分异质性对蒸散发估算的影响评价，观测深度为 4cm、10cm、20cm 和 40cm，观测变量为土壤水分和土壤温度。该传感器网络观测至 2018 年 5 月，其后，由于仪器老化而拆除。

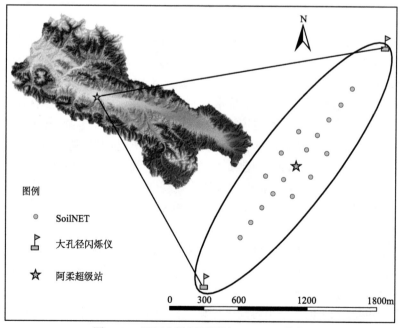

图 5-10　黑河上游阿柔周边 SoilNET 节点

2019 年 7 月经空间布局优化，重新在阿柔超级选点安装了 8 套 CR7210 型土壤水分监测系统（图 5-11）。CR7210 土壤水分监测系统由 CR300 数据采集器和三个 CS655 土壤水分传感器组成。CS655 土壤水分传感器应用创新性的技术，观测深度为 4cm、10cm、20cm 和 40cm 可以对土壤体积含水量、土壤温度等多种参数进行精确测量。

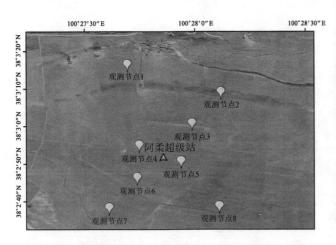

图 5-11　黑河上游阿柔超级站周边 CR7210 型土壤水分监测节点

5.4.2　黑河中游无线传感器网络

1. 加强观测期

2012 年 5～9 月，在黑河中游人工绿洲试验区，采用多尺度嵌套方式，布设了黑河中游生态水文传感器网络，包括 4cm、10cm、20cm 和 40cm 土壤水分和温度、地表红外辐射温度和 LAI 观测。如图 5-12 所示，详细布置方案如下：

（1）在大满超级站 1km×1km 范围内，布设 50 个 SoilNET 节点，观测多层土壤水分/温度；

（2）在 4km×4km MODIS 像元范围内，布设 50 个 WATERNET 无线传感器网络节点，观测多层土壤水分/温度和地表温度；

（3）在 4km×4km MODIS 像元范围内，邻近 WATERNET 节点布设 45 个 LAI 无线传感网节点；

（4）在 5.5km×5.5km 区域内，布设 80 个 BNU 土壤水分温度观测系统。

为同时满足精确地捕捉地表变量异质性和估计像元尺度真值的需求，发展了一种混合优化模型，该模型表示为两种子策略的线性组合。一个子策略是为了获取不同空间尺度下的空间变异性，保证每个尺度下有足够的样本数量用于预测，该策略会导致样本点在空间聚合的现象，增加了空间预测的不确定性。为提高空间预测精度，引入了可使空间样本趋于均匀分布的子策略，该策略使空间样本呈三角形网络分布（Kang et al., 2014）。前人研究证明，三角形网络的空间分布形式相比于四边形和六边形有最高的预测精度。

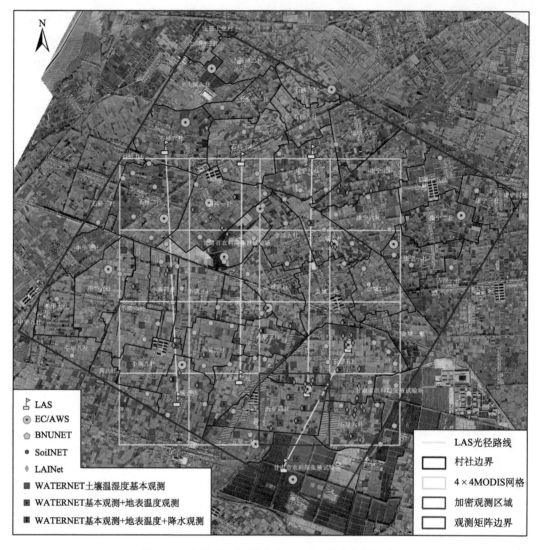

图 5-12　中游人工绿洲试验区 WSN 节点布置方案

　　对于黑河中游无线传感器网络的具体优化步骤如下；

　　a）以气象站点的空间位置作为初始条件，将传感器网络节点随机分布在布设区域内。

　　b）分别计算每个子策略的目标函数值，并进行归一化处理，然后计算子策略的权重系数，获得混合优化模型的目标函数值；

　　c）随机抽取一个传感器网络节点并将其放置在布设区域的任意位置；

　　d）与步骤 b）相同，计算混合模型的目标函数值，如果目标函数值减小，那么保留变化；如果目标函数值增大，则将传感器网络节点恢复到原来的空间位置；

　　e）重复步骤 c）和步骤 d），直到目标函数值不再改变为止；

　　为了使目标函数不会陷入局部最优，采用了模拟退火算法。

　　在无先验知识的情况下，该混合空间优化采样方法既可准确地估计变量的空间变异结构，又可精确地进行空间统计推断，布设结果有较高的代表性，能够满足多尺度像元"真值"的估计需求。

2. 长期观测

加强观测期后，每年生长季在黑河中游大满超级站 LAS 源区范围布设无线传感器网络节点持续观测土壤水分、土壤温度。

2013～2014 年，在观测区布置了 10 套 WATERNET；2015～2018 年，在观测区内布置了 9 套 WATERNET；2019 年，在观测区内布置了 6 套 WATERNET。

安装时间与作物生长季一致，每年 4 月播种期进行仪器安装、为不影像耕地 10 月收获期将仪器拆除妥善保存。

5.4.3 黑河下游无线传感器网络

黑河下游传感器网络主要用于配合多尺度蒸散发观测，在 LAS 观测源区内随机布设了 10 个 SoilNET 节点（图 5-13），观测 4 cm、10 cm、20 cm 和 40 cm 深度的土壤水分和温度，同时考虑了不同的下垫面类型，主要在裸地、柽柳、胡杨等典型下垫面进行观测。由于下游土壤盐分含量较大，土壤水分观测数据的不确定性较大。

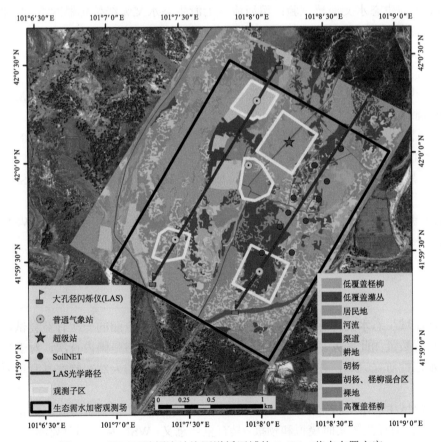

图 5-13　黑河下游额济纳旗四道桥区域的 SoilNet 节点布置方案

5.5　数　据　产　品

黑河生态水文传感器网络的观测数据经过质量检查和质量控制后，定期发布于"寒旱区科学数据中心"的 HiWATER 专题数据集网页（http://westdc.westgis.ac.cn/hiwater/wsn）。目前已经在线发布的数据包括：

（1）黑河生态水文遥感试验：2012 年黑河流域中游生态水文无线传感器网络 BNUNET 土壤温湿度观测数据集。

（2）黑河生态水文遥感试验：2012 年黑河流域中游生态水文无线传感器网络 WATERNET 观测数据集。

（3）黑河生态水文遥感试验：2013 年黑河流域中游生态水文无线传感器网络 WATERNET 观测数据集。

（4）黑河生态水文遥感试验：2014 年黑河流域中游生态水文无线传感器网络 WATERNET 观测数据集。

（5）黑河生态水文遥感试验：2015 年黑河流域中游生态水文无线传感器网络 WATERNET 观测数据集。

（6）黑河生态水文遥感试验：黑河流域上游生态水文无线传感器网络 WATERNET 2013 年观测数据集。

（7）黑河生态水文遥感试验：黑河流域上游生态水文无线传感器网络 WATERNET 2014 年观测数据集。

（8）黑河生态水文遥感试验：黑河流域上游生态水文无线传感器网络 WATERNET 2015 年观测数据集。

（9）黑河生态水文遥感试验：黑河流域中游生态水文无线传感器网络 BNUNET 土壤温湿度观测数据集（2013 年 9 月至 2014 年 3 月）。

（10）黑河生态水文遥感试验：黑河流域中游生态水文无线传感器网络 SoilNET 观测数据集。

（11）黑河生态水文遥感试验：黑河流域中游生态水文无线传感器网络 WSN 观测数据子集——PLMR 飞行日数据。

5.6　小　　　结

黑河流域生态水文传感器网络是在流域自动观测系统方面的一次有益尝试，在流域尺度内布置数量如此之大、种类之多且相互协同的观测网络是国内首次，对于将黑河作为一个示范性研究流域，并将其打造成流域生态水文研究的天然实验室具有重要的建设意义。

黑河流域生态水文传感器网络的实时数据获取能力，使得模型与观测数据的无缝集成成为可能，对径流的实时模拟和预报，具有重要意义；WSN 从点到面观测方式的转变，能够获取流域 / 灌区尺度关键水文生态要素的时空动态及其变异规律，对于分布式生态水文模型的参数标定、参数化方案改进、水文同化系统的观测数据及其观测误差均提供了前所未有的分布式观测数据，从而能够更加精确地闭合水循环；地面密集布设的 WSN 也为遥感真实性检验提供了前所未有的多尺度观测数据集。

　　分布式的黑河流域生态水文传感器网络在流域水循环、生态水文、遥感等方面发挥了重要的作用，在 HiWATER 项目中被应用于航空/卫星遥感试验的地面自动同步观测、地表变量的尺度转换方法研究、定量遥感产品的真实性检验、水文模型的验证等，极大促进了对于异质性地表水文过程、地表变量空间分布特征的理解，以及遥感水文和水文遥感领域的方法论发展。

参 考 文 献

宫鹏. 2007. 环境监测中无线传感器网络地面遥感新技术. 遥感学报, 11(4): 545-551.

张仁华. 2009. 定量热红外遥感模型及地面实验基础. 北京:科学出版社.

Andersen S A, Bales R C, Duffy C J. 2008. Critical zone observatories: Building a network to advance interdisciplinary study of earth surface processes. Mineralogical Magazine, 72(1): 7-10.

Barrenetxea G, Couach O, Krichane M, et al. 2006. SensorScope: An environmental monitoring network. Eos Trans AGU, 87(52): H51D-0513.

Bonner J, Harmon T. 2007. Sensors and Sensor Networks: WATERS Network Project Office Sensors Committee Report. WATERS Network Project Office Sensors Committee.

Cayan D, VanScoy M, Dettinger M, et al. 2003. The wireless watershed in Santa Margarita ecological reserve. Southwest Hydrology, 2(5): 18-19.

Delin K A, Jackson S P, Johnson D W, et al. 2005. Environmental studies with the Sensor Web: Principles and practice. Sensors, 5(1): 103-117.

Ge Y, Wang J H, Heuvelink G B M, et al. 2015. Sampling design optimization of a wireless sensor network for monitoring ecohydrological processes in the Babao River basin, China. International Journal of Geographical Information Science, 29(1): 92-110.

Harmon T, Ambrose R, Gilbert R, et al. 2007. High-resolution river hydraulic and water quality characteristics using rapidly deployable networked infomechanical systems(NIMS RD). Environmental Engineering Science, 24(2):151-159.

Hart J K, Martinez K. 2006. Environmental sensor networks: A revolution in the earth system science? Earth-Science Reviews, 78(3-4): 177-191.

Hubbard S S, Varadharajan C, Wu Y, et al. 2020. Emerging technologies and radical collaboration to advance predictive understanding of watershed hydrobiogeochemistry. Hydrological Processes, 34(15): 3175-3182.

Jin R, Li X, Yan B P, et al. 2014. A nested eco-hydrological wireless sensor network for capturing surface heterogeneity in the Middle-reach of Heihe River Basin, China. IEEE Geoscience and Remote Sensing Letters, 11(11): 2015-2019.

Kahn J M, Katz R H, Pister K S J. 2000. Emerging challenges: mobile networking for "Smart Dust". Journal of Communications and Networks, 2(3): 188-196.

Kang J, Li X, Jin R, et al. 2014. Hybrid optimal design of the eco-hydrological wireless sensor network in the middle reach of the Heihe river basin, China. Sensor, 14(10): 19095-19114.

Loescher H W, Jacobs J M, Wendroth O, et al. 2007. Enhancing water cycle measurements for future hydrologic research. Bulletin of the American Meteorological Society, 88(5): 669-676.

NRC: Committee on Integrated Observations for Hydrologic and Related Sciences. 2018. Integrating Multiscale Observations of U. S. Waters. Washington D C: The National Academies Press.

NRC: Committee on the Review of Water and Environmental Research Systems(WATERS)Network, National Research Council. 2010. Review of the WATERS Network Science Plan. Washington D C: The National Academies Press.

Pan X, Tian X, Li X, et al. 2012. Assimilating Doppler radar radial velocity and reflectivity observations in the weather research and forecasting model by a proper orthogonal-decomposition-based ensemble, three-dimensional variational assimilation method. Journal of Geophysical Research Atmospheres, 117: D17113.

Van Zyl T L, Simonis I, McFerren G. 2009. The sensor web: systems of sensor systems. International Journal of Digital Earth, 2(1): 16-30.

第6章 黑河地面同步观测试验

马明国 王旭峰 耿丽英 于文凭 王海波 盖迎春 李弘毅 张 苗
韩辉邦 柴琳娜 穆西晗 谢东辉 吴桂平 刘向锋 付东杰

遥感同步试验是提高遥感参数反演精度和发展改进遥感地表参数反演和估算模型的有效手段。在同步试验中，地面观测试验尤为关键，这是因为：首先遥感数据的预处理需要大量高精度的地面数据支持，如几何纠正、大气纠正等。其次地表参数的遥感反演模型或估算模型包含有大量的参数，而这些参数往往随空间变化，且对反演结果的精度有很大的影响，要获取高精度地表参数反演结果，必须对遥感反演模型参数进行本地化，因此需要对模型参数进行同步观测。此外，遥感反演结果需要大量的地面实测数据进行验证，对反演结果进行精度评价。总之，航空和卫星遥感同步试验，需要精细设计的地面同步观测试验来配合，才能保证后期遥感影像处理与地表参数反演获得理想的结果。

6.1 地面同步试验设计

6.1.1 试验目标

黑河地面同步观测试验的主要目标是：配合航空遥感试验和卫星遥感试验，在黑河试验期间，根据航空遥感搭载的各类传感器以及卫星遥感传感器的空间分辨率、波段范围、重访周期、主要用途等属性，同时考虑黑河流域的区域特点，设计和开展大量的地面同步观测试验，为满足黑河流域航空遥感和卫星遥感数据的传感器定标、大气校正、几何校正、参数反演的需求，在黑河流域获取高精度和高一致性的地面观测数据，为遥感地面参数准确反演提供支持，为生态环境变量的遥感反演提供实测的相关参数以及验证数据。

6.1.2 试验内容设计

1. 定标试验

在飞行区选择地表均一的定标场，开展地面黑白布地物波谱同步测量、水体和荒漠地表温度同步观测，用于传感器各波段定标，获取准确的定标系数，支持机载和卫星传感器校正工作。

利用 GPS 和常规探空手段观测大气温湿廓线，利用太阳分光光度计观测气溶胶光学厚度，获取用于航空遥感和卫星遥感数据大气校正所需的输入数据。

在航空飞行区域布设多个高精度地面靶标，用于对航空和卫星数据产品的几何精校正。并对地面观测站点位置开展高精度的测量工作。

2. 地基遥感试验

为了认识黑河流域不同下点面的微波辐射特性、地表发射率及地表反射率，HiWATER 试验期间在黑河流域开展了地基遥感观测。

利用地基微波辐射计对流域内典型下垫面的微波辐射特征进行观测，具体内容包括：选取流域内不同类型土壤，在冻-融交替过程中连续观测微波辐射的变化特征；观测不同厚度、雪粒径和不同下垫面的积雪的微波辐射特征。

利用红外波谱仪 102F 观测不同地表类型的比辐射率，支持基于航空或卫星获取的热红外遥感数据开展地表温度反演和真实性检验工作。

配合高光谱成像仪，利用多台野外光谱仪观测植被、裸土和水体等下垫面类型的光谱特征。

3. 地面同步观测和加密观测试验

针对不同观测要素，根据其自身及其相关要素空间异质性的特征，分别进行观测点布设或者采样方案的设计。由于传感器网络主要布置在试验核心区，在外围地带需要辅以人工加密观测，来保证观测数据区域上的代表性。

配合航空遥感飞行和卫星过境，基于无线传感器网络和人工在地面同步开展反照率、FPAR、地表温度、土壤水分等要素观测。

选取土壤水分、地表温度、LAI、反照率、FPAR 几个关键变量，布设遥感真实性检验场，开展无线传感器网络观测。

针对典型下垫面布设多个固定样方，定期加密观测 LAI、BRDF、植被覆盖度、植被含水量、叶绿素含量、冠层结构、土壤呼吸等要素。

针对典型下垫面，开展土地利用/土地覆盖类型、种植结构、植被类型、C3/C4 植物、地表粗糙度等要素的样方调查。

6.2　航空和卫星遥感定标试验

定标观测试验主要是为了获取卫星遥感数据与航空遥感数据预处理所需要的几何参数和大气参数开展的地面观测试验。

1. 几何参数观测试验

为了给卫星和航空遥感数据提供高精度的几何纠正数据，设计了几何参数观测试验，目标是获取所有的实验仪器和观测塔的布设位置、观测样方和观测场的位置、设置的地面控制点等的坐标。

利用差分 GPS，选定统一的坐标系统，完成主要观测系统和观测场的定位。在开展飞行同步试验时布设靶标（黑白布和角反射器）并测量几何参数。在开展激光雷达和WiDAS 飞行时地面同步差分测量，完成参考影像的制作。试验目的主要是支持航空影像的高精度几何校正。图 6-1 为几何参数测量试验的图片。

(a) 五星村楼顶布设的差分GPS基站　　(b) 植被样方角点差分GPS测量　　(c) 航空遥感靶标布设

(d) 中游实验核心区纠正后的参考影像

图 6-1　几何参数测量

通过几何参数观测试验获得了 HiWATER 试验区域高精度的位置信息。采用地面控制和外方位元素约束的影像匹配、区域网光束平差等处理方法，生成了高精度的无人机三维模型和正射影像，服务区域 HiWATER 试验遥感数据几何纠正（陈杰等，2014）。

这里以黑河中游核心试验区参考影像生成为例，说明遥感影像几何纠正与参考影像生成的过程。为了支撑 HiWATER 试验设计，获得黑河中游试验核心区高精度的参考影像，在中游核心试验区进行了无人机航拍，获得参考影像。总体流程如下：首先对研究区设计合理的航线并进行航拍。影响航线设计的主要考虑因素包括：镜头焦距、航高、航向重叠度、旁向重叠度等。本次试验总共设置了 6 条航线，飞行高度 2400m，航向重叠度 65%，旁向重叠度 35%，地面分辨率约为 0.5m。其次是地面控制点的获取。为了对影像进行高精度的几何纠正，利用差分 GPS 测量了地面控制点的坐标。控制点需要选取在影像上具有明显的、清晰的定位识别标志的地方，如道路交叉点、河流汊口、建筑边界、农田界线等，试验区内控制点要均匀分布。本次航拍总共选取了 19 个平面控制点，8 个高程控制点，6 个平面检核点和 6 个高程检核点。最后是对无人机遥感影像进行处理。包括相机检校、同名点自动测量、空中三角解算与正射纠正等过程。相机检校包括：像主点位置，主焦距，及其径向畸变和偏心畸变。根据 GPS 与 IMU 获取的外方位元素和标定的相机参数，来初步构建成像模型。根据特征点的自动匹配策略，以影像 POS、相机参数等为约束条件来自动匹配出同名点。本次数据处理采用 SIFT 算法总共获取了 4800 多个同名点，同名点在影像的重叠区域均匀分布，且满足区域平差的要求。基于地面控制点和同名点进行空三解算来纠正每张影像的外方位元素，并对每张影像进行正射纠正。正射纠正后的影像经过裁剪、镶嵌得到最终的数字正射影像图（DOM）。最终获得的参考影像如 6-1（d）所示。为了验证生成的数字正射模型和地形模型的精度，将量测控制点在图像上的坐标与实测坐标进行对比，验证结果表明 DOM 的 X 方向中误差为 0.47 m，Y 方向中误差为 0.53 m，DTM 的高程中误差为 1.09 m（陈杰等，2014）。

2. 大气参数观测试验

要开展定量遥感反演研究，遥感数据的大气纠正是必不可少的一环。遥感影像大气纠正的方法较多，包括不变目标法、直方图匹配法、暗元目标法和辐射传输模型（如 6S、MODTRAN 等）。在这些方法中基于大气辐射传输模型的大气校正方法精度较高。但其运算量大，且需要提供卫星过境时刻的大气廓线参数。

为了满足实验期间遥感数据及地表参数反演中大气校正的需要，在 HiWATER 试验期间同时开展了大气参数观测试验。大气参数观测试验主要是获取大气校正和大气辐射传输模型所需的大气参数，主要包括光度计连续观测和探空气球两种方式。

2012 年 6 月 1 日至 9 月 20 日利用光度计获取大气气溶胶、水汽、臭氧等成分的特性，支持卫星和航空遥感数据的大气校正。在黑河中游，共布设了两台光度计，分别位于大满超级站和五星村七号楼顶部（图 6-2），并在试验期间对两台仪器进行了对比观测试验，保证数据的一致性。

(a) 五星村楼顶太阳光度计观测　　　　　　　　　　(b) 大满站太阳光度计观测

图 6-2　黑河中游光度计观测试验

在进行航空遥感试验时，为了获得地面到 3 万 m 左右高度空间大气要素（气压、温度、湿度）和运动状态（风速、风向）的梯度特性，支持卫星和航空遥感数据的大气校正及大气边界层研究，委托张掖市观象台（图 6-3）开展 1 天 3 次（8:00、14:00、20:00）的连续观测，观测时间段为 6 月 1 日至 8 月 31 日共计 92 天 276 次；并且在可见光/近红外和热红外航空飞行前后开展 GPS 探空观测（图 6-4），共计 19 次。

以上观测的大气参数除作为大气校正的参数外，也可以用于验证遥感估算的一些大气遥感产品。以气溶胶光学厚度为例，太阳分光光度计测量的气溶胶光学厚度也可以直接用来验证遥感反演的气溶胶光学厚度。

图 6-3　张掖观象台大气温湿度廓线观测

(a) 在五星村观测点释放探空气球

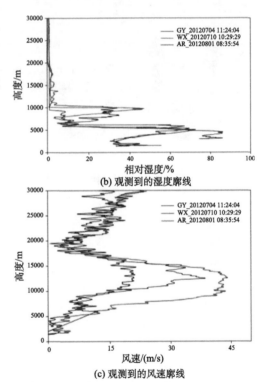

(b) 观测到的湿度廓线

(c) 观测到的风速廓线

图 6-4　探空气球及其获取的大气廓线

示例：以核心试验区 CASI 影像数据为例，对其进行大气校正，分析遥感影像大气校正前后的差异。大气校正选用 Envi4.7 集成的 FLAASH 模块，大气校正所需的大气参数主要来自同步太阳分光光度计 CE318 的观测数据。图 6-5 可以看出，大气校正前后影像的辐射亮度发生了明显的变化，视觉差异显著。随意选取影像中某一区域玉米地的光谱曲线叠加对比分析，从校正前后的玉米地曲线（图 6-6）可以看出，反射率光谱变化很大，表明大气对光谱的辐照度影响很严重；校正后曲线均表现出典型的植被光谱曲线，校正后的玉米曲线与地面实测的玉米地曲线叠加发现，两者基本重合，说明 FLAASH 大气校正能够有效地去除大气水汽和气溶胶的影响，精确地反映了地物的真实物理特性，有效地提高了图像质量，为后续高光谱的精细分类应用提供了数据保证。

(a) 大气校正前的影像　　　　　　　　(b) 大气校正后的影像

图 6-5　大气校正前和大气校正后 CASI 影像假彩色合成对比图

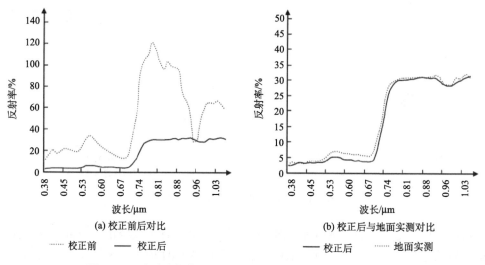

(a) 校正前后对比　　　　　　　　(b) 校正后与地面实测对比

········· 校正前　　—— 校正后　　　　　—— 校正后　　········· 地面实测

图 6-6　玉米地大气校正前后及与地面实测地物波谱特征对比

6.3　地基遥感试验

1. 自动多角度光谱观测试验

时间连续的自动光谱测量对于监测植被生长过程非常重要，可以获取连续的植被光谱与植被指数，这种连续的观测可以和通量观测结合起来，分析植被的季节动态，同时也可以用来研究植被冠层的辐射传输过程。在大满超级站连续获取不同角度下的植被反射率数据，观测的波谱范围是 310～1100nm，视场角为 20°，观测频率为 15 分钟。预设角度姿态（常规姿态下）水平（–176°～176°），天顶角（43°/53°/63°/73°或者 48°/58°/ 68°/78°），方位角和天顶角的间隔为 10°，如图 6-7 所示。并且在试验期间设定了追踪卫星为 Terra、Aqua、EO-1、HJ-1-A、HJ-1-B、NOAA 18、NOAA 19 和 Proba-1。利用 2012 年 6 月至 8 月期间大满站多角度反射率观测数据，基于半经验的核驱动 BRDF 模型，建立了时间连续的植被指数双向反射分布函数。此外，基于天空条件（直接/散射）数据，建立对应天空条件下植被指数与光照/遮阴状态下光能利用率（LUE）的关系。在黑河中游农田下垫面（玉米），光照和阴影条件下光化学反射指数（photochemical reflectance index，PRI）与 LUE 之间存在如下的关系：

$$PRI_{sunlit}=0.06339 \times \log（LUE_{sunlit}）+ 0.04882$$

$$PRI_{shade}= 0.02675 \times \log（LUE_{shade}）+ 0.01619$$

PRI_{sunlit} 表示光照处的光化学反射指数，PRI_{shade} 阴影处的光化学反射指数。然后基

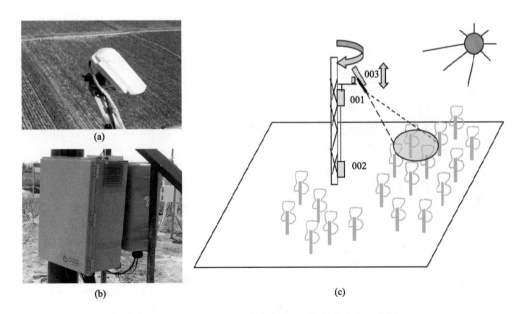

图 6-7　大满超级站自动多角度光谱观测试验示意图

（a）自动多角度光谱仪探头，架设在大满超级站观测塔 3.5m 高度处；（b）自动多角度光谱仪主机部分，固定在大满超级站观测塔底部；（c）自动多角度光谱仪观测示意图

于以上关系与光照条件把 LUE 尺度上推像元尺度，可以提高光能利用率模型对总初级生产力（GPP）的估算精度（Fu et al., 2015）。

2. 发射率观测试验

发射率是遥感地表温度反演最为关键的参数之一，为了认识黑河流域不同下垫面的发射率变化特征，并且验证遥感估算的发射率，在 HiWATER 试验期间采用不同观测仪器开展了大量的发射率测量试验。

利用 102F 和 BOMAN 获取 EC 矩阵试验区内典型地物发射率特征，支持地表温度和比辐射率遥感产品的验证。测量的下垫面类型包括玉米地、菜地、西瓜地、果园、沙漠、广场、大棚、柏油路、水泥地、河道等。图 6-8 所示为 102F 和 BOMAN 野外测量结果。

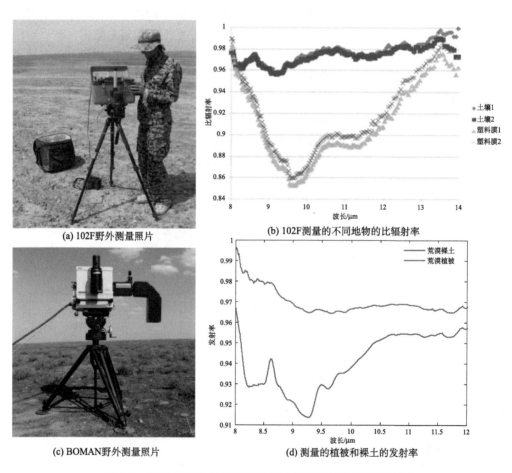

图 6-8　102F 和 BOMAN 测量的裸土和荒漠植被发射率特征

3. 风廓线声雷达观测试验

该试验的观测目标是获取低层大气风向、风速和扰动特征，支持大气边界层和局地环流研究。如图 6-9 所示为 HiWATER 试验期间风廓线声雷达。该仪器可实时获取大气三维风场、温度廓线等信息。MFAS 风廓线声雷达的观测高度范围为 30m 至 1000m，高度间隔为 10m。实际的观测高度范围会受大气水汽含量的影响而变动，在大满站附近实际的观测高度上限在 350～400m 之间。当有降雨或者有风的时候，后向散射强度会快速增加。MFAS 风廓线声雷达观测的风廓线的精度为 0.1～0.3m/s。图 6-10 为绿洲冷岛效应较强与绿洲冷岛效应较弱的夜晚 MFAS 风廓线声雷达观测到的垂直风速廓线。风廓线

图 6-9　架设在超级站的 MFAS 风廓线声雷达

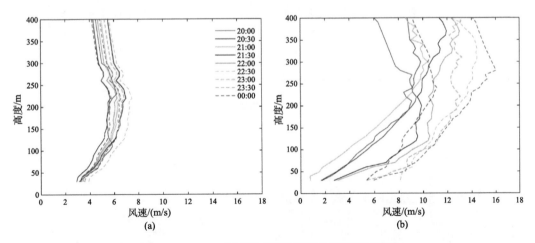

图 6-10　MFAS 风廓线声雷达观测的垂直风速廓线

（a）绿洲冷岛效应较强的夜晚（2012 年 7 月 9 日 20：00 至 24：00）观测到的垂直风速廓线；（b）绿洲冷岛效应较弱的夜晚（2012 年 8 月 4 日 20：00 至 24：00）观测到的垂直风速廓线

声雷达观测可以获取时间分辨率和空间分辨率都非常高的风场资料，可以很好地补充常规地面（单点但是时间分辨率高）和探空（可以获得垂直分布，但是时间分辨率低）观测的风场，风廓线声雷达观测在中小尺度天气系统中应用具有明显优势。例如，Cao 等（2020）利用 MFAS 风廓线声雷达的观测数据与涡动相关系统和大气模式，探讨了黑河中游人工绿洲的冷岛效应。

4. 冻融观测实验

季节冻土和多年冻土在黑河流域广泛分布，由于冻土对气候变化较为敏感，且对流域水循环有很大的影响，因此 HiWATER 试验期间设计了专门针对冻土的地基遥感观测试验，进而认识冻土在微波波段的散射和辐射特征。2013 年 11 月，针对黑河流域的典型地表类型（作物、草地、积雪、冻土等），以车载多频率微波辐射计（TMMR）为核心观测仪器，开展了地基微波辐射特征观测试验和配套参数测量，积累了一套支持流域关键生态水文参数遥感反演和验证的地面观测数据集。该套数据集包括 8 个子集，除阿柔草场包含 10.65GHz 通道 V/H 极化亮温外，因该通道辐射计天线损坏，其他 7 个观测点都不包括该通道亮温数据。同步配套测量参数包括土壤水分和土壤湿度数据、土壤质地信息和地表粗糙度信息等。图 6-11 为各个样地（表 6-1）微波辐射计测量图片。基于冻融试验数据，对比了多种遥感冻融状态监测算法的适用性（Chai et al., 2014）。

表 6-1 冻融观测实验位置和时间一览表

观测位置	观测时间
黑河流域上游-青海阿柔草场-草地	2013 年 11 月 10～14 日
黑河流域中游-张掖康宁九社-农田	2013 年 11 月 15～16 日
黑河流域中游-张掖五星村 1 号地-农田	2013 年 11 月 17～18 日
黑河流域中游-张掖五星村 2 号地-农田	2013 年 11 月 18～19 日
黑河流域中游-张掖五星村 3 号地-农田	2013 年 11 月 19～20 日
黑河流域中游-张掖五星村 4 号地-农田	2013 年 11 月 21～22 日
黑河流域中游-张掖沙漠公园-荒漠	2013 年 11 月 22～24 日
黑河流域中游-民乐-荒漠	2013 年 11 月 24～25 日

(a) 青海阿柔草场-草地

(b) 张掖康宁九社-农田

(c) 张掖五星村1号地-农田

(d) 张掖五星村2号地-农田

(e) 张掖五星村3号地-农田

(f) 张掖五星村4号地-农田

(g) 张掖沙漠公园-荒漠

(h) 民乐-荒漠

图 6-11　微波辐射计观测现场图

6.4　地面同步观测试验

为了深入开展不同参数（地表温度、土壤水分、覆盖度等）的尺度效应分析，并为遥感产品的真实性检验奠定基础，在 2012 年 3 月初至 9 月底在黑河中游开展了卫星-航空遥感同步观测实验，获取了高质量的地面观测数据集。中游实验主要包括地面同步观测试验、地面加密观测试验、中游灌溉观测试验和中游时序观测试验。

6.4.1 同步观测试验

1. 土壤水分同步试验

观测目的：应对微波遥感观测，航空（PLMR）、中高分辨率卫星（TerraSAR-X）及中分辨率卫星观测（如 MODIS），开展土壤水分和植被状况的同步观测，为发展土壤水分遥感反演方法以及尺度转换研究提供地面验证数据。对遥感土壤水分反演的时间变化特征（Feng et al., 2015），混合像元各组分的土壤水分反演（Zhang et al., 2015），农田区域土壤水分反演模型进行验证（Yan et al., 2015）。图 6-12 为土壤水分观测节点，土壤水分自动观测具有很高的时间分辨率，可以保证与航空及卫星遥感观测的严格同步。

(a) 土壤水分观测节点　　　　　　　　　　(b) 土壤水分探头

图 6-12　土壤水分地面同步观测点

2. 地表温度同步试验

与 TASI 和 WiDAS 飞行同步观测大棚、水泥地、道路、渠道、河道等下垫面的地表温度及日变化特征，同步获取玉米、果园和菜地点组分温度，用于支持航空飞行资料反演地表温度产品的验证和尺度效应分析（图 6-13）。探讨了云下像元地表温度的估算方法（Yu et al., 2014a），对 MODIS 地表温度产品在黑河流域进行了验证（Yu et al., 2014b）以及地面观测到象元尺度的转化进行了研究（Yu et al., 2015）

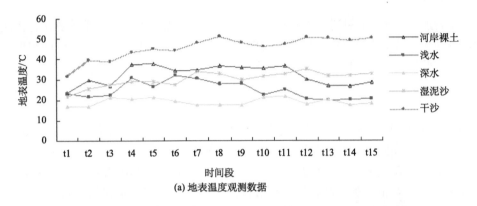

(a) 地表温度观测数据

(b) 地表温度野外观测与定标

图 6-13　温度同步试验观测结果

3. 典型地物光谱特征同步试验

在开展航空同步试验时，同步获取黑白布和典型地物光谱特征、水体和荒漠等均质地物的地表温度，用于同步飞行的传感器观测精度的验证（图 6-14）。

(a) 黑白布光谱测量

(b) 制种玉米光谱测量

图 6-14　典型地物光谱观测试验

6.4.2　加密观测试验

为配合航空遥感、卫星遥感的地面真实性检验，以及提供相关植被群落的状态特征，在对黑河中游人工栽培作物种植结构调查的基础上，开展了中游植被生物量、叶面积指数、植被覆盖度、叶绿素含量、植被光合作用等植被参数的观测，各参数观测具体如下：

1. 种植结构调查与制图

2012 年 6 月 25 日至 8 月 6 日期间，采用高精度手持 GPS（定位精度 2～3 m）和数码相机，借助 Goole Earth 提供的信息，针对黑河中游 CASI+SASI 飞行航带以及黑河中游两区（甘州、肃州）五县（山丹、民乐、临泽、高台、金塔）开展了土地覆盖调查，以获取区域内主要植被类型和种植结构数据。重点对小满镇五星村的 5 km×5 km 进行详细调查。调查过程中同时记录植被类型、坐标位置等信息，并拍摄下垫面照片。最后利用高分辨率的航空遥感数据，采用支持向量机（SVM）方法，获取了 5 km×5 km 范围内 1m 分辨率的种植结构图（Liu et al., 2015a；张苗等，2013），如图 6-15 所示；在整个黑河中游地区，根据植被的物候期差异的特征，基于 MODIS 遥感数据，生产了黑河中游 250m 分辨率的种植结构图（Han et al., 2014），如图 6-16 所示。根据 C3、C4 生长季节的差异，融合 MODIS 和 ETM 影像后，并且获得了黑河 C3、C4 植被分布图（Liu et al., 2015b），如图 6-17 所示。

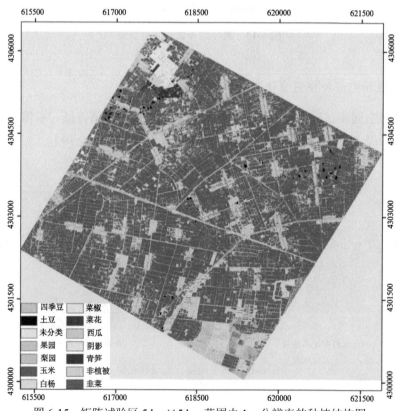

图 6-15　矩阵试验区 5 km×5 km 范围内 1m 分辨率的种植结构图

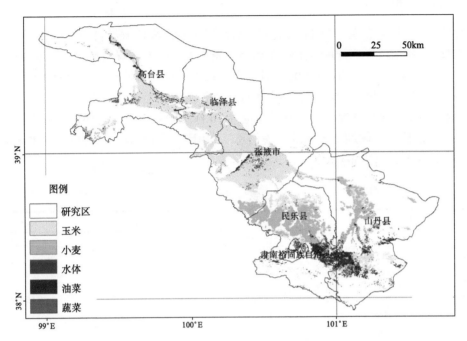

图 6-16　黑河中游 250m 分辨率的种植结构图

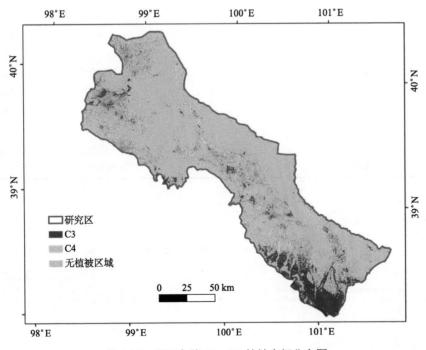

图 6-17　黑河中游 C3、C4 植被空间分布图

2. 生物量调查试验

2012 年 5 月 14 日至 9 月 11 日期间，对黑河中游小满镇五星村的 5 km×5 km 试验区内 17 块制种玉米样地开展了生物量观测，表 6-2 为样地位置信息。7 月 31 日之前平均 5 天观测一次，之后为 10 天观测一次，采用代表植株法每块样地每次取 3 株玉米，分茎、叶、果实分别称鲜重，之后在 85℃条件下烘干至恒重后分别称干重，记录植被鲜重、干重、含水量等。观测过程中同时测量样地内 10 株玉米的株高求平均值作为样地植被的株高，并记录植被物候期、灌水等相关信息。利用这些调查数据，对植被含水量遥感反演算法进行了验证（Wang et al., 2015）。

表 6-2 生物量观测样地信息表

序号	样地植被类型	经度/(°)	纬度/(°)	海拔/m
1	玉米	100.35813	38.89322	1552.75
2	玉米	100.35406	38.88695	1559.09
3	玉米	100.37634	38.89053	1543.05
4	玉米	100.35753	38.87752	1561.87
5	玉米	100.35068	38.87574	1567.65
6	玉米	100.35970	38.87116	1562.97
7	玉米	100.37649	38.87254	1550.06
8	玉米	100.38546	38.87239	1543.34
9	玉米	100.39572	38.87567	1534.73
10	玉米	100.34197	38.86991	1575.65
11	玉米	100.36631	38.86515	1559.25
12	玉米	100.37852	38.86074	1550.73
13	玉米	100.35310	38.85867	1570.23
14	玉米	100.36411	38.84931	1564.31
15	玉米	100.36972	38.84510	1559.63
16	玉米	100.351	38.8841	1556.06
17	玉米	100.37223	38.85551	1556.06

3. 叶绿素含量观测试验

2012 年 5 月 14 日至 9 月 11 日期间，采用叶绿素仪进行观测，对黑河中游小满镇五星村的 5 km×5 km 试验区内 17 块制种玉米样地开展了叶绿素含量观测，观测样地和观测时间与生物量观测同。该数据将为植被辐射传输模型以及其他生物物理参数的反演提供数据支持。

4. 植被覆盖度观测试验

2012 年 5 月 25 日至 9 月 14 日期间，采用简易观测架搭配数码相机法，开展了盈科绿洲的农田、湿地、戈壁、沙漠与荒漠 5 种典型地物的植被覆盖度包括 18 个样地进行了观测，表 6-3 为观测样地信息表。其中玉米等低矮植被样方大小 10 m×10 m，果树样方 30 m×30 m。7 月下旬之前每 5 天观测 1 次，之后 10 天观测 1 次，每次测量时沿两条对角线依次拍照，共取 9 张照片（当地表覆盖非常均一时也有少于 9 张的情况），均匀分布在样方内。9 张照片通过自动分类方法处理得到各自覆盖度之后取平均，最终得到一个样方的覆盖度"真值"。观测过程中同时记录植被的种类、株高、垄宽、行宽、拍摄高度信息，同时附有数码相机拍摄的场景照片和田埂照片（农田）。针对照片中阴影的处理（Song et al., 2015）以及像元尺度覆盖度地面真值估算与采样方法（Mu et al., 2015a, 2015b）进行了研究。

表 6-3　覆盖度观测样地信息表

序号	位置	样地植被类型	经度/ (°)	纬度/ (°)
1	石桥六社	玉米	100.3603	38.8866
2	石桥九社	玉米	100.3769	38.8898
3	石桥二社	玉米	100.3511	38.8755
4	甘肃省农科院	玉米	100.3603	38.8708
5	石桥一社	玉米	100.3653	38.8763
6	金城六社	玉米	100.3770	38.8723
7	康宁一社	玉米	100.3858	38.8718
8	康宁二社	玉米	100.3960	38.8752
9	中华六社	玉米	100.3421	38.8693
10	小满一社	玉米	100.3670	38.8652
11	五星五社	玉米	100.3787	38.8601
12	五星四社	玉米	100.3729	38.8547
13	小满一社	玉米	100.3639	38.8481
14	甘肃省农科院	苹果树	100.3697	38.8453
15	戈壁站	混合植被	100.4467	38.9150
16	湿地站	芦苇	100.3038	38.9751
17	花寨子站	荒漠植被	100.3170	38.7670
18	神沙窝站	混合植被	100.4933	38.7892

5. LAI 观测试验

2012 年 5 月 24 日至 9 月 20 日期间，采用 LAI-2000 冠层分析仪，对黑河中游小满镇五星村的 5 km×5 km 内 16 块制种玉米样地、1 块蔬菜样地、2 块林地和 1 块西瓜样地共计 20 块样地开展了 LAI 观测，表 6-4 为样地位置信息。其中玉米和蔬菜等低矮植被样方大小 10 m×10 m，果树和杨树样方 30 m×30 m。观测频率为 7 月 31 日之前平均 5 天观测一次，之后为 10 天观测一次，受天气影响部分观测时间间隔稍长。观测时每个样方内测量一次冠层上入射，测量多次冠层下透射，然后取均值，通过间隙率模型反演得到冠层 LAI，每样方 2 次重复。观测过程中同时测量样地植被株高，对观测场景进行拍照。针对黑河中游农田下垫面进行叶面积传感器测量（Qu et al., 2014a），联合 MODIS 和 ASTER 数据反演了高分辨率的黑河流域叶面积指数（Qu et al., 2014b），并探讨了利用叶面积传感器网络验证针叶林叶面积产品的方法（Qu et al., 2014c）。

表 6-4　LAI 观测样地信息表

序号	样地植被类型	经度/(°)	纬度/(°)
1	玉米	100.3603	38.8866
2	玉米	100.3769	38.8898
3	玉米	100.3511	38.8755
4	玉米	100.3603	38.8708
5	玉米	100.3653	38.8763
6	玉米	100.3770	38.8723
7	玉米	100.3858	38.8718
8	玉米	100.3960	38.8752
9	玉米	100.3421	38.8693
10	玉米	100.3670	38.8652
11	玉米	100.3787	38.8601
12	玉米	100.3729	38.8547
13	玉米	100.3639	38.8481
14	杨树	100.3700	38.8503
15	玉米	100.3672	38.8503
16	玉米	100.3669	38.8500
17	玉米	100.3669	38.8503
18	西瓜	100.3669	38.8503
19	蔬菜	100.3582	38.8932
20	苹果树	100.3697	38.8453

6. 植被光合作用观测试验

2012 年 5 月 19 日至 2012 年 9 月 15 日期间，采用 LI-6400 便携式光合作用测量仪开展了黑河流域中游绿洲区的主要农作物小麦和玉米光合观测。其中小麦观测样地位于临泽平川，观测时间为 2012 年 5 月 17 日、2012 年 6 月 8～13 日。玉米观测样地位于小满五星村超级站，观测时间为 2012 年 5 月 19 日至 2012 年 9 月 15 日。Li-6400 利用红外气体分析法来测量 CO_2 浓度变化，通过测量样品室和参比室之间 CO_2 的浓度差从而获得叶片的净生产力，该数据将为植物生理生态特性研究以及生态水文模型的模拟和验证提供数据基础。同时，利用黑河中游测量的光合速率日变化曲线，对比了光合模型参数优化方法（Wang et al., 2014），图 6-18 为 Li-6400 测量的黑河中游小麦的光合速率随胞间 CO_2 浓度变化的曲线，以及与光合模型模拟结果的对比。同时配合涡动相关法测量的碳通量数据，在黑河流域改进和发展了光能利用率模型（Wang et al., 2015）。

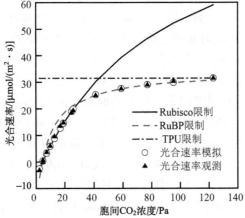

图 6-18　Li-6400 光合仪测量的黑河中游小麦光合速率随胞间 CO_2 浓度变化的曲线，以及与光合模型
模拟结果的对比

7. 土壤呼吸观测试验

为了分析认识黑河中游不同土地利用类型的土壤呼吸变化特征，配合涡动观测的生态系统碳通量，分析植被与土壤对碳交换的影像，在黑河中游采用 Li-8100 和箱式法对核心观测区的土壤呼吸进行观测。

利用 Li-8100 在 EC 矩阵核心区开展 5 天 1 次的土壤呼吸移动观测，在 EC 矩阵周边 4 个站点和大满超级站及果园，利用箱式法 10 天 1 次采集气体样品，室内分析测量土壤呼吸速率。观测结果（图 6-19）显示不同性质下垫面土壤呼吸差异性显著（玉米地、菜

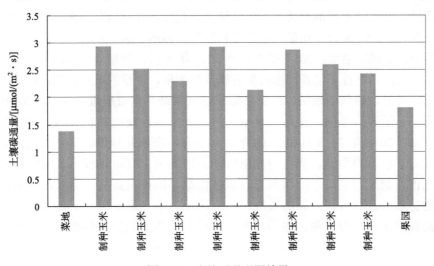

图 6-19　土壤呼吸观测结果

地和果园地），同时灌溉也是土壤呼吸排放量的重要影响因子之一。并基于观测数据，对比分析了黑河中游不同土地利用类型的土壤呼吸特征（孙敏敏等，2016），探讨了土壤呼吸测量中，采样的时空尺度给测量结果带来的不确定性（Shi et al., 2015）。

采用静态箱-气相色谱法对 6 种土地利用方式下（戈壁、沙漠、荒漠、玉米地、果园及湿地）土壤呼吸进行观测，观测时间为 2012 年 6 月 16 日至 9 月 22 日，每 10 天左右采样一次，共进行了 10 次观测。采样前一天，对样点进行了去植被处理，为了尽量使箱式法测定的样点面积能达到涡度相关法代表的面积，并捕捉通量空间变异性方面的信息，其采样地点设在六种土地利用方式区域内各自涡度相关系统的通量贡献区内（半径为 285～1050 m 的区域），每个涡度相关仪周围采用三角形的形式设置了 3 个重复对照的样点。采集气样时，将有机玻璃采气箱（30 cm×30 cm×100 cm）放置在 5 cm 深的水槽（与顶端下 5 cm 处盆钵外侧焊为一体）中。采样时间为每天上午 9:00～11:30，所有点位同时进行采样。通过插进密封采样垫的两通针，用 18mL 真空瓶采集箱内气体，每隔 10 min 采一次样，共 4 次。气体 CO_2 浓度由气相色谱仪测定。通过样品的中 CO_2 浓度的变化测算土壤呼吸速率。基于测量数据，分析了黑河中游不同土地利用方式下土壤呼吸的季节变化，以及土壤呼吸对净生态系统碳交换量的贡献率。和土壤呼吸速率在时间尺度上呈现多峰变化趋势，7 月底至 8 月初达到峰值；在空间尺度上受植被覆盖度的影响，植被稀疏的荒漠、戈壁和沙漠呈现较为一致的变化趋势，土壤呼吸对净生态系统碳交换量的贡献率达 20%～68%；而植被密集的玉米地、果园和湿地则呈现较高的季节变异性，土壤呼吸对净生态系统碳交换量的贡献率为 10%～21%（孙敏敏等，2016）。

6.4.3 中游时序观测试验

1. 干旱区典型地物地表发射率观测试验

自 2012 年起，采用 102F 便携式傅里叶变换热红外光谱仪，对中国西北地区，特别是黑河流域，开展了不同地表类型的热红外光谱观测，并反演获得地物的比辐射率光谱数据集。2012 年 5～8 月，在黑河中游盈科绿洲、湿地、隔壁及荒漠试验区域，测量了卫星同步的地表比辐射率；2014 年 3 月至 2015 年 5 月，分别对黑河流域上、中、下游的气象站点周围，进行了地表比辐射率的季节性测量，测量的站点包括：阿柔草地气象站、冰沟气象站、峨堡草地站、西支高寒草地气象站、张掖超级气象站、戈壁气象站、沙漠气象站、荒漠气象站、湿地气象站、耕地气象站、混交林超级站、胡杨气象站、裸土气象站；2016 年 7～8 月和 2018 年 9～10 月，在西北甘肃、宁夏、陕西、青海、新疆，开展了区域典型地表类型的比辐射率光谱测量。测量过程除了获取目标地物的热红外光谱，也配套获取了土壤水分、植被指数、植被覆盖度等参数，以研究地表比辐射率的特性。经过观测获得的长时间序列比辐射率光谱数据，不仅为卫星遥感比辐射率产品提供了验证数据集，也为西北地区积累了典型地物的热红外和发射率光谱库数据。

2. 黑河流域植被指数观测试验

为验证 MODIS 卫星反射率及植被指数产品的不确定性,2013 年 5～9 月针对黑河中游 6 种主要植被覆盖类型（表 6-5 和图 6-20）,使用 ASD 手持地物光谱仪（Analytical Spectral Devices Inc, Boulder, CO, USA,光谱范围：325～1075 nm）开展了时间序列的植被光谱观测试验。为降低空间异质性引起的尺度问题,尽量选取大面积（大于 1 km ×1 km）的均质下垫面作为观测样地。通过实地考察选取了黑河中上游地区的 6 块样地,分别为玉米、马铃薯、油菜、大麦、草甸和荒漠,每块样地分为 4 块样方进行观测,表 6-5 为观测样地信息。所选观测样地覆盖了黑河中游 3 种主要的土地利用类型即栽培植被、草甸和荒漠。除草甸观测点位于黑河上游外,其他点均位于黑河中游。观测样地中的玉米、马铃薯、大麦和油菜等栽培植被均属于政府统一规划和管理的种植区,其种植面积均超过 1 km ×1 km。其中玉米和马铃薯样地采用覆薄膜种植,株距和行距分别为 20 cm × 50 cm 和 20 cm × 130 cm。草甸和荒漠属于天然植被,观测样地的均质范围均超过 1 km ×1 km。观测时间自 2013 年 5 月 2 日开始 9 月 28 日结束,持续整个生长季,观测周期为 10 天 1 次,受天气影响,个别观测周期超过 10 天。

表 6-5　光谱观测样地信息表

序号	样地植被类型	经度/(°E)	纬度/(°N)	位置	样地植被特点
1	玉米	100.2565	39.10700	中游	覆膜种植,株距和行距为 20 cm × 50 cm
2	马铃薯	100.7826	38.58646	中游	覆膜种植,株距和行距为 20 cm × 130 cm
3	大麦	100.4017	38.58703	中游	植被分布均一,样地内有部分田埂
4	油菜	100.8886	38.33254	中游	植被分布均一,样地内有少量田埂
5	荒漠	100.3854	38.70947	中游	植被分布较均一,样地植被覆盖度较低,大部分为裸地
6	草甸	100.9257	37.95283	上游	植被分布较均一,样地植被覆盖度较高,几乎无裸地

为了得到可靠的植被指数测量结果,对 ASD 手持地物光谱仪测得的光谱数据首先进行光谱数据处理。植被光谱数据观测完后,使用光谱仪配套的 ViewSpecPro 5.6 软件对光谱数据进行分析和处理。首先打开软件并设置好数据的输入和输出目录,用该软件打开观测的植被或白板的 DN 曲线,选中待分析的光谱曲线,然后使用 view→graph 按钮查看曲线是否正常,删除有问题的曲线。使用 process→statistics 按钮对同一时间观测的植被或白板的正常曲线取平均,得到样地植被和白板的光谱曲线各 1 条,使用 Custom functions 按钮计算样地的植被光谱反射率曲线,计算公式为：植被反射率＝（植被 DN 值/白板 DN 值)×白板反射率。将反射率曲线（二进制文件）使用 process→Acsiiexport 按钮导出获得 txt 格式的文本文件。然后开始计算植被指数。根据 MODIS 传感器在近红外波段（620～670nm）和红光波段（841～876nm）的波普响应函数,计算出观测植被在红光波段和近红外波段的反射率：

(a) 大麦　　　　　　　　　　　　(b) 油菜

(c) 玉米　　　　　　　　　　　　(d) 草甸

(e) 马铃薯　　　　　　　　　　　(f) 荒漠

图 6-20　植被指数观测样地照片

$$\rho_i = \frac{\sum\limits_{\lambda_{ai}}^{\lambda_{bi}} \varphi(\lambda_i)\psi(\lambda_i)}{\sum\limits_{\lambda_{ai}}^{\lambda_{bi}} \varphi(\lambda_i)} \tag{6-1}$$

式中，ρ_i 为波段 i 的反射率；λ_{ai} 为波段 i 的起始波长，λ_{bi} 为波段 i 的终止波长；$\psi(\lambda_i)$ 为波长 λ 处的反射率值；$\varphi(\lambda_i)$ 为波段 i 在波长 λ 处的光谱响应因子。获得红光波段和近红外波段的反射率后，根据 NDVI 的计算公式计算得到植被的 NDVI 值：

$$\mathrm{NDVI} = (\rho_{\mathrm{Nir}} - \rho_{\mathrm{Red}})/(\rho_{\mathrm{Nir}} + \rho_{\mathrm{Red}}) \tag{6-2}$$

式中，ρ_{Nir} 为近红外波段反射率；ρ_{Red} 为红光波段反射率。最后计算每个样点 4 个样地的平均值作为该样地的实测 NDVI 值。

　　基于黑河流域的植被指数观测数据，对 MODIS 植被指数产品进行了验证（Geng et al., 2014b）。分析 MODIS NDVI（MOD13A2）影像值与实测 NDVI 值的相关性（图 6-21），发现除马铃薯和荒漠两样点的相关性稍低外，其他 4 种植被的相关性均较高，决定系数 R^2 在 0.93 以上。但从生长曲线看，农作物的观测值曲线与 MODIS NDVI 之间存在一定的偏差（图 6-22）。通过深入分析，认为导致这一结果主要有两方面的原因：一方面虽然选取了均一且大面积分布的农作物地块作为实测样地，但作物地中还有一些其他地物，如沟垄、水渠、道路、田埂和裸土等，这些地物一定程度上导致了观测区域的异质性。尤其是玉米和马铃薯覆膜种植后，薄膜和两垄之间的裸土对观测数据均有较大的影响；另一方面由于光谱观测为垂直观测，而 MODIS 数据的观测角度是不固定的，观测角度的不同可能引起二向反射率因子（BRDF）的不同从而导致观测值和影像值之间有一定的偏差。

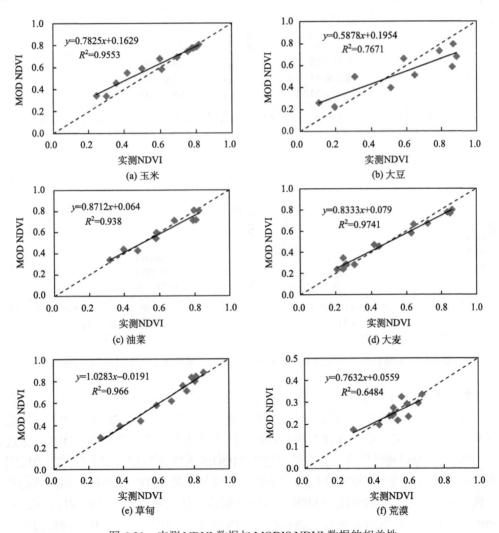

图 6-21　实测 NDVI 数据与 MODIS NDVI 数据的相关性

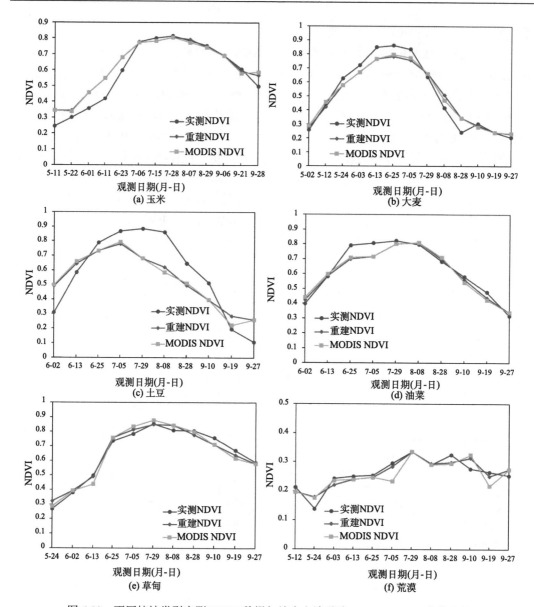

图 6-22　不同植被类型实测 NDVI 数据与综合方法重建 MODIS NDVI 曲线比较

　　比较了不同时间序列重建方法在黑河流域的适用性（Geng et al., 2014a），并且在此基础上发展了一个综合的植被指数时间序列重建算法（Geng et al., 2015）。为了分析综合重建算法的拟合效果，结合观测数据对不同方法重建研究区 3 天合成的 NDVI 数据进行验证。图 6-22 为观测时段内综合方法重建的 MODIS NDVI 数据与实测数据的曲线图。从图中可以看出在整个观测时段综合方法拟合曲线与实测 NDVI 值的曲线的整体趋势比较一致。但由于整个观测时段内 MODIS NDVI 原始影像的噪声值水平相对比较低，4 种作物的实测数据与影像数据曲线之间存在一定的偏离，从而导致了 4 种作物植被综合方法拟合曲线比较接近原始曲线，而与实测的 NDVI 曲线存在较大的偏离；对于草甸和荒漠，综合方法重建曲线与观测曲线比较吻合。

6.5　地面同步观测规范与数据质量控制

6.5.1　地面同步试验形成的观测规范

由于本次试验参加单位和人数众多，参加人员学科背景多样化，为了保证数据质量，提高数据的统一性和可对比性，针对不同的观测项目分别制定了统一的数据观测规范。针对地面同步观测试验所编写的规范包括《作物光谱测量规范》《Delta 土壤水分速测仪测量规范》《Steven POGO 便携式土壤水分传感器测量规范》《地表粗糙度测量规范（土壤部分）》《地表粗糙度测量规范（积雪部分）》《地基微波辐射计观测规范》《冻土温度自动观测系统观测规范》《冻融深度观测规范》《玻璃液体地温计观测规范》《地表冻融卫星同步观测样方规范》《土壤含水量环刀法测量规范》《反照率表观测规范》《光量子计观测规范》《光学和热红外 BRDF 测量的规范》《航空和卫星同步定标规范》《红外波谱测量规范规范》《红外光谱仪 102F 观测规范》《中科院地理所自制比辐射率观测规范》《星载热红外遥感数据测量规范》《积分球操作规范》《积雪观测规范》《农业相关的作物和土壤测量规范》《地表通量与气象水文要素观测规范》《雷达及地面降水观测规范》《森林相关参数测量规范》《生态调查及实验规范》《叶面积仪测量规范》《叶倾角等参数测量规范》《真实性检验相关的地面测量规范》《植被占空比测量规范》。观测规范的制定遵循以下几个原则：

（1）尽量使用和参照已有国家或者行业测量规范，但为了增加可操作性，将规范中与本试验有关的项目和内容挑选出来，形成简化版。

（2）由对某一观测项目具有丰富观测和研究经验的专家来制定该项目的观测规范。

（3）观测规范要充分考虑野外的可操作性，对原理部分不需占用大量篇幅进行详细论述，可以通过建议阅读文献的方式给出，重点介绍实际操作过程的详细步骤和注意事项。

（4）观测项目如果同时由多种仪器进行观测，可以针对观测仪器分别制定相应观测规范，也可针对观测项目制定总的观测规范，并在其中针对每个仪器给出详细操作流程和注意事项。

（5）每个观测项目都设计固定的数据记录表格，包含表头信息和记录表格。表头信息必须包含观测的必要描述信息，如测量日期、地块编号（样方、采样点代码）、测量人员、记录人员、测点位置信息（经度、纬度、海拔）和气象状况等。其他表头信息则根据实际观测项目进行设计，例如仪器名称和编号、站点场景照片文件名、测量角度、测量高度等。要求记录人员在观测时必须认真填写表头信息和观测记录，保证信息完整，方便查询。实地测量时，以打印的纸质表格为主，用 2B 铅笔填写。

在实际观测过程中，为了保证观测规范的有效执行和观测的井然有序，在以下几个方面开展了细致的统一组织和管理工作。

（1）通过预试验熟悉仪器，并检验各种观测规范的合理性和可操作性，在预试验中及时发现问题，进一步完善观测规范。

为了保证观测数据的质量，在野外观测实施之前，组织观测人员集中学习观测规范，并对某些观测项目集中在野外进行操作讲解和示范。在观测过程中，安排固定的人员实地巡检，对不规范的观测进行及时纠正。

（2）为了保证数据的完整性，尽量避免数据丢失，要求每个加密观测区当天处理观测数据，分析观测样品，当天录入所有记录表格和处理后的数据信息，由加密观测区负责人审核后，原始纸质表格和电子文档交由专人保管、存储和备份。

自动记录仪器的数据当晚需要导出，存储。

（3）所有观测仪器统一编号，用防水标签粘贴在仪器显眼的空处，填写记录表格表头信息时必须准确记录仪器的名称和编号信息。

（4）在观测开始前和观测结束后，针对部分观测仪器进行统一标定，给出标定系数，应用到最后的观测数据的处理中，增加数据的可比性，如红外温度计、光谱仪、便携式土壤水分速测仪。

6.5.2　数据处理和规范化

试验结束后，所有的数据最终汇总到"黑河综合遥感联合试验"数据信息系统，但在数据入库到最后提供用户共享前，还需要对数据进行必要的预处理和规范化工作。主要包含以下步骤：

（1）纸质和电子版数据表格之间的一一对应检查。首先检查纸质数据表格是否全部录入计算机，录入计算机的电子表格是否能够找到原始记录表格。然后对纸质数据和电子版数据记录对照检查，保证录入计算机的数据是纸质数据原始记录。

（2）数据完整性检查。检查数据的表头信息是否完整，数据记录是否有缺失。发现问题，尽量找到数据观测人员或者观测记录人员进行补充。

（3）数据预处理。包括利用定标系数将原始观测值转换成具有物理意义的值，例如反照率是将观测的电压值计算成辐射通量；光谱仪观测是将观测的 DN 值计算成反射率，这个过程中需要考虑白板反射率和试验前后光谱仪对比校正的标定系数；固定自记点温计和手持式红外温度计数据是将观测数据经过辐射定标和仪器比辐射率纠正后计算为温度数据；CE318 太阳分光光度计的数据是利用太阳辐射数据反演获得光学厚度、瑞丽散射、气溶胶光学厚度等一系列大气参数。预处理过程在元数据或相应数据文档中进行了说明。

（4）数据格式的规范化。虽然试验前期制定了大量规范，实际操作时每个观测小组由于主观性和随意性仍然会有一定的差别，例如同样的数据记录表格，有的小组用 Word 格式存贮，有的利用 Excel。观测数据的存储更是差别甚大，例如叶面积指数，存储格式包含文本、Word 和 Excel 三种格式，即使同种格式版本也不尽相同。针对这些格式差别的问题，尽量将其统一成同一数据格式。而部分不能够转换成 Excel 表格的数据项目，至少同一观测项目的数据存储为同一格式。该项工作难度较大，工作量也非常大。建议试验在最开始规范制定和试验设计时就提前考虑这一点，事先做好格式统一的电子表格，尽量做到大家汇交的数据格式保持一致，只做少量完善工作即可达到规范化的目的。

（5）数据文件命名规范。由于此次地面试验涉及众多观测项目，由多个观测小组完成，在命名上各有不同，同一要素在不同的加密观测区也不尽相同，从而导致数据只能存贮在每个加密观测区专用目录下面。无论是数据管理还是数据应用都存在较多不便。为了方便管理人员管理数据，也方便用户从文件名来了解数据的内容，我们制定了地面观测数据的命名规范。文件名的形式为 WATER_YK_LAI_20080406_YM_S1_Sync-ASAR+PALSAR_Data.xls。各项的含义见表 6-6，各项关键字之间用"_"连接起来。

表 6-6　数据文件命名规范中各项含义定义

编号	示例	含义	是否是必须项
1	WATER	试验名称，针对此次试验全部使用 WATER	是
2	YK	加密观测区名称，针对此次试验的加密观测区代码分别是：①盈科绿洲 YK；②花寨子荒漠 HZZ；③临泽站 LZS；④临泽草地 LZG；⑤阿柔草地 AR；⑥冰沟流域 BG；⑦大野口流域 DYK；⑧排露沟流域 PLG；⑨扁都口 BDK；⑩张掖市 ZY；⑪张掖观象台 ZYNOC	是
3	LAI	观测项目名称，针对每个观测项目进行统一命名，详细信息参考数据命名规范文档	是
4	20080406	观测时间年月日，采用 yyyymmdd 的形式	是
5	YM	观测样地、样带和样方的名称，如果是在固定的样方样带上开展观测，就增加第 5 项，而没有在固定样方、样带内开展观测，属于临时布设的观测点，但有 GPS 坐标，则第 5 项用"LS"代表，没有 GPS 坐标的话，则第 5 项"XX"代表。样地、样带和样方的详细信息参考数据命名规范文档	否
6	S1	加密观测区样地内的样方、样带编号	否
7	Sync- ASAR+PALSAR	同步的传感器名称，"Sync-"代表同步，后面接传感器名称，多个传感器之间用"+"连接	否
8	Data	补充说明，如果数据项既有记录表格，也有照片或者文档信息，利用补充说明进行区分	否

利用规范后的文件命名，可以快速实现数据的检索和查询，例如只要输入"_LAI_"就可以提取所有加密观测区的叶面积指数观测数据，而输入"20080528_Sync-ASTER"就可以提取所有 2008 年 5 月 28 日和 ASTER 卫星过境同步的观测数据。同时，利用这些关键字信息，还可以实现关系数据库来管理这些数据，这个关系数据库的字段对应这些关键字信息，每个数据文件对应一条记录，前四个字段对应的必填项，每条记录都有值，而后面的字段，根据文件名中该关键字是否有这项值而对于该字段是否为空，最后两个字段分别是该数据文件的文件名和存储位置。这样可以方便管理人员管理试验获得的数据资源，同时还为用户提供通过结构化查询语言（SQL）对数据记录进行查询的功能，方便用户快速寻找和提取感兴趣的数据资源。

6.5.3 数据质量评价

为了保证数据科学性和可用性，在数据发布和共享之前，邀请对本领域具有丰富观测和研究经验的专家对地面观测数据进行了细致全面的质量评价工作。逐条数据评价的步骤包括数据检查、可用性建议和质量总体评价等。数据检查包含数据实体和元数据间的一一对应关系检查、数据命名规范的检查、数据说明文档检查、数据预处理检查、数据一致性检查、数据记录完整性检查等方面（马明国，2014）。数据质量可用性建议分为可用、部分可用、仅供参考和不可用四种类型，主要是专家在对数据测量和预处理规范检查的基础上，根据自己掌握的观测要素在不同地表类型上的取值范围来分析数据测量值的精度，判断数据的可用与否。可用是指该数据各方面指标都达到要求，总体质量较好，可以用于分析、建模和验证等研究中，此类数据可以最终发布；部分可用是指观测数据的部分记录质量较好，部分数据记录则存在问题，用户可以通过数据标识符来判断该数据的可用性，此类数据可以发布，质量较好的数据可以用于最终发表；仅供参考是指观测数据存在一定的偏差，数据可信度较低，研究人员可以参考该测量值，但不能用于最终发表；不可用是指数据的质量较差，存在测量信息不完整或者缺失、测量不规范、数据明显偏差等问题，数据不能被用于相关研究，这类数据不出现在数据产品中。数据质量总体评价是在以上数据检查和可用性分析的基础上，对数据的质量给出一个总体的评价，以便用户在使用数据时参考。由于观测项目众多、数据记录量庞大和时间有限，专家不可能深入分析和应用数据，因此专家的评价意见也只是一种参考信息。研究人员在使用数据过程中，可能还会发现大量问题，这些信息可以考虑通过数据信息系统建立的反馈机制来收集和汇总，然后附注到数据说明文档里，供后续用户参考。

专家对数据评价的结果表明，此次试验的数据多数都是可用的，数据的总体质量较高（表 6-7）。但存在较多数据处理不完善和表头信息不完整的问题，需要开展进一步的处理工作。

表 6-7　黑河综合遥感联合试验地面数据质量评价结果汇总表

观测变量	数据质量描述
微波辐射计和散射计	多数可用，2008 年 3 月 12 日的数据仅供参考
CE318	多数可用，个别数据质量不好，仅供参考
地物光谱	多数可用，部分存在没有经过预处理和缺少地物描述信息的问题
地面观测辐射温度	阿柔加密观测区部分可用存在信息描述不全的问题；扁都口加密观测区多数可用，其他为部分可用存在信息描述不全的问题；临泽站加密观测区多数数据可用，预试验期间的数据缺少描述信息，不可用；临泽草地加密观测区数据可用，但需要将观测目标信息添加到观测数据表格中；盈科绿洲和花寨子加密观测区多数数据可用，少数数据需要补充必要的说明信息，个别数据由于仪器问题不可用
热像仪	可用

观测变量	数据质量描述
反照率	多数可用，个别因缺少探头高度、地物照片等信息仅供参考，个别因云的影响而不稳定不可用
叶面积	多数可用，临泽草地站部分数据因仪器原因不可用，部分数据未做预处理
光合作用	多数可用，个别数据未做预处理不可用
fPAR	盈科加密观测区数据除了 2008 年 5 月 30 日不可用以外其他数据均可用，但需要补充样地记录数据；临泽站和临泽草地加密观测区数据由于仪器精度原因，仅供参考
生物量	除个别数据缺少干重数据外，其他均可用
叶绿素、覆盖度及光合	多数数据可用，部分数据缺少样地信息
样方调查	多数数据可用，个别数据存在无照片或者照片与样方不对应以及缺乏干重数据的问题
土壤水分	多数可用，同步测量的地表温度数据需要进行标定处理；部分观测需要将观测目标信息添加到观测数据表格中；预试验数据部分因缺少位置信息不可用；部分烘干法测量结果缺失干重不可用
	临泽草地加密观测区手持水分速测仪和 PR2 的测量由于受到土壤盐分影响，测量结果明显偏大，仅供参考
土壤温度	可用，需要对针式温度计标定
土壤质地和容重	多数可用，个别因缺少位置信息不可用
地表粗糙度	多数可用，个别缺少原始照片
积雪温度	多数可用，但是需要对针式温度计校正，很多温度高于 0℃
积雪粒径	多数可用，但是不同人观测结果之间可比性较差
积雪深度	可用
积雪剖面	多数可用，但是因为是固定分层采样会丢失一些薄层信息
雪特性分析仪	可用
雪深花秆观测	可用，但是观测时间密度稍差
森林测树调查	可用
森林站超级样地全站仪测量	可用
土壤冻结深度	可用
降雨截留	多数可用，个别因超过集雨器容量而不可用
自制 lysimeter 测量蒸散发	大野口和盈科加密观测区可用，临泽草地加密观测区仅供参考
凝结水	可用
样方位置信息	可用
灌区统计年报	可用
水库收支	可用
地下水	可用
土地利用调查	可用

6.6　小　　结

通过地面同步观测试验的开展，从同步地面观测试验的设计、试验场地选择与布置、仪器架设与维护、数据获取与传输、数据处理与管理、数据发布与服务，形成了遥感地面同步观测试验标准化的作业流程，提升了黑河流域观测水平，为地面同步观测试验的开展提供了示范。通过本次试验也形成了一批针对遥感传感器的地面观测规范，为相关观测的开展提供指导。获取了黑河流域大量的地面实测数据，形成了 50 个观测数据集，并已在线发布，为认识该区域生态环境要素的变化提供了重要的数据基础。

地面同步试验的开展保障了 HiWATER 遥感同步试验的顺利进行。地面同步观测数据为后续的卫星/航空遥感数据的几何纠正、大气纠正、生态环境参数反演提供了参数与输入数据，为黑河流域高精度的遥感反演提供了保障。基于地面多点连续的观测数据，开展了不同策略的尺度上推工作，分析观测的不确定性和空间代表性，针对不同观测要素开展像元尺度观测"真值"的估计。针对黑河流域 LAI、覆盖度、土壤水分等变量，基于尺度上推的结果开展遥感产品的真实性检验，开展了 GPP 和地表温度反演模型改进和时间序列插值工作。

开展了时间序列观测试验与地基遥感试验，深入认识了黑河流域生态环境要素的变化特征。通过种植结构调查试验，首次获得了黑河中游高分辨率的种植结构图和 C3/C4 植被分布图，为黑河流域植被调查、植被制图提供了很有价值的参考数据。通过土壤呼吸观测试验，认识了黑河中游典型土地利用类型下的土壤呼吸特征，确定了黑河中游土壤呼吸对生态系统碳交换的贡献率。通过光合作用观测试验，利用观测的光合速率验证了光合模型在黑河中游的模拟精度，并标定了光合模型的参数。通过时间序列的植被指数观测，验证了 MODIS 植被指数产品，比较了植被指数时间序列重建算法在黑河流域的效果，并提出了一种效果更优的综合植被指数重建算法。

参 考 文 献

陈杰, 童小华, 刘向锋, 等. 2014. 黑河流域中游无人机遥感影像数据处理. 地理信息世界, 2(21): 63-67.

马明国. 2010. 黑河综合遥感联合试验地面观测数据质量控制与评价. 遥感技术与应用, 25(6): 766-771.

孙敏敏, 王旭峰, 马明国, 等. 2016. 黑河中游植被生长季土壤呼吸和净生态系统碳交换量的季节变化. 土壤学报, 53(5): 1191-1201.

张苗, 蒋志荣, 马明国, 等. 2013. 基于 CASI 影像的黑河中游种植结构精细分类研究. 遥感技术与应用, 28(2): 283-289.

Cao B J, Zhang Y, Zhao Y, et al. 2020. Influence of the low-level jet on the intensity of the nocturnal oasis cold island effect over northwest China. Theoretical and Applied Climatology, 139: 689-699.

Chai L N, Zhang L X, Zhang Y Y, et al. 2014. Comparison of the classification accuracy of three soil freezethaw discrimination algorithms in China using SSMIS and AMSR-E passive microwave imagery. International Journal of Remote Sensing, 35(22): 7631-7649.

Feng H H, Liu Y B, Wu G P. 2015. Temporal variability of uncertainty in Pixel-Wise soil moisture: Implications for satellite validation. Remote Sensing, 7(4): 5398-5415.

Fu D J, Chen B Z, Zhang L S. 2015. Estimation of sunlit/shaded light-use efficiency of cropland using tower-based multi-angle remote sensing data and eddy covariance flux measurements. EGU: 2861.

Geng L Y, Ma M G, Wang H B. 2016. An effective compound algorithm for reconstructing MODIS NDVI time series data and its validation based on ground measurements. IEEE Journal of Selected Topics in Applied Earth Observations and Remote Sensing, 9(8): 3588-3597.

Geng L Y, Ma M G, Wang X F, et al. 2014a. Comparison of eight techniques for reconstructing multi-satellite sensor time-series NDVI data sets in the Heihe River Basin, China. Remote Sensing, 6(3): 2024-2049.

Geng L Y, Ma M G, Yu W P, et al. 2014b. Validation of the MODIS NDVI products in different land-use types using in situ measurements in the Heihe River Basin. IEEE Geoscience and Remote Sensing Letters, 11(9): 1649-1653.

Han H B, Ma M G, Wang X F, et al. 2014. Classifying cropping area of middle Heihe River Basin in China using multitemporal Normalized Difference Vegetation Index data. Journal of Applied Remote Sensing, 8(1): 0836541.

He Y Q, Bo Y C, de Jong R, et al. 2015. Comparison of vegetation phenological metrics extracted from GIMMS NDVIg and MERIS MTCI data sets over China. International Journal of Remote Sensing, 36(1): 300-317.

Li H, Yang Y K, Li R B, et al. 2019. Comparison of the MuSyQ and MODIS collection 6 land surface temperature products over barren surfaces in the Heihe River Basin China. Geoscience and Remote Sensing IEEE Transactions, 57(10): 8081-8094.

Liu X L, Bo Y C. 2015a. Object-Based crop species classification based on the combination of airborne hyperspectral images and LiDAR data. Remote Sensing, 7(1): 922-950.

Liu X L, Bo Y C, Zhang J, et al. 2015b. Classification of C3 and C4 vegetation types using MODIS and ETM+ blended high spatio-temporal resolution data. Remote Sensing, 7(11): 15244-15268.

Mu X H, Hu M G, Song W J, et al. 2015b. Evaluation of sampling methods for validation of remotely sensed fractional vegetation cover. Remote Sensing, 7(8): 16164-16182.

Mu X H, Huang S, Ren H Z, et al. 2015a. Validating GEOV1 fractional vegetation cover derived from coarse-resolution remote sensing images over croplands. IEEE Journal of Selected Topics in Applied Earth Observations and Remote Sensing, 8(2): 439-446.

Qu Y H, Han W C, Fu L Z, et al. 2014c. LAINet-A wireless sensor network for coniferous forest leaf area index measurement: Design, algorithm and validation. Computers and Electronics in Agriculture, 108: 200-208.

Qu Y H, Han W C, Ma M G. 2014b. Retrieval of a temporal high-resolution leaf area index (LAI) by combining MODIS LAI and ASTER reflectance data. Remote Sensing, 7(1): 195-210.

Qu Y H, Zhu Y Q, Han W C, et al. 2014a. Crop leaf area index observations with a wireless sensor network and its potential for validating remote sensing products. IEEE Journal of Selected Topics in Applied Earth Observations and Remote Sensing, 7(2): 431-444.

Ren H Z, Yan G J, Liu R Y, et al. 2013. Spectral recalibration for in-flight broadband sensor using man-made ground targets. IEEE Transactions on Geoscience and Remote Sensing, 51(7): 4316-4329.

Shi W Y, Su L J, Song Y, et al. 2015. A Monte Carlo approach to estimate the uncertainty in soil CO_2 emissions caused by spatial and sample size variability. Ecology and Evolution, 5(19): 4480-4491.

Song W J, Mu X H, Yan G J, et al. 2015. Extracting the green fractional vegetation cover from digital images using a Shadow-Resistant Algorithm(SHAR-LABFVC). Remote Sensing, 7(8): 10425-10443.

Wang H B, Ma M G, Geng L Y. 2015. Monitoring the recent trend of aeolian desertification using Landsat

TM and Landsat 8 imagery on the north-east Qinghai–Tibet Plateau in the Qinghai Lake basin. Natural Hazards, 79(3): 1753-1772.

Wang H B, Ma M G, Xie Y M, et al. 2014. Parameter inversion estimation in photosynthetic models: Impact of different simulation methods. Photosynthetica, 52(2): 233-246.

Wang Q, Chai L N, Zhao S J, et al. 2015. Gravimetric vegetation water content estimation for corn using L-Band Bi-Angular, Dual-Polarized brightness temperatures and leaf Area Index. Remote Sensing, 7(8): 10543-10561.

Wang X F, Cheng G D, Li X, et al. 2015. An algorithm for Gross Primary Production(GPP)and Net Ecosystem Production (NEP) estimations in the midstream of the Heihe River Basin, China. Remote Sensing, 7(4): 3651-3669.

Yan S, Jiang L M, Chai L N, et al. 2015. Calibration of the L-MEB Model for croplands in HiWATER using PLMR observation. Remote Sensing, 7(8): 10878-10897.

Yu W P, Ma M G. 2015. Scale mismatch between in situ and remote sensing observations of land surface temperature: Implications for the validation of remote sensing LST products. IEEE Geoscience and Remote Sensing Letters, 12(3): 497-501.

Yu W P, Ma M G, Wang X F, et al. 2014a. Estimating the land-surface temperature of pixels covered by clouds in MODIS products. Journal of Applied Remote Sensing, 8(1): 083525.

Yu W P, Ma M G, Wang X F, et al. 2014b. Evaluation of MODIS LST products using longwave radiation ground measurements in the Northern Arid Region of China. Remote Sensing, 6(11): 11494-11517.

Zhang T, Jiang L M, Chai L N, et al. 2015. Estimating mixed-pixel component soil moisture contents using biangular observations from the HiWATER airborne passive microwave data. IEEE Geoscience and Remote Sensing Letters, 12(5): 1146-1150.

第 7 章　非均匀下垫面地表蒸散发的多尺度观测试验

刘绍民　　徐自为

自 20 世纪 80 年代以来，在水文-大气先行性试验（HAPEX）、国际地圈-生物圈计划、世界气候研究计划的"全球能量和水循环试验"、国际卫星-陆面-气候研究计划（ISLSCP）等研究项目的协调与组织下，以全球大气环流模式（GCM）网格为基本尺度，在世界不同地区进行了一系列大型的野外试验。如第一次国际卫星陆面过程气候计划野外试验（Sellers et al., 1988）、法国西南部开展的水文-大气先行性试验（HAPEX-MOBILHY, André et al., 1986），尼日尔开展的水文-大气先行性试验（Goutorbe et al., 1994）、北半球气候变化陆面过程试验（NOPEX, Halldin et al., 1999）、加拿大北部生态系统-大气研究试验（Sellers et al., 1995）以及在我国开展的"黑河地区地气相互作用野外观测试验""全球能量水循环之亚洲季风青藏高原试验研究""淮河流域能量与水分循环试验"（GAME-HUBEX）"内蒙古半干旱草原土壤—植被—大气相互作用"试验（王介民等，1999）。另外，国际上也开展了针对一些特定遥感传感器或地表参数的多角度、多传感器、多波段的综合观测试验，如美国南部大平原水文试验（SGP97, Famiglietti et al., 1999）、荷兰开展的 EAGLE2006 试验（Su et al., 2009）以及国内的北京顺义开展星-机-地遥感综合试验（柳钦火等，2002）、"黑河综合遥感联合试验"（Li et al., 2009）和内蒙古根河试验（Tian et al., 2015）等。上述试验中大部分涉及地面观测与航空和卫星遥感配合的星-机-地观测试验，主要针对模式网格尺度，而针对卫星像元尺度的观测，尤其是非均匀下垫面上地表蒸散发的观测试验还很少。

地表蒸散发既受到局地大气边界层气象条件和地表水热特性的影响，也受到周边环境与仪器观测源区动量、能量与水分相交换的影响，特别是绿洲-荒漠、湖泊-陆地、海洋-陆地这些非均匀程度比较剧烈的区域，会产生局地环流，导致复杂的热量与水分水平输送，故仪器观测源区内地表蒸散发是局地和周边环境共同作用的结果。因此，地表蒸散发的观测尤其是非均匀下垫面地表蒸散发观测极具挑战性，一直是困扰国际上水文气象观测的一个大难题，是水文与气象科学共同的研究前沿和重大挑战。在黑河流域，从黑河地区地气相互作用野外观测试验到黑河综合遥感联合试验，地表蒸散发一直是观测与研究的重点。在 HiWATER 的专题试验"非均匀下垫面地表蒸散发的多尺度观测试验"中设计了由 22 台涡动相关仪、8 套大孔径闪烁仪与 21 套自动气象站等组成的通量观测矩阵，并且同步开展了 230 个节点的生态水文无线传感器网络与 21 个测点的地面配套参数观测以及相应的航空遥感试验等，在中游张掖绿洲-荒漠区域形成了一个密集、立体、多要素、多尺度的观测系统，为非均匀下垫面地表蒸散发的相关科学问题研究奠定了很好的数据基础。

7.1 总体设计

试验目标是：通过非均匀下垫面多尺度地表蒸散发及其影响因子的天空地一体化的密集观测，刻画非均匀地表-大气间水热交换的三维动态图像，捕捉地表蒸散发的时空异质性，揭示绿洲-荒漠系统相互作用机理，探讨涡动相关仪能量平衡不闭合问题，为非均匀下垫面上地表蒸散发遥感估算模型、地表通量尺度扩展方法的发展与验证等提供多尺度观测数据（Li et al., 2013, 2018）。

7.1.1 试验前期准备

在试验开展前期，为充分了解通量观测矩阵试验区的情况，共组织了 5 次野外调查。第一次调查在 2011 年 5 月 25 日至 6 月 9 日期间开展，通过高分辨率遥感影像分类和野外实地调查，最终获取了张掖市盈科灌区二支子灌区 5 km×10 km 范围内的作物种植结构图。根据第一次调查结果，发现：原计划的观测矩阵试验区的东北部有大量的塑料大棚，不便于试验的开展，试验区应向南侧扩展。为了初步确定矩阵试验中各个观测仪器的安装位置，组织了第二次（2011 年 7 月 12 日至 7 月 19 日）和第三次（2011 年 8 月 22 日至 8 月 31 日）野外调查。主要调查内容包括：①试验区作物种植结构的补充调查，包括作物类型、各种作物的面积比例等，用于确定观测区的作物组分信息；②试验区防护林高度（最大高度、平均高度）、朝向与位置信息；③土壤水分；④建筑物（大于 2 层的楼房、水塔、通讯塔）位置、朝向、高度、所处地名与归属的确定，主要是为闪烁仪的架设提供相关信息；⑤高压线的位置和朝向、高度信息，以便避免高压线对闪烁仪观测的影响。2011 年 10 月 12~15 日开展了第四次调查，补充调查试验区西侧和南侧区域的下垫面类型；2011 年 11 月 9~14 日开展了第五次调查，实地调查了通量观测矩阵试验中仪器和站点的架设位置，最终确定了通量观测矩阵试验区的具体位置。

7.1.2 通量观测矩阵的设计

非均匀下垫面地表蒸散发的多尺度观测试验（HiWATER-MUSOEXE）于 2012 年 5~9 月在黑河流域中游甘肃张掖开展，包括了 30 km × 30 km 和 5.5 km × 5.5 km 两个嵌套的大小通量观测矩阵。在大矩阵中（绿洲-荒漠区域），构建"一横一纵"（包括绿洲内、外 5 个观测站）的观测系统。在小矩阵中（绿洲内 17 个观测点），以涡动相关仪+大孔径闪烁仪观测矩阵、自动气象站+无线传感器网络等为地面主要观测手段。具体如下：

（1）观测仪器的比对与标定。在观测试验开展前，选择相对均匀的下垫面，对所用的同类仪器进行比对，如地表水热通量观测仪器（涡动相关仪、闪烁仪）、气象要素（辐射、风温湿、土壤温湿度等）和叶面积指数探头等。并且对涡动相关仪、土壤水分探头等进行标定，以便评估观测仪器的一致性与可靠性，指导仪器的优化布设。

（2）绿洲-荒漠区域大观测矩阵。针对区域尺度目标地表与周边环境的水热相互作用，在目标地表和周边地表，根据地表类型与非均匀程度，通过优化设计，分别架设多套涡动相关仪和自动气象站，监测目标地表与周边环境的绿洲-荒漠相互作用。在黑河流域中游张掖地区设置 30 km × 30 km 的大矩阵，包括张掖绿洲内的大满超级站、绿洲周围的 4 个观测站（张掖湿地站、神沙窝沙漠站、花寨子荒漠站和巴吉滩戈壁站）（图 7-1 和表 7-1），主要用于监测绿洲-荒漠系统的水热交换特征及其平流影响等（Liu et al., 2020）。大满站布设了 1 套气象要素梯度观测系统与 2 层涡动相关仪。周围 4 个观测站——神沙窝沙漠、花寨子荒漠、巴吉滩戈壁与张掖湿地站各配置一套涡动相关仪与自动气象站（AWS），其中自动气象站至少有 2 层风温湿观测。

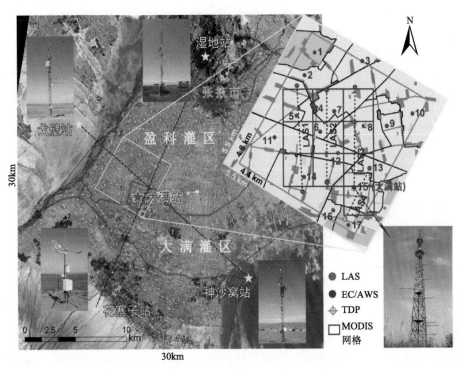

图 7-1　30 km × 30 km 的大矩阵（绿洲-荒漠区域）

表 7-1　通量观测矩阵各个观测点的信息

站点	经度/(°)	纬度/(°)	海拔/m	下垫面	观测时间段（月-日）
1	100.36	38.89	1553	蔬菜	06-10～09-17
2	100.35	38.89	1559	玉米	05-03～09-21
3	100.38	38.89	1543	玉米	06-03～09-18
4	100.36	38.88	1562	村庄	05-10～09-17
5	100.35	38.88	1568	玉米	06-04～09-18
6	100.36	38.87	1563	玉米	05-09～09-21
7	100.37	38.88	1556	玉米	05-28～09-18
8	100.38	38.87	1550	玉米	05-14～09-21
9	100.39	38.87	1543	玉米	06-04～09-17
10	100.40	38.88	1535	玉米	06-01～09-17
11	100.34	38.87	1576	玉米	06-02～09-18

站点	经度/(°)	纬度/(°)	海拔/m	下垫面	观测时间段（月-日）
12	100.37	38.87	1559	玉米	05-10～09-21
13	100.38	38.86	1551	玉米	05-06～09-20
14	100.35	38.86	1570	玉米	05-06～09-21
大满超级站	100.37	38.86	1556	玉米	05-10～09-26
16	100.36	38.85	1564	玉米	06-01～09-17
17	100.37	38.85	1560	果园	05-12～09-17
巴吉滩戈壁站	100.30	38.92	1562	戈壁	05-13～09-21
神沙窝沙漠站	100.49	38.79	1594	沙漠	06-01～09-21
花寨子荒漠站	100.32	38.77	1731	荒漠	06-02～09-21
张掖湿地站	100.45	38.98	1460	芦苇	06-25～09-21
大孔径闪烁仪 1	100.35（北侧） 100.35（南侧）	38.85（北侧） 38.88（南侧）	1552	玉米、大棚、村庄与道路	06-07～09-19
大孔径闪烁仪 2	100.36（北侧） 100.36（南侧）	38.88（北侧） 38.86（南侧）	1553	玉米、大棚、村庄与道路	06-07～09-19
大孔径闪烁仪 3	100.37（北侧） 100.37（南侧）	38.88（北侧） 38.86（南侧）	1553	玉米、大棚、村庄与道路	06-06～09-20
大孔径闪烁仪 4	100.38（北侧） 100.37（南侧）	38.86（北侧） 38.85（南侧）	1554	玉米、大棚、村庄与道路	06-02～09-22

（3）核心区小观测矩阵。针对局地尺度（如绿洲内农田、村庄、防护林等）目标地表的蒸散发，根据水热特性的非均匀性将核心区地表分成若干个小区，在每个小区内架设一套涡动相关仪和自动气象站，观测各小区地表通量与水文气象要素，捕捉地表蒸散发的时空非均匀性。在中游盈科与大满灌区构建 5.5 km × 5.5 km 的小矩阵，涉及玉米、蔬菜、果园以及村庄等下垫面，能够代表黑河流域中游灌区主要作物结构，用于研究绿洲灌区内蒸散发的空间异质性以及卫星像元尺度蒸散发的获取方法。根据作物结构、防护林朝向、村庄、渠道与道路分布、土壤水分与灌溉状况等将试验区分成 17 个小区。在小矩阵中心 3×3 个 MODIS 像元区域，各布设一组大孔径闪烁仪 LAS1、LAS2、LAS3，贯穿 3×1 像元，另有一组大孔径闪烁仪 LAS4 横跨超级站所在的 2×1 个 MODIS 像元，用于观测小矩阵内 MODIS 像元尺度的水热通量（图 7-2 和表 7-1）。

（4）配套参数的密集、精细化的观测网络。在核心区小观测矩阵内密集布置土壤温度与湿度、叶面积指数以及辐射、地表温度等的无线传感器网络（图 7-3，详见第 5 章），同时开展多个样点的植被物候期、覆盖度与株高、土壤参数、灌溉情况以及地物辐射特性（BRDF、地物光谱、比辐射率等）等的观测，并且采用风廓线仪和 GPS 探空系统同步观测区域上空大气边界层条件（详见第 6 章）。

（5）星机地同步观测。开展多个传感器、覆盖可见近红外、热红外和微波谱段、多角度的航空遥感飞行，获取不同分辨率的多种地表参数的细致空间分布（图 7-3，详见第 3 章）。发展多种地表参数的遥感反演算法，制备一套高时空分辨率的多种地表参数遥感产品，以捕捉地表蒸散发及其影响因子的时空非均匀性（详见第 8 章）。

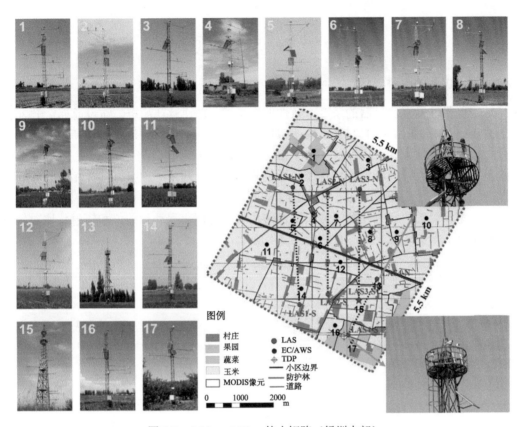

图 7-2　5.5 km×5.5 km 的小矩阵（绿洲内部）

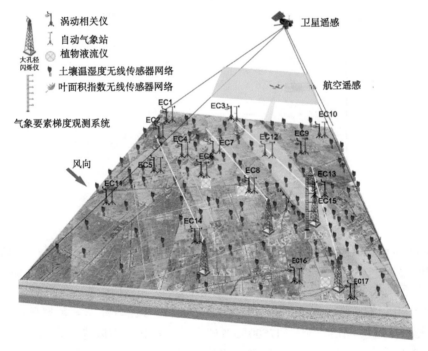

图 7-3　通量观测矩阵

7.2　仪器布设

7.2.1　观测仪器的比对与标定

地表能量通量观测仪器的精度一致性非常重要。在通量观测矩阵布设前期,于2012年5月14～24日在相对均匀、平坦的张掖巴吉滩戈壁对多尺度观测试验中所用的涡动相关仪、辐射仪以及大孔径闪烁仪开展了比对试验,其中包括20台涡动相关仪、18台辐射仪以及7台大孔径闪烁仪。大孔径闪烁仪分为四组(两两一组)排列在相距606 m的南北两侧,每组大孔径闪烁仪之间相距约80 m,为防止每组的两台大孔径闪烁仪之间产生干扰,将每组的两台大孔径闪烁仪发射与接收端对调;涡动相关仪和辐射仪比对场设置在整个比对场的中间位置,具体如图7-4所示。

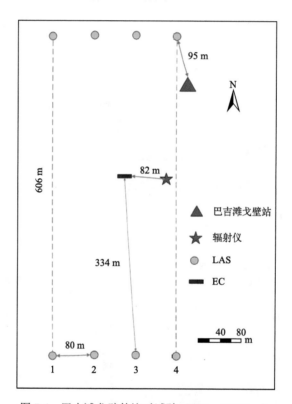

图7-4　巴吉滩戈壁的比对试验(606 m×320 m)

在张掖巴吉滩戈壁开展了地表能量通量观测仪器的比对试验表明:各类辐射仪(PSP&PIR、CNR4、CNR1、NR01和Q7)观测的短波/长波辐射、净辐射均有较好的一致性(平均回归斜率为0.2%),优于FIFE试验的结果,与EBEX-2000试验结果相当。其中 PSP&PIR、CNR4、CNR1 辐射仪更为一致且精度比较高。各种型号涡动相关仪(CSAT3 超声风速仪与Li7500A/Li7500/EC150 组合、Gill 超声风速仪与Li7500A/Li7500组合)测量的感热、潜热通量比较一致(平均回归斜率:感热通量为 3.21%、潜热通量为 10.94%），优于 EBEX-2000 试验的观测结果，并且 CSAT3 组合比 Gill 组合表现出更好的一致性。各类大孔径闪烁仪（BLS900、BLS450、ZZLAS）测量的感热通量比较一致（平均回归斜率为 4.4%），与 Kleissl 等（2008, 2009）研究结果类似，但 BLS900 更好一些。大孔径闪烁仪观测值与涡动相关仪的差异在 3%以内，具有较好的可比性（Xu et al., 2013）。通过观测仪器间的一致性比对，确保了通量观测矩阵试验不同测点间仪器的可比性，可指导通量观测矩阵中仪器的布设，也有助于后续观测数据的分析。

通过多种误差分析方法[Mann and Lenschow（ML94）方法、Finkelstein and Sims（FS2001）方法、Hollinger and Richardson（HR2005）方法]对巴吉滩戈壁开展的涡动相关仪比对数据以及通量观测矩阵试验期（HiWATER-MUSOEXE）绿洲内的通量观测数据进行了分析，结果表明：巴吉滩戈壁比对试验期间，涡动相关仪观测感热通量的系统误差在 5%以内，随机误差基本在 10%左右；通量观测矩阵中涡动相关仪观测玉米地的感热与潜热通量、碳通量的随机误差分别为 18%、16%、21%（Wang et al., 2015）。

另外，对通量观测矩阵内配置的多层风温湿（大于或等于 2 层）观测的站点也开展了比对试验，并对涡动相关仪与土壤水分传感器等进行了标定。

7.2.2　通量观测矩阵的仪器布设

2012 年 5～9 月期间开展了非均匀下垫面地表蒸散发的多尺度观测试验，在黑河流域中游张掖地区构建了 30 km × 30 km、5.5 km × 5.5 km 两个嵌套的通量观测矩阵，由 22 台涡动相关仪、21 套自动气象站（包括 1 套气象要素梯度观测系统）、8 套大孔径闪烁仪、3 组植物液流仪、2 台宇宙射线土壤水分测定仪以及一套同位素原位连续观测系统等组成（Liu S M et al., 2016, 2018）。

30 km × 30 km 的大矩阵由"一横一纵"的张掖绿洲的大满超级站以及绿洲周边神沙窝、花寨子、戈壁与湿地 4 个观测站组成（图 7-1），其下垫面涉及绿洲农田、沙漠、荒漠、戈壁和湿地等，代表黑河流域中游主要土地利用/覆盖类型。大满超级站配备 1 套气象要素梯度观测系统（辐射与土壤热通量、降水量与气压、7 层风温湿与 CO_2、水汽浓度梯度、土壤温度与湿度廓线等）与 2 层的涡动相关仪，周边 4 个观测站各配置 1 套自动气象站与 1 台涡动相关仪。各站点的仪器配置见表 7-2，涡动相关仪的信息见表 7-3。

表 7-2　通量观测矩阵中自动气象站仪器信息表

观测项	传感器	厂家	架高/m	测点
气压	PTB110	Vaisala, Finland	—	1、17、巴吉滩戈壁、神沙窝
	AV-410BP	Avalon, USA	—	2
	PTB210	Vaisala, Finland	—	花寨子荒漠
	CS100	Campbell, USA	—	4、5、6、7、8、11、12、13、14、15、张掖湿地
降水量	TE525MM	Texas Electronics, USA	10（15 号点为 1.8m）	1、3、4、5、6、7、8、9、10、11、12、13、14、15、16、张掖湿地、巴吉滩戈壁
	52203	RM Young, USA	10	2、17、神沙窝沙漠
	CTK-15PC	Climatec, Japan	0.7	花寨子荒漠

续表

观测项	传感器	厂家	架高/m	测点
风速/风向	03002	RM Young, USA	10	1
			5/10	张掖湿地
	010C/020C	Met One	5/10	2、6
			10	3、4、5、7、8、9
	03001	RM Young, USA	10	10、11、16
			5/10	巴吉滩戈壁、神沙窝沙漠
	034B	Met One, USA	10	12、13、14、17
	Windsonic	Gill, UK	3、5、10、15、20、30、40	15
	03102/03302	RM Young, USA	0.48、0.98、1.99、2.99	花寨子荒漠
空气温度和湿度	HMP155	Vaisala, Finland	5	1、3、10、16
	HMP45D	Vaisala, Finland	5/10	2
			5	12、13、14
	HMP45C	Vaisala, Finland	5	4、5、17
	HMP45A	Vaisala, Finland	1、1.99、2.99	花寨子荒漠
	HMP45AC	Vaisala, Finland	5	7、8、9、11
			5/10	6、巴吉滩戈壁、神沙窝沙漠、张掖湿地
	AV-14TH	Avalon	3、5、10、15、20、30、40	15
四分量辐射	CNR4	Kipp&Zonen, Netherland	6	1、6、8、13、14
			4	2、7、12
	NR01	Hukseflux, Netherland	6	3、张掖湿地
	CNR1	Kipp&Zonen, Netherland	6	4、9、10、17、巴吉滩戈壁、神沙窝沙漠
			4	
			2.51	5、11 花寨子荒漠
	Q7	REBS, USA	6	16
	PSP&PIR	Eppley, USA	12	15
光合有效辐射	LI-190SB	Li-Cor, USA	12	15
	PQS-1	Kipp&Zonen, Netherland	6	10
红外辐射温度	SI-111	Apogee, USA	3.5（花寨子荒漠）、4	5、7、11、花寨子荒漠
			6	1、3、4、6、8、9、10、16、17、张掖湿地
	IRTC3	Avalon, USA	4	2、12、13、14、15、巴吉滩戈壁、神沙窝沙漠
土壤温度廓线	109ss-L	Campbell, USA	0、−0.02、−0.04、−0.1、−0.2、−0.4、−0.6、−1	1、4、6、8、10、张掖湿地
	AV-10T	Avalon, USA		2、3、5、9、12、13、14、15、16、巴吉滩戈壁
	109	Campbell, USA		7、11、17、神沙窝沙漠
	AV-10T/107	Avalon, USA/Campbell, USA	0、−0.02、−0.04/−0.04、−0.1、−0.18、−0.26、−0.34、−0.42、−0.5	花寨子荒漠（两个测点）

续表

观测项	传感器	厂家	架高/m	测点
土壤水分廓线	SM300	Delta-T Devices, UK	−0.02、−0.04、−0.1、−0.2、−0.4、−0.6、−1	1
	ECH₂O-5	Decagon Devices, USA		2、12、13、14、巴吉滩戈壁
	CS616	Campbell, USA		3、4、5、6、7、8、9、10、11、15、16、17、神沙窝沙漠
	CS616/ML2X	Campbell, USA /Delta-T, UK	−0.02、−0.04/−0.02、−0.1、−0.18、−0.26、−0.34、−0.42、−0.5、−0.58	花寨子荒漠（两个测点）
土壤热通量	HFP01	Hukseflux, Netherland	−0.06	1、3、4、5、6、7、8、9、10、11、17、神沙窝沙漠、张掖湿地、花寨子荒漠
	HFT3	Campbell, USA		2、12、13、14、16、巴吉滩戈壁
	HFP01SC	Hukseflux, Netherland		15
平均土壤温度	TCAV	Campbell, USA	−0.02、−0.04	15
二氧化碳与水汽浓度梯度	Grade CO₂/H₂O	Avalon	3、5、10、15、20、30、40	15

注：3, 9, 10, 16 号测点是简配点（无气压观测，土壤温湿度探头只在浅层埋设），土壤温度/湿度埋设深度为0, −0.02, −0.04/−0.02, −0.04 m；张掖湿地站土壤温度埋设深度为0, −0.02, −0.04, −0.10, −0.20, −0.40 m，没有土壤水分观测；大满超级站土壤温湿度的埋设深度为: 0, −0.02, −0.04, −0.10, −0.20, −0.40, −0.80, −1.20, −1.60 m（土壤湿度没有 0 m）；各测点红外辐射计探头为 2 个，垂直向下观测，其中 1,7,17 测点在 2012 年 8 月 6 日后将西侧的红外辐射计调整为天顶角 50°；土壤热通量为 3 个重复观测（G1, G2, G3），其中在植被下垫面，G1 埋设在植被下方，G2 和 G3 埋设在棵间）；大满超级站和湿地站在 2013 年 7 月 28 日后在冠层内增加了两个光合有效辐射（一上一下），型号均是 PSQ-1，高度约 0.5 m；大满超级站两个红外温度在 2013 年 11 月 24 日后更换为 SI-111 型红外温度。

表 7-3　通量观测矩阵中涡动相关仪和大孔径闪烁仪信息表

观测项	仪器名称	测点架高或有效高度、光径长度/m
感热通量、潜热通量等（涡动相关仪）	CSAT3 and Li7500	2（3.7）、5（3）、8（3.2）、10（4.8）、11（3.5）、12（3.5）、14（4.6）、巴吉滩戈壁（4.6）、神沙窝沙漠（4.6）、花寨子荒漠（2.85）
	CSAT3 and Li7500A	4（4.2, 8 月 19 日后调整为 6.2m）、6（4.6）、7（3.8）、13（5）、15（下层 4.5 m，上层 34 m）
	CSAT3 and EC150	17（7）
	Gill and Li7500	16（4.9）
	Gill and Li7500A	1（3.8）、3（3.8）、9（3.9）、张掖湿地（5.2）
感热通量（大孔径闪烁仪）	BLS900, Scintec	1（有效高度:33.45 m; 光径长度:3256 m）
		2（有效高度:33.45 m; 光径长度:2841 m）
		3（有效高度:33.45 m; 光径长度:3111 m）
	BLS450, Scintec	2（有效高度:33.45 m; 光径长度:2841 m）
		4（有效高度:22.45 m; 光径长度:1854 m）
	LAS,Kipp&Zonen	3（有效高度:33.45 m; 光径长度:3111 m）
	RR-RSS460	1（有效高度:33.45 m; 光径长度:3256 m）
		4（有效高度:22.45 m; 光径长度:1854 m）

在绿洲区域 5.5 km×5.5 km 小矩阵内，根据作物结构、防护林走向、村庄与道路分布、土壤水分与灌溉状况等划分 17 个小区，仪器布设如图 7-5 所示。17 个小区包括 14 个玉米田小区，蔬菜、村庄与果园下垫面各 1 个（分别为 1 号点、4 号点和 17 号点），在每个小区内架设 1 台涡动相关仪和 1 套自动气象站，观测小区尺度地表水热通量与水文气象要素。图 7-6 为截取每个小区 500 m×500 m 范围的航空影像，可以看到每个小区的均匀程度和周边的环境情况（防护林、村庄、道路等）。除村庄下垫面（4 号测点）外，其他 16 个小区（植被下垫面）的平均面积约 1.45 km² （1200 m×1200 m），面积最大的小区为 11 号测点（约为 1700 m×1700 m），面积最小的是 16 号测点（约 500 m×500 m）。在 5.5 km×5.5 km 矩阵中心 3×3MODIS 像元区域，各布设一组大孔径闪烁仪 LAS1\2\3，贯穿 3×1 像元（架高 33.45 m），另有一组大孔径闪烁仪 LAS4 横跨大满超级站（15 号测点）所在的 2×1MODIS 像元（架高 22.45 m），用于观测 MODIS 像元尺度平均的水热通量（图 7-5），大孔径闪烁仪的信息见表 7-3；利用稳定同位素技术分别测定土壤蒸发与植被蒸腾。其中在 15 号测点采用 1 套原位观测系统进行连续观测。该系统两个进气口高度为玉米冠层上方 0.5 m 和 1.5 m，并相隔 1~3 天采集玉米土壤和茎秆水样品；机载

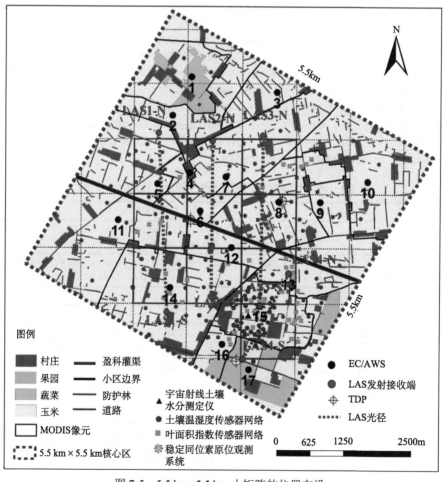

图 7-5　5.5 km×5.5 km 小矩阵的仪器布设

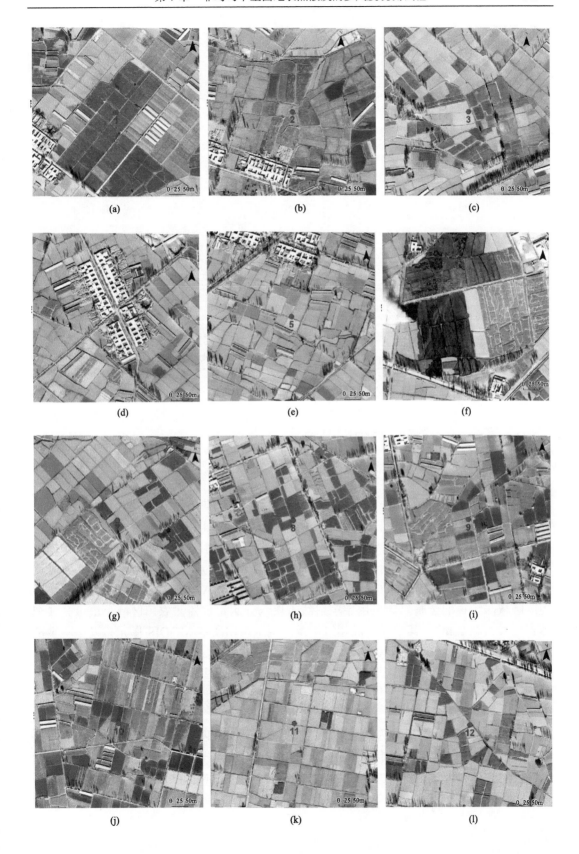

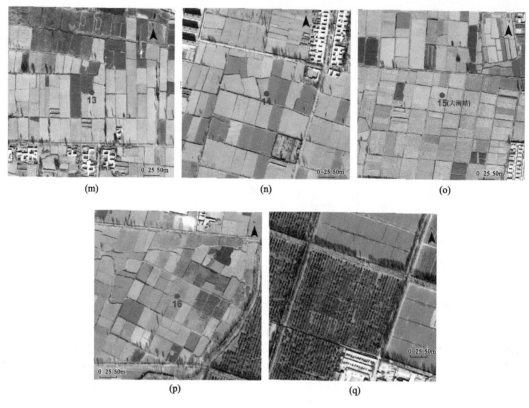

图 7-6　5.5 km×5.5 km 小矩阵内各个小区的航空像片

（a）～（q）为 1～17 号点小区航空像片

500 m×500 m 范围，无人机，空间分辨率 1 m，2012-07-30

红外传感器飞行时，在 13 号点采用移动观测系统进行短期观测，采集大气水汽、玉米土壤和茎秆水样品。采用植物液流仪在 6 点、8 点、LAS4 南侧塔附近观测不同高度与胸径防护林的蒸腾量（每个点选 3 棵树，每棵树安装 3 组探针，安装的方位为东南、西南和正北方向），其中样树高度从高到低依次为 6 号测点旁、LAS4 南侧塔、8 号测点旁，胸径从大到小依次为 6 号测点旁、8 号测点旁和 LAS4 南侧塔，以此代表整个小矩阵区域防护林的蒸腾量。采用宇宙射线土壤水分测定仪监测农田区域土壤水分（观测直径大约 700 m），其中在大满超级站及西侧玉米田所在 MODIS 像元布设 2 套宇宙射线土壤水分测定仪，用于观测该像元尺度土壤水分（表 7-4）。此外，在 7、12、15、17 号测点的作物冠层内增加空气温湿度观测（1.2 m），用于测量冠层的热储存；在 2、4、6、7、17 号测点安有两层的风速观测（5、10 m），用于研究绿洲与荒漠间的平流效应等。

　　此外，在观测矩阵区域内开展了生态水文无线传感器网络、地面配套参数观测以及航空遥感等试验。其中在小矩阵观测区域密集布置 230 个节点的土壤温度与湿度、辐射和地表温度（包括 50 个节点 WATERNET、50 个节点 SoilNet 和 80 个节点 BNUNET）、叶面积指数（50 个节点 LAINet）等的无线传感器网络（Jin et al., 2014）（详见第 5 章）；

表 7-4　2012 年通量观测矩阵中观测仪器信息表

仪器名称	型号	经度/(°)	纬度/(°)	观测期（月-日）	测点
稳定同位素原位 观测系统	Model L1102-i, Picarro	100.37	38.86	5-27～9-21	15 号（原位连续观测系统）
		100.38	38.86		13 号（航空红外遥感试验时移动观测系统）
宇宙射线土壤水 分测定系统	COSMOS	100.37	38.85	6-1～9-20	两块玉米田
		100.37	38.86		
植物液流计	TDP30	100.37	38.85	6-14～9-20	LAS4 南侧塔旁防护林
		100.36	38.87	6-14～9-21	6 号点旁防护林
		100.38	38.87	6-14～9-20	8 号点旁防护林

同时进行 21 个点的地面配套参数观测（包括各测点的物候期与植物株高、叶面积指数/ FPAR、生物量、土壤呼吸、叶绿素、光合作用/气孔导度、土壤参数以及渠道流量和灌溉情况、气溶胶、植被类型和种植结构等）、地基遥感（BRDF、地物光谱、比辐射率等）以及航空定标（GPS 探空、差分 GPS、土壤水分与温度的卫星与航空飞行时同步观测等）等的观测。并且利用风廓线仪和 GPS 探空系统等同步观测区域上空大气边界层条件（详见第 6 章）。2012 年 6 月 29 日至 8 月 29 日，开展了航空遥感试验，共飞行 17 个架次，总计约 81 个小时。用机载的光学-近红外-热红外波段成像光谱仪、多角度热红外成像仪、高光谱成像仪、微波辐射计、激光雷达等获取了不同分辨率的地表温度、反照率、土壤水分、冠层结构、叶面积指数等地表参数的细致空间分布（Li et al., 2017）（详见第 3 章）。同时也研究了地表蒸散发、土壤水分、降水量、积雪面积、植被类型/土地覆被、植被覆盖度、叶面积指数、物候、NPP（净初级生产力）等地表参数的遥感反演算法，并制备了一套高时空分辨率的上述地表参数遥感产品（详见第 8 章）。

7.3　运行与维护

在 2012 年 5～9 月非均匀下垫面地表蒸散发的多尺度观测试验开展期间，参加试验的众多科学家、工程师、学生等均常驻试验现场。每天查看无线传输回来的观测数据、绘制各要素图形并发给相关专家查看，以便检查观测数据的质量（图 7-7）。若发现问题

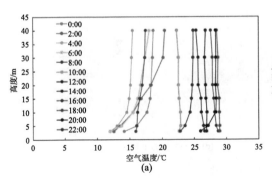

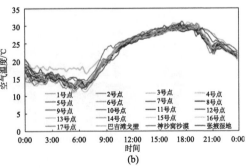

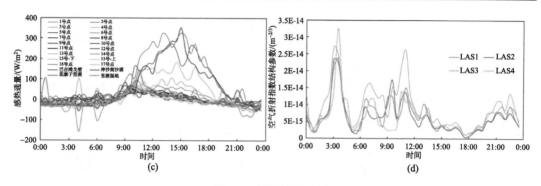

图 7-7　每日绘图示例

（a）气象要素梯度观测系统（空气温度梯度）；（b）自动气象站绘图（空气温度）；（c）涡动相关仪（感热通量）；（d）大孔径闪烁仪（空气折射指数结构参数），2012 年 7 月 13 日

后，工程师会立即前往现场进行解决；在雨后或者出现较恶劣的天气条件后，工程师会到各个观测点进行观测仪器状况的检查；每周到各个观测点巡检，进行数据采集与仪器维护（作物关键物候期前后，巡检次数会加密）；每月会进行一次全面的检测。图 7-8 为在各站点巡检时四分量辐射仪的擦拭、涡动相关仪和气象要素传感器的检修、大孔径闪烁仪的调试以及数据下载与查看等。

(a) 四分量辐射仪的擦拭

(b) 涡动相关仪的检修

(c) 大孔径闪烁仪的调试

(d) 观测数据的下载与查看

图 7-8　日常巡检照片

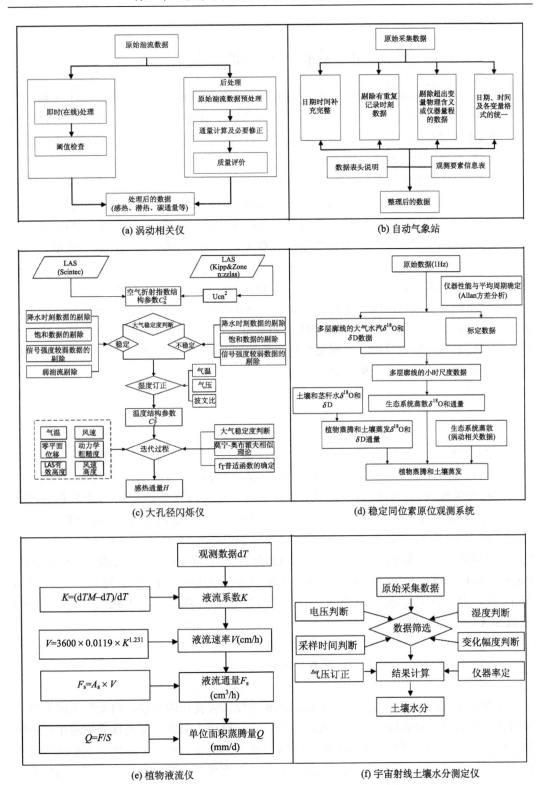

图 7-9 各类观测仪器数据处理流程

7.4　数据处理与质量控制

非均匀下垫面地表蒸散发的多尺度观测试验包括了 22 套涡动相关仪、21 个自动气象站、4 组大孔径闪烁仪、3 组植物液流仪、2 套宇宙射线土壤水分测定仪、1 套稳定同位素原位观测系统等。研制了一套数据处理与质量控制流程（大孔径闪烁仪、涡动相关仪、自动气象站、宇宙射线土壤水分测定仪、稳定同位素原位观测系统、植物液流仪等）（图 7-9），涉及观测要素有：感热通量、潜热通量、二氧化碳通量等；风速/风向、空气温湿度、向上（下）短波辐射、向上（下）长波辐射、净辐射、光合有效辐射、红外辐射温度、降水量、气压、二氧化碳与水汽密度廓线、土壤热通量、土壤水分和土壤温度廓线、平均土壤温度；空气折射指数结构参数 C_n^2、感热通量；温差、液流速率、树木蒸腾量；快中子数、土壤水分；农田生态系统大气、水汽 $\delta^{18}O$ 同位素比值、降水、灌溉水、露水、土壤水、植物茎秆水和样品水 $\delta^{18}O$ 同位素比值等。

针对不同的观测仪器制定了各自完整、可操作的数据处理与质量控制流程（Wen et al., 2016; Qiao et al., 2015; Zhu et al., 2015; Qu et al., 2014; Liu et al., 2011），并据此进行了严格的数据处理与质量控制。数据处理与质量控制的整个过程类似图 4-15，具体的数据处理与质量控制流程如图 7-9 所示。

7.5　数　据　共　享

2012 年 5～9 月期间开展的非均匀下垫面地表蒸散发的多尺度观测试验—通量观测矩阵数据集（中文 50 条，英文 50 条）：包括 22 台涡动相关仪、21 台自动气象站、8 套大孔径闪烁仪、3 组植物液流仪、2 台宇宙射线土壤水分测定仪以及 1 套稳定同位素原位观测系统等，于 2013 年 6 月 16 日在"黑河计划数据管理中心"（http://www.heihedata.org）、"寒区旱区科学数据中心"（http://westdc.westgis.ac.cn）、"国家青藏高原科学数据中心"（http://data.tpdc.ac.cn/zh-hans/）及英文版 Cold and Arid Regions Science Data Center at Lanzhou（http://card.westgis.ac.cn/）上发布。截至 2020 年 12 月，浏览查询量超过 47 万次，服务约 120 个研究项目，基于此数据集发表 100 余篇 SCI 论文。

7.6　小　　　结

在黑河流域中游张掖地区建立了以涡动相关仪、大孔径闪烁仪、自动气象站为主，辅以植物液流仪、稳定同位素原位观测系统、宇宙射线土壤水分测定仪等的通量观测矩阵。结合卫星、航空遥感和地面密集的无线传感器网络等，形成了非均匀下垫面多尺度地表蒸散发、关键地表参数与水文气象要素的星机地观测系统。如此高密度、高强度、立体的通量观测矩阵在国内尚属首次，在国际上也很少见。它的构建对揭示绿洲-荒漠系统相互作用机制以及相应小气候效应的定量评估（Liu R et al., 2020, 2018），研究绿洲地表蒸散发的空间异质性及其影响机理等起到了重要作用（Xu et al., 2020; Liu et al., 2016），也可为蒸散发遥感估算模型（Xu et al., 2019; Ma et al., 2018; Song et al., 2018, 2020）、通量尺度扩展方法的发展与验证（Li et al., 2018, 2021; Xu et al., 2018）、能量平衡不闭合问题的探讨以及修正方法的发展（Zhou et al., 2019, 2018; Xu et al., 2017）等提供了丰富、可靠的地面数据。

参 考 文 献

柳钦火, 李小文, 陈良富. 2002. 星机地同步定量遥感综合试验. 遥感学报, 6(增刊): 43-49.

王介民. 1999. 陆面过程实验和地气相互作用研究——从 HEIFE 到 IMGRASS 和 GAME-Tibet/TIPEX. 高原气象, 18(3): 280-294.

André J C, Goutorbe J P, Perrier A. 1986. HAPEX-MOBLIHY: A hydrologic atmospheric experiment for the study of water budget and evaporation flux at the climatic scale. Bulletin of the American Meteorological Society, 67(2): 138-144.

Famigliett J S, Devereaux J A, Laymon C A, et al. 1999. Ground-based investigation of soil moisture variability within remote sensing footprints during the Southern Great Plains 1997(SGP97)Hydrology Experiment. Water resources research, 35(6): 1839-1851.

Goutorbe J P, Lebel T, Tinga, et al. 1994. HAPEX-Sahel: A large-scale study of land-atmosphere interactions in the semi-arid tropics. Annales Geophysicae, 12(1): 53-64.

Halldin S, Gryning S E, Gottschalk L, et al. 1999. Energy, water and carbon exchange in a boreal forest landscape—NOPEX experiences. Agricultural and Forest Meteorology, 98 : 5-29.

Jin R, Li X, Yan B P, et al. 2014. A nested eco-hydrological wireless sensor network for capturing surface heterogeneity in the middle-reach of Heihe River Basin, China. IEEE Geoscience and Remote Sensing Letters, 11(11): 2015-2019.

Li X, Cheng G, Liu S, et al. 2013. Heihe Watershed Allied Telemetry Experimental Research(HiWATER): Scientific objectives and experimental design. Bulletin of the American Meteorological Society, 94(8): 1145-1160.

Li X, Li X W, Li Z Y, et al. 2009. Watershed allied telemetry experimental research. Journal of Geophysical Research, 114: D22103.

Li X, Liu S, Xiao Q, et al. 2017. A multiscale dataset for understanding complex eco-hydrological processes in a heterogeneous oasis system. Scientific Data, 4 : 170083.

Li X, Liu S M, Li H X, et al. 2018. Intercomparison of six upscaling evapotranspiration methods: From site to the satellite pixel. Journal of Geophysical Research- Atmospheres, 123(13): 6777-6803.

Li X, Liu S M, Yang X F, et al. 2021. Upscaling evapotranspiration from a single-site to satellite pixel scale. Remote Sensing, 13: 4072.

Liu R, Liu S M, Yang X F, et al. 2018. Wind dynamics over a highly heterogeneous oasis area: An experimental and numerical study. Journal of Geophysical Research- Atmospheres, 123(16): 8418-8440.

Liu R, Sogachev A, Yang X F, et al. 2020. Investigating microclimate effects in an oasis-desert interaction zone. Agricultural and Forest Meteorology, 290 : 107992.

Liu S M, Li X, Xu Z, et al. 2018. The Heihe Integrated Observatory Network: A basin-scale land surface processes observatory in China. Vadose Zone Journal, 17(1): 1-21.

Liu S M, Xu Z, Song L, et al. 2016. Upscaling evapotranspiration measurements from multi-site to the satellite pixel scale over heterogeneous land surfaces. Agricultural and Forest Meteorology, 230 : 97-113.

Liu S M, Xu Z, Wang W, et al. 2011. A comparison of eddy-covariance and large aperture scintillometer measurements with respect to the energy balance closure problem. Hydrology and Earth System Sciences, 15(4): 1291-1306.

Ma Y, Liu S, Song L, et al. 2018. Estimation of daily evapotranspiration and irrigation water efficiency at a Landsat-like scale for an arid irrigation area using multi-source remote sensing data. Remote Sensing of Environment, 216 : 715-734.

Qiao C, Sun R, Xu Z, et al. 2015. A study of shelterbelt transpiration and cropland evapotranspiration in an irrigated area in the middle reaches of the Heihe River in northwestern China. IEEE Geoscience and Remote Sensing Letters, 12(2): 369-373.

Qu Y, Zhu Y, Han W, et al. 2014. Crop leaf area index observations with a wireless sensor network and its potential for validating remote sensing products. IEEE Journal of Selected Topics in Applied Earth Observations and Remote Sensing, 7(2): 431-444.

Sellers P, Hall F, Margolis H, et al. 1995. The Boreal Ecosystem-Atmosphere Study(BOREAS): An overview and early results from the 1994 field year. Bulletin of the American Meteorological Society, 76(9): 1549-1577.

Sellers P J, Hall F G, Asrar G, et al. 1988. The first ISLSCP field experiment(FIFE). Bulletin of the American Meteorological Society, 69(1): 22-27.

Song L, Bian Z, Kustas W P, et al. 2020. Estimation of surface heat fluxes using multi-angular observations of radiative surface temperature. Remote Sensing of Environment, 239: 111674.

Song L, Liu S, Kustas W P, et al. 2018. Monitoring and validating spatially and temporally continuous daily evaporation and transpiration at river basin scale. Remote Sensing of Environment, 219 : 72-88.

Su Z, Timmermans W J, van der Tol C, et al. 2009. EAGLE 2006-multi-purpose, multi-angle and multi-sensor in-situ and airborne campaigns over grassland and forest. Hydrologn and Earth System Sciences, 13(6): 833-845.

Tian X, Li Z, Chen E, et al. 2015. The complicate observations and multi-parameter land information constructions on allied telemetry experiment(COMPLICATE). Plos ONE, 10(9): e0137545.

Wang J, Zhuang J, Wang W, et al. 2015. Assessment of uncertainties in eddy covariance flux measurement based on intensive flux matrix of HiWATER-MUSOEXE. IEEE Geoscience and Remote Sensing Letters, 12(2): 259-263.

Wen X, Yang B, Sun X, et al. 2016. Evapotranspiration partitioning through in-situ oxygen isotope measurements in an oasis cropland. Agricultural and Forest Meteorology, 230 : 89-96.

Xu F, Wang W, Wang J, et al. 2017. Area-averaged evapotranspiration over a heterogeneous land surface: aggregation of multi-point EC flux measurements with a high-resolution land-cover map and footprint analysis. Hydrology and Earth System Sciences, 21(8): 4037-4051.

Xu T R, Guo Z X, Liu S M, et al. 2018. Evaluating different machine learning methods for upscaling evapotranspiration from flux towers to the regional scale. Journal of Geophysical Research-atmospheres, 123, 8674-8690.

Xu T R, He X L, Bateni S M, et al. 2019. Mapping regional turbulent heat fluxes via variational assimilation of land surface temperature data from polar orbiting satellites. Remote Sensing of Environment, 221 : 444-461.

Xu Z W, Liu S M, Li X, et al. 2013. Intercomparison of surface energy flux measurement systems used during the HiWATER-MUSOEXE. Journal of Geophysical Research, 118(23): 13140-13157.

Xu Z W, Liu S M, Zhu Z L, et al. 2020. Exploring evapotranspiration changes in a typical endorheic basin through the integrated observatory network. Agricultural and Forest Meteorology, 290 : 108010.

Xu Z W, Ma Y F, Liu S M, et al. 2017. Assessment of the Energy balance closure under advective conditions and its impact using remote sensing data. Journal of applied meteorology and climatology, 56 : 127-140.

Zhou Y, Li X. 2019. Energy balance closures in diverse ecosystems of an endorheic river basin. Agricultural and Forest Meteorology, 274 : 118-131.

Zhou Y, Li D, Liu H, et al. 2018. Diurnal variations of the flux imbalance over homogeneous and heterogeneous landscapes. Boundary-Layer Meteorology, 168(3): 417-442.

Zhu Z L, Tan L, Gao S G, et al. 2015. Observation on soil moisture of irrigation cropland by cosmic-ray probe. IEEE Geoscience and Remote Sensing Letters, 12(3): 472-476.

第8章 流域尺度生态水文遥感产品

柳钦火 仲 波 李 静 赵 静 李 丽 李 新 晋 锐 潘小多
郝晓华 宋立生 马燕飞 杨爱霞 吴善龙 胡龙飞 马春锋 亢 健

长时间序列的生态水文参量遥感产品，是黑河流域生态水文集成研究中重要的模型输入或验证数据集。本章根据生态水文流域模型需求，遴选了相关重要的生态水文参量，充分利用多源国产卫星遥感数据和黑河遥感综合实验观测数据的优势和特色，改进了产品算法、形成了高时空分辨率、高精度的长时间序列生态水文参量产品。

8.1 总 体 设 计

大多数全球遥感产品的空间分辨率为公里尺度或更低，而且各种产品的时空分辨率不匹配。在流域尺度上，地表异质性被放大，加之内陆河流域景观类型多样，导致很多水循环和生态过程参量的变化剧烈，如何利用多源遥感数据，在航空遥感和地面观测的支持下，生产出可用于流域生态-水文研究的高质量、高时空分辨率的遥感产品，是一个很大的挑战。

为生成更高时空分辨率的全流域卫星遥感产品，需要考虑黑河流域上、中、下游各具鲜明特色的生态-水文应用需求，以及全流域生态-水文集成研究及水资源综合管理的需求。上游以寒区水文模型为框架，利用遥感数据及产品作为输入，拟将植被类型、植被覆盖度作为模型下垫面特征，达到提高模型中水热参数精度的目的，将高精度的降水产品作为驱动数据，并同化积雪面积和土壤水分，以提高寒区水文模型的模拟精度。中游以地表水-地下水-农作物生长耦合模型为框架，利用降水产品进行驱动，并结合高精度的植被类型分布、植被覆盖度、物候期、净初级生产力等遥感数据产品，辅以高空间分辨率的渠系分布和种植结构，拟将土壤水分、叶面积指数和蒸散发等遥感产品同化到模型中，构建灌区尺度的灌溉优化配水模型用以优化灌溉管理，达到提高农田水利用效率的目的。下游生态耗水模型作为框架，拟通过激光雷达实现生态耗水模型单株→冠层→群落→区域的多尺度转换，并利用植被类型分布、植被覆盖度、叶面积指数、蒸散发及土壤水分等遥感产品标定和验证遥感蒸散发模型或陆面过程模型，实现下游河岸林生态系统耗水量的精细估算。

在 HiWATER 项目的框架下，利用航空遥感和地面观测的支持，融合多源遥感数据，发展了 8 种关键生态-水文变量遥感产品的生产算法，并制备了一套高时空分辨率的全流域关键生态-水文变量遥感产品，包括积雪面积、土壤水分、降水、植被类型、植被覆盖度、植被物候（含植被生长季起点、终点和生长季长度等参数）、净初级生产力以及蒸散发等产品。产品的规格与精度见表 8-1，产品时空分辨率或精度优于目前同类产品。

表 8-1 HiWATER 生产的流域生态–水文变量遥感产品

产品名称	空间分辨率	时间分辨率	产品时段	相对精度
植被类型分布	30m	月	2011～2015 年	不含作物分类：优于 90%；作物细分精度优于 83%
植被覆盖度	30m	月	2011～2015 年	优于 85%
	250m	16 天		
	1km	5 天		
物候期	1km	逐年	2011～2015 年	优于 80%
NPP	1km	逐日	2011～2015 年	优于 80%
积雪面积	500m	逐日	2000～2015 年	优于 85%
土壤水分	1km	逐日	2008～2015 年	优于 80%
降水	0.05°	逐时	2000～2015 年	优于 85%

8.2 降 水 产 品

8.2.1 算法介绍

采用传统地面观测，遥感产品和区域气候模拟等方法，很难为下垫面复杂区域提供高精度高时空分辨率的降水资料，尤其是在下垫面异质性凸显而雨量桶分布稀疏不均匀的区域，遥感产品和全球区域气候模式的时空分辨率又不足以细致刻画流域尺度的异质性，区域气候模式对具有高度时空异质性的降水变量模拟能力非常有限。同化方法是目前解决观测与模拟之间矛盾的重要手段，能够充分发挥观测与模拟的各自优势，并对它们进行有机集成，获得更高分辨率、具有物理一致性和时空一致性的数据（李新等，2007）。本节基于 WRF（天气研究与预测模型）天气模式同化 TRMM（热带降雨测量任务）和 FY（风云系列气象卫星）遥感降水产品（表 8-2），发展高时空分辨率高精度的降水同化产品。

1. 数据源

表 8-2 多源遥感降水资料信息表

参数		降水产品	
		TRMM 3B42	FY-2D
空间分辨率		0.25°	0.1°
时间分辨率		3 小时	3 小时
坐标系统		lon-lat	圆盘标称
覆盖范围	纬度	−50°～50°	0°～78°
	经度	−180°～180°	−180°～180°

1）TRMM 3B42 RT

TRMM 卫星是由美国 NASA 和日本 NSDA（National Space Development Agency）共同研制，用于定量观测热带、亚热带降雨及能量交换的卫星（Olson et al., 2001; Tao et al., 1993）。自 1997 年成功发射以来，提供了大量降水、潜热、云中液态水含量等数据。TRMM 卫星搭载有 5 种传感器：可见光和红外扫描仪 VIRS（visible and infrared scanner）、TRMM 微波成像仪 TMI（TRMM microwave Imager）、降水雷达 PR（precipitation radar）、闪电图像仪 LIS（lighting imaging sensor）和地球能量辐射系统 CERES（Clouds and the Earth's Radiant Energy System）（Huffman et al., 2007）。TRMM 降水产品在气候和水文研究中得到了大量的应用（Seyyedi and Anagnostou, 2015; 嵇涛等, 2014; 齐文文等, 2013; 胡庆芳等, 2013），但是研究表明 TRMM 数据在不同地区不同时空尺度上高估或低估了实际降水。考虑到降水同化预报的时效性，本研究中所采用的降水遥感资料是 TRMM 3B42 RT（3-Hour Realtime TRMM Multi-satellite Precipitation Analysis）的准实时降水产品，相较于生产周期较长（一般超过 15 天）的 TRMM 分析数据，TRMM 3B42 RT 降水产品比实际降水仅滞后 9 小时，用于 WRF 模式做未来中短期天气预报是可行的。

2）FY-2D

从 20 世纪 80 年代中国开始启动地球静止气象卫星和地面应用系统的设计与建设，第一代地球静止气象卫星定名为风云二号（FY-2）。风云二号气象卫星（FY-2）是我国自主研发的地球静止气象卫星，与极地轨道气象卫星相辅相成，构成我国气象卫星应用体系。中国第一颗地球静止气象卫星 FY-2A 于 1997 年 6 月 10 日，利用长征三号火箭在西昌卫星发射中心发射成功，6 月 17 日定点于 105°E 赤道上空，由此开始了我国地球静止气象卫星在轨运行的时代。

按照我国地球静止气象卫星的发展计划，中国第一代地球静止气象卫星分为三个系列：01 系列卫星包括 2 颗星 FY-2A 和 FY-2B，属于试验型地球静止气象卫星；02 系列有 3 颗卫星 FY-2C、FY-2D 和 FY-2E，分别于 2004 年 10 月 19 日、2006 年 12 月 8 日和 2008 年 12 月 23 日发射成功，为业务型地球静止气象卫星。相对 01 系列卫星，02 系列卫星技术性能有较大改进，主要包括星载扫描微波辐射计，由 01 系列的 3 通道增加到 5 通道，若干主要技术指标也有所提高；02 系列增加了星上蓄电池供电能力，以保证卫星在春、秋分前后进入地影期间对全星供电，星上仪器不关机；03 系列有 3 颗星 FY-2F、FY-2G 和 FY-2H，分别于 2012 年 1 月 13 日、2014 年 12 月 31 日和 2018 年 6 月 5 日发射，03 系列卫星性能在 02 系列卫星的基础上有适当改进。

FY-2D 卫星是我国第一代静止气象卫星风云二号气象卫星的第四颗卫星，也是我国第二颗业务应用型的静止轨道气象卫星，于 2006 年 12 月 8 日发射，其所采集的数据与 WRF 模式同化多普勒雷达资料的时间（2008 年 6 月）重合，所以本章选用 FY-2D 降水反演产品。FY 降水产品是全圆盘标称图像数据，并非规则的网格数据，处理数据时应采用对应的经纬度对照表来定义数据坐标。

2. WRF 的四维变分同化方法

四维变分同化（4DVar）是通过构造一个目标函数，来检验同化期间模式输出值与观测值相差是否最小，从而求得使背景场和观测场距离最小的分析场（Lewis et al.，1985）。它在整个时间序列的分析过程中，保持变量的动力协调，其核心是建立伴随模型。目标函数的核心计算公式为

$$J(x_a) = \underbrace{\frac{1}{2}(x_a - x_b)^T B^{-1}(x_a - x_b)}_{J_b} + \underbrace{\frac{1}{2}\int_0^\tau (H(x_t) - y_t)^T R_t^{-1}(H(x_t) - y_t)d_t}_{J_o} \quad (8\text{-}1)$$

式中，x_a 为分析场；x_b 为背景场；B 为背景误差协方差矩阵；R_t 为观测误差协方差矩阵；H 为观测算子；y_t 为观测场；τ 为同化时间窗口；x_t 为模型的预报场；J_b 为目标函数的背景项，表征分析场与背景场之间的距离；J_o 为目标函数的观测项，表征分析场与观测资料之间的距离。

$$
\begin{aligned}
J_b &= \frac{1}{2}(x^n - x^b)^T B^{-1}(x^n - x^b) \\
&= \frac{1}{2}[(x^n - x^{n-1}) + (x^{n-1} - x^b)]^T B^{-1}[(x^n - x^{n-1}) + (x^{n-1} - x^b)] \\
&= \frac{1}{2}\Big[(x^n - x^{n-1}) + \sum_{i=1}^{n-1}(x^i - x^{i-1})\Big]^T B^{-1}\Big[(x^n - x^{n-1}) + \sum_{i=1}^{n-1}(x^i - x^{i-1})\Big]
\end{aligned}
\quad (8\text{-}2)
$$

式（8-2）是目标函数中背景项的具体展开过程，x^n 为初始时刻的模式变量，即经过 n 次迭代后计算出的最终分析场；x^{n-1} 一般用模式的初猜场代替；x^i 为间歇性分析场，表示第 i 次迭代后计算出的分析矢量，i 从 1 到 n。

$$
\begin{aligned}
J_o &= \frac{1}{2}\sum_{k=1}^{K}\{H_k[M_k(x^n)] - y_k\}^T R^{-1}\{H_k[M_k(x^n)] - y_k\} \\
&\approx \frac{1}{2}\sum_{k=1}^{K}\{H_k[M_k(x^{n-1})] + H_{tk}M_{tk}(x^n - x^{n-1}) - y_k\}^T \\
&\quad \times R^{-1}\{H_k[M_k(x^{n-1})] + H_{tk}M_{tk}(x^n - x^{n-1}) - y_k\} \\
&= \frac{1}{2}\sum_{k=1}^{K}[H_{tk}M_{tk}(x^n - x^{n-1}) - d_k]^T R^{-1} \times [H_{tk}M_{tk}(x^n - x^{n-1}) - d_k]
\end{aligned}
\quad (8\text{-}3)
$$

式（8-3）是目标函数中观测项的具体展开式，M_k 为非线性模型算子；M_{tk} 为切线性模型算子，H_k 为非线性观测算子；H_{tk} 为切线性观测算子；将同化时间窗口分割为 K 个相等时间长度的时间段，即观测时间窗口，在每一个观测时间窗口内将大气变量从网格分析空间转换为观测空间，其中 $d_k = y_k - H_k[M_k(x^{n-1})]$。

$$H(X) = \int (P_{\text{aut}} + P_{\text{res}})\mathrm{d}t \quad (8\text{-}4)$$

式（8-4）是观测算子，本研究中 $H(X)$ 采用 single-moment five-class microphysics scheme（WSM5）微物理方案，即用大气控制变量（如温度、湿度等变量）来计算地表累积降水量；P_{aut} 代表云滴变成雨滴的转化速率；P_{res} 代表云滴和冰晶的蒸凝速率。P_{aut} 和 P_{res} 的计算公式请参考 Pan 等（2017）。

3. 同化试验设计

在 WRF 模式中采用双层嵌套，空间分辨率分别为 25km 和 5km，采用 NMC-CV5（National Meteorological Center - Control Variable option 5）的背景误差协方差矩阵计算方法，在最外层嵌套粗网格中采用四维变分同化方法同化分辨率为 0.25° 的 TRMM 3B42 RT 和 0.1° 的 FY-2D 遥感降雨产品，为第二层细网格嵌套提供更精确的初始场和边界场，从而获得更高分辨率和更高精度的降水模拟数据。 WATER 试验布设的多普勒雷达（Pan et al., 2012）和雨量筒为降水同化产品提供重要的观测降水验证资料。

8.2.2　产品介绍

采用 TRMM 3B42 和 FY-2D 遥感降水产品进行 WRF 4DVar 同化，图 8-1 所示的是 2008 年 6 月 21 日 00UTC-06UTC 的 TRMM 和 FY-2D 累积降水量分布，将经纬网投影和圆盘标称投影方式转换成本研究中 WRF 所采纳的兰伯特投影方式。虽然两种类型的卫星降水总体上在第一层嵌套的研究区域分布模态是南多北少，但是它们的分布还是略有不同，FY-2D 降水产品 6 小时降水累积量明显比 TRMM 降水产品高，尤其是在南部；前者在研究区第一层嵌套的降水总量是 8.6 亿 t，而后者为 7.5 亿 t。

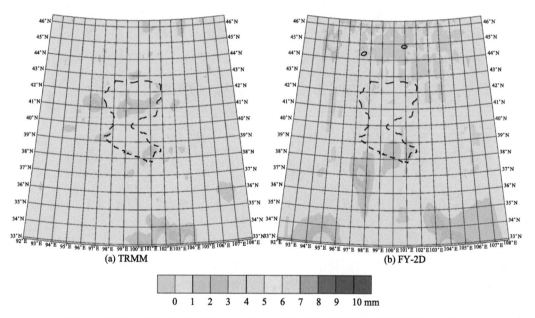

图 8-1　2008 年 6 月 21 日（00：00 至 06：00）第一层嵌套累积遥感降水量分布

图 8-2 显示了 TRMM 3B42 遥感降水产品、FY-2D 遥感降水产品、控制试验（CTL）、TRMM 同化试验（TRMM_DA）和 FY-2D 同化试验（FY-2D_DA）在 12 小时（图 8-2 第一行）、24 小时（图 8-2 第二行）和 48 小时（图 8-2 第三行）的累积降水量；总体上，累积降水量的空间分布模态基本一致，黑河上游的东南部多，下游少；但也可以明显看出，在 24 小时和 48 小时，同化遥感降水产品所模拟的降水累积量比控制试验的高，尤

其是 FY-2D 同化试验在黑河流域上游东南部的模拟结果。

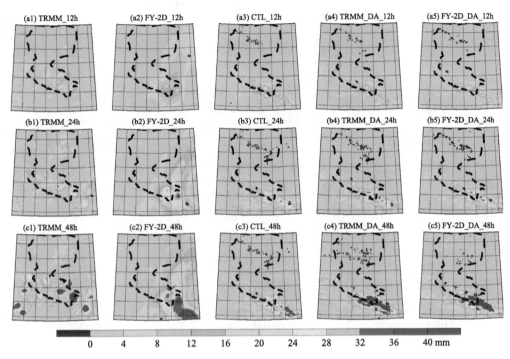

图 8-2　累积降水量（12 小时、24 小时和 48 小时）分布图

8.2.3　产品验证

图 8-3 显示了控制试验（CTL）、TRMM 同化试验（TRMM_DA）和 FY-2D（FY_DA）同化试验与中游密集布设雨量筒（GAUGE）观测的 2008 年 6 月 21 日 00UTC-15UTC 的累积降水量对比曲线图。控制试验所模拟的累积降水量（黑色线）远远低于雨量筒测量值（红色线），同化试验后的累积降水量与观测值比较吻合。在大多数雨量筒所在的位置，FY-2D 同化试验的累积降水量（蓝色）比 TRMM 的结果（绿色）高，在雨量筒 01、02、05、07 和 09 号，FY-2D 同化试验的累积降水量（蓝色）比雨量筒观测值高，而 TRMM 同化试验的结果比雨量筒观测值稍低。总体来看，FY-2D 降水同化产品与观测值更吻合；经计算，降水同化产品的精度优于 0.85。

8.3　土壤水分产品

8.3.1　算法介绍

目前能够业务化提供的土壤水分遥感产品主要来自被动微波辐射计或主动微波散射计，如 AMSR-E、AMSR2、SMOS（土壤水分与海洋盐度卫星）、ASCAT 及 SMAP_P，其共同特点是空间分辨率粗，除 SMAP（土壤水分主被动探测计划）具有部分 3km 和 9km

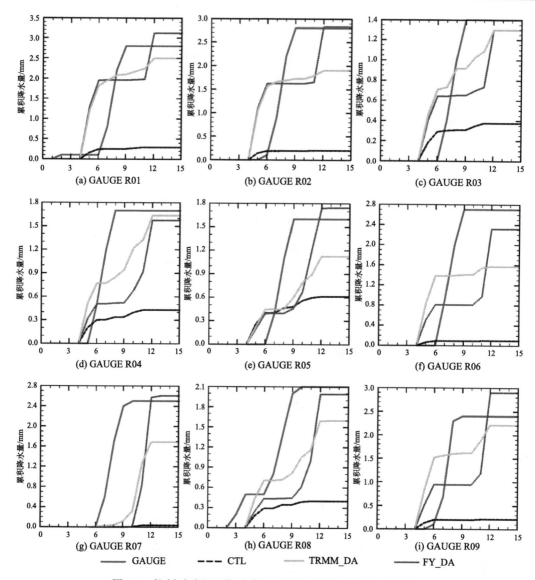

图 8-3 控制试验和同化试验与雨量筒观测降水的对比曲线图

产品外，其余产品空间分辨率均低于 25km，很难满足流域尺度生态水文应用的需求。本研究尝试了各种遥感手段反演高分辨率土壤水分的可行性，包括采用 MODIS 数据估算土壤热惯量，进而估算土壤水分（Ma et al., 2013），基于 MODIS 表观热惯量的土壤水分降尺度算法，利用星载 SAR 后向散射时间序列反演土壤水分的算法。通过比较，确定了制备流域尺度遥感产品的两种主要思路：一是基于后向散射系数时间序列的变化检测算法，用以制备黑河上游 1km 地表土壤水分及其冻融状态遥感产品（2008~2011 年）；二是通过分析各种降尺度辅助指标的适用性，发展了以微波土壤水分产品为背景场，以 MODIS 估算的表观热惯量或土壤蒸发效率为辅助信息的降尺度算法，并制备了 2012~2015 年的黑河流域土壤水分产品。

1. 基于 MODIS 产品的土壤热惯量和土壤水分反演

以 MODIS 地表温度产品和地表反射率数据为基础，从土壤热传导方程出发，建立真实热惯量计算模型（Kang et al., 2017, 2018）：

$$P = \frac{-B + \sqrt{2a^2 - B^2}}{\sqrt{2\omega}} \tag{8-5}$$

式中，P 为土壤热惯量；ω 为地球自转角速度；参数 a 是表观热惯量的函数，并与太阳常数与大气透过率有关；B 是一个与地表粗糙度，气象条件有关的参数；参数 a、B 的具体计算过程可参考相关文献（Ma et al., 2013；马春锋，2012）。

反演得到了黑河流域的土壤热惯量，并采用黑河中上游站点观测对反演结果进行了验证。图 8-4 和图 8-5 分别表示土壤水分验证结果和空间分布，可以看出季节降水量明显增多，导致土壤水分较大，而冬季则相对较小，致使热惯量在夏秋季节明显大于冬季。另外春季融水也是导致热惯量增强的一个因素。

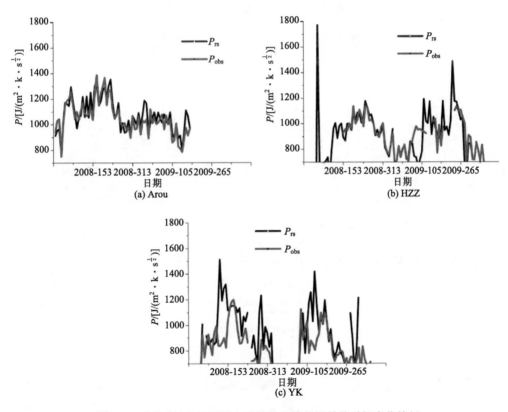

图 8-4　遥感反演和地面站点计算的土壤热惯量的时间变化特征

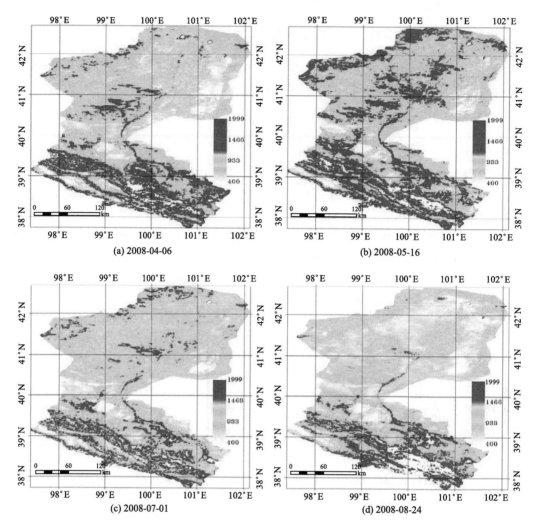

图 8-5　2018 年不同季节黑河流域土壤热惯量空间分布

根据 Marry 和 Verhoef（2007）及 Lu（2009），土壤热惯量可表示为

$$P = P_{dry} + (P_{sat} - P_{dry})K_p \tag{8-6}$$

式中，P_{dry}、P_{sat} 分别为干土和饱和土的热惯量；K_p 为归一化函数，也是连接热惯量和土壤水分的桥梁。P_{dry}、P_{sat}、K_p 的计算方法如下：

$$P_{dry} = -1.0624n + 1.0108 \tag{8-7}$$

$$P_{sat} = \sqrt{K_{sat}C_{sat}} \tag{8-8}$$

$$K_p = e^{\varepsilon(1 - S_r^{\varepsilon - \mu})} \tag{8-9}$$

式中，n 为土壤孔隙率；K_{sat} 和 C_{sat} 分别为饱和土的热传导系数和热容。$S_r = \theta/n$（θ 为土壤水分）为土壤饱和度，将其代入式（8-9）并做相应变化，从而可到土壤水分的计算公式：

$$\theta = n(1 - \frac{\ln K_{\mathrm{p}}}{\varepsilon})^{1/(\varepsilon-\mu)} \qquad\qquad (8\text{-}10)$$

式中，ε、μ 为控制土壤形态的参数。

　　图 8-6 和图 8-7 分别显示了反演得到的黑河流域的土壤水分的时间变化和空间分布特征，可以看出土壤水分不仅呈现明显的空间分布特征，且随着时间的变化，其分布特征也发生变化，总体上呈现上游较高，中游次之，下游最低的分布形态。

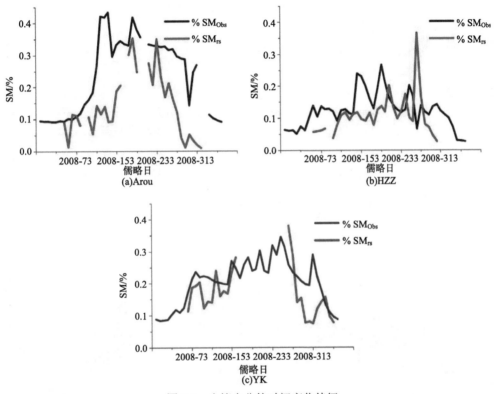

图 8-6　土壤水分的时间变化特征

2. ASAR GM 时间序列法反演土壤水分

　　目前的地表土壤水分遥感产品大多基于被动微波辐射计和主动散射计，空间分辨率普遍低于 25 km，难以满足流域尺度气象和生态水文研究对中高空间分辨率（≤10 km）遥感产品的需要。为满足黑河上游寒区水文研究的需求，利用 2008～2011 年 ENVISAT/ASAR 全球监测模式（GM）后向散射的时间序列观测，采用变化检测算法估算地表土壤水分（董淑英等，2015）。该算法可在一定程度上抑制地表粗糙度和植被的影响，避免基于正向辐射传输模型的病态反演问题，算法包括 5 个步骤：①ENVISAT/ASAR GM 数据预处理；②后向散射系数角度归一化；③确定土壤水分极干和饱和状态对应的后向散射系数的干、湿参考值；④估算地表相对土壤水分；⑤将相对土壤水分转换为体积含水量，如图 8-8 所示。

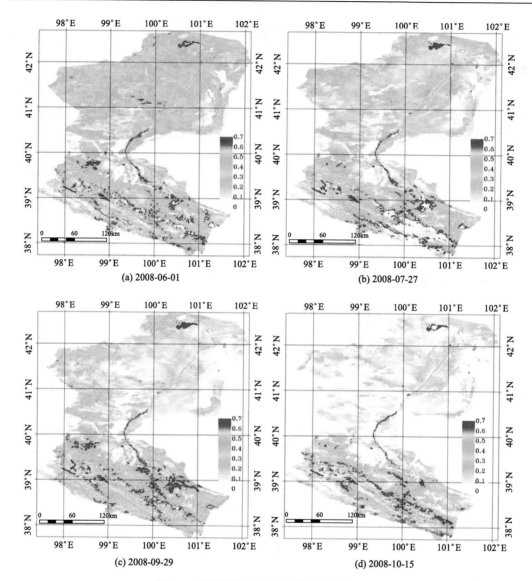

(a) 2008-06-01　　　　　　　　　　　　(b) 2008-07-27

(c) 2008-09-29　　　　　　　　　　　　(d) 2008-10-15

图 8-7　不同月份土壤水分的空间分布特征

　　变化检测算法假设后向散射系数的时间序列变化主要由土壤水分引起，且后向散射系数与土壤水分之间呈显著线性相关。算法基本思路为：在后向散射系数时间序列中找出对应于土壤水分最干（0）和饱和（100%）状态的后向散射系数，分别作为干、湿参考值，而其他土壤水分条件则在0～100%之间线性变化，从而获得相对土壤水分含量：

$$m_{\mathrm{s}}(t) = \frac{\sigma^0(30, t) - \sigma^0_{\mathrm{dry}}(30)}{\sigma^0_{\mathrm{wet}}(30) - \sigma^0_{\mathrm{dry}}(30)}$$

（8-11）

式中，$m_{\mathrm{s}}(t)$ 为估算的地表相对土壤水分，%；$\sigma^0(30, t)$ 为角度归一化后的后向散射系数，dB；$\sigma^0_{\mathrm{dry}}(30)$ 和 $\sigma^0_{\mathrm{wet}}(30)$ 分别为后向散射系数的干、湿参考值，dB；t 为观测时刻。

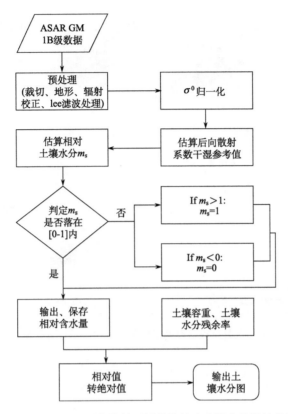

图 8-8 ASAR GM 后向散射观测估算地表土壤水分的技术流程

由于相对土壤水分（0～100%）与地面观测以及通用的土壤水分遥感产品单位（cm³/cm³）不一致，且不同像元间的相对土壤水分不具有可比性，采用 Van Genuchten 方法转换为体积含水量，具体算法：

$$SM = m_s(\theta_s - \theta_r) + \theta_r \tag{8-12}$$

式中，SM 为转换后的土壤体积含水量，cm³/cm³；m_s 为利用 ASAR GM 数据估算获得的相对土壤水分，%；θ_s 为土壤饱和含水量，cm³/cm³；θ_r 为土壤残余含水量，cm³/cm³，本节采用经验值 0.05cm³/cm³。

利用阿柔冻融观测站 2008～2011 年 10cm 土壤水分观测验证表明估算的均方根误差为 0.11cm³/cm³；利用八宝河流域无线传感器网络的 36 个 WATERNET 节点的 2013～2014 年的 4cm 体积含水量月均值进行空间分布的间接比较检验（图 8-9），结果表明估算土壤水分月均值的均方根误差在 0.03～0.11cm³/cm³ 的节点有 19 个，在 0.11～0.16cm³/cm³ 的节点有 15 个，大于 0.16cm³/cm³ 的有 2 个；误差较大的节点多分布有冻胀丘、沼泽化草地、碎石或者陡坡。

3. 基于中高分辨率光学遥感信息的微波土壤水分产品降尺度

微波由于对地表水分敏感，且不易受大气条件和日照条件影响，是目前遥感获取土壤水分的主流方式。现有的土壤水分遥感产品分辨率普遍较低，约为 25～40km，仅适

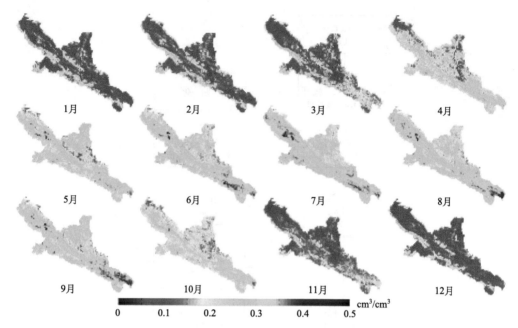

图8-9　ASAR GM后向散射系数估算的黑河上游月平均土壤含水量（2008～2011年）

用于全球和区域尺度的水循环、能量平衡等研究，无法满足流域尺度研究的需求。基于微波土壤水分遥感产品的降尺度研究是当前解决星载微波观测与流域研究需求之间尺度不匹配的可行性方案，是现阶段获取 km 级土壤水分的有效手段。

统计降尺度凭借其简单易行且计算耗时低等特点得到了广泛的应用，关键技术是将建立在微波尺度上的土壤水分与遥感信息的关系直接用于中高分辨率的遥感信息数据获取降尺度的结果，只是构建关系所采用的方法有所不同，如幂模型（王安琪等，2013）、简单一元或多元线性回归模型（曹永攀等，2011）、Link 模型（Piles et al., 2014）和机器学习（Park et al., 2015）。建立关系模型所采用的遥感信息应使用与土壤水分相关性较高的遥感辅助指标（Auxiliary Index, AI），引入相关性较低的辅助变量可能导致较大的模型预测误差（图8-10）。

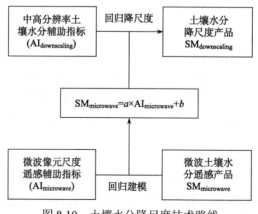

图8-10　土壤水分降尺度技术路线

表观热惯量（ATI）常用于指示土壤水分的空间分布，可作为微波土壤水分降尺度的遥感辅助指标（Kang et al., 2017, 2018）：

$$ATI = C \frac{1-\alpha_0}{A} \qquad (8\text{-}13)$$

式中，α_0 为地表反照率；C 为太阳校准因子；A 是日地表温度的最大温差。

如图 8-11 所示，采用 MODIS 的反照率（MCD43B3）和地表温度产品（MOD11A1，MYD11A1）计算了 2012～2015 年的黑河流域 1km 空间分辨率的 ATI 数据，用于 SMOS 微波遥感产品的降尺度研究。

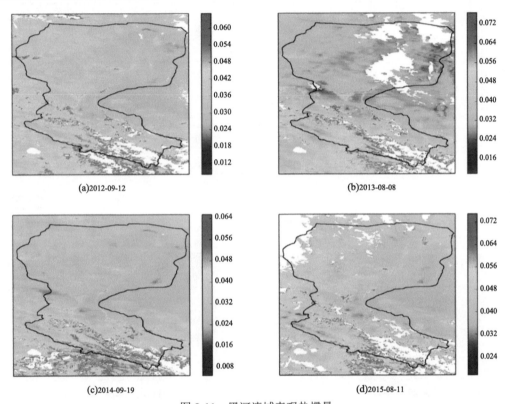

图 8-11 黑河流域表观热惯量

首先将 1km 的 ATI 聚合至 25km 的微波尺度，在微波尺度上建立 SMOS 土壤水分与 ATI 的线性关系[式（8-14）]，由于 ATI 和 SMOS 数据在时空上有较大的缺失，为了增加建模的样本量，分别为 2012～2015 年 4 个年份建立统一的回归模型（图 8-12）：

$$SM_{microwave} = a \times ATI_{microwave} + b \qquad (8\text{-}14)$$

式中，a 和 b 分别为线性模型的斜率和截距。

8.3.2 产品介绍与产品验证

将关系模型用于 1km 尺度的 ATI 数据，最终获取 2012～2015 年黑河流域 1km 的微波土壤水分降尺度结果（图 8-13）。

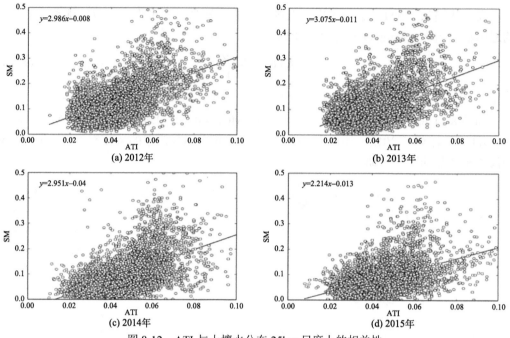

图 8-12 ATI 与土壤水分在 25km 尺度上的相关性

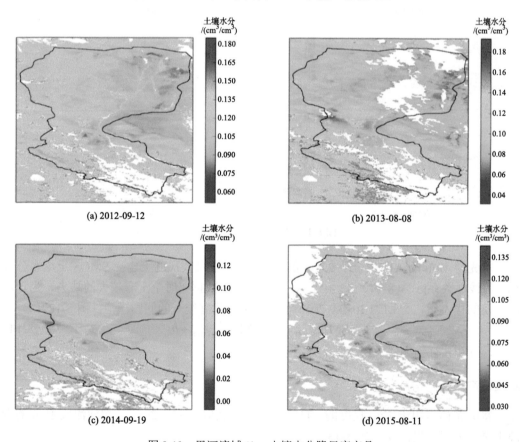

图 8-13 黑河流域 1km 土壤水分降尺度产品

如表 8-3 所示，利用地面观测对降尺度结果进行了验证，由于降尺度结果精度受 SMOS 自身的精度影响，在黑河的上游和中游，4 年的 RMSE 较大，超过了 $0.1cm^3/cm^3$。

表 8-3　黑河流域降尺度结果验证

年份	黑河上游		黑河中游		黑河下游	
	RMSE	相关系数 r	RMSE	相关系数 r	RMSE	相关系数 r
2012	—	—	0.066	0.451	—	—
2013	0.107	0.822	0.106	0.571	—	—
2014	0.109	0.677	0.105	0.629	0.069	0.308
2015	0.107	0.667	0.148	0.574	0.084	0.304

8.4　积　雪　产　品

8.4.1　算法介绍

目前使用较为广泛的积雪面积遥感产品通常是二值积雪面积，即把每个像元识别为积雪像元和非积雪像元。在实际应用中，山区中积雪分布空间异质性较强，混合像元问题严重。因此，积雪面积比例产品可以更好地表示山区的积雪信息和空间分布；此外，一些新发展的水文模型也开始逐步使用积雪面积比例而不是二值积雪面积作为输入（Luce et al., 1998, 1999; Colee et al., 2000）。针对黑河上游的积雪特征，基于 MODIS 地表反射率数据，发展了积雪面积比例制图集成算法 CRA，并制备了 2000～2015 年黑河流域积雪面积比例产品（Ihang et al., 2014）。产品经过拼合裁剪，并利用 UTM（通用横轴墨卡托投影）进行投影。与 MOD10A1 产品相似，产品的像元值代表含义为：积雪面积比例用（1～100）表示积雪在像元中所占的比例，陆地是 225，237 是水体，200 表示缺失数据，201 表示不确定数据，254 表示传感器饱和数据，255 是填充值。数据可以通过寒区旱区科学数据中心 http://westdc.westgis.ac.cn/下载，名称为黑河生态水文遥感试验-黑河流域积雪面积比例数据集。

1. 数据源

积雪面积比例产品制备过程中需要三种数据，MODIS 地表反射率数据，流域土地覆盖分类数据和高分辨率验证数据。

MODIS 地表反射率数据 MOD09GA 是经过大气校正的地表反射率，时间分辨率是每日，空间分辨率为 500m，该数据是制备积雪面积产品的主要遥感数据源[①]。一共有七个波段，我们使用了其中的波段 1（620～670nm），波段 2（841～876nm），波段 3（459～479nm），波段 4（545～565nm），波段 6（1628～1652nm）和波段 7（2105～2155nm），

---

① Vermote E F, Kotchenova S Y, Ray J P. 2011. MODIS surface reflectance user's guide, version 1. 3. MODIS Land Surface Reflectance Science Computing Facility.

其中波段 5（1230～1250nm）由于条带太宽被剔除。数据是以正弦格网形式存储在 HDF 文件中，整个黑河流域需要两个格网，h25v04 和 h25v05。利用 MRT（MODIS Reprojection Tool）进行拼合和投影转换，将正弦投影转化为 UTM 投影。

黑河流域土地覆盖分类数据为使用多源数据和 IGBP 分类标准的土地分类数据（Hu et al., 2015），主要是用来辅助优化组分光谱库。

此外，Landsat-7 Enhanced Thematic Mapper-Plus（ETM+）数据用来作为真实值对制备的 MODIS 积雪面积产品进行精度评估，表 8-4 为使用到的 Landsat ETM+影像的详细信息。

表 8-4　获取的 ETM+影像信息

编号	WRS-2 行列号	获取日期（年-月-日）	太阳高度角/(°)	太阳方位角/(°)
A	133/033	2010-04-08	52.06	140.81
B	133/033	2010-05-18	63.25	130.34
C	133/033	2012-04-21	57.03	138.93
D	133/033	2012-10-30	34.81	159.52
E	134/033	2012-04-28	59.11	137.08
F	134/033	2012-05-30	65.16	127.31

Landsat ETM+影像需要首先获取空间分辨率为 30m 二值积雪面积，获取算法是采用 NASA-NSIDC 使用的"SNOMAP"算法（Hall et al., 1995），然后通过聚类（aggregate）转换成与 MODIS 空间分辨率一致（500m）的影像来验证 MODIS 积雪面积，过程如图 8-14 所示。

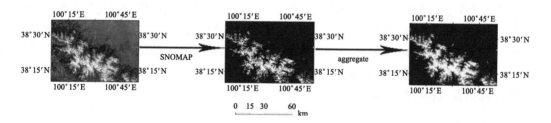

图 8-14　Landsat ETM+影像转换成积雪面积比例的示意图

2. 基于混合像元线性分解的积雪面积比例提取算法

积雪面积比例制图集成算法是基于混合像元线性分解算法的集成算法，端元选择利用自动算法和人工结合的方式构建 10 天合成的混合像元光谱库，并利用 FCLS 混合像元分解算法进行解混（Zhao et al., 2020），最后利用样条函数去云，最终生成黑河流域逐日无云 500m 空间分辨率的积雪面积比例产品。如图 8-15 所示，是整个积雪面积比例算法提取流程图。

混合像元分解需要获取每组影像的组分信息，本研究使用的是结合自动和人工结合建立的组分光谱数据库。组分光谱数据库构建流程如图 8-16 所示。主要包括两个步骤。

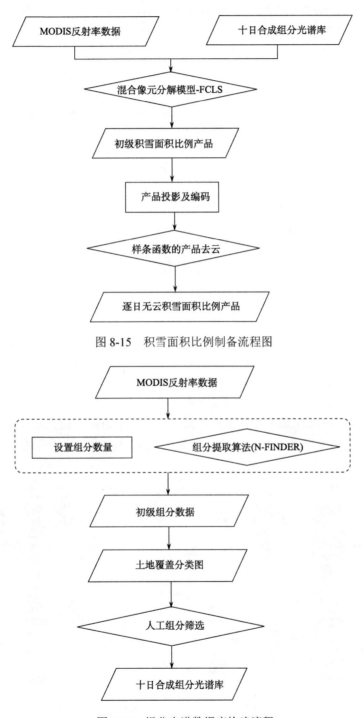

图 8-15　积雪面积比例制备流程图

图 8-16　组分光谱数据库构建流程

（1）基于 N-FINDER 算法的组分自动提取，该算法假定在 L 谱维数中，由纯像元指定的顶点形成的 L 维体积总是大于其他像元组合所形成的 L 体积（Winter et al., 1999）。随机选择一组 P 像元作为输入计算前 30 个像元所在位置。通过自动算法从 MOD09GA 数据中随机产生未知类型的端元信息。

（2）利用一年的基于 N-FINDER 提取的组分，通过结合地表覆盖类型图，进而结合人工判别，从中提取出土壤、水体、积雪、植被、云和岩石等六种地物光谱信息。通过人工判别方式，每 10 天为一个时间段，对积雪组分进行优化，形成一个 10 天一组，共一年包含 36 组信息的最终光谱数据库作为光谱解混的先验信息（Zhang et al., 2014）。

线性混合像元分解模型如下所示：

$$P(L) = \sum_{i=1}^{N} c_i e_i + n = Ec + n \tag{8-15}$$

式中，P 为像元的光谱数组；L 为波段数；N 为组分数；c_i 为组分所占比例；e_i 为每个组分在特定波段的光谱值；n 为噪声。

$$\sum_{i=1}^{N} c_i = 1 \tag{8-16}$$

$$0 \leqslant c_i \leqslant 1 \tag{8-17}$$

在数值计算中，同时满足式（8-16）和式（8-17）比较困难。利用 FCLS-LSMA 可以优化，使其同时满足和为 1 和非负两个条件（Heinz et al., 2001）。优化的 10 天光谱库信息作为输入，进入 FCLS-LSMA 算法中提取初级的没有去云的积雪面积比例图。

作为一个逐日水文产品，限制其使用的主要问题是云的影响。我们采用一个三次样条函数插值算法对初级积雪面积比例数据进行平滑去云。将每个像元一年的时间序列数据作为一个数组，利用样条函数对像元为云的值进行平滑，进而生成最终的积雪面积比例产品。图 8-17 是黑河流域 2011 年 11 月 26 日去云前后的对比示意图。

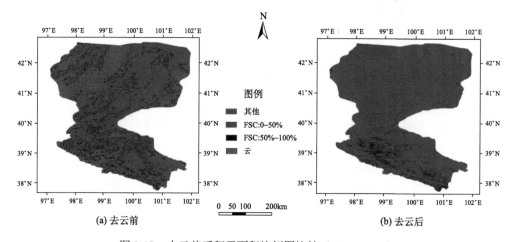

图 8-17   去云前后积雪面积比例图比较（2011-11-26）

8.4.2　产品介绍与产品验证

利用 Landsat ETM+提取积雪面积比例数据（reference FSC）作为真值，对 CRA 积雪面积比例（CRA FSC）、MOD10A1 已有的积雪面积比例（MOD10A1 FSC）和积雪二值图（MOD10A1 SC）三种产品进行对比验证（Riggs et al., 2011）。如图 8-18 是三种积雪面积（A、B 两幅影像）比例产品示意图。

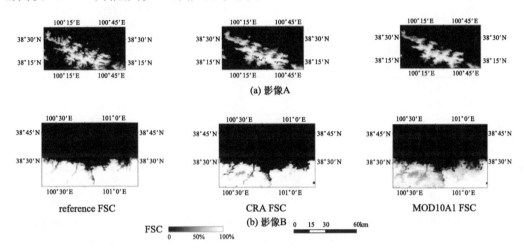

图 8-18　利用 Landsat ETM+得到的真实积雪面积比例（reference FSC）、CAR 积雪面积比例（CRA FSC）和 MOD10A1 积雪面积比例（MOD10A1 FSC）数据示意图

表 8-5、表 8-6 是 CRA 和 MOD10A1 提取的积雪面积比例和 MOD10A1 二值积雪面积和真实值的比较。表 8-5 统计了皮尔逊相关系数（R）和 RMSE，表 8-6 比较了利用三种方法获取的积雪面积和积雪面积所占总面积比例。结果表明 CAR FSC 的 R 为 0.80，平均 RMSE 为 0.15，优于 MOD10A1 的积雪面积比例产品 MOD10A1 FSC 和二值产品 MOD10A1 SC。平均来看，CRA FSC 识别出的积雪面积也最接近于参考值，说明该产品具有更高的精度。

表 8-5　六幅影像中 MOD10A1 FSC、MOD10A1 SC 和 CRA FSC 与参考值比较的相关系数和均方根误差统计表

影像序号	像元个数	MOD10A1 FSC		MOD10A1 SC		CRA FSC	
		R	RMSE	R	RMSE	R	RMSE
A	16926	0.82	0.14	0.67	0.22	0.79	0.17
B	23322	0.95	0.15	0.94	0.16	0.95	0.17
C	6952	0.85	0.16	0.79	0.19	0.88	0.14
D	10988	0.63	0.19	0.54	0.24	0.74	0.15
E	27405	0.56	0.13	0.45	0.15	0.69	0.11
F	22770	0.68	0.16	0.66	0.18	0.76	0.14
平均值		0.75	0.16	0.68	0.19	0.80	0.15

表 8-6　六幅影像中 Reference FSC、MOD10A1 FSC、MOD10A1 SC 和 CRA FSC 的积雪像元数、积雪面积以及积雪面积占总面积比统计表

影像序号	Reference FSC			MOD10A1 FSC			MOD10A1 SC			CRA FSC		
	像元数	面积/km²	占比/%	像元数	面积/km²	占比/%	像元数	面积/km²	占比/%	像元数	面积/km²	占比/%
A	5905	545.5	12.9	4762	483.1	11.4	1448	362.0	8.5	4363	311.9	7.4
B	10704	2454.2	42.1	9557	2271.1	39.0	9309	2327.3	39.9	10487	2041.5	35.0
C	2303	247.8	14.3	1109	193.2	11.1	789	197.2	11.3	1714	166.6	9.6
D	3757	290.8	10.6	1748	225.0	8.2	826	206.5	7.5	2318	174.9	6.4
E	5827	359.0	5.2	1212	152.1	2.2	503	125.75	1.8	4067	214.6	3.1
F	4107	410.3	7.2	1206	222.9	3.9	886	221.5	3.8	4307	307.9	5.4

8.5　土地覆被产品

8.5.1　算法介绍

在黑河流域土地覆被产品研发过程中，我们发展了一种综合利用多源遥感数据与多种分类器的土地覆被分类方法：a comprehensive land cover mapping method using multiple classifiers and multisource remotely sensed imagery，简称 LCMM（Zhong et al., 2015）。该方法以决策树作为主要分类器，在决策树的每个节点上，利用不同的遥感数据源结合阈值法、支持向量机、面向对象方法及时间序列（Zhong et al., 2013）等不同的分类器来区分不同的类别，从而实现高精度的土地覆被分类。

图 8-19 展示了 LCMM 方法应用于黑河流域的流程图。该方法以决策树作为主要分类器，通过不断的二分法使得每个节点上的分类难度得到限制；在分类过程中，根据不同节点上地物的特点，引入不同的数据和分类器对其进行更加精确有效的区分。以上游为例，该方法首先利用植被指数时间序列将该区域分为植被和非植被区域，在植被区对常绿针叶林、落叶阔叶林、耕地、草地、湿地进行细分；在耕地区根据作物的物候特征分解出不同的作物类型；在非植被区对冰雪、水体、未利用土地等进行区分。

图 8-19 中每个节点的分类规则、使用的分类器与数据都列于表 8-7 中，在分类器的阈值设置阶段，对整个流域的分类流程进行了整理，使得阈值尽量宽泛，而且阈值视数据情况自动确定，避免了人工介入，从而能够实现算法的自动化。下面我们将从以下几个方面来对该算法进行详细介绍。

1. 多源遥感数据及其优势

在该方法中我们使用了多种遥感数据，各种遥感数据的特点及在分类中的优势和作用各有不同，具体如表 8-8 所示。

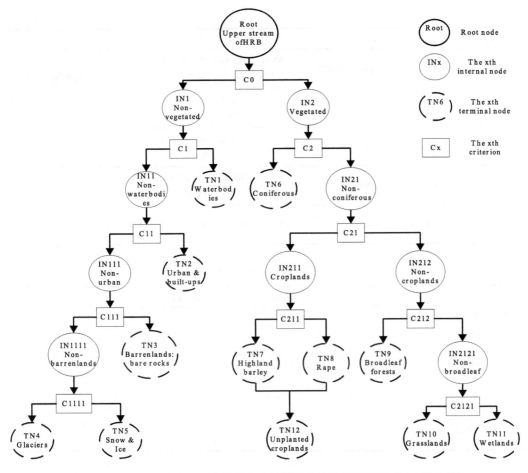

图 8-19 LCMM 方法在黑河流域进行土地覆被分类的总体流程（以上游为例）

表 8-7 黑河流域上游分类算法节点分类规则

准则编码	输入数据	规则（分类器）数学表达式	输出
C0	HJ-1/CCD 生成的生长季 NDVI（5～9 月）	$Max（NDVI_x）\geqslant 0.2, x\in\{May, Jun, Jul, Aug, Sep\}$	植被
		$Max（NDVI_x）<0.2$	非植被
C1	月度 NDWI（HJ-/1CCD）	NDWI>0	月度水体
		NDWI≤0	非水体
C2	冬季 NDVI（1～4, 11, 12 月）	$Max（NDVI_x）\geqslant 0.2, x\in\{Jan, Feb, Mar, Apr, Nov, Dec\}$	常绿针叶林
		$Max（NDVI_x）<0.2$	落叶林
C11	Landsat/TM 生成的 NDBI, DEM 和月度水体数据	NDBI>0 DEM≤2800 and not covered by water at any month	城镇
		DEM>2800 or covered by water at any month	非城镇
C21	NDVl（6～9 月）HJ-1/CCD	$Min（NDVI_x）\geqslant 0.2, x\in\{May, Jun, Jul, Aug, Sep\}$	非耕地
		$Max（NDVI_x）<0.2$	耕地

续表

准则编码	输入数据	规则（分类器）数学表达式	输出
C111	HJ-1/CCD 和 Google Earth 图像	SVM 方法：使用裸岩和冰雪的样本作为输入	月度裸地 月度非裸地（MNB）
C211	月度 HJ-1/CCD 的 NDVI	时间序列分析：大麦和油菜的物候可以用时间序列分析进行区别	油菜或未种植耕地 大麦或未种植耕地
C212	Landsat/TM 全色波段（冬季）	面向对象方法：落叶阔叶林的纹理比草地和湿地明显	落叶阔叶林 草地和湿地
C1111	月度非裸地（MNB）掩膜	Sum（MNB$_x$）=12, $x\in\{$ Jan $\sim$ Dec$\}$ Sum（SNOW$_x$）<12	冰川 冰雪
C2121	Landsat/TM 冬季图像	In Winter：（Ref（SWIR）<0.08）and（NDVI <0）	湿地 草地

表 8-8 多源遥感数据特点和优势分析

	谷歌地图数据	Landsat/TM	MODIS	HJ-1/CCD
空间分辨率	1m 甚至更高	30 m	250 m	30 m
时间分辨率	N/A	16 天一次	一天两次	两天一次
所用光谱谱段	RGB 图像	4 个可见光近红外波段和 2 个短波红外波段	红、近红外波段	红绿蓝和近红外波段
优势	几乎没有混合像元	混合像元少，波段信息更多	高时间分辨率可以体现植被物候	混合像元少且能粗略体现植被物候
在方法中的用处	用于采样和分类结果验证	NDBI 计算和城镇提取	区域物候极为相似的作物	时间序列分析，作为本方法的主要数据源

HJ-1/CCD 相机通过两颗卫星组网方式，实现了中国区域两天一次的观测能力，形成了高时空分辨率数据。因此，我们利用一个月的所有数据合成月度地表反射率数据（图 8-20），该数据的成功制备成为了时间序列分析的关键。

2. 不同分类器及其优势

在该方法的实施过程中，决策树、阈值法、支持向量机、面向对象和时间序列分析等不同的分类器都进行了应用，每个分类器的使用方法具体表现如下：

（1）决策树构建。决策树作为 LCMM 的主要分类器，用于链接不同的数据和分类器，达到化繁为简的效果。

（2）阈值法。阈值法非常简单易懂，并且应用于决策树的多个节点上；同时，在不同的分类器中也或多或少地使用了阈值法，比如面向对象方法中面积大小的阈值、时间序列分类上的 NDVI 阈值等。节点 C0、C1、C2、C11、C21、C1111 和 C2121 都使用了阈值法。

（3）支持向量机。支持向量机主要用于裸岩和冰雪的区分，我们利用高分辨率的谷歌图像和 HJ-1/CCD 时间序列数据来提高采样的正确率；此外，历史土地覆盖图像也可用来辅助采样。

(a) 2013年1月　　　　　　　　　　　　(b) 2013年7月

图 8-20　黑河流域 2013 年 1 月和 7 月地表反射率真彩色合成图

（4）面向对象方法。面向对象方法在黑河流域的土地覆被分类中多处使用。以城镇为例，黑河流域中游和下游的城镇在光谱特征和时间序列特征上与戈壁极为相似，但城镇和村庄位于绿洲中间，对象的个体都比戈壁小很多，通过这样的特征差异就能很好地提取城镇和村庄。图 8-21 显示了张掖地区的城镇和村庄提取结果及与用支持向量机和 NDVI 时间序列提取结果的对比，可以看出面向对象的方法在此处提取城镇和村庄的明显优势。

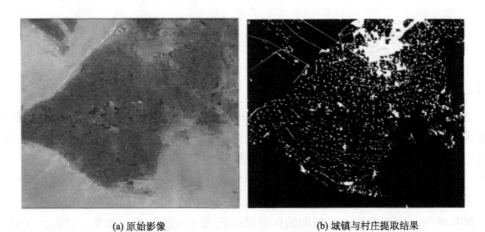

(a) 原始影像　　　　　　　　　　　　(b) 城镇与村庄提取结果

图 8-21　利用面向对象方法提取的张掖地区 2013 年城镇与村庄结果

（5）时间序列分析。时间序列分析是其中最主要的分类器，黑河流域大多类别，尤其是农作物都是通过时间序列分析方法来实现的。图 8-22 展示了张掖附近区域的地表反射率时间序列图像，可以清楚地看到不同类别或者作物在时间上的不同变化。

(a) 04-10　　　(b) 05-22　　　(c) 06-11　　　(d) 07-18　　　(e) 09-27

图 8-22　张掖附近的时间序列地表反射率图（2013 年）

图 8-23 展示了张掖区域主要农作物的物候图与 NDVI 时间序列比较的结果，可以看出不同作物的 NDVI 时间序列具有明显差异。

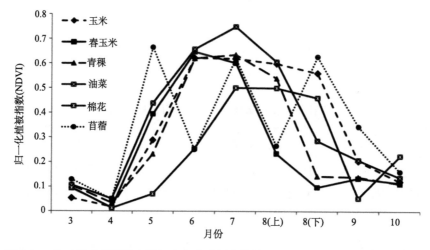

图 8-23　从时间序列图像中提取出来的不同作物的 NDVI 时间序列曲线（2013 年）

8.5.2　产品介绍

黑河流域土地覆被产品集提供了 2011～2015 年的月度地表类型覆被数据，该数据利用我国国产卫星 HJ/CCD 数据兼具较高时间分辨率（组网后 2 天）和空间分辨率（30m）的特点构造时间序列数据。针对各类地物随时间变化呈现的 NDVI 时间序列曲线不同，对不同地物特征进行知识归纳，针对不同地物设定提取规则。黑河流域土地利用覆被数据集保留了传统的土地利用图的基本类别信息，包括水体、城镇、耕地、常绿针叶林、落叶阔叶林等，同时增加了对耕地的作物精细分类（包括玉米、大麦、油菜、春小麦等主要作物），更新了上游冰川、积雪等信息，使黑河流域的土地覆被信息更为详细（分类体系见表 8-9）。

表 8-9 黑河流域土地覆被产品规格表

产品名称	产品年份	空间分辨率	时间分辨率	投影类型	数据格式
黑河流域土地覆被产品	2011~2015	30m	月	UTM 47NWSG-84	ENVI 标准格式

通过和黑河流域历史土地利用图以及其他植被覆盖产品相比，黑河流域土地利用覆被数据集的分类效果在视觉上优于其他数据；利用黑河中游实地调研数据，中游的作物精细分类信息精度也较高。总之，黑河流域土地利用覆被数据集不仅具有较高的总体精度而且细化了耕地范围的作物信息，更新了冰川、积雪等地类信息，是精度更高、分类更细的黑河流域地表分类数据。产品规格如表 8-10 所示。

表 8-10 黑河流域土地覆被产品分类体系

一级类	二级类	类别描述	上游	中游	下游
1 耕地	11 玉米	种植玉米的耕地	×ª	√ᵇ	√
	12 春小麦	种植春小麦的耕地	×	√	×
	13 大麦	种植大麦的耕地	√	√	√
	14 油菜	种植油菜的耕地	√	√	×
	15 棉花	种植棉花的耕地	×	√	×
	16 苜蓿	种植苜蓿的耕地	×	√	×
	17 果园	种植果树的耕地	×	√	×
	18 其他作物	种植玉米的耕地	×	√	×
	19 未种植耕地	未种植作物的耕地	√	√	×
2 林地	21 常绿针叶林	自然或者人工形成的常绿针叶林郁闭度大于 30% 且树高优于 2 m	√	×	×
	22 落叶阔叶林	自然或者人工形成的落叶阔叶林郁闭度大于 30% 且树高优于 2 m，排除掉部分果园	√	√	√
	23 灌木	以灌木为主的林地，高度低于 2m	×	×	√
3 草地	31 草地	以草本植物为主的地表	√	√	√
4 水体	41 水体	河流、湖泊、水库和坑塘	√	√	√
5 湿地	51 湿地	水生植被覆盖的地表	√	√	
6 城市与建筑物	61 城市与建筑物	城市、村庄、道路和其他人造目标.	√	√	√
7 未利用土地	71 未利用土地	裸岩、裸土、沙漠、隔壁、盐碱地、干枯的河床或者湖泊等	√	√	√
8 冰雪	81 冰雪	非永久性的冰雪	√	×	×
	82 冰川	永久性的冰雪	√	×	×

a：该类型不存在于指定区域；b：该类型存在于指定区域。

图 8-24 选取 2013 年黑河流域的月度土地覆被结果作为一个例子展示了产品的基本属性。

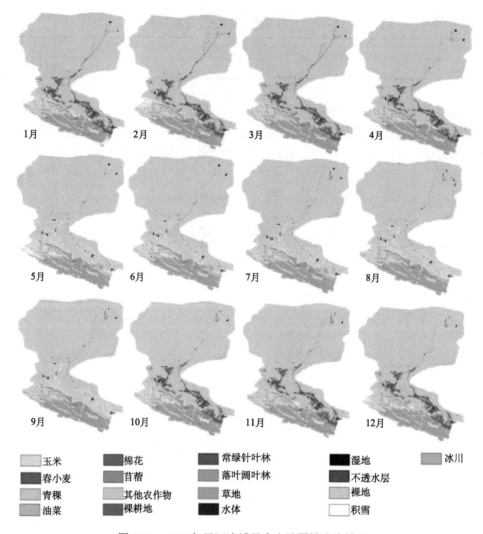

图 8-24　2013 年黑河流域月度土地覆被分类结果

8.5.3　产品验证

　　为了对黑河流域的土地覆被遥感产品进行验证，研究团队在 2013 和 2015 年开展了两次野外样方调查试验。2013 年采用人工调查的方式开展，采集结果填充在高分辨率的谷歌图像上，采集回来后与分类结果进行直接对比；由于人工采样工作量大、花费高、效率较低，采集的样本数量比较少。2015 年研究团队采用无人机进行调查，采样区域比 2013 年更大、效率更高、花费的人力资源也更少。图 8-25 显示了 2013 年和 2015 年两次采样的区域，其中红色区域为 2015 年采样区域，其他颜色为 2013 年采样区域。采样区域涵盖了张掖地区的甘州区、临泽、民乐和山丹县。

图 8-25　黑河流域土地覆被分类产品验证野外试验区域示意图

如图 8-26 所示，展示了 2015 年的现场照片与调查结果示例。

(a) 现场照片　　　　　　　　　　　　　(b) 调查结果

图 8-26　无人机调查现场照片与调查结果

在验证过程中，我们采用了混淆矩阵的方法（表 8-11）来对分类结果进行验证，验证结果显示总体精度优于 93%，Kappa 系数为 0.92。

作物类型利用 2013 年的调查结果进行验证（表 8-12），结果表明作物分类的精度达到 84%。

表 8-11　黑河流域土地覆被分类结果混淆矩阵

类别代码	上游: 总体精度 93.36%, Kappa 系数 0.92										
	1	21	22	31	41	51	61	71	81	82	总计
1	159	0	0	0	0	0	0	0	0	0	159
21	0	131	0	0	0	0	0	0	0	0	131
22	0	0	62	0	0	0	0	0	0	0	62
31	3	48	1	340	0	3	0	0	0	0	395
41	0	0	0	0	72	0	0	0	0	0	72
51	0	0	0	0	0	87	0	0	0	0	87
61	0	0	0	0	0	0	40	0	0	0	40
71	0	1	0	20	9	0	5	358	9	0	402
81	0	0	0	0	0	0	0	2	255	9	266
82	0	0	0	0	0	0	0	0	6	126	132
总计	162	180	63	360	81	90	45	360	270	135	1746

类别代码	中游: 总体精度 93.06%, Kappa 系数 0.92								下游: 总体精度 93.65%, Kappa 系数 0.92						
	1	21	22	31	41	61	71	总计	1	21	23	41	61	71	总计
1	286	11	0	0	0	0	0	297	54	0	0	0	0	0	54
21	7	160	0	6	0	1	0	174	0	72	8	0	0	0	80
22	6	0	216	0	0	0	0	222	—	—	—	—	—	—	—
23	—	—	—	—	—	—	—	—	0	0	99	2	0	0	101
31	0	0	0	237	0	0	0	237	—	—	—	—	—	—	—
41	0	0	0	0	139	0	0	139	0	0	0	45	0	0	45
61	7	0	0	0	0	231	0	238	0	0	0	0	35	0	35
71	36	0	0	9	5	20	180	250	0	0	1	16	1	108	126
总计	342	171	216	252	144	252	180	1557	54	72	108	63	36	108	441

表 8-12　作物分类结果的验证混淆矩阵

作物类型	错分误差/%	漏分误差/%	制图精度/%	用户精度/%
11	15.15	8.60	91.40	84.85
12	19.22	33.55	66.45	80.78
13	15.65	38.35	61.65	84.35
14	5.78	32.92	67.08	94.22
15	0.00	0.00	100.00	100.00
16	13.67	4.55	95.45	86.33
17	18.22	1.76	98.24	81.78
18	21.27	20.95	79.05	78.73

　　此外，我们还将用 LCMM 方法制作的分类图与支持向量机方法的分类图在不同的地表类型区域进行了对比验证。通过对比发现利用 LCMM 方法制作的分类结果要远远优于支持向量机方法。对比结果如图 8-27 所示。

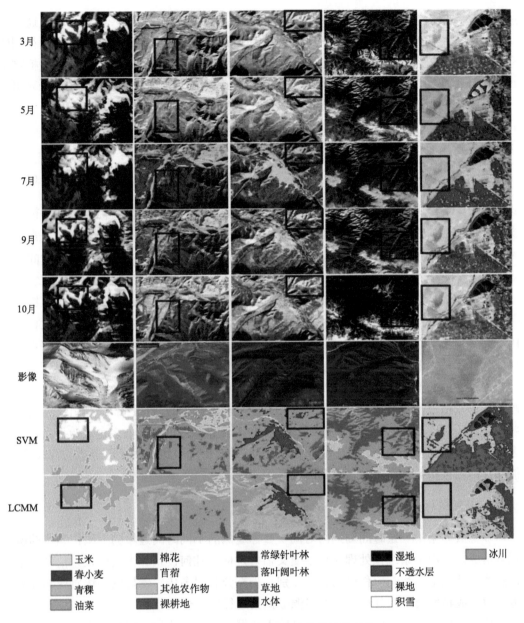

图 8-27　LCMM 与 SVM 方法分类结果对比

8.6　植被覆盖度产品

8.6.1　算法介绍

　　植被覆盖度遥感反演方法主要包括基于植被指数的经验模型法和基于辐射传输模型的神经网络或查找表的方法。后一种方法即为目前多数全球植被覆盖度产品生产所用方法。这里将采用第一种方法，即基于植被指数的经验模型法。经验模型法主要是通过将实际的植被覆盖度与遥感图像的植被指数、波段反射率进行线性或者非线性回归得到研究区域植被覆盖度的估算模型（Graetz et al., 1988; North, 2002）。植被指数能反映植物生长及植被覆盖度，与植被空间分布密度呈正相关。目前，国内外专家学者已经研究出了几十种不同的植被指数模型；其中，最具代表性的是 NDVI（Gitelson et al., 2002; Xiao et al., 2005）。NDVI 越大，说明植被的长势越好，植被覆盖度越高，故 NDVI 被广泛应用于计算植被覆盖度。算法所用经验模型：

$$FVC = ((NDVI - NDVI_{min}) / (NDVI_{max} - NDVI_{min}))^k \qquad (8\text{-}18)$$

式中，NDVI 为所求地块或像元的植被指数，NDVI 经验系数 $NDVI_{max/min}$ 分别为植被和裸土纯像元的 NDVI 值。NDVI 经验系数 $NDVI_{max/min}$ 受土壤、植被类型以及叶绿素含量等的影响，往往难以获得，目前对于这两个参数的确定主要还是通过对时间和空间上的 NDVI 数据进行统计分析来获取。

本算法一个基本出发点就是要综合各种数据信息，以 MODIS 数据为主体计算得到一套针对不同气候、土地类型和植被类型的系数，在今后计算植被覆盖度时可以直接应用。在转换系数获取之后，对输入的 NDVI 指数采用相应的转换系数，再由式（8-18）逐像元计算植被覆盖度 FVC（穆西晗等，2017）。

本算法的关键点：通过卫星组网的方式，在更短的时间（5 天）内获取足够的卫星观测，研发植被指数合成算法，生产 1km/5d 全球植被指数合成产品。利用经过交叉辐射校正、几何校正、大气校正等预处理的 1km 多传感器数据构建的多角度数据集，分析多源遥感数据优点和缺点，设计质量分级方法，针对不同数据级别采用合适的合成算法，能够提高植被指数合成产品精度和时间分辨率。

1. 多源遥感数据分析与质量分级

多源数据集由一定时间周期内对同一目标观测的不同时间过境的卫星传感器的所有观测组成。但由于系统预处理（包括交叉辐射定标、几何校正和大气校正）精度、不同传感器的波段范围和响应程度均存在差别，为充分利用多传感器提供的优质观测提高植被指数合成精度及时间分辨率，对多源数据集进行质量分级。

算法首先对多源数据组成的多角度输入数据进行质量分级。NDVI 通常会因受残云或大气的影响，会使得 NDVI 值偏小，因此 NDVI 可以作为检验反射率产品质量的指示因子之一。由于 NDVI 随太阳入射、观测角度变化显著。因此，在对不同入射/观测角度下的 NDVI 进行比较时，引入核驱动模型消除 NDVI 角度效应（Zeng et al., 2016），归一化到天顶方向观测的等效 NDVI 之后进行比较。多源遥感数据集质量分级流程如图 8-28 所示。

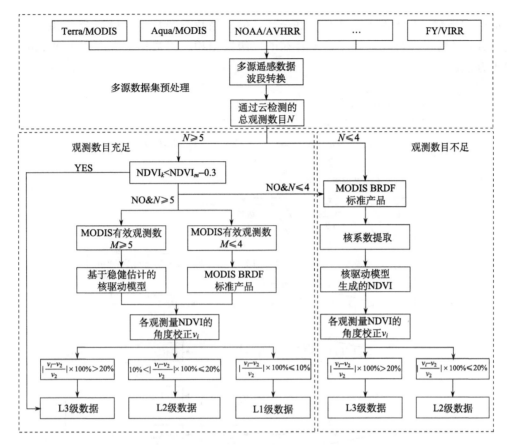

图 8-28　多源遥感数据集质量分级流程图

2. 植被指数合成算法

不同合成算法的适用条件和精度水平差异显著，针对多源遥感数据集的特点，在不同观测数目与观测条件下采取相应的精度最高的合成算法。算法边界的判断依据为合成周期内经过预处理后的无云观测的观测数据个数及质量。假设预处理后的无云观测数为 N，经过数据质量分级后，一级质量数据为 L1，二级质量数据为 L2，三级质量数据为 L3，N=L1+L2+L3。算法具体流程为（图 8-29）：

（1）当 L1≥5 时，用一级质量数据基于 Walthall 模型拟合法合成植被指数。反射率标准化到星下点并计算以星下点为基准的植被指数，BRDF 模式订正公式为

$$\rho_\lambda(\theta_v, \varphi_s, \varphi_v) = a_\lambda \theta_v^2 + b_\lambda \theta_v \cos(\varphi_v - \varphi_s) + c_\lambda \tag{8-19}$$

式中，ρ_λ 为大气订正的反射率；θ_v 为卫星天顶角；φ_s 为太阳方位角；φ_v 为卫星方位角。模型参数 a_λ、b_λ 和 c_λ 用最小二乘法拟合得到。NDVI 合成公式为

$$\mathrm{NDVI}_{\mathrm{composite}} = \frac{\rho_{\mathrm{NIR}}^{(\mathrm{nadir})} - \rho_{\mathrm{Red}}^{(\mathrm{nadir})}}{\rho_{\mathrm{NIR}}^{(\mathrm{nadir})} + \rho_{\mathrm{Red}}^{(\mathrm{nadir})}} \tag{8-20}$$

（2）当 L1<5 且 L1+L2≥5 时，用一级和二级质量数据基于 Walthall 模型拟合法

合成植被指数。此条件下，具有较好一致性的一级数据个数不足以拟合 Walthall 模型的系数，采用将具有一定观测误差存在的二级数据和一级数据一起应用于 Walthall 模型拟合法。

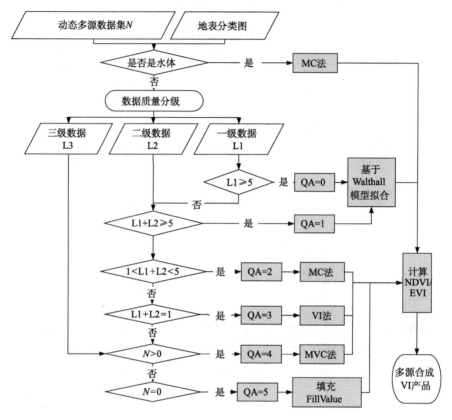

图 8-29　1km/5d 植被指数产品生产技术路线

（3）当 1<L1+L2<5 时，由于多角度观测数据不足，无法应用 Walthall 模型拟合法，采用备用算法的 MC 法计算合成植被指数。MC 法计算各观测地反射率的平均值，再计算植被指数。

（4）当 L1+L2=1 时，即一级二级质量的观测只有 1 个，此时采用 VI 法。

（5）当 L1+L2=0 且 N>0 时，即没有一级二级质量的观测，只有三级质量观测时，采用 MVC 法。

（6）当 N=0 时，即合成周期内没有无云观测，填充 FillValue=-999。

3. 转换经验系数查找表生成

针对黑河流域所处的气候植被区划，针对 NDVI 与 FVC 转换关系中的三个经验系数建立查找表。先通过现有 FVC 及 NDVI 产品间拟合求解非线性化参数 k。再以土地利用图、低空间分辨率的 NDVI 数据为数据源，通过统计 NDVI 纯像元获得 $NDVI_{max}$、$NDVI_{min}$ 的先验估计值，从高分辨率遥感数据中提取植被比例 S。构建 Beer-Lambert 定律描述的方向性 FVC 与 NDVI-FVC 关系式之间的求解方程组，得到系数 $NDVI_{max}$ 和 $NDVI_{min}$ 。最终生成针对不同区划不同地类的转换经验系数查找表。

4. 分区划 FVC 计算

植被覆盖度生产先按照植被区划图在空间上进行区划划分。每个像元 FVC 计算须对获得的经验转换系数及 NDVI 时间序列背景场数据进行加权计算，获得与空间、时间信息相关的加权转换系数及背景场数据，进而通过算法建立的 NDVI 到 FVC 的转换关系进行计算。

8.6.2　产品介绍

生成了黑河流域 30m 和 1km 两种尺度的植被覆盖度，其规格见表 8-13。

表 8-13　黑河流域植被覆盖度产品规格表

产品名称	产品年份	空间分辨率	时间分辨率	投影类型	数据格式
黑河流域 30m/月合成植被覆盖度产品	2011～2015	30m	月	经纬度投影 WSG-84	ENVI 标准格式
黑河流域 1km/5d 合成植被覆盖度产品	2011～2015	30m	5 天	经纬度投影 WSG-84	ENVI 标准格式

1. 黑河流域 30m/月合成植被覆盖度

黑河流域 30m/月合成植被覆盖度数据集提供了 2011～2015 年的月度 FVC 合成产品，该数据利用我国国产卫星 HJ/CCD 数据兼具较高时间分辨率（组网后 2 天）和空间分辨率（30m）的特点构造多角度观测数据集，通过高分辨率数据直接获得植被覆盖比例，减轻低分辨率数据异质性的影响；另外，选择植被生长变化的典型时期，通过对每一个像元时间序列植被指数进行拟合得到每个像元对应的生长曲线参数；再配合土地利用图和植被分类图，寻找区域的代表性均一像元用于训练植被指数的转换系数。图 8-30 (a) 展示了黑河流域 30m/月合成植被覆盖度的产品实例，可以看出其空间细节明显优于黑河流域 1km/5d 合成植被覆盖度[图 8-30 （b）]。

2. 黑河流域 1km/5d 合成植被覆盖度

黑河流域 1km/5d 合成植被覆盖度数据集提供了 2011～2015 年的 5 天 FVC 合成结果，该数据利用 Terra/MODIS、Aqua/MODIS 及国产卫星 FY3A/MERSI 和 FY3B/MERSI 传感器数据构建空间分辨率 1km、时间分辨率 5 天的多源遥感数据集。将全国划分为不同植被区划、地类，分别计算 NDVI 与 FVC 的转换系数，采用计算的转换系数查找表和 1km/5d 合成 NDVI 产品生产区域 1km/5d 合成 FVC 产品。图 8-30 （b）展示了黑河流域 1km/5d 合成植被覆盖度产品实例。

从以上两图可以看出，30m 和 1km 两种尺度的植被覆盖度产品空间趋势完全一致，但 30m 产品在空间上的细节更丰富。

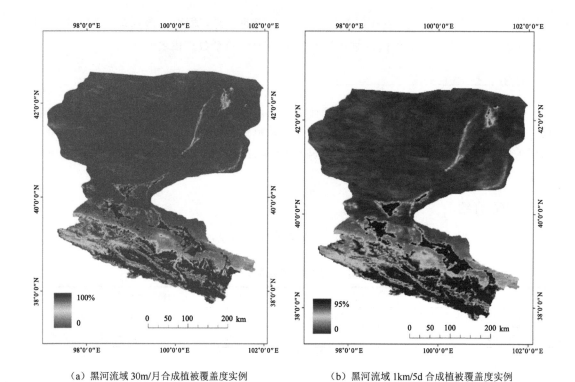

（a）黑河流域 30m/月合成植被覆盖度实例　　　　（b）黑河流域 1km/5d 合成植被覆盖度实例

图 8-30　黑河流域合成植被覆盖度产品

8.6.3　产品验证

1. 植被指数算法结果验证

1）直接验证

根据 HiWATER 试验所采集的地面数据进行直接验证，2013 年两种植被类型实测 NDVI 值与对应时段内生产的 NDVI 产品曲线如图 8-31 所示。结果表明，两种植被的 NDVI 产品曲线与实测值曲线总体趋势一致，草甸在生长初期 NDVI 产品与实测值较吻合，但荒漠植被生长中末期 NDVI 产品处于低估状态。由于地面光谱观测的尺度较小，只观测了植被区域、忽略裸土影响，受地表的空间异质性影响，导致在点尺度上观测的植被指数略低。

2）基于高分辨率数据与其他植被指数产品的交叉验证

为了避免地表的空间异质性对基于地面观测验证结果的影响，采取高分辨率 ASTER 影像对产品进行了验证。将 ASTER 的 15m 反射率数据经辐射定标、大气校正等预处理后，投影到 1km 分辨率产品对应的坐标系下，并聚合到 1km 分辨率尺度，生成对应的植被指数，作为地面参考值与生产的产品进行对比验证。对比四种植被指数产品（基于 MODIS+FY 多源数据集、基于 MODIS 单源数据集、基于 FY 单源数据集生产的产品和 MOD13A2 产品）与 ASTER 数据生成的 1km 分辨率 NDVI 参考图的结果如图 8-32 所示。基于多源数据集生产的产品 RMSE 为 0.102，拟合残差（residual）为 0.038，整体上小于基于 MODIS 或 FY 单源数据生成的产品。

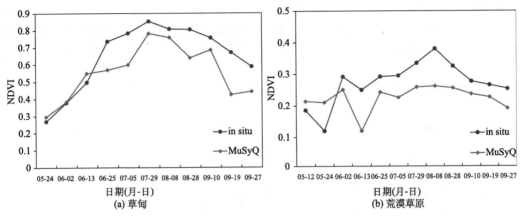

图 8-31　两种植被类型实测 NDVI 曲线与生产的 NDVI 产品比较（2013 年）

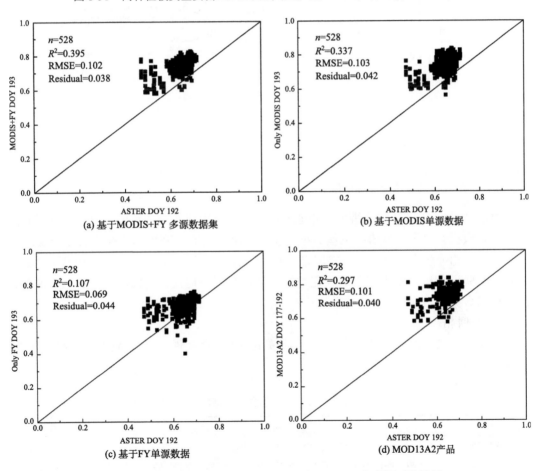

图 8-32　黑河流域农田站点 NDVI 产品与 ASTER 参考图对比结果

3）时间序列交叉验证

合成植被指数产品的一个重要功能是监测植被的动态变化。在黑河流域农田区域随机选取 5 个像元，并与 MOD13A2 产品进行时间序列分析（图 8-33）。从 DOY177 到 DOY209，MOD13A2 产品与基于多源数据集的合成植被指数产品都经历了先增加后减小的变化趋势。从时间分辨率更高的多源 NDVI 合成产品来看，第 1、2、4 号站点在 DOY188 就已经达到峰值，MOD13A2 产品则表现为 193 天才达到峰值。16 天的 MOD13A2 合成产品，将难以捕捉到这一生长峰值的准确时间信息。表明更高的时间分辨率有利于提取植被的生长峰值信息与动态监测植被的长势变化。

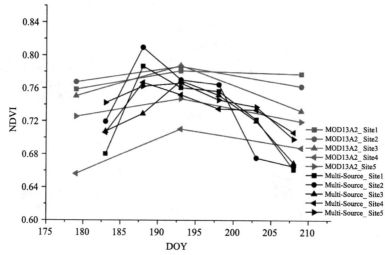

图 8-33　黑河流域 5 个农田站点基于多源数据集生成的 NDVI 产品与 MOD13A2 产品时间序列对比结果

2. 植被覆盖度算法结果验证

算法产品为 1km 空间分辨率，验证方法可以选择用地面实测数据（如 Geoland 项目 DIRECT 数据）联合高分辨率卫星数据，生产卫星尺度的高分辨率植被覆盖度影像，再将其聚合到粗分辨率尺度进行直接验证，也可选择与现有 FVC 产品（如 GEOV1 FVC）进行交叉验证分析。本研究所需验证数据包括：观测数据（含地面实测数据）、ASTER 的反射率数据和 GEOV1 植被覆盖度产品。

1）分时相验证

表 8-14 是 2012 年 5～8 月期间黑河流域植被覆盖度共性产品与 ASTER 参考植被覆盖度验证结果的精度评价指标值。

表 8-14　植被覆盖度产品检验所需主要遥感数据和地面测量数据

数据	时间分辨率	空间分辨率
GEOV1 FVC	05-24～09-13, 10-day	1000 m
ASTER 数据	05-30、06-15、06-24、07-10、08-02、08-11、08-18、 08-27、09-03、09-12	15 m
地面测量	05-30～09-12	---

　　图 8-34 是 2012 年 5～8 月期间分时相植被覆盖度共性产品与 ASTER 参考植被覆盖度验证散点图中的 4 期示例图。

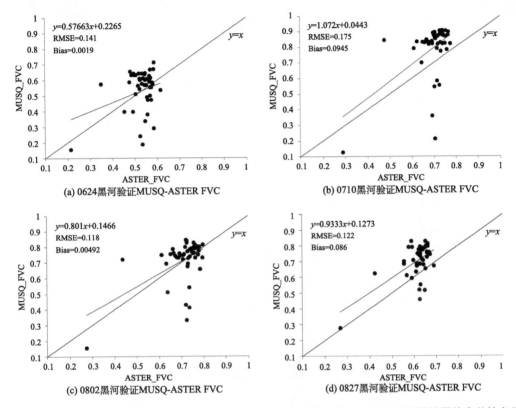

(a) 0624黑河验证MUSQ-ASTER FVC　　　　　(b) 0710黑河验证MUSQ-ASTER FVC

(c) 0802黑河验证MUSQ-ASTER FVC　　　　　(d) 0827黑河验证MUSQ-ASTER FVC

图 8-34　黑河流域分时相验证散点图（仅是给出其中几个时相的结果，MUSQ 为植被覆盖度共性产品简称，ASTER FVC 为聚合之后的粗尺度 FVC）

　　从图 8-34 中可以看出，植被覆盖度共性产品的数值略高于参考植被覆盖度，总体偏差并不大，但是有一些数据偏差较大，可能跟实验区数据几何纠正有关。这与表 8-15 中反映的结果一致。

表 8-15　黑河流域植被覆盖度共性产品与 ASTER 参考植被覆盖度验证精度评价指标

儒略日	151	166	176	191	216	226	231	241
（月-日）	（05-30）	（06-15）	（06-24）	（07-10）	（08-02）	（08-11）	（08-18）	（08-27）
RMSE	0.182	0.167	0.141	0.175	0.118	0.173	0.199	0.122
Bias	0.166	0.099	0.002	0.095	0.005	0.107	0.163	0.086

　　2）其他遥感产品的多时相验证

　　图 8-35 是黑河流域植被覆盖度共性产品、ASTER 参考植被覆盖度及 GEOV1 植被覆盖度产品三种植被覆盖度多时相时间曲线对比结果图。从图 8-35 可知：共性产品的植被覆盖度与 ASTER 参考植被覆盖度趋势一致，其数值上整体高于 ASTER 参

考植被覆盖度，误差小于 GEOV1 产品。GEOV1 的结果较 ASTER 影像联合地面实测的结果偏高，说明在黑河流域植被覆盖度共性产品优于 GEOV1 植被覆盖度产品，结果较好。

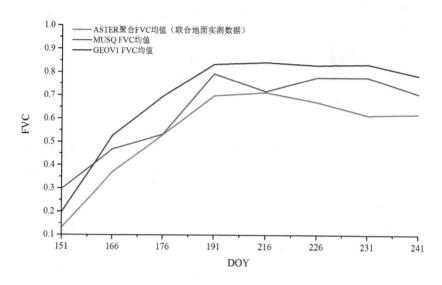

图 8-35　黑河流域植被覆盖度产品多时相交叉验证

8.7　植被物候期产品

8.7.1　算法介绍

植被物候现象是指植物在一年的生长中，受环境（气候、水文、土壤条件）影响而出现萌芽、抽枝、展叶、开花、结实及落叶、休眠等规律性变化的现象（竺可桢和宛敏渭，1999）。植物物候是研究植被与气候、环境变化间关系的重要参量，它的变化反映了生物圈对气候、水文、土壤条件和人文等因子年内和年际变化的响应（White et al.，1997）。因此，植物物候是环境条件季节和年际变化最直观、最敏感的综合指示器，对于深入全球气候变化以及与研究陆地生态系统的关系等方面具有十分重要的意义（Chen et al.，2005）。

黑河物候产品算法流程如图 8-36 所示，主要包括四个关键步骤（夏传福等，2012）：①采用 BISE 算法+Savizky-Golay 滤波器实现 LAI 时间序列重建；②生长周期数采用傅里叶和多项式组合函数拟合方法；③关键物候节点采用主算法和备用算法相结合的反演策略，选用 Logistic 函数拟合法作为主算法，选用分段线性拟合法作为备用算法；④在算法中增加参数检验过程鉴别出遥感物候产品中的虚假值，确保产品的可靠性和稳定性。

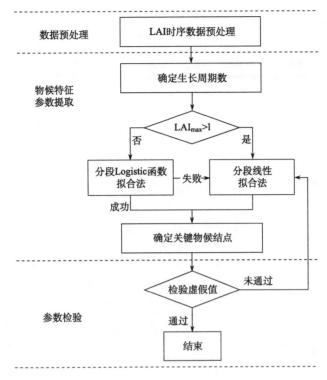

图 8-36　UMPM 算法流程图

1. 物候特征参数定义

鉴于传统的植物物候野外观测是基于单个植物进行的，且一般关注某些特定的物候事件，如发芽期、展叶期及开花期等（Fitter and Fitter, 2002; Peñuelas and Filella, 2001; Sparks et al., 2000）；而遥感手段由于数据精度问题，只能在景观或生态系统的尺度来监测，且主要集中在生长季开始日期、结束日期和生长季长度的模拟，所以必须对植物生长季在遥感上重新界定（武永峰等，2008）。

1）生长周期数

一年内植被物候的周期性变化个数，称为生长周期数。图 8-37 中是某种植被类型一年内 LAI 数值变化曲线。由图可知，该植被在一年内包含两个完整物候周期，且每个周期内包含生长期、峰值期、衰老期和休眠期。

2）关键物候节点

生长起点：指植被从缓慢生长进入快速生长的拐点，如图 8-37 中 a 点或 f 点所示。过了生长起点，植被开始迅速生长，LAI 数值陡然增大。

生长终点：指植被从快速枯萎到完全枯萎的拐点，如图 8-37 中 e 点或 i 点所示。过了生长终点，植被生长基本停止并进入衰亡或休眠阶段，LAI 数值达到极小值并趋于恒定。

峰值起点：从该点起，植被生长达到最繁盛状态，LAI 达到或接近最大值，如图 8-37 中 c 点或 g 点所示。

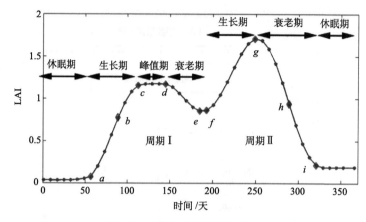

图 8-37　物候生长周期示意图

峰值终点：从该点起，植被生长进入衰老阶段，LAI 开始逐渐变小，如图 8-37 中 d 点或 g 点所示。受纬度及植被类型的影响，有些作物在生长周期内可以形成一个峰值平台，LAI 曲线呈现"平顶式"，如图第一生长周期；而有些在达到最大 LAI 后立刻拐头向下，LAI 曲线呈现"尖峰式"，即峰值起点和峰值终点是重合的，如图第二生长周期。

生长最快点：作物在刚开始生长时，由于水热等条件良好，作物会经历快速生长和缓慢生长两个阶段，直至达到最繁盛阶段。该点是植被快速生长和缓慢生长的分界点，即生长起点到峰值起点期间斜率最大的点，如图 8-37 中 b 点所示。在该点前，作物生长速度逐渐增加，而在该点后，作物生长渐趋平缓，直至停止叶片生长。

衰落最快点：同生长速度最大点的定义相似，植被在衰老时也经历快速衰老和缓慢衰老两个阶段，直至完全枯萎。该点是植被快速衰老和缓慢衰老的分界点，即峰值终点到生长终点期间斜率最大的点，如图 8-37 中 h 点所示。在该点前，作物衰老速度逐渐增加，达到最大值后，即达到该点后，作物衰老渐趋平缓，直至完全枯萎。

3）生长季长度

生长季长度为一年内每个生长周期的有效生长长度之和，有效生长长度为该生长周期生长终点与生长起点之差。图 8-37 中植物的生长季长度即为（e–a）+（i–f）。

2. LAI 时间序列重建

考虑到 MODIS LAI 产品在采集和处理过程中受天气、反演算法精度等因素的影响，时间序列通常会出现噪声数据、数据缺失等状况。因此，在利用 LAI 时间序列数据提取物候特征参数之前，需要原数据进行时间序列重建，剔除噪声数据，填补缺失数据。针对 LAI 时间序列数据预处理，首先采用 BISE 算法提取原始 LAI 时间序列曲线的外包络线，再利用 Savizky-Golay 滤波器进行平滑处理，实现时间序列重建（Viovy et al., 1992）。两种算法的结合，既可以有效地消除噪声，又可以尽可能地保持原始数据真值。

BISE（the best index slope extraction）算法认为 LAI 值偏小是由于受到云、气溶胶等因素影响。它在时间序列上通过滑动窗口来防止选择虚假的最大值，较好地识别和剔除受云影响的噪声数据，同时尽量保持原始真值。其计算公式如下：

$$\text{dLAI}_{t-1,t} = \frac{\text{LAI}_{t-1} - \text{LAI}_t}{\text{LAI}_{t-1}} \times 100\% \tag{8-21}$$

$$\text{dLAI}_{t,t+1} = \frac{\text{LAI}_{t+1} - \text{LAI}_t}{\text{LAI}_{t+1}} \times 100\% \tag{8-22}$$

式中，LAI_{t-1}，LAI_t，LAI_{t+1} 为时间 $t-1$，t，$t+1$ 的 LAI 值，$\text{dLAI}_{t-1,t}$ 和 $\text{dLAI}_{t,t+1}$ 为从 $t-1$ 到 t 和从 t 到 $t+1$ 的 LAI 变化率。假如 $\text{dLAI}_{t-1,t}$ 和 $\text{dLAI}_{t,t+1}$ 的数值都超过 20%（经验参数），表明 LAI_t 受到了噪声污染，应对 LAI_t 采用 LAI_{t-1} 和 LAI_{t+1} 的均值来估计。其中，第 1 期数据 LAI_1 若满足条件 $\text{dLAI}_{1,2}$ 超过 20%，则用 LAI_2 和 LAI_3 的线性外推值估计 LAI_1，否则不变；用同样的方法估计最后一期数据。

3. 生长周期数确定

由于 LAI 时间序列曲线呈现周期性波动，而且不同生长周期、年际之间的波动也存在差异，因此采用傅里叶和多项式组合函数拟合的方法提取物候周期数，公式表示为

$$f(t) = c_1 + c_2 t + c_3 t^2 + \sum_{j=1}^{m} a_j \sin(j \times wt + \varphi_j) \tag{8-23}$$

式中，t 为时间；$f(t)$ 前 3 项的多项式 $c_1 + c_2 t + c_3 t^2$ 决定序列的基准值及年际间的变化趋势，其中 c_1、c_2、c_3 分别为多项式系数；后一项是有限个谐波组成傅里叶序列，其中，a_j 为各谐波的振幅，w 为基础谐波频率，$j \times w$ 为各谐波频率，j 为各谐波的相位，m 为谐波个数。虽然理论上增加谐波个数可以使拟合曲线更接近观测值，减少拟合偏差，但同时也使校正曲线出现更多的起伏，增加物候周期数的判定难度。本算法中将谐波个数设为 $m=3$。

通常利用最小二乘法对重建后数据进行拟合，拟合结果曲线可以得到多个极值点，分别代表一个待定物候周期。当且仅当待定物候周期内的极大值满足一定阈值，则确认为有效物候周期；反之，该待定周期则被视为无效。

4. 植被关键物候结点反演

物候特征参数提取采用主算法和备用算法相结合的反演策略，选用 Logistic 函数拟合法作为主算法，备用算法则选用时间序列的分段线性拟合法（PLF）。

1）Logistic 函数拟合法

Logistic 拟合法由 Zhang 等（2003；2006）提出，该方法在植物的生长和衰落过程分别利用 Logistic 模型对植被指数曲线进行拟合，基于 Logistic 拟合曲线的变化特点，利用其曲率值变化的极值点，确定植被关键物候结点（变绿期、成熟期、衰落期、休眠期），从而反映植被物候年内的变化情况。Logistic 拟合函数式为

$$y(t) = \frac{c}{1 + e^{a+bt}} + d \tag{8-24}$$

式中，t 为时间（天数）；$y(t)$ 为随时间变化的植被指数拟合值；a 和 b 为拟合参数；$c+d$ 为植被指数最大值，d 为植被指数背景值。

曲率在数学上表示曲线在某一点的弯曲程度，曲率求导（即曲率变化率）则表示曲线在该点处弯曲程度变化的大小。从现实意义来看，该方法以曲率变化率的极值点反映植物各个物候转换期。曲率和曲率变化率公式为

$$K = \frac{d_\alpha}{d_s} = \frac{b^2 cz(1-z)(1+z)^3}{[(1+z)^4 + (bcz)^2]^{\frac{3}{2}}} \tag{8-25}$$

$$K' = b^3 cz \left\{ \frac{3z(1-z)(1+z)^3[2(1+z)^3 + b^2 c^2 z]}{[(1+z)^4 + (bcz)^2]^{\frac{5}{2}}} - \frac{(1+z)^2(1+2z-5z^2)}{[(1+z)^4 + (bcz)^2]^{\frac{3}{2}}} \right\} \tag{8-26}$$

式中，$z = \exp(a+bt)$；d_α 指沿时间曲线移动单位弧长时切线转过的角度；d_s 指单位弧长。

对于植被生长阶段，通过曲率求导获得两个曲率极值点，分别对应着植被生长开始点和植被生长成熟点。同样，对于植被衰落阶段，植被指数曲线也会产生两个曲率极值点，可以获得植被生长衰落点和植被生长结束点。利用植被生长开始点和植被生长结束点，可以计算得到植被生长季长度。

2）分段线性拟合法

分段线性拟合法是时间序列的模式表示方法中研究最早和最多的方法之一。它是将时间序列分割为 N 条线段表示。如时间序列数据 X 分割为 K 段的 PLF 模型表示为

$$X = \{x_i = (t_i, v_i)\}_{i=1}^n$$

$$X_{\mathrm{PLF}} = \{(x_{1L}, x_{1R}), \cdots, (x_{iL}, x_{iR}), \cdots, (x_{KL}, x_{KR})\} \tag{8-27}$$

式中，X 为原始时间序列；x_{iL}，x_{iR} 为第 i 段直线起始值和终值；K 为整个时间序列分割的直线段数目。

由于植被每个生长周期形状基本相似，通常包含生长期、峰值期、衰老期和休眠期，因此可以将生长周期分割为 2～5 条线段进行表达。线段相连处可确认为对应的关键物候结点。其中线段数随着生长周期特点、目标周期所处位置等因素而变化。针对主算法和备用算法的选用条件，只有当满足以下三种情况时，采用备用算法进行反演。

（1）主算法不适用，即地表植被接近于裸地。本节将全年最大 LAI 值小于 1 作为"植被接近裸地"的判定条件。

（2）主算法拟合失败。由于数据噪声、拟合数据不足等原因，会造成 Logistic 函数拟合失败，此时启用备用算法。

（3）当主算法反演结果出现虚假值时，采用备用算法进行反演。

5. 参数检验

参数检验过程即是鉴别出遥感物候产品中的虚假值，以确保产品的可靠性和稳定性。基于遥感物候产品及地面物候观测数据的信息统计发现：植被生长起点和生长终点对应的 LAI 数值通常集中在年内 LAI 最大值 0～20%的区间内；峰值起点和峰值终点对应的 LAI 数值通常集中在年内 LAI 最大值 80%～100%区间内。基于上述统计信息，确定物候

特征参数的检验条件：生长起点和生长终点在年内 LAI 最大值 0~20%的区间，峰值起点和峰值终点在年内 LAI 最大值 80%~100%的区间；反之，则该结果即确认为虚假值，同时启用备用算法对遥感物候结果重新计算。如果重新计算结果仍无法通过参数检验，则确认该像素点无法进行反演并且进行标识。

6. 物候参数产品后处理

针对热带雨林区 LAI 反演缺失率较高、中国西部沙漠或戈壁地区 LAI 反演值过低导致的算法反演失败问题，对反演缺失部分采用 NDVI 阈值法估算植被关键物候节点（李静等，2017）。基于全年 NDVI 数据，统计 NDVI 数值首次大于 0.2 的日期作为生长季起点、末次小于 0.2 的日期作为生长季终点、所有大于 0.2 的天数作为植被生长季长度。

8.7.2　产品介绍

黑河流域植被物候数据集提供了 2012~2015 年遥感物候产品。其空间分辨率为 1km，投影类型为正弦投影，如表 8-16 所示。

表 8-16　黑河流域植被物候期产品规格表

产品名称	产品年份	空间分辨率	时间分辨率	投影类型	数据格式
黑河流域植被物候数据集	2012~2015	1km	1 年	经纬度投影	TIFF

该数据采用 MODIS LAI 产品 MOD15A2 作为物候遥感监测数据源，MODIS 陆地覆盖分类产品 MCD12Q1 作为辅助数据集进行提取。产品算法首先采用时间序列数据重建方法（BISE 法）控制输入时间序列的数据质量；然后利用主算法（Logistic 函数拟合法）与备用算法（分段线性拟合法）相结合的方式提取植被物候参数，实现算法互补，保证精度的同时提高可反演率。算法可提取一年最多三个生长周期，每个生长周期包含 6 个数据集，包括植被生长起点、生长峰值起点、生长峰值终点、生长终点、生长最快点、衰落最快点，同时记录了生长周期类型、生长季长度、质量标识等，共 25 个数据集。黑河流域 2012~2015 年植被生长季起点和生长季终点结果如图 8-38 所示。

8.7.3　产品验证

1. 站点实测数据直接验证结果

以中国气象局（CMA）提供的地面物候观测数据为基础，对 2007 年黑河流域遥感物候生长周期数的反演结果进行验证（表 8-17）。UMPM 算法的生长周期数反演总体准确率达到 90.12%，反演准确率随着生长周期数的增加而下降。

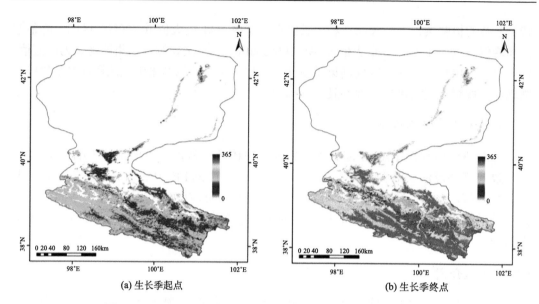

(a) 生长季起点　　　　　　　　　　　　(b) 生长季终点

图 8-38　2012~2015 年黑河流域植被生长季起点和终点空间分布

表 8-17　遥感物候生长周期数反演结果验证统计　　（单位：个）

生长周期数	地面物候数据		
	1	2	3
1	267	8	0
2	22	70	4
3	0	4	10
准确率	92.39%	85.37%	71.43%
总计	289	82	14

　　利用平均绝对误差（MAE）和 RMSE 两个指标，利用收集整理的 230 个不同植被类型的地面站点物候观测数据对 UMPM 和 MODIS MLCD 物候产品生长起点、生长终点的误差进行分析（表 8-18）。对比 UMPM 产品和 MLCD 产品的结果误差，对森林、农作物和荒漠植被，UMPM 产品所提取的植被生长起点、生长终点的 MAE 和 RMSE 均比MLCD 小；只有对于草地，UMPM 所提取的植被生长起点、生长终点的 MAE 比 MLCD略大。总的来说，UMPM 产品精度明显要高于 MLCD 产品，绝对误差更小、更加稳定。

　　通过黑河地区 30m 分类数据，从中国气象局酒泉、高台、张掖、民乐站点中筛选出具有代表性的站点，酒泉站点和高台站点，进行站点验证（图 8-39）。统计结果表明：基于遥感提取的植被生长期点显著高于地面台站实测数据，且 UMPM 产品略高于 MLCD产品；对于植被生长期终点，基于遥感提取的物候产品与地面实测数据比较接近，且UMPM 产品比 MLCD 产品更接近地面实测数据，但 UMPM 产品在 2006 年时两个台站数据都出现较大偏差。

表 8-18　UMPM 产品和 MLCD 产品误差分析　　　　（单位：天）

类型编号	植被类型	UMPM				MLCD			
		生长起点		生长终点		生长起点		生长终点	
		MAE	RMSE	MAE	RMSE	MAE	RMSE	MAE	RMSE
CERN共享系统	草地	−5.6	16.7	−20.6	26.4	4.5	49.9	−12	32.6
	森林	1.4	14.2	7.7	18.8	23.8	44.8	−17.6	27.5
	农作物	−8.9	21.4	−0.7	27.2	39.8	58.3	−36.1	32.9
	荒漠	−0.9	4	6.1	27.1	29.2	37.7	−17.2	46.4
	总体	−4.4	16.9	−1.3	26.2	27.2	50	−23.8	34
CMA	农作物	−8.6	28.1	15.3	33.5	1	50.3	−2.4	36

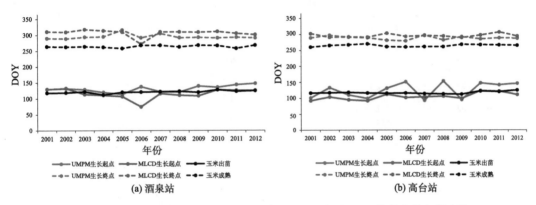

图 8-39　酒泉站和高台站 2001~2012 年 MODIS 和 UMPM 物候参数年际变化

2. 与 MODIS 物候产品交叉验证结果

将 UMPM 产品值与 MLCD 产品值作差（图 8-40），差值范围整体在−20~20 之间，其中 UMPM 生长起点比 MLCD 偏晚居多，生长终点比 MLCD 偏早居多。

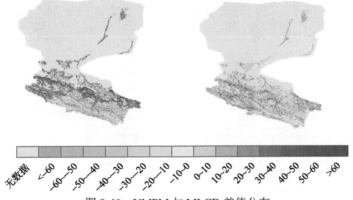

图 8-40　UMPM 与 MLCD 差值分布

如图 8-41 为不同植被类型差值频率直方图。对于常绿针叶林和灌木类型，两种物候产品的差值以 0 天为中心、集中在–20～20 天之间。但对于草地和农作物类型，不同物候特征参数两种物候产品差异存在差异，草地类型的生长起点和生长终点差异呈现以 0 天对称分布、峰值终点差异约在–10 天对称分布、峰值起点差异则以 10 天左右对称分布；农作物的峰值终点和生长终点差异呈现以 0 天对称分布、生长期点差异约以 10 天左右对称分布、峰值起点差异则以 20 天左右对称分布。

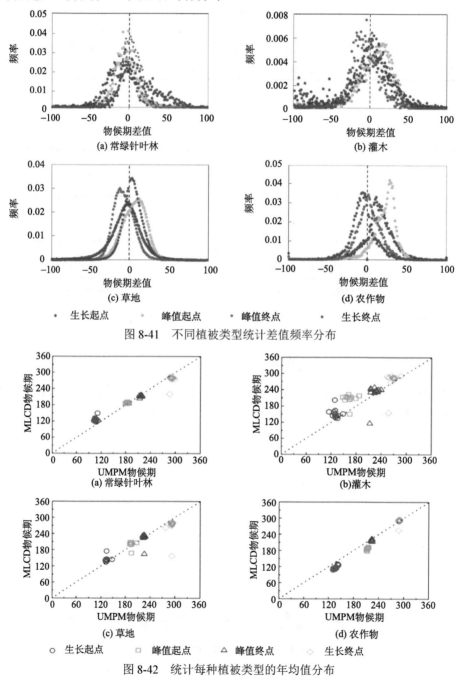

图 8-41　不同植被类型统计差值频率分布

图 8-42　统计每种植被类型的年均值分布

分植被类型计算从 2001~2012 年 UMPM 与 MLCD 两套物候产品的关键物候期（生长起点、峰值起点、峰值终点、生长终点）年均值（图 8-42）。结果表明：对于常绿针叶林和农作物，两套物候产品结果比较接近，而灌木和草地类型，两种物候产品结果差异较大，生长起点和峰值起点差异小于 60 天，峰值终点和生长终点差异最大约 120 天。

8.8 植被净初级生产力产品

8.8.1 算法介绍

净初级生产力是指在植物光合作用所固定的光合产物或有机碳（总初级生产力）中扣除自身呼吸（自养呼吸 Ra）消耗后的真正用于植物生长和生殖的光合产物量。NPP 反映了植物固定和转化光合产物的效率，描述了生态系统可供异养生物消费的有机物质和能量的水平，也是植物净固定 CO_2 能力的重要生态学指标。研究表明，地球上所有陆地生态系统每年的净初级生产量的 40%直接或间接为人类所利用或破坏，CO_2 浓度增加可能会使植物的净初级生产力增加，但气候变化也有可能使净初级生产力减少，因此，测量和估算 NPP 已成为当今研究陆地生态系统及其对气候变化响应的热点问题。

现有的 NPP 模型大致可以分为三种类型：气候生产力模型、光能利用率模型以及生理生态过程模型，本产品算法基于光能利用率模型，光能利用率模型是以植物对太阳辐射的利用率概念为核心，综合考虑光照、温度和土壤水分影响的植被净初级生产力计算的模型。Monteith 发现在 Britain 几种不同的农作物的植被吸收光合有效辐射（APAR）具有相似的线性关系，建立了著名的 Monteith 方程（Monteith et al., 1972, 1977），即

$$NPP=APAR\times\varepsilon \tag{8-28}$$

式中，ε 为光能利用率；APAR 可由 FPAR 与入射光合有效辐射 PAR 求得。该方程为光能利用率模型奠定了理论基础。

近年来由于自然和人类活动的影响，地球大气中的气溶胶含量迅速上升（Gu et al., 1999, 2003; Farquhar et al., 2003）。气溶胶影响云的形成（Kaufman et al., 2002），是散射辐射增加的主要影响因子（Kim et al., 2005）。人类活动产生的气溶胶对太阳辐射具有很强的减弱作用（Seinfeld et al., 1998; Carrico et al., 2003），如长江三角洲地区人类活动产生的气溶胶可使晴空下的太阳辐射减少 30%（Chameides et al., 1999; Xu et al., 2003），可导致散射辐射增加一半左右。诸多研究表明，散射辐射对陆地生态系统生产力的影响是不容忽视的。直射与散射辐射由于照射方式以及光强的不同，植被冠层对其吸收的能力也不尽相同，进而会影响植被冠层的 GPP。有许多研究中提到了散射辐射对光能利用率的影响机理，相同的光照强度下，在散射光照射下，作物冠层 LUE 最大可提高 110%（Choudbury et al., 2001），温带森林冠层 LUE 可提高 110%~180%（Gu et al., 2002）。由于散射辐射在林冠中具有更强的透射性，可以将更多的入射辐射散布到冠层内部的叶片上，避免了直射辐射过于集中在冠层外部叶片上而产生的光饱和现象，使冠层整体上具有更高的光能利用率（Roderick et al., 2001; Kanniah, et al., 2013; Horn, et al., 2011; Williams et al., 2014; Cernusak, et al., 2011）。本产品算法针对光能利用率模型中的关键参

数 FPAR，提出了区分直射与散射的反演模型，使区分直射与散射对植被冠层生产力的贡献提供了可能。

算法基本原理如下公式所述：

$$NPP = PAR \times FPAR \times \varepsilon_0 \times f(w) \times f(t) - R_a \tag{8-29}$$

式中，ε_0 为植被最大光能利用率；$f(w)$ 为水分限制因子；$f(t)$ 为温度限制因子；R_a 为自养呼吸。$f(w)$ 水分限制因子可表示为（Liu et al., 1997）：

$$f(w) = \frac{1 + LSWI}{1 + LSWI_{max}} \tag{8-30}$$

式中，LSWI 为地表水分指数；$LSWI_{max}$ 是整个生长季中最大水分指数。LSWI 可表示为

$$LSWI = (\rho_{nir} - \rho_{swir}) / (\rho_{nir} + \rho_{swir}) \tag{8-31}$$

式中，ρ_{nir}、ρ_{swir} 分别为近红外及短波红外波段反射率，本产品集使用的是 MODIS 近红外（841~875nm）和（1628~1652nm）波段反射率。

$f(T)$ 表示气温 T 对光合作用的影响，可表示为（Foley et al., 1994）

$$f(T) = \begin{cases} \dfrac{\log(T+1)}{\log(T_{opt}+1)} & T < T_{opt} \\[3mm] \cos\left(\dfrac{T - T_{opt}}{T_{max} - T_{opt}} \times \dfrac{\pi}{2}\right) & T \geqslant T_{opt} \\[3mm] 0 & T < 0 \end{cases} \tag{8-32}$$

式中，T_{opt} 为植被最适宜生长的温度；T_{max} 为最高气温（$T_{max} = 40℃$）。

自养呼吸计算是根据植物通过自养呼吸消耗掉的光合作用同化的碳（R_a）根据植物地上部分生物量（above-ground biomass，Bag，kg/hm²）用半经验公式计算（李世华，2007）：

$$R_a = \left[0.53 \times \left(\frac{Bag}{Bag + 50}\right)\right] \times e^{0.5\left(\frac{T_c - T_a}{25}\right)} \tag{8-33}$$

式中，T_c 是平均气温，℃。

算法流程如图 8-43 所示。

1. 光合有效辐射遥感反演方法

黑河流域植被净初级生产力产品数据集所使用的光合有效辐射反演算法是利用高时间分辨率的静止卫星获取大气状况信息，利用较高空间分辨率的极轨卫星数据获取地表信息，基于大气辐射传输原理估算下行光合有效辐射。为提高计算效率，算法采用 6S 大气辐射传输模式以及 SBDART 模型构建不同大气状况下的下行光合有效辐射查找表，

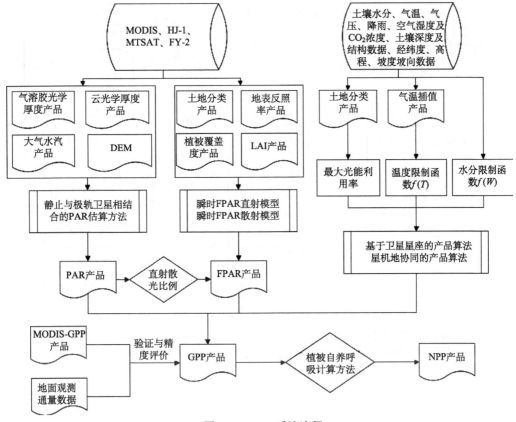

图 8-43　NPP 反演流程

根据输入参数的值在查找表中找到最接近的值域进行插值（Li et al., 2015a）。算法能够分别估算直射 PAR（光合有效辐射）以及散射 PAR，为后续区分直散射的 FPAR 计算提供了散射比例因子这一关键参数。反演流程如图 8-44 所示。

2. 植被光合有效辐射吸收比例遥感反演方法

FPAR 是光合有效辐射穿过冠层到达地表又被反射从冠层穿出过程中被冠层吸收的光合有效辐射占全部光合有效辐射的比例。它是由植被冠层生理生态特性以及结构特性所决定，因此 FPAR 的遥感反演方法主要有两个方向，一种是利用植被生理生态特性来反演，比如利用 FPAR 与 NDVI 等植被指数的关系反演；另一种是还原光合有效辐射在植被冠层中的辐射传输过程，求解真实冠层对光合有效辐射的吸收率。本算法基于能量守恒原理，建立区分直射与散射的瞬时 FPAR 解析模型（DnD 模型）（Li et al., 2015b）。

冠层 FPAR 可以表示为

$$\text{FPAR} = k \times \text{FPAR}_{\text{dir}} + (1-k) \times \text{FPAR}_{\text{diff}} \tag{8-34}$$

式中，FPAR_{dir} 为太阳直射光部分的 FPAR；$\text{FPAR}_{\text{diff}}$ 为太阳散射光部分的 FPAR；k 为太阳直射 PAR 占总光合有效辐射 PAR 的比例。

为得到直射 FPAR 与散射 FPAR，我们分析直散射光进入植被冠层后的传输过程可知，太阳直射 PAR 被植被冠层吸收的比例 FPAR_{dir}。

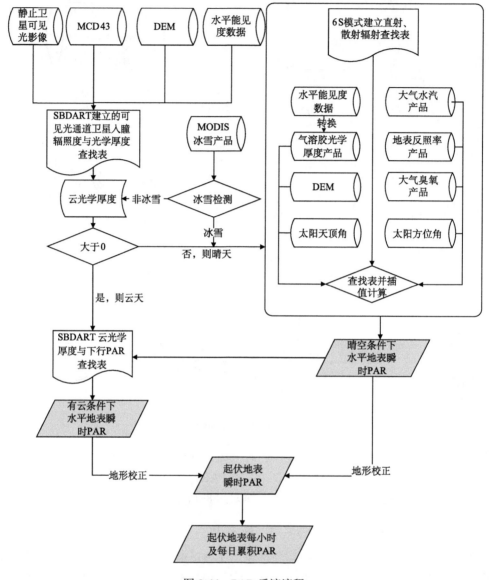

图 8-44 PAR 反演流程

$$FPAR_{dir} = (1 - \alpha_b) \times (1 - P_{gap}) \tag{8-35}$$

式中，α_b 为 400～700nm 的宽波段黑空反照率；P_{gap} 为太阳入射光方向的冠层孔隙率；黑空反照率很好地描述了太阳直射光进入冠层被反射的情况，$(1 - \alpha_b)$ 即为太阳直射光植被冠层以及土壤背景吸收的部分。P_{gap} 为太阳直射 PAR 穿过植被到达土壤的部分，$(1 - P_{gap})$ 即为直射 PAR 被植被吸收的部分。

太阳散射 PAR 被植被冠层吸收的比例 $FPAR_{diff}$ 表示为

$$FPAR_{diff} = (1 - \alpha_w) \times (1 - K_{open}) \tag{8-36}$$

式中，α_w 为 400～700nm 波段范围的冠层白空反照率；K_{open} 是植被冠层的开放度。$(1-\alpha_w)$ 表示太阳入射散射 PAR 被植被以及土壤背景吸收的部分；K_{open} 表示散射 PAR 到达土壤的部分，则 $(1-K_{open})$ 即表示散射 PAR 被植被吸收的部分。

假设土壤背景吸收率 α_d 是植被冠层吸收率 α_L 的 a 倍，公式表示为

$$FPAR_{dir} = \frac{(1-\alpha_b)\times(1-P_{gap})}{1+(a-1)\times P_{gap}} \tag{8-37}$$

$$FPAR_{diff} = \frac{(1-\alpha_w)\times(1-K_{open})}{1+(a-1)\times K_{open}} \tag{8-38}$$

在本算法中对植被冠层直散射 FPAR 的定义可以看出，除 LAI、地表反照率以及植被分类有关外，太阳天顶角也是 FPAR 的重要输入变量，而太阳天顶角在一天中是不断变化着的，这也说明 FPAR 在一天中也应该跟随太阳天顶角的不同而不同。因此把反演的卫星过境时刻的 FPAR 作为冠层一天的 FPAR 值，这对于 FPAR 的估算显然是不够准确的。本算法中建立的 FPAR 估算方法，能够通过输入一天中不停变化的太阳天顶角，而计算得到一天中任意时刻的 FPAR。而区分直射与散射的模型，又能够通过直散射比例因子的变化来反映天气条件的变化，从而反映有云条件与晴天条件下 FPAR 的不同。

$$FPAR = \frac{\sum_{t=0}^{n} k_t \times FPAR_{dirt} + (1-k_t)\times FPAR_{difft}}{n} \tag{8-39}$$

式中，t 为任意时刻。

8.8.2　产品介绍

黑河流域植被净初级生产力产品集提供了 2011～2015 年空间分辨率为 1km 的每 5 天平均植被净初级生产力数据。为解决散射辐射对植被净初级生产力的影响以及云天条件下植被净初级生产力的估算问题，提高植被净初级生产力产品的时空分辨率，黑河流域的净初级生产力产品反演算法以光能利用率模型为基础，围绕光能利用率模型的关键参数光合有效辐射以及植被光合有效辐射吸收比例，发展了 PAR 及 FPAR 反演的新方法，提高了 NPP 产品的反演精度及时空分辨率。发展了一种静止与极轨卫星相结合的小时 PAR 反演方法，同步反演区域尺度的散射比例因子；构建了区分直射与散射的 FPAR 瞬时解析模型，将 FPAR 反演方法推演至有云及阴天条件。利用光能利用率模型，估算植被净初级生产力，并使用地面实测数据以及同类产品进行对比验证。

利用黑河流域 2011～2015 年的 MODIS 以及 MTSAT 数据，估算瞬时、小时，以及日累计的 PAR（图 8-45）。

利用黑河流域 2011～2015 年 MODIS LAI 产品、地表反照率产品以及计算的散射 PAR 占总 PAR 的比例系数，计算直射 FPAR、散射 FPAR 以及总 FPAR，如图 8-46 所示。

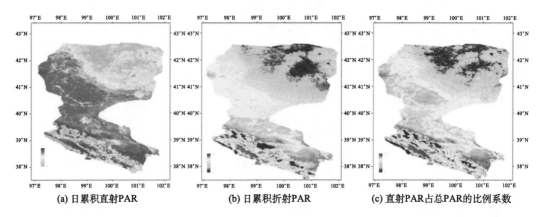

(a) 日累积直射PAR　　　　(b) 日累积折射PAR　　　　(c) 直射PAR占总PAR的比例系数

图 8-45　2012 年 6 月 9 日 PAR 反演结果

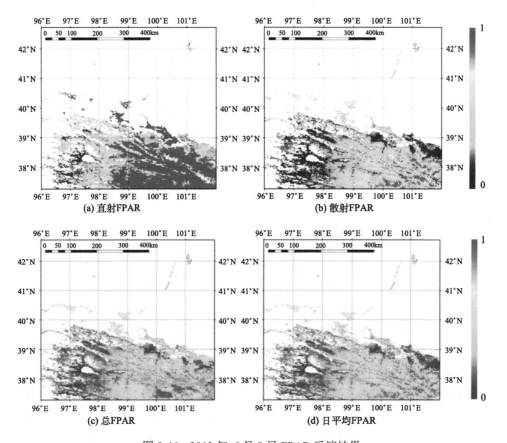

(a) 直射FPAR　　　　　　　　　　(b) 散射FPAR

(c) 总FPAR　　　　　　　　　　(d) 日平均FPAR

图 8-46　2012 年 6 月 9 日 FPAR 反演结果

基于光能利用率模型反演黑河流域2011～2015年的GPP及NPP，NPP结果如图8-47所示，结合地面涡度相关仪观测的CO_2通量数据以及MODISGPP产品进行了验证。

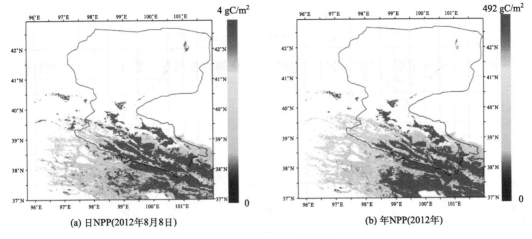

(a) 日NPP(2012年8月8日)　　　　　　　　(b) 年NPP(2012年)

图 8-47　NPP 反演结果

8.8.3　产品验证

1. FPAR 算法结果与验证

验证中采用了基于实际观测数据（FPAR）的直接验证以及基于观测数据（APAR）以及其他卫星产品的间接验证。为获取黑河流域 PAR 及 FPAR 的地面观测数据，传统方法为架设光量子通量传感器观测下行PAR 以及使用SUNSCAN冠层分析仪测量冠层吸收的光合有效辐射比例，为获取连续的长时间序列的观测数据，本小节在黑河流域选取典型地表类型玉米下垫面、森林下垫面、草地下垫面，架设向上及向下的光量子通量传感器（图 8-48），分别观测下行 PAR（PAR↓）以及上行 PAR（PAR↑），根据式（8-40）和（8-41）得到冠层及土壤吸收的光合有效辐射，利用这个观测值来验证 PAR 及 FPAR 的反演精度。

图 8-48　黑河流域 PAR 观测站

$$PAR \downarrow -PAR \uparrow -APAR_{plant} + APAR_{soil} \tag{8-40}$$

$$APAR_{plant} = FPAR_{plant} \times PAR \downarrow \tag{8-41}$$

利用 SunScan 冠层分析仪观测的 FPAR 日变化等数据与反演数据验证结果如图 8-49 所示。观测的日变化数据的均值为 0.8069，反演的日平均值为 0.8192。反演的瞬时值与观测值间 RMSE 为 0.0289，相关系数为 0.8419。

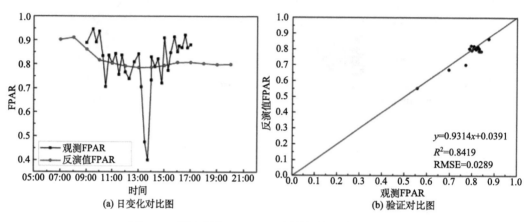

图 8-49　黑河流域 SunScan 观测数据与反演结果对比

由于反演采用 MODIS 的 LAI 产品以及地表反照率产品作为输入，算法反演的 FPAR 与 MODIS 的 FPAR 产品有良好的相关性。图 8-50 是不同植被类型的验证结果。在森林地区 MODIS 的结果要高于本算法反演的结果，这与在诸多文献中 MODIS 森林地区结果偏高的验证结果相一致。

2. NPP 算法结果与验证

针对 NPP 算法的验证，选取黑河流域大满超级站、阿柔超级站、胡杨林站涡度相关数据，下垫面分别为玉米、高寒草甸及胡杨林，对反演的 GPP 进行直接验证。同时，利用 MODIS-GPP 产品进行本算法的间接验证，验证结果如图 8-51 所示。

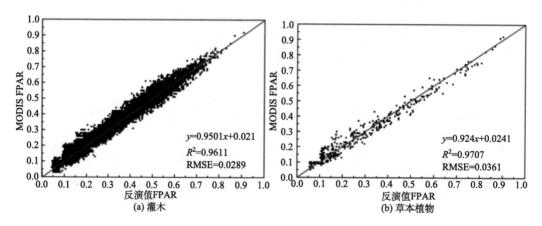

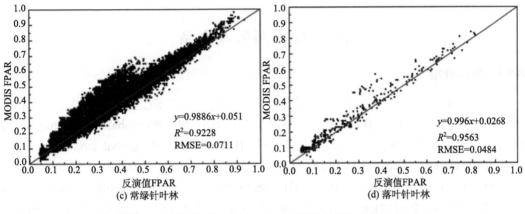

图 8-50　黑河流域 MODIS FPAR 产品与反演 FPAR 对比

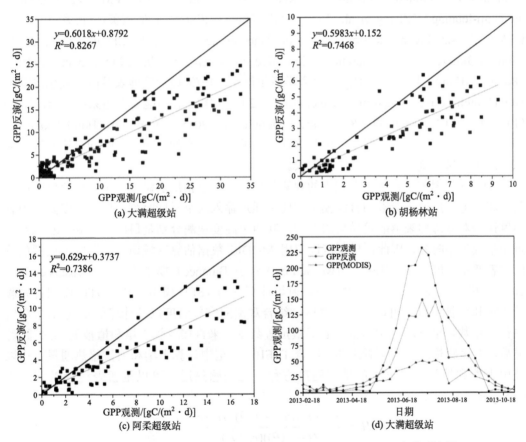

图 8-51　黑河流域反演 GPP 与地面观测数据以及 MODIS-GPP 产品对比图

反演 GPP 与观测 GPP 有较好的相关性。反演 GPP 较观测 GPP 总体偏低。反演 GPP 能够反映阴天条件下植被光合能力的下降。与观测 GPP 在阴天时的趋势吻合。将结果合成为 8 天累积 GPP 后与 MODIS GPP 产品进行比较发现，反演结果优于 MODIS-GPP。

8.9　地表蒸散发产品

8.9.1　算法介绍

目前基于各种地表蒸散发遥感估算模型和用户的不同需求已发布了不同地表蒸散发遥感产品，如：全球尺度地表蒸散发遥感产品 MOD16（MODIS global evapotranspiration project）（Mu et al，2011）（8 天/月/年，500m/1km）、GLEAM（global land evaporation amsterdam model）（Miralles et al.，2011）（d，0.25°）、ET-EB（evapotranspiration-energy balance）（Chen et al.，2014）（m,0.1°）、GLASS（global land surface satellite products）（Yao et al.，2014）（8d，0.05°/1km）、ETMonitor（Hu and Jia, 2015）（d，1km）、BESS（breathing earth system simulator）（Jiang and Ryu，2016）（8d，1km）、PML_V2（penman-monteith-leuning）（Zhang et al.，2019）（8d，500m）和欧洲/非洲/南美洲/北美洲/中国的 LSA-SAF（satellite application facility on land surface analysis）（Ghilain et al.，2012）（30min，3km）、SSEBop（operational simplified surface energy balance）（Senay et al.，2013）（8d/m/y，1km），以及在黑河流域众多学者生产了区域/流域尺度地表蒸散发遥感产品，如 ETWatch（d/m，30m/1km）（Wu et al.，2012）、SEBS（表面能量平衡系统）（d，90m）（Li et al.，2017）、MOD3T（8d，1km）（Xiong et al.，2015）、VDA（d，1km）（Xu et al.，2019）等产品（张圆等，2020）。但是这些产品的精度、空间分辨率、时间分辨率等不能完全满足流域尺度生态水文应用的需求。

DTD（双温差）模型需要较少的观测数据，主要包括地表温度、植被覆盖度、植被类型和近地层风速等参数。DTD 模型主要是通过输入两个不同时刻的地表温度降低地表温度误差对双源地表蒸散发模型的影响，其两个温度观测分别是日出后 1 h 左右以及接近中午或下午时刻，因此，模型可以应用 MODIS 数据估算区域地表蒸散发，模型估算的地表通量精度优于 TSEB$_{PT}$（Two Source Energy Balance）模型的结果（Kustas et al.，2012）。模型中关于植被覆盖度、净辐射等计算都与 TSEB 模型一致。DTD 模型首先假设土壤和植被温度再可以获取，然后，结合观测的空气温度以及计算的空气密度/空气热传导系数、空气动力学阻抗、冠层阻抗等数据，来直接计算土壤和植被的感热通量，最后，地表感热通量为两者之和。结合 TSEB$_{PT}$ 模型中计算土壤和植被感热通量方程以及由土壤和植被温度表达的地表温度方程，地表感热通量可以重新表达为以下公式（Song et al.，2018），

$$H = \frac{(T_R - T_a)\rho c_p - f(\theta) \cdot H_c \cdot r_a}{(1 - f(\theta))(r_a + r_s)} + H_c \tag{8-42}$$

如果有两次卫星观测，第一次观测时间为 t_0，第二次观测时间为 t_i，第二次卫星过境时的地表感热通量可以表达为（Guzinski et al.，2014）：

$$H_i = \rho c_\rho \left[\frac{(T_{R,i}(\theta) - T_{R,0}(\theta)) - (T_{a,i} - T_{a,0})}{(1 - f(\theta))(r_{a,i} + r_{s,i})} \right] + H_{c,i} \left[1 - \frac{f(\theta)}{1 - f(\theta)} \frac{r_{a,i}}{r_{a,i} + r_{s,i}} \right]$$
$$+ (H_0 - H_{c,0}) \left[\frac{r_{a,0} + r_{s,0}}{r_{a,i} + r_{s,i}} \right] + H_{c,0} \left[\frac{f(\theta)}{1 - f(\theta)} \frac{r_{a,0}}{r_{a,i} + r_{s,i}} \right] \tag{8-43}$$

由于第一次观测为日出后 1 小时，土壤感热通量，$H_{s,0} = H_0 - H_{c,0}$，非常小，几乎可以忽略。而且 $H_{c,0}$ 也非常小，同样可以忽略。所以含有 t_0 时刻的地表感热通量和阻抗的计算都可以忽略了，因此式（8-39）可以简化为

$$H_i = \rho c_\rho \left[\frac{(T_{R,i}(\theta) - T_{R,0}(\theta)) - (T_{a,i} - T_{a,0})}{(1 - f(\theta))(r_{a,i} + r_{s,i})} \right] + H_{c,i} \left[1 - \frac{f(\theta)}{1 - f(\theta)} \frac{r_{a,i}}{r_{a,i} + r_{s,i}} \right] \tag{8-44}$$

式中，$H_{c,i}$ 为 i 时刻植被感热通量，其计算过程和 TSEB 模型植被感热通量计算方法相同。其他参数如土壤净辐射 Rn_s、植被净辐射 Rn_c、土壤热通量 G_0、土壤潜热通量 LE_s、植被潜热通量 LE_c 等参数的计算参考相关文献（Song et al.，2016）。

由于 DTD 模型主要是依据静止气象卫星多次观测的优势设计，如果利用极轨卫星 MODIS 观测数据驱动 DTD 模型还需要对其中的一些参数化方案做一定的修改。MODIS 主要有 Terra 和 Aqua 两个传感器，一天有四次对地观测，其中 Terra 观测时间一般为 10:30 和 22:30，Aqua 观测时间一般为 13:00 和 01:00。可以利用 Aqua 两次观测数据驱动 DTD 模型。在夜间，虽然地表感热通量也比较小（一般为负值），但是其数值仍然比清早的地表感热通量大，因此，如果将其设置为 0 会影响 DTD 模型估算的白天地表通量精度。另外，Aqua 传感器 01:00 时刻观测时间为夜间，模型中地表净辐射公式中没有太阳短波辐射项，无法利用简化的 Priestley-Taylor 公式计算初始的植被潜热通量。但是在夜间假设植被温度（T_c）与冠层内部空气温度（T_{ac}）非常接近，可以利用冠层热传导模型估算；然后土壤温度（T_s）可通过地表温度和植被覆盖度等信息计算。初始植被温度假设为地表辐射温度和空气温度的平均值，且假设大气状况为中性层结下。最后，土壤和植被潜热通量利用余项法来计算。

利用计算的初始 H，通过迭代的思路可以重新计算夜间土壤和植被温度，结合热传导模型可以计算大气边界层内的大气廓线温度（Guzinski et al.，2014）：

$$T(d_0 + z_{0h}) = T_a + \frac{H}{0.4 \rho c_\rho u^*} \left(\ln \frac{z_T - d_0}{z_{0h}} + \psi_h \right) \tag{8-45}$$

式中，参数的意义和前文相同，结合冠层内部空气热传导，可以假设植被冠层内部空气温度与 $T(d_0 + z_{0h})$ 近似相等，即

$$T_c \approx T_{ac} \approx T(d_0 + z_{0h}) \tag{8-46}$$

　　以上的过程是植被温度计算的一个迭代过程，一般当植被温度 T_c 和 L 数值处于稳定状态时，迭代过程停止，研究技术路线如图 8-52 所示（Song et al.，2018）。

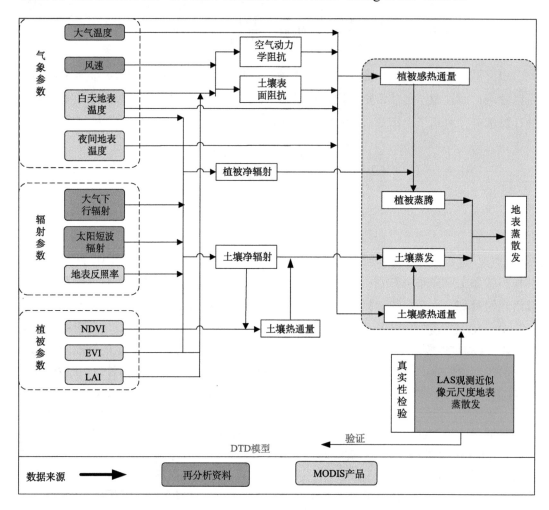

图 8-52　流域尺度土壤蒸发和植被蒸腾遥感估算与验证

　　利用优化的 SEBS 模型和多源遥感数据，结合数据融合方法生产了黑河中游和下游田块尺度逐日地表蒸散发遥感产品。其中天气晴好且有高分辨率遥感数据集的时候，直接利用优化的 SEBS 模型进行计算，并扩展到日尺度；晴好日但无高分辨率遥感数据集，利用数据融合技术获取模型输入参数高分辨率数据集来驱动 SEBS 模型，然后扩展到日尺度获取高分辨率地表蒸散发数据集；非晴好日利用参考作物蒸发比方法进行日地表蒸散发插补（Ma et al.，2018）。

8.9.2　产品介绍

　　黑河流域地表蒸散发产品，包括全流域蒸散发及蒸散发组分产品以及中游灌区 100m 日地表蒸散发产品，由于该地区地表蒸散发主要集中在生长季，因此，产品集提供了

2012～2016 年生长季 1 km 日地表蒸散发及其组分以中游灌区和下游绿洲 100m 日地表蒸散发。利用 DTD 模型，结合搭载在 Terra 和 Aqua 卫星上 MODIS 传感器，获取中午和夜间两次卫星过境遥感影像，结合采用 WRF 模式生产的逐时 0.05° 的空气温度、近地层气压、水汽混合比、辐射、10m 风速等气象数据，生产了 2012～2016 年整个黑河流域生长季的时空连续 1km 日地表蒸散发、土壤蒸发和植被蒸腾遥感产品（图 8-53）。利用多源数据融合的方法，使用优化的 SEBS 遥感蒸散发模型生产了 2012～2016 年黑河中游灌区和下游绿洲田块尺度（100m）日地表蒸散发产品（high-temporal and landsat-like，HiTLL）（图 8-54）。

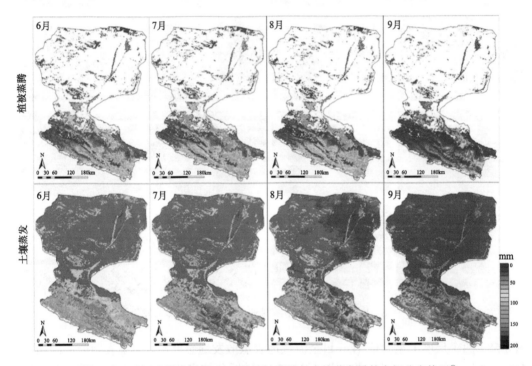

图 8-53　黑河流域生长季 1km 月植被蒸腾与土壤蒸发量的空间分布格局①

8.9.3　产品验证

目前，地面观测地表蒸散发的仪器主要是涡动相关仪和大孔径闪烁仪等，其中涡动相关仪的观测源区为 100～300 m，远小于 MODIS 热红外数据的空间分辨率（1 km），而大孔径闪烁仪观测源区为 1～5 km，虽然可以超过 MODIS 的像元大小，但由于其观测源区受到风速/风向、大气稳定度、架高和地表粗糙度等的影响，其位置与大小并不是固定的，与 MODIS 像元难以完全匹配。因此，在对所生产的产品进行验证的时候，我们首先利用大孔径闪烁仪观测值，结合观测通量足迹模型从瞬时（图 8-55）和日（图 8-56～

---

① 由于黑河流域地表蒸散发主要集中在生长季，因此，本产品目前生产的时间为生长季。

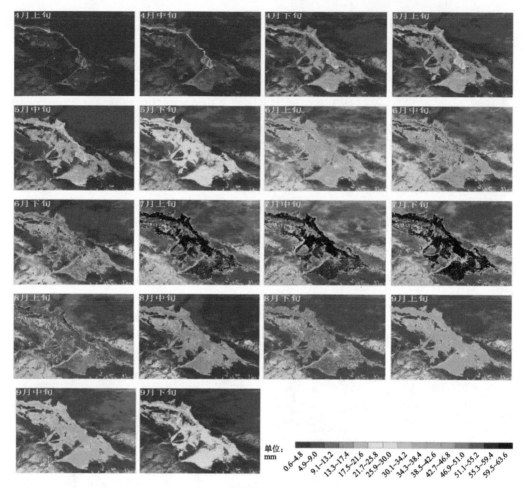

单位：mm

0.6~4.8　4.9~9.0　9.1~13.2　13.3~17.4　17.5~21.6　21.7~25.8　25.9~30.0　30.1~34.2　34.3~38.4　38.5~42.6　42.7~46.8　46.9~51.0　51.1~55.2　55.3~59.4　59.5~63.6

图 8-54　生长季黑河中游绿洲 100 m 旬地表蒸散发[①]

图 8-58）两个尺度上来验证 1km 日全流域地表蒸散发遥感产品，结果表明产品的精度为 70%。然后，结合稳定同位素技术以及高频通量拆分技术获取的地表蒸散发组分数据对生产的全流域 1km 土壤蒸发和植被蒸腾组分产品进行验证，结果表明产品植被蒸腾比例精度较好（图 8-59），最后，将全流域 1km 地表蒸散发产品与其他遥感产品进行了交叉验证（图 8-60），产品精度优于当前其他遥感产品，同时具有更高的时空间分辨率。对于中游灌区 100 m 日地表蒸散发产品的验证，主要利用涡动相关仪观测结合足迹模型进行的（图 8-61），验证结果表明该产品精度为 75%，然后，与其他遥感地表蒸散发产品进行了交叉验证（图 8-62），结果表明产品精度和时空分辨率都优于当前其他产品。

---

① 由于黑河流域地表蒸散发主要集中在生长季，因此，本产品目前生产的时间为生长季。

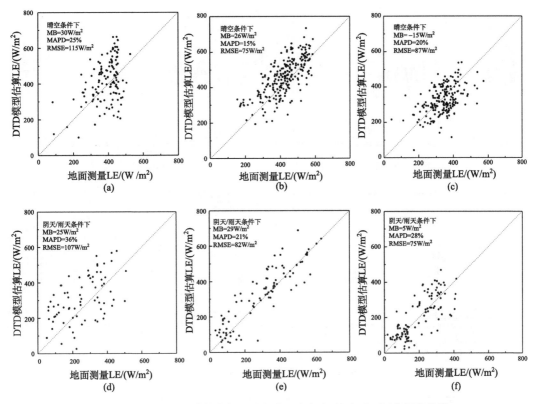

图 8-55 DTD 模型估算潜热通量与大孔径闪烁仪地面观测数据的比较

晴空条件下：（a）上游、（b）中游、（c）下游数据比较；阴天/雨天条件下：（d）上游、（e）中游、（f）下游数据比较

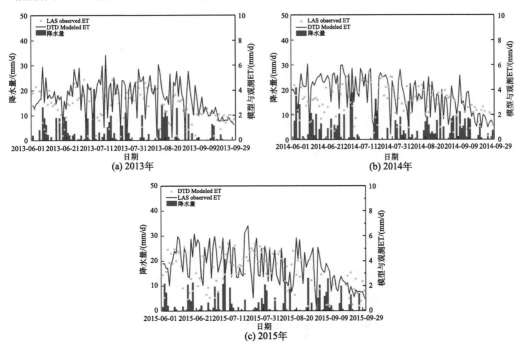

图 8-56 上游草地下垫面日地表蒸散发产品与大孔径闪烁仪地面观测数据比较

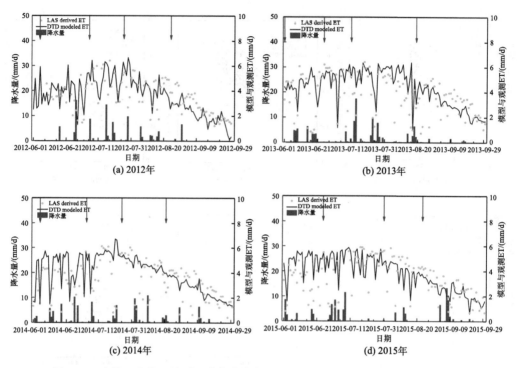

图 8-57　中游玉米地下垫面日地表蒸散发产品与大孔径闪烁仪地面观测数据比较

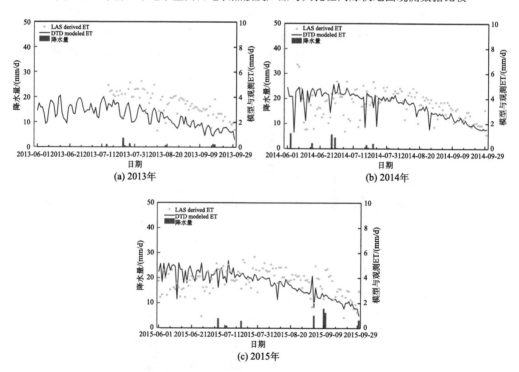

图 8-58　下游河岸林下垫面日地表蒸散发产品与大孔径闪烁仪地面观测数据比较

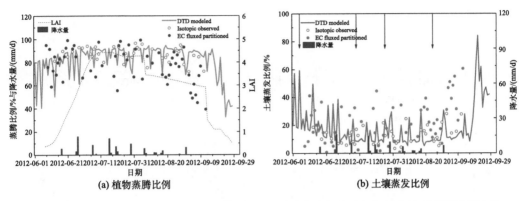

(a) 植物蒸腾比例　　　　　　　　(b) 土壤蒸发比例

图 8-59　中游玉米地下垫面土壤蒸发和植被蒸腾遥感产品与大孔径闪烁仪地面观测数据比较

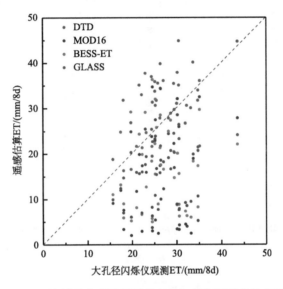

图 8-60　黑河流域地表蒸散发遥感产品与其他遥感产品交叉验证

8.10　小　　结

本章介绍了黑河流域 8 种关键生态-水文变量遥感产品的生产算法、技术流程和产品规格。经过验证分析，这套全流域关键生态-水文变量遥感产品，与公开发布的全球产品相比，具有更高的时空分辨率和产品精度。这套产品不但可在流域生态水文集成研究以及其他相关研究中发挥重要的作用，对于其他区域、全国乃至全球遥感产品的改进和提升也具有重要的借鉴意义。

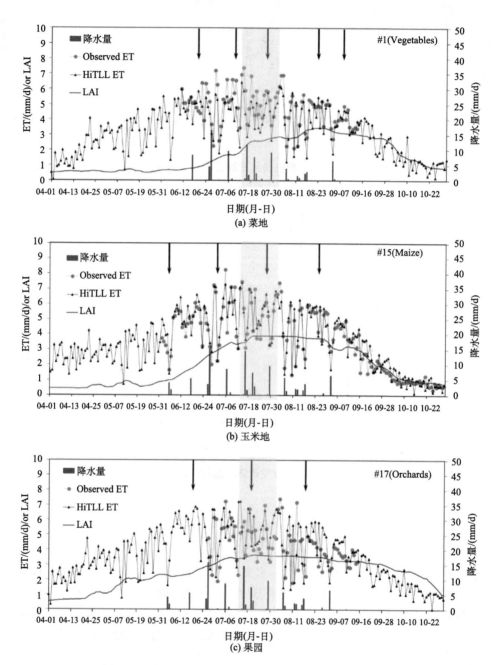

图 8-61　中游绿洲典型下垫面日田块尺度地表蒸散发产品
与涡动相关仪地面观测数据比较

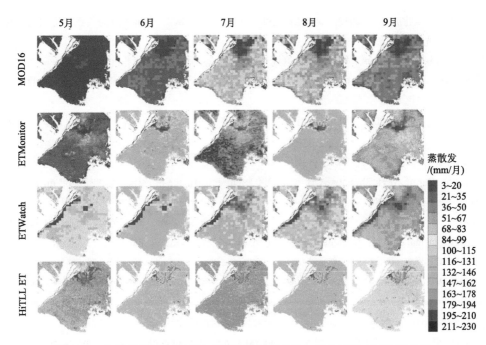

图 8-62　中游绿洲田块尺度地表蒸散发遥感产品与其他遥感产品空间比较

参 考 文 献

曹永攀, 晋锐, 韩旭军, 等. 2011. 基于 MODIS 和 AMSR-E 遥感数据的土壤水分降尺度研究. 遥感技术与应用, 26(5): 590-597.

董淑英, 晋锐, 亢健, 李大治. 2015. ASAR GM 后散时间序列估算黑河上游地表土壤水分. 遥感技术与应用, 30(4): 667-676.

胡庆芳, 杨大文, 王银堂, 等. 2013. 赣江流域 TRMM 降水数据的误差特征及成因. 水科学进展, 24(6): 794-800.

嵇涛, 杨华, 刘睿, 等. 2014. TRMM 卫星降水数据在川渝地区的适用性分析, 33(10): 1375-1386.

李静, 夏传福, 柳钦火, 等. 2017. 中国-东盟 1km 分辨率植被生长季长度数据集(2013). 全球变化数据学报, 1(3): 278-281.

李世华. 2007. 基于数据-模型融合方法植被初级生产力遥感监测研究. 北京: 中国科学院遥感应用研究所博士学位论文.

李新, 黄春林, 车涛, 等. 2007. 中国陆面数据同化系统研究的进展与前瞻. 自然科学进展, 17(2): 163-173.

马春锋, 王维真, 吴月茹, 等. 2012. 基于 MODIS 数据的黑河流域土壤热惯量反演研究. 遥感技术与应用, 27(2): 197-207.

穆西晗, 柳钦火, 阮改燕, 等. 2017. 中国-东盟 1 km 分辨率植被覆盖度数据集. 全球变化数据学报, 1(1): 45-51.

齐文文, 张百平, 宠宇, 等. 2013. 基于 TRMM 数据的青藏高原降水的空间和季节分布特征. 地理科学, 33(8): 999-1005.

王安琪, 解超, 施建成, 等. 2013. MODIS 温度变化率与 AMSR-E 土壤水分的关系的提出与降尺度算法推广. 光谱学与光谱分析, (3): 623-627.

武永峰, 李茂松, 李京. 2008. 中国植被绿度期遥感监测方法研究. 遥感学报, (1): 92-103.

夏传福. 2012. 基于卫星时间序列数据的植被物候遥感监测研究. 北京：中国科学院遥感与数字地球研究所.

夏传福, 李静, 柳钦火. 2012. 基于MODIS叶面积指数的遥感物候产品反演方法. 农业工程学报, 28(19): 103-109.

竺可桢, 宛敏渭. 1999. 物候学. 长沙：湖南教育出版社.

Carrico C M, Bergin M H, Shrestha A B, et al. 2003. The importance of carbon and mineral dust to seasonal aerosol properties in the Nepal Himalaya. Atmospheric Environment, 37(20): 2811-2824.

Cernusak L A, Hutley L B, Beringer J, et al. 2001. Photosynthetic physiology of eucalypts along a sub-continental rainfall gradient in northern Australia. Agricultural and Forest Meteorology, 151(11): 1462-1470.

Chameides W L, Yu H, Liu S C, et al. 1999. Case study of the effects of atmospheric aerosols and regional haze on agriculture: an opportunity to enhance crop yields in China through emission controls? Proceedings of the National Academy of Sciences, 96(24): 13626-13633.

Chen X Q, Hu B, Yu R. 2005. Spatial and temporal variation of phenological growing season and climate change impacts in temperate eastern China. Global Change Biology, 11(7): 1118-1130.

Chen X Q, Su Z, Ma Y, et al. 2014. Development of a 10-year(2001-2010)0. 1 data set of land-Surface energy balance for mainland China. Atmospheric Chemistry and Physics, 14 : 13097-13117.

Choudbury B J. 2001. Estimating gross photosynthesis using satellite and ancillary data: Approach and preliminary results. Remote Sensing of the Environment, 75(1): 1-21.

Colee M T, Painter T H, Rosenthal W, et al. 2000. A spatially distributed physical snowmelt model in an alpine catchment. Proceedings, Western Snow Conference. 68: 99-102.

Dozier J, Painter T H. 2004. Multispectral and hyperspectral remote sensing of alpine snow properties. Annual Review of Earth and Planetary Sciences, 32 : 465-494.

Farquhar G, Roderick M. 2003. Pinatubo, diffuse light, and the carbon cycle. Science, 299(5615): 1997-1998.

Fitter A H, Fitter R S R. 2002. Rapid changes in flowering time in British plants. Science, 296(5573): 1689-1691.

Foley J A. 1994. Net primary productivity in the terrestrial biosphere: The application of a global model. Journal of Geophysical Research: Atmospheres, 99(D10): 20773-20783.

Ghilain N, Arboleda A, Sepulcre-Canto G, et al. 2012. Improving evapotranspiration in a land surface model using biophysical variables derived from MSG/SEVIRI satellite. Hydrology and Earth System Sciences, 16 : 2567-2583.

Gitelson A A, Kaufman Y J, Stark R, et al. 2002. Novel algorithms for remote estimation of vegetation fraction. Remote sensing of Environment, 80(1): 76-87.

Gonzalez Miralles D, Holmes T R H, de Jeu R A M, et al. 2011. Global land-surface evaporation estimated from satellite-based observations. Hydrology and Earth System Sciences, 15 : 453-469.

Graetz R D, Pech R P, Gentle M R, et al. 1986. The application of Landsat image data to rangeland assessment and monitoring: The development and demonstration of a land image-based resource information system(LIBRIS). Journal of Arid Environments, 10(1): 53-80.

Gu L, Baldocchi D, Black T, et al. 2002. Advantages of diffuse radiation for terrestrial ecosystem productivity. Journal of Geophysical Research, 107(D6): ACL 2-1-ACL 2-23.

Gu L, Baldocchi D, Wofsy S, et al. 2003. Response of a deciduous forest to the Mount Pinatubo eruption: enhanced photosynthesis. Science, 299(5615): 2035-2038.

Gu L, Fuentes J, Shugart H, et al. 1999. Responses of net ecosystem exchanges of carbon dioxide to changes in cloudiness: results from two North American deciduous forests. Journal of Geophysical Research, 104(D24): 31421-31434.

Guzinski R, Nieto H, Jensen R, et al. 2014. Remotely sensed land-surface energy fluxes at sub-field scale in heterogeneous agricultural landscape and coniferous plantation. Biogeosciences, 11(18): 5021-5046.

Hall D K, Riggs G A, Salomonson V V. 1995. Development of methods for mapping global snow cover using moderate resolution imaging spectroradiometer data. Remote Sensing of Environment, 54(2): 127-140.

Hall D K, Riggs G A, Salomonson V V, et al. 2002. MODIS snow-cover products. Remote Sensing of Environment, 83(1-2): 181-194.

Heinz D C. 2001. Fully constrained least squares linear spectral mixture analysis method for material quantification in hyperspectral imagery. IEEE Transactions on Geoscience and Remote Sensing, 39(3): 529-545.

Horn J E, Schulz K. 2011. Identification of a general light use efficiency model for gross primary production. Biogeosciences, 8(4): 999-1021.

Hu G, Jia L. 2015. Monitoring of evapotranspiration in a semi-arid inland river basin by combining microwave and optical remote sensing observations. Remote Sensing, 7(3): 3056-3087.

Hu X, Lu L, Li X, et al. 2015. Land use/cover change in the middle reaches of the Heihe River Basin over 2000-2011 and its implications for sustainable water resource management. PLoS One, 10(6): e0128960.

Huffman G J, Bolvin D T, Nelkin E J, et al. 2007. The TRMM multisatellites precipitation analysis(TMPA): quasi-global, multiyear, combine-sensor precipitation estimates at fine scales. Journal of Hydrometeorology, 8(1): 38-55.

Jiang C, Ryu Y. 2016. Multi-scale evaluation of global gross primary productivity and evapotranspiration products derived from Breathing Earth System Simulator(BESS). Remote Sensing of Environment, 186 : 528-547.

Kang J, Jin R, Li X, et al. 2017. High spatio-temporal resolution mapping of soil moisture by integrating wireless sensor network observations and MODIS apparent thermal inertia in the Babao River Basin, China. Remote Sensing of Environment, 191 (Supplement C): 232-245.

Kang J, Jin R, Li X, Zhang Y. 2018. Spatial upscaling of sparse soil moisture observations based on ridge regression. Remote Sensing, 10(2): 192.

Kanniah K D, Beringer J, Hutley L. 2013. Exploring the link between clouds, radiation, and canopy productivity of tropical savannas. Agricultural and Forest Meteorology, 182 : 304-313.

Kanniah K D, Beringer J, North P, et al. 2012. Control of atmospheric particles on diffuse radiation and terrestrial plant productivity: A review. Progress in Physical Geography, 36(2): 209-237.

Kaufman Y J, Tanré D, Boucher O. 2002. A satellite view of aerosols in the climate system. Nature, 419(6903): 215-223.

King M D. 1999. EOS science plan: the state of science in the EOS program. National Aeronautics and Space Administration.

Kim S, Jefferson A, Yoon S, et al. 2005. Comparisons of aerosol optical depth and surface shortwave irradiation and their effect on the aerosol surface radiative forcing estimation. Journal of Geophysical Research, 110(D7): D07204.

Kustas W P, Alfieri J G, Anderson M C, et al. 2012. Evaluating the two-source energy balance model using local thermal and surface flux observations in a strongly advective irrigated agricultural area. Advances in Water Resources, 50 : 120-133.

Lewis J, Derber J. 1985. The use of adjoint equations to solve a variational adjustment problem with advective constrains. Tellus A, 37(4): 309-322.

Li L, Du Y M, Tang Y, et al. 2015b. A new algorithm of FPAR product in the Heihe River Basin Considering the contributions of direct and diffuse solar radiation separately. Remote Sensing, 7(5): 6416-6432.

Li L, Xin X Z, Zhang H L, et al. 2015a. A method for estimating hourly photosynthetically active radiation(PAR)in China by combining geostationary and polar-orbiting satellite data. Remote Sensing of Environment, 165 : 14-26.

Li Y, Huang C, Hou J, et al. 2017. Mapping daily evapotranspiration based on spatiotemporal fusion of ASTER and MODIS images over irrigated agricultural areas in the Heihe River Basin, Northwest China. Agricultural and Forest Meteorology, 244 : 82-97.

Liu J, Chen J M, Cihlar J, et al. 1997. A process-based boreal ecosystem productivity simulator using remote sensing inputs. Remote sensing of Environment, 62(2): 158-175.

Luce C H, Tarboton D G, Cooley K R. 1998. The influence of the spatial distribution of snow on basin - averaged snowmelt. Hydrological Processes, 12(10-11): 1671-1683.

Luce C H, Tarboton D G, Cooley K R. 1999. Sub - grid parameterization of snow distribution for an energy and mass balance snow cover model. Hydrological Processes, 13(12-13): 1921-1933.

Ma C F, Wang W Z, Han X J, et al. 2013. Soil moisture retrieval in the Heihe River Basin based on the real thermal inertia method. IEEE Journal of Selected Topics in Applied Earth Observations and Remote Sensing, 6:1460-1467.

Ma Y, Liu S, Song L, et al. 2018. Estimation of daily evapotranspiration and irrigation water efficiency at a Landsat-like scale for an arid irrigation area using multi-source remote sensing data. Remote Sensing of Environment, 216 : 715-734.

Monteith J L. 1972. Solar radiation and productivity in tropical ecosystems. Journal of Applied Ecology, 9(3): 747-766.

Monteith J L. 1977. Climate and the efficiency of crop production in Britain. Philosophical Transactions of the Royal Society of London. B, Biological Sciences, 281(980): 277-294.

Mu Q, Zhao M, Running S W. 2011. Improvements to a MODIS global terrestrial evapotranspiration algorithm. Remote Sensing of Environment, 115(8): 1781-1800.

North P R J. 2002. Estimation of f_{APAR}, LAI, and vegetation fractional cover from ATSR-2 imagery. Remote Sensing of Environment, 80(1): 114-121.

Olson W S, Bauer P, Viltard N F, et al. 2001. A melting-layer model for passive/active microwave remote sensing applications. Part I: Model formulation and comparison with observations. Journal of Applied

Meteorology, 40(7): 1145-1163.

Painter T H, Dozier J, Roberts D A, et al. 2003. Retrieval of subpixel snow-covered area and grain size from imaging spectrometer data. Remote Sensing of Environment, 85(1): 64-77.

Pan X, Tian X, Li X, et al., 2012. Assimilating Doppler radar radial velocity and reflectivity observations in the WRF model by a POD-based ensemble three-dimensional variational assimilation method. Journal of Geophysical Research, 117(D17113), doi: 10.1029/2012JD017684.

Pan X D, Li X, Chen G D, et al. 2017. Effects of 4D-Var data assimilation using remote sensing precipitation products in a WRF model over the complex terrain of an arid region River Basin. Remote Sensing, 9(9): 963.

Park S, Im J, Park S, et al. 2015. AMSR2 soil moisture downscaling using multisensor products through machine learning approach. 2015 IEEE International Geoscience and Remote Sensing Symposium (IGARSS), 1984-1987.

Peñuelas J, Filella L. 2001. Responses to a warming world. Science, 294(5543): 793-795.

Piles M, Sanchez N, Vall-llossera M, et al. 2014. A downscaling approach for SMOS land observations: evaluation of high-resolution soil moisture maps over the Iberian Peninsula. IEEE Journal of Selected Topics in Applied Earth Observations and Remote Sensing, 7(9): 3845-3857.

Ramsay B H. 1998. The interactive multisensor snow and ice mapping system. Hydrological Processes, 12(10‐11): 1537-1546.

Riggs G A, Hall D K, Salomonson V V. 2006. MODIS snow products user guide to collection 5. Digital Media, 80(6): 1-80.

Roderick M L, Farquhar G D, Berry S L, et al. 2001. On the direct effect of clouds and atmospheric particles on the productivity and structure of vegetation. Oecologia, 129(1): 21-30.

Seinfeld J H, Pandis S N. 1998. Atmospheric Chemistry and Physics: From Air Pollution to Climate Change. New York: Wiley-Interscience Press.

Senay G B, Bohms S, Singh R K, et al. 2013. Operational evapotranspiration mapping using remote sensing and weather datasets: A new parameterization for the SSEB approach. JAWRA Journal of the American Water Resources Association, 49(3): 577-591.

Seyyedi H, Anagnostou E N, Beighley E, et al. 2015. Hydrologic evaluation of satellite and reanalysis precipitation datasets over a mid-latitude basin. Atmospheric Research, 164: 37-48.

Song L, Liu S, Kustas W P, et al. 2018. Monitoring and validating spatially and temporally continuous daily evaporation and transpiration at river basin scale. Remote sensing of Environment, 219 : 72-88.

Sparks T H, Jeffree E P, Jeffree C E. 2000. An examination of the relationship between flowering times and temperature at the national scale using long-term phenological records from the UK. International Journal of Biometeorology, 44(2): 82-87.

Stamnes K, Li W, Eide H, et al. 2007. ADEOS-II/GLI snow/ice products—Part I : Scientific basis. Remote Sensing of Environment, 111(2-3): 258-273.

Tao W K, Lang S, Simpson J, et al. 1993. Retrieval algorithms for estimating the vertical profiles of latent heat release. Journal of the Meteorological Society of Japan, Ser II, 71(6): 685-700.

Viovy N, Arino O, Belward A S. 1992. The Best Index Slope Extraction(BISE): A method for reducing noise in NDVI time-series. International Journal of Remote Sensing, 13(8): 1585-1590.

White M A, Thornton P E, Running S W. 1997. A continental phenology model for monitoring vegetation responses to interannual climatic variability. Global Biogeochemical Cycles, 11(2): 217-234.

Williams M, Rastetter E B, Van der Pol L, et al. 2014. Arctic canopy photosynthetic efficiency enhanced under diffuse light, linked to a reduction in the fraction of the canopy in deep shade. New Phytologist, 202(4): 1267-1276.

Winter M E. 1999. N-FINDR: An algorithm for fast autonomous spectral end-member determination in hyperspectral data. Imaging Spectrometry V. International Society for Optics and Photonics, 3753: 266-275.

Wu B, Yan N, Xiong J, et al. 2012. Validation of ETWatch using field measurements at diverse landscapes: A case study in Hai Basin of China. Journal of Hydrology, 436: 67-80.

Xiao X, Moore Iii B, Qin X, et al. 2002. Large-scale observations of alpine snow and ice cover in Asia: Using multi-temporal VEGETATION sensor data. International Journal of Remote Sensing, 23(11): 2213-2228.

Xu J, Bergin M H, Greenwald R, et al. 2003. Direct aerosol radiative forcing in the Yangtze delta region of China: Observation and model estimation. Journal of Geophysical Research: Atmospheres, 108(D2): 4060-4071.

Yao Y, Liang S, Li X, et al. 2014. Bayesian multimodel estimation of global terrestrial latent heat flux from eddy covariance, meteorological, and satellite observations. Journal of Geophysical Research: Atmospheres, 119(8): 4521-4545.

Zeng Y, Li J, Liu Q, et al. 2016. An iterative BRDF/NDVI inversion algorithm based on a posteriori variance estimation of observation errors. IEEE Transactions on Geoscience and Remote Sensing, 54(11): 6481-6496.

Zhang X, Friedl M A, Schaaf C B, et al. 2003. Monitoring vegetation phenology using MODIS. Remote Sensing of Environment, 84(3): 471-475.

Zhang X, Friedl M A, Schaaf C B. 2006. Global vegetation phenology from Moderate Resolution Imaging Spectroradiometer(MODIS): Evaluation of global patterns and comparison with in situ measurements. Journal of Geophysical Research: Biogeosciences, 111(G4): G04017.

Zhang Y, Huang X, Hao X, et al. 2014. Fractional snow-cover mapping using an improved endmember extraction algorithm. Journal of Applied Remote Sensing, 8(1): 084691.

Zhang Y, Kong D, Gan R, et al. 2019. Coupled estimation of 500 m and 8-day resolution global evapotranspiration and gross primary production in 2002–2017. Remote Sensing of Environment, 222 : 165-182.

Zhao H, Hao X, Wang J, et al. 2020. The Spatial-spectral-environmental extraction endmember algorithm and application in the MODIS fractional snow cover retrieval. Remote Sensing, 12(22): 3693.

Zhong B, Ma P, Nie A H, et al. 2014. Land cover mapping using time series HJ-1/CCD data. Science China Earth Sciences, 57(8): 1790-1799.

Zhong B, Yang A, Nie A, et al. 2016. Finer resolution land-cover mapping using multiple classifiers and multisource remotely sensed data in the Heihe River Basin. IEEE Journal of Selected Topics in Applied Earth Observations and Remote Sensing, 8(10): 4973-4992.

第9章 遥感产品真实性检验

晋 锐 李 新 葛 咏 刘 丰 冉有华

尺度转换是遥感产品真实性检验的核心科学问题之一。尤其是异质性地表定量遥感产品的真实性检验，长期以来面临理论和方法上的诸多挑战。HiWATER 尝试从获取真正的多尺度观测数据和发展普适性的尺度转换方法两方面来推动尺度转换研究。HiWATER 为遥感产品真实性检验的理论发展、关键技术突破以及算法验证提供了一套完备的从天空到地面、多尺度、密集的地面多点和足迹尺度观测数据集。基于该数据集，HiWATER 初步形成了从采样设计、多尺度观测、代表性误差度量、空间尺度上推新方法的真实性检验理论框架，并将真实性检验的技术流程体系以国家标准的形式用于指导定量遥感产品的真实性检验，进而实现全国真实性检验网的原型体系和运行机制，不论从方法还是实践角度，均实质性推动了我国遥感产品真实性检验工作。

9.1 背景与目标

遥感产品真实性检验是指通过和参考数据（相对真值）比较，独立地评价从定标后的卫星遥感数据延伸出的遥感产品的准确性和不确定性的过程。遥感产品真实性检验是评价遥感产品质量、可靠性和适用性的唯一手段，是提高遥感产品精度、改善遥感产品质量的主要依据，更是推动遥感产品应用范围和应用水平的重要保障。然而，异质性地表定量遥感产品的真实性检验长期以来面临理论和方法上的诸多挑战，尤其是像元尺度相对真值的获取。

尺度转换是遥感产品真实性检验的核心科学问题之一，并长期困扰着遥感正向模型和遥感反演深入发展，引发了国内外遥感学界的广泛讨论（Wu and Li, 2009）。目前，遥感研究中的尺度转换问题主要有 3 类：①异质像元（混合像元）的正向建模，如随机辐射传输模型的发展；②异质像元的参数反演，如反演中的尺度校正；③定点观测的尺度上推及遥感产品真实性检验。

本章重点讨论第 3 类问题，它涉及：①异质性地表的采样问题，即如何在地表布设点和足迹尺度的观测，如何优化观测的空间和时间采样，为尺度上推和真实性检验准备基础数据。②点观测和足迹观测的空间代表性问题，其核心是如何定量化代表性误差。③像元尺度真值的估计，这是一个尺度上推问题，涉及地面点观测或者足迹观测到像元尺度的转换，高分辨率像元到粗分辨率像元的转换，辅助信息在尺度转换中的应用，以及在尺度上推过程中如何度量不确定性。

尽管尺度问题备受关注，但这方面研究进展并不大，这一方面是因为几乎没有成熟的理论来指导尺度转换研究，另一方面也受困于"实际上不存在可为全面验证已有的尺度上推方法提供足够信息的数据集"（Vereecken et al.，2007）。面对遥感尺度转换研究的困境，李小文院士曾指出，应结合"自上而下的演绎方法和自下而上的归纳方法"，发展普适性的尺度转换方法；同时，应"从数据和方法论两方面促进尺度效应和尺度转换研究"（李小文和王祎婷，2013）。这一思路，和当前国际上一系列多尺度观测的出发点是一致的。

2012 年启动的黑河生态水文遥感试验的主要目标之一即是推进对于尺度问题的理解，其关注的核心问题包括异质性、不确定性和尺度转换（图 9-1）；尝试从获取真正的多尺度观测数据和发展普适性的尺度转换方法两方面来推动尺度转换研究，并取得了一定的进展。

HiWATER 非常重视多尺度观测数据的获取，在黑河流域上游、中游、下游分别布置了多尺度嵌套的水文气象观测网（Li et al.，2013；李新等，2012）、通量观测矩阵（Liu et al.，2016；Xu et al.，2013）、生态水文无线传感器网络（Jin et al.，2014；Qu et al.，2014；晋锐等，2012），并开展了大量航空遥感试验和同步的地面加强观测。HiWATER 观测数据涵盖的尺度包括：①流域尺度：几千到几十万平方千米，包括了整个流域和主要的子流域；②汇水区（watershed）和灌区尺度：几十到几百平方千米；③千米尺度：与中等分辨率遥感，如 MODIS、MERIS（中分辨率成像光谱仪）、中国风云气象卫星的分辨率相当，也与流域生态与水文模型的网格分辨率相对应；对定点观测而言，千米尺度与 LAS 的足迹相当；④景观尺度：通常几公顷或几十公顷，与 EC 的观测足迹相当；⑤米到亚米尺度，与多数土壤水分传感器及 LAI 传感器的尺度相当；⑥单株植物、叶片、气孔尺度。

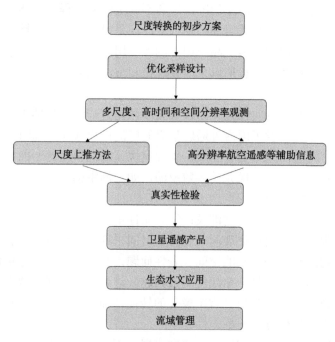

图 9-1　黑河生态水文遥感试验中的尺度转换研究框架

HiWATER 为遥感产品真实性检验的理论发展、关键技术突破以及算法验证提供了一套非常完备的从天空到地面、多尺度的、密集的地面多点和足迹尺度观测数据集；并初步形成了从采样设计、多尺度观测、代表性误差度量、尺度上推新方法到真实性检验的研究框架（图 9-1）。

9.2　概　念　定　义

尺度转化问题的研究进展缓慢，和这一领域的若干重要概念不清有关。本节对于定点观测的尺度上推与遥感产品真实性检验研究中若干基本概念进行了定义。借助概率空间和数据同化的理论，力求准确定义。但对这些概念的更严格定义，还需借助随机微分方程等数据工具。

9.2.1　空间平均（spatial average）和空间尺度上推（spatial upscaling）

在概率空间 $\{\Omega, F, P\}$ 上有定义在空间域 A 上的随机场 Θ，其中，Ω 为样本空间，其元素记为 ω；F 是样本空间 Ω 的幂集的一个非空子集；P 是一个概率测度。

$$\Theta\colon \ \Omega \times A \to \mathbb{R}^n \tag{9-1}$$

参考 Ostoja-Starzewski（2006）的工作，我们把空间平均定义为

$$\overline{\Theta(\omega)} \equiv \frac{1}{A} \int_A \Theta(\omega, \mu)\mathrm{d}A \tag{9-2}$$

式中，μ 为空间中的一个点。

把定点观测看作随机空间变量，则求解式（9-2）的过程即定点观测的空间尺度上推。

9.2.2　足迹尺度/像元尺度（footprint-scale / pixel-scale）

足迹又称代表性空间，是指变量的贡献源区的最主要部分。像元是一种特殊的观测足迹，通常指遥感的观测足迹，它可为正方形、矩形、椭圆形或其他形状。

在空间尺度上推中，避免严格的数学定义，足迹尺度可以被看作随机场 Θ 的空间平均，式（9-2）的积分区间，即足迹所对应的面积或体积。

9.2.3　点尺度

所有观测都有其足迹，但为了研究方便，当足迹很小时，通常可忽略足迹内的异质性。定义足迹为 0 的尺度为点尺度，相应的观测为点观测（point observation）。

9.2.4　观测的代表性误差（representativeness error）

从一个状态向量 X 到一个观测向量 Y，或者两个不同观测向量之间的映射可以统一表示为

$$H\colon X \to Y \tag{9-3}$$

X 和 Y 的足迹可以相同也可以不同；它们可以是同一个物理量也可以是不同物理量。

H 被称为观测算子（observation operator），其具体实例包括点观测到足迹观测的空间尺度上推、地表状态变量到点观测的转换，以及把地表状态变量映射到遥感原始观测的辐射传输模型（李新，2013）。

观测算子 H 的误差 ε，可表示为

$$Y = H(X) + \varepsilon \tag{9-4}$$

ε 可以分解为仪器误差 ε_E（instrument error）和代表性误差 ε_F，即

$$\varepsilon = \varepsilon_E + \varepsilon_F \tag{9-5}$$

仪器（或者更广义地说，观测模型）经过严格定标后，其数学期望为零，也就是说仪器误差是一个无偏估计。代表性误差通常更难估计，它既包括尺度转换带来的误差，也包括观测模型的不完美（如物理表达上的欠缺）所带来的误差。

9.2.5　观测的真值（observation truth）

观测的真值，定义为无偏最优估计，也就是它的误差的数学期望为零，而其不确定性（如方差）可以被控制在所期望的范围内。

$$E(\varepsilon_i) = 0$$
$$\mathrm{Var}(\varepsilon_i) = \sigma^2 < \infty \tag{9-6}$$

式中，下标 i 为误差向量的第 i 个元素。通常，当 $E(\varepsilon_i) = 0$ 时，仪器误差和代表性误差的数学期望同时为 0，即 $E(\varepsilon_{E,i}) = 0$ 并且 $E(\varepsilon_{F,i}) = 0$。

9.2.6　检验阈值（validation threshold）

我们定义

$$\|\varepsilon\|_p < \delta \tag{9-7}$$

检验阈值 δ 是一个主观的标准，来自对待检验变量的理解及真实性检验中的经验。通常应考虑：

（1）公认的标准，如土壤水分的检验阈值一般 $<0.04\ \mathrm{m^3/m^3}$；

（2）与目标地物有关，如叶面积指数的检验阈值针对不同土地覆被类型而不同，因此常采用相对值，如 $<10\%$。

9.3　异质性地表的空间采样

空间采样是尺度上推的重要基础，从数学角度讲，也是尺度上推的一个反问题。异质性地表的空间采样问题，即如何在地表布设点和足迹尺度观测，如何优化空间和时间采样，为尺度上推和真实性检验提供具有空间代表性的观测数据。优化的空间采样，不仅能够高效地捕捉空间异质性，减少采样成本，也更有利于得到遥感像元尺度相对真值的最优估计。HiWATER 项目中，利用地统计空间变异理论和时间稳定性分析，发展了针对土壤水分、总初级生产力、反照率等变量的空间采样方法。

9.3.1 基于地统计理论的空间采样

近年来，异质性地表的空间采样理论取得了突破性的进展（Wang et al.，2009，2012）。在此基础上，HiWATER 重点发展了基于地统计理论的多种优化采样方法，在采样设计中重点考虑的因素包括：基于景观异质性、生态水文变量时空变异特征的分区采样、无偏最优估计、多尺度嵌套以及多目标优化。

针对黑河中游地表高度异质性的多尺度采样需求，Kang 等（2014）发展了一种混合优化采样策略，目标是在无先验知识的条件下，用有限的传感器网络节点，同时满足变异函数估计及统计推断方差最小化的需求。该方法包括两个子策略，一是针对变量空间变异结构建模，使多个尺度的变异性都有足够的样本用于估计，有利于连续空间变异函数的准确拟合；二是有助于减少空间估计的不确定性，使样本空间分布尽量均匀。基于以上策略，采用 15 种类型的随机模拟场开展了数值试验，对样本代表性、变异函数参数估计精度以及不同像元尺度的估计精度进行了验证。结果表明，空间采样结果有较好的属性代表性，均值最大绝对偏差为 0.12，标准差的最大绝对偏差为 0.05；变异结构建模精度较高，最大相对误差不超过 6%，平均相对误差为 3%。

针对如何利用有限的观测节点捕捉流域尺度生态水文关键变量的空间分布和时间动态特征的问题，Ge 等（2015a）发展了泛协同克里金采样优化模型（UCK Model-based Sampling），该方法将观测目标看作多变量空间随机场，首先针对环境协变量和降水、土壤水分及地表温度间的关系进行趋势建模，利用协同区域化模型构建多变量残差之间的空间相关性，再以多变量残差加权估计误差平方和最小为优化目标，采用空间模拟退火算法优化观测点的空间位置和属性分布。该方法被成功应用于黑河上游八宝河流域生态水文传感器网络的设计，实现了观测网和多目标对象属性分布的优化以及多要素空间变异特征的捕捉。类似方法还被应用于流域尺度总初级生产力的采样方案设计，Wang 等（2013）利用分层块克里金模型（StrBK）构建目标函数，在确定最佳样本量大小后，通过空间模拟退火优化算法，确定异质表面空间采样最佳方案。数值实验结果表明，对 GPP 而言，考虑空间异质性的采样比未考虑异质性的采样精度提高约 10.1%。

9.3.2 基于时间稳定性的空间采样

时间稳定性是指对某变量在某一空间位置的测量与其在某一区域上测量的空间结构统计关系的时间不变性（Vachaud et al.，1985；Kachanoski and Jong，1988）。如果这种时间不变性存在，则该方法可用于该变量地面长期观测网的采样设计，即通过前期短期的探索性观测，确定代表性观测点的位置，在一个或几个代表性位置布设长期观测点，可在很大程度上代表一定精度水平内的区域空间平均值。时间稳定性分析已被广泛应用于土壤水分、生态系统生产力、反照率等地表参量代表性观测位置的识别。

HiWATER 中，该方法得到进一步的发展和应用。Ran 等（2017）针对该方法在高强度灌溉农业景观中像元尺度土壤水分代表性观测点识别中的性能及其尺度依赖特征开展了系统实验和分析。结果表明，在高强度灌溉的农田景观，时间稳定性分析的性能受到灌溉和降水不同性质的影响，并存在明显的尺度依赖性。时间稳定性分析对于处理系统误差主导的区域具有明显优势,对于随机误差主导的区域可通过分层来提高代表性观测点的识别性能。同时,对于如何利用瞬时采样(高空间分辨率辅助信息)、如何确定采样期长度和采样点数量给出了具体建议。Wu 等(2015)在同一区域成功利用时间稳定性分析识别出最有代表性的地表反照率观测点,通过加权平均实现了反照率地面观测向遥感像元均值的尺度转换,为反照率遥感产品验证提供了像元尺度真值。Zeng 等(2015)利用时间稳定性的思想,基于植被类型和植被长势等先验知识,考虑样点在不同时相的空间代表性与属性代表性,提出了一种非均质地表叶面积指数的地面采样方法,该方法在多时相上明显优于传统的随机采样和均匀采样。

基于时间稳定性分析的代表性观测点的识别与采样设计,有效减小了地面观测的代表性误差。基于时间稳定性分析方法的采样设计中蕴含了目标变量的空间结构信息,将代表性观测点与高分辨率遥感或其他观测手段得到的空间结构信息相融合,有望进一步提高尺度上推的精度。

9.4　定点观测的代表性误差

代表性误差主要来源于空间异质性,对于定点观测,它指将模型单元的模型状态映射到某一观测在其所代表空间上的观测值时的误差(李新,2013)。定点观测的误差可以分解为器测误差和代表性误差。通常,在讨论定点观测的不确定性时,我们认为仪器已经过标定;同时,我们假设:①观测仪器的器测误差为随机误差并且其量(如方差)已知;②由于随机误差的数学期望为 0,可以认为仪器测量值是所测量对象在观测时刻和所代表空间上的“真值”。

定点观测的代表性空间具有以下特征:①随所观测变量或参数的不同而不同,例如:测量土壤水分的时域反射仪的代表性空间一般在厘米到数十厘米的尺度;太阳辐射观测仪器的代表性空间一般是其架设高度的 10 倍左右(数十米尺度);而涡动相关仪的代表性空间一般在百米尺度。②随观测方式的不同而不同,例如,同样是土壤水分观测,取样烘干、TDR 和宇宙射线测量方法的代表性空间有很大的差异。③随时间而变化,观测的代表性空间是它自身及影响它的变量和参数的函数,这些参量都随时间而变化,因此,观测的代表性空间也是时间的函数。

可以看出,由于地表的异质性,任何一种观测的代表性空间和模型的模拟单元(如网格、水文响应单元、汇水区等)都是不匹配的。这意味着,将观测结果外推到模型单元,或者反过来,将模型单元上的状态变量转换为某一个特定代表性空间上的观测值,并且同时给出其误差估计,是一个很复杂的问题。

我们将模型单元的模型状态映射到某一观测在其所代表性空间上的观测值之间的关系定义为观测算子,而将其不确定性的度量定义为代表性误差。显然,代表性误差和空间异质性密切联系,其不确定性也需要从统计意义上来定义。因此,如果不能有效地捕捉到空间异质性并给出其统计特征(空间和时间上的概率密度分布函数),就不可能有效地实现模型状态和定点观测之间的空间尺度转换。

据此,对定点观测的不确定性可做出以下推论:①定点观测只能(当器测误差很小并且仪器已经标定后）得到所测量对象在观测时刻和所代表的空间上"真值"，将其转换到其他空间单元时，则存在较大的代表性误差。②定点观测的代表性误差和空间异质性密切联系。③代表性误差的度量需要捕捉到观测量在宏观尺度上的时空变化特征，该特征是估算代表性误差的主要依据。

　　HiWATER 为我们分析定点观测代表性误差的来源、尺度依赖特征、与空间异质性的关系，以及探索控制和减小代表性误差的途径，提供了前所未有的多尺度观测数据。我们系统实证和定量估计了地表蒸散发、太阳短波辐射、CO_2 通量、地表温度和土壤水分单点观测的空间代表性误差，提出了纠正代表性误差的新方法。证实了对于异质性地表，单点观测的代表性误差不可忽略甚至可能很大。当异质性较强时，单点观测的代表性误差小于真实性检验阈值的概率可能会很小，因此，在遥感产品真实性检验中必须考虑代表性误差；也证明了无论采用哪种空间平均，都可以显著提高像元尺度真值估计的空间代表性。

1. 地表蒸散发

　　利用涡动相关仪、大孔径闪烁仪观测的通量对地表蒸散发遥感估算模型和遥感产品进行验证是最为直接的方法。涡动相关仪的观测源区为几百米，大孔径闪烁仪的观测源区为几公里。在异质性地表，两者观测值的差异取决于地表的异质性程度和观测源区的重叠度（Liu et al.，2011）。由于遥感估算地表蒸散发是以像元为单元的；而观测通量的源区大小和位置并不固定，随着仪器架高、风速/风向、大气稳定度和地表粗糙度而变化，无法完全覆盖特定的遥感像元，因此遥感估算值与观测通量值在空间尺度上如何匹配是遥感估算地表蒸散发真实性检验中的关键科学问题（Jia et al.，2012）。Bai 等（2015）提出了基于足迹选取验证像元的方法，即选取观测通量源区范围内的遥感像元，基于归一化的足迹权重值进行加权平均，得到与观测通量具有相同空间代表性的遥感估算值，再与观测值进行比较与验证。结果表明：该方法比仅用仪器所在遥感像元或一定范围内多个遥感像元算术平均值进行验证更为合理。

2. 太阳短波辐射

　　一般认为，太阳短波辐射具有很高的空间一致性，在几十公里范围内不会有太大变化。因此，太阳短波入射辐射的单点观测常被用来直接验证不同时空分辨率的遥感产品，而忽略了点观测可能存在的空间代表性不足的问题。对于太阳短波入射辐射，单点尺度和遥感产品像元尺度间的空间不匹配性到底有多强？单点观测的代表性误差有多大？针对这些问题，采用 HiWATER 中游观测矩阵和高分辨率太阳辐射产品（Huang et al.，2016a），Huang 等（2016b）探讨了太阳短波入射辐射单点观测在公里和 1°×1° 网格两种空间尺度上的代表性误差。结果表明：单点地基观测与卫星遥感产品之间确实存在空间尺度的不匹配性，由此带来的代表性误差不仅依赖于它们的时间和空间尺度，而且与当时的大气状况，特别是足迹范围内的云覆盖率有关。例如，在 5km 尺度上，当时间尺度从月尺度到瞬时时，代表性误差约为 1.4%～8.1%。当时间尺度≥逐日，代表性误差较小可以忽略；然而，当时间尺度<逐日时，代表性误差不可忽略，尤其在瞬时尺度上，代

表性误差远大于仪器误差。在 1°×1° 网格尺度上，不论时间尺度如何，代表性误差均不可忽略。

3. CO_2 通量

涡动相关仪所测量的 CO_2 通量常被用于验证 CO_2 通量遥感产品和模型模拟结果。由于布置位置、仪器架设高度、气象条件和下垫面结构的差异，每个站点的 EC 通量观测都具有不同的空间代表性，这对于 CO_2 通量的尺度转换、遥感和模型估计结果的验证均有重要影响。Ran 等（2016）使用 HiWATER 通量观测矩阵 5 km × 5 km 范围内的 17 个 EC 观测研究了净初级生产力、净生态系统生产力和生态系统呼吸（Re）的代表性误差。结果表明，CO_2 通量具有很大的代表性误差，对于 5 km × 5 km 上的 NPP、NEP 和 Re，单个 EC 在一个生长季的系统高估可能分别超过 25（±14）%、40（±33）% 和 20（±13）%；由于模型参数的尺度依赖性，这种代表性误差可能通过模型参数标定过程传递到网格尺度上。利用 EC 源区与目标网格植被指数或精细土地覆被类型结构之间的关系，可以有效地纠正大于 20% 的代表性误差。

4. 地表温度

红外温度传感器单点观测得到的地表温度常被用于验证 LST 遥感产品，而关于其代表性误差的研究甚少。Yu 和 Ma（2014）选取了 HiWATER 观测矩阵核心区内，对应于一个 MODIS 像元（1 km × 1 km）的两种不同视角的红外辐射计观测，分析了用单点观测验证 MODIS LST 产品的代表性误差。其中，1 个半球视角热红外辐射计安装在 6 m 高度，对应的足迹直径为 44.7 m；7 个小视角（半视场角为 22°）热红外辐射计安装在 4 m 高度，对应的足迹直径为 3.2 m。代表性误差的分析结果表明，对于小视角热红外辐射计观测，LST 单点观测在白天的代表性误差 <1K 的概率只有 15.3%，而 >3K 的概率达 41.8%。半球热红外辐射计观测的代表性明显好于小视角观测，其单点观测在白天的代表性误差 <1K 的概率为 32.9%，而 >3K 的概率降低为 14.9%。此外，还发现地表空间异质性越大，尺度之间的不匹配越显著；白天的代表性误差 > 夜间的代表性误差，原因是白天热异质性更强。如果以 1K 作为验证阈值，则单点观测在白天不能被用于验证遥感产品的概率远远大于能够被用于验证遥感产品的概率。

5. 土壤水分

土壤水分遥感产品真实性检验的传统思路常采用单点观测，近年来备受质疑，原因在于土壤水分的高度空间异质性导致单点观测的代表性不足。利用 HiWATER 的生态水文无线传感器网络和宇宙射线观测系统的土壤水分数据，讨论了定点观测数据验证遥感产品时的代表性问题。作者把 0.04 m^3/m^3 作为土壤水分产品真实性检验的阈值，如代表性误差 > 检验阈值，则认为该估计量不能被用于真实性检验；而代表性误差 < 检验阈值的估计量则被分为优（<0.01 m^3/m^3）、良（0.01~0.02 m^3/m^3）、可用（0.02~0.04 m^3/m^3）三个类别。随后，通过三个数值实验，量化了单点观测、多点观测算术平均以及块克里金（block Kriging）空间均值的代表性误差。结果表明，分别只有不超过 12%、12%、21%

的单点观测可以被视为优、良、可用的足迹尺度真值。当使用多点观测算术均值时，这个概率有明显的提升；而采用块克里金的空间加权平均则进一步增强了多点观测估计足迹尺度真值的代表性。该研究说明，只有通过恰当的尺度上推方法，才能将点尺度的土壤水分观测上推到足迹尺度，验证该尺度的数据产品。

9.5　空间尺度上推/像元尺度相对真值估计

像元尺度真值的获取，按照式（9-2）的定义，即在某种假设的基础上得到被积函数，再利用通常是空间上离散的观测，数值积分得到空间平均的过程。像元尺度的相对真值估计，是一个尺度上推问题，涉及地面点观测或足迹观测到像元尺度的转换，高分辨率像元到低分辨率像元的转换，辅助信息在尺度转换中的作用，以及在尺度上推中如何度量不确定性等问题（李新等，2016）。

利用 HiWATER 多尺度观测数据，我们发展了针对单点和足迹尺度定点观测的尺度上推方法的理论框架（图 9-2）。将克里金方法推广至回归块克里金（利用协同信息）、面到面回归克里金、时空回归块克里金、不等仪器观测误差等情形；并证实利用高分辨率遥感观测/遥感产品作为重要的协同信息，可显著提高尺度上推的估计精度。发展了贝叶斯框架下的非线性尺度上推方法，其核心是引入可靠的辅助信息作为尺度上推的约束，这些辅助信息常常来自和观测变量密切相关的遥感数据。以测度论和随机微积分（伊藤过程）为理论基础，提出了尺度转换新的数学框架。以下将结合具体变量，如土壤水分、蒸散发、反照率和叶面积指数等，进一步介绍空间尺度上推的方法。

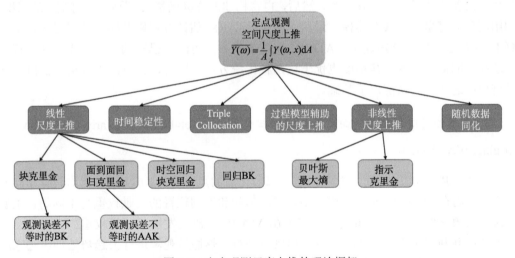

图 9-2　定点观测尺度上推的理论框架

9.5.1　克里金（Kriging）框架下的线性尺度上推方法

克里金是最常用的线性尺度上推方法，它假定空间平均是多个定点观测的加权和，而权重由点对之间的距离来确定（李新等，2000）。HiWATER 的多尺度观测进一步促进和丰富了克里金理论框架下的线性尺度上推方法，将克里金方法推广至利用协同信息、面到面、时空克里金、不等精度观测等情形。

1. 利用协同信息的块回归克里金（block regression Kriging）

Kang 等（2015）认为具有面覆盖特征的遥感信息可在异质性地表土壤水分尺度上推研究中发挥重要作用。作者采用回归克里金算法融合了 HiWATER 无线传感器网络的土壤水分多点观测和多种遥感辅助信息，比较了不同分辨率和信息来源的遥感数据对土壤水分尺度上推的贡献，包括 90 m 分辨率的 ASTER 温度植被干旱指数、1000 m 分辨率的 MODIS TVDI，以及 700 m 分辨率的机载 L 波段微波辐射计亮度温度。与普通克里金比较表明：引入遥感辅助信息能够显著提高尺度上推的估值精度，而且能反映土壤水分的空间分布模式及其细节信息，尤其是当灌溉破坏了土壤水分的空间连续性时；ASTER TVDI 因为与土壤水分的相关性最强且分辨率较高，其估计误差最小；即使引入相关性较弱且分辨率较粗的 MODIS TVDI，也能对尺度上推的估计精度起到积极作用。

2. 面到面回归克里金（area to area regression Kriging, ATARK）

Ge 等（2015b）根据 HiWATER 通量矩阵观测中的 17 套 EC 和 4 套 LAS 观测，将感热通量从 EC 足迹尺度上推到与中等分辨率遥感像元尺度相匹配的 LAS 足迹尺度。该方法首先对趋势建模，即建立感热通量和植被覆盖度、归一化差值植被指数、LST 等遥感产品之间的多元线性回归模型；第二步，建立点变异函数，针对样本量少的问题，通过将多时相的残差视为独立的重复试验，在基于残差空间变异结构相似的假设下，结合多时相的残差构建稳定的变异函数，然后，再将构建的变异函数转换到各个时刻。第三步，利用面到面克里金对残差建模。最后，根据 ATARK 估计方程以及感热通量足迹模型计算 LAS 足迹尺度的感热通量。ATARK 尺度上推方法可改进已有的面积权重法和足迹权重法存在的低估问题，其精度也优于这两种传统方法。同时，该方法为分析 EC 和 LAS 足迹尺度之间的关系奠定了基础。

3. 利用协同信息的面到面不等权重回归克里金（weighted area to area regression Kriging, WATARK）

在 ATARK 方法中，对观测源区进行离散化后的点，对于 Kriging 估计均具有相同的权重；然而在 EC 和 LAS 足迹模型中，源区形状和不同位置的贡献权重是不同的，主要取决于气象条件。因此，Hu 等（2015）在 ATARK 基础上发展了不等权重的去卷积离散化方法；并利用 FVC、NDVI、LST 和风速来对潜热通量观测进行去趋势处理；去除趋势后的残差可看作空间随机场，满足二阶平稳假设条件；在残差估计中引入路径权重函数和通量足迹模型，从而在尺度上推过程中，同时考虑异质性和自相关性，将 EC 观测尺度上推到 LAS 足迹尺度。结果表明 WATARK 方法优于面积权重法、足迹权重法，多源线性回归法及 ATARK，表现出更加接近 1 的斜率分布。

4. 时空回归块克里金

土壤水分仪器观测时间和卫星过境时间并不一致，因此，利用卫星过境时刻前后的点观测数据，采用时空克里金模型可以得到像元尺度更为稳健的土壤水分估计，并提高土壤水分的尺度上推精度。Wang 等（2015）使用 HiWATER 中时间分辨率为 1 分钟的土壤水分无线传感器网络数据，并以多种遥感产品作为辅助信息，利用 STRBK 方法实现了土壤水分多点观测的尺度上推。与单个时刻的块克里金尺度上推结果相比，时空块克里金的估计方差降低约 6%～19.0%，进而证明 STRBK 方法可以削弱仪器观测误差和观测时刻的影响。

5. 仪器观测误差不同时的克里金尺度上推方法

传统地统计方法只考虑样本，不考虑样本误差对插值结果的影响，在实际应用中，意味着没有考虑仪器观测误差的影响。然而，对于多类型观测而言，仪器误差会对尺度上推结果带来影响。针对该问题，Wang 等（2014）构建了不等精度块克里金方程组，进而采用蒙特卡罗模拟方法，构建不等精度观测的方差协方差矩阵，最终得到像元尺度土壤水分估计值和估计方差。数值实验结果表明：与简单平均法进行比较、等精度块克里金法和不等精度块克里金法估计误差方差要更小；不等精度块克里金法可以同时考虑仪器误差和尺度上推模型误差，更加适用于不等精度观测下土壤水分的估计以及研究尺度上推过程中的误差传递问题。Kang 等（2017a）则进一步考虑观测误差对克里金权重系数的影响，将异质性观测误差引入到块克里金的尺度上推研究中，分析了无仪器误差、同质仪器误差以及异质仪器误差的估计结果及不确定性的影响。结果表明，考虑仪器误差可以降低估计的不确定性，但对于仪器误差相同的观测而言，仪器误差对克里金权重系数并无影响。

9.5.2　基于贝叶斯估计的尺度上推

在空间尺度上推过程中引入辅助信息可以有效提高估计精度，回归克里金是一种能够融合多种先验信息的线性估计方法；而贝叶斯估计则提供了一种更为广义的可用于尺度上推的信息融合理论框架。

其中，贝叶斯最大熵（BME）方法是一种通用的非线性估计器，适用于非正态分布和空间异质性情形（Christakos and Li，1998）。BME 通过最大化后验概率分布来融合广义知识（general knowledge，如物理定律、经验方程等）和特定知识（specific knowledge）。其中，特定知识又分为硬数据和软数据，硬数据一般指器测误差很小可忽略不计的数据，软数据则有较大的不确定性。BME 是地统计估计方法的新发展，需要指出的是，克里金可视作 BME 的一个特例。

Gao 等（2014）尝试采用 BME 来融合 HiWATER 土壤水分传感器网络观测数据（硬数据）和 ASTER 地表温度数据（软数据），成功实现了土壤水分的尺度上推。同时，比较了 BME 与普通克里金、普通协同克里金、回归克里金方法的性能差异。数值模拟结果表明，BME 和回归克里金的估计精度均优于普通克里金和普通协同克里金，而 BME

又略优于回归克里金。再次证明引入辅助信息能显著提高土壤水分尺度上推的估计精度，而以概率方式融合辅助信息的 BME 方法不仅性能优良，也具有更强的普适性。

9.5.3 基于机器学习的尺度上推

基于黑河流域地表过程综合观测网等的站点观测数据（自动气象站、涡动相关仪、大孔径闪烁仪等），选用 36 个站点的观测数据（65 个站年），结合多源遥感数据（土地覆盖与植被类型图，叶面积指数和地表温度）和大气驱动数据（包括空气温度、相对湿度、降水以及太阳短波辐射）等，运用五种机器学习方法（回归树、随机森林、人工神经网络、支持向量机、深度信念网络）分别构建了不同的地表蒸散发尺度扩展模型。

利用十折交叉验证以及 TCH（three-corned hat）方法对这 5 种尺度扩展模型进行比较与验证。十折交叉验证结果显示：5 种尺度扩展模型的精度均较高，R^2 均大于 0.87，RMSE（MAPE）均小于 0.64mm/d（12.47%），其中随机森林训练得到的模型精度最高，R^2 达 0.89，RMSE（MAPE）为 0.56mm/d（10.79%）。TCH 结果也显示：随机森林尺度扩展模型在整个黑河流域的相对不确定性均较小且较为稳定。上述验证结果都表明：相比于其他四种方法，随机森林方法更适合于黑河流域由站点到流域的地表蒸散发尺度扩展研究。

9.5.4 基于时间序列信息的尺度上推

Li 等（2018）结合黑河中下游通量矩阵观测数据，通过直接检验和交叉检验比较 6 种尺度转换（升尺度）方法（面积比平均法、基于 Priestley-Taylor 公式的方法、不等权重面到面回归克里金法以及人工神经网络、随机森林和深度信念网络方法），并根据地表异质性程度优选合适的尺度转换方法，即：在均匀地表和中度非均匀地表分别使用面积比平均法和不等权重面到面回归克里金法，而在高度非均匀地表则采用随机森林方法（使用站点观测值、遥感数据和气象数据，随机选取样本子集生成多个回归树模型，对多个回归树预测结果加权平均得到调试好的模型，据此进行尺度转换获取像元尺度相对真值），生产了黑河流域 MODIS 卫星过境日 2012 年植被生长季中游矩阵区域、2014～2015年植被生长季下游矩阵区域像元尺度相对真值，并且用于验证空间分辨率为 1 km 的逐日 DTD 和 ETMonitor 遥感产品，较好地解决了遥感估算值与观测值空间尺度不匹配的问题。

地统计方法需要大量的地面观测估计空间自相关函数，当定点观测分布稀疏时，地统计方法难以得到满意的尺度上推结果；但是，观测的时间序列信息仍可为尺度上推提供可用信息。根据这一思路，Kang 等（2017）采用基于贝叶斯线性回归估计的尺度上推方法，引入 MODIS ATI 的时间序列信息用于弥补少量测点捕捉地表异质性能力不足的缺点，建立 ATI 与定点土壤水分观测之间的关系模型，进而捕捉尺度上推后的网格尺度土壤水分在时间序列上的变化趋势，在时间窗口内构建网格尺度土壤水分与地面多点观测的关系方程，采用贝叶斯方法估计网格尺度土壤水分和点观测之间的回归系数，从而得到时间窗口内的尺度上推结果。在黑河流域上游的实验结果表明：与克里金等方法相比，该方法对观测点数量要求不高，但要求观测点空间分布相对均匀；它不仅可以获取单个格网时间连续的尺度上推结果用于遥感产品真实性检验，也可以获取目标变量的时空连续分布。

Kang 等（2018）利用那曲地区土壤水分传感器网络观测数据进一步探讨了基于稀疏地面观测升尺度中的关键问题。由于地面测点的时间序列数据间的高度相关性，有可能引发过拟合、不稳定参数估计以及测点冗余问题。本研究随机选取了青藏高原那曲土壤水分传感器网络内的 9 个测点用于稀疏测点升尺度研究。通过引入一个规则化参数解决以上问题，结合岭迹分析发现：当引入规则化参数后，每个测点被赋予的权重系数变得稳定。比较了引入规则化参数前（OLS）、引入规则化参数后（RR）和算数平均三种方法在不同测点数量条件下的精度，结果表明：引入规则化参数后，在不同测点数量条件下始终保持最高的估计精度。

9.5.5 基于结构信息的尺度上推

对于结构性较强的参量，如 LAI，如果不考虑像元内的土地覆被类型差异，而单纯使用足迹内所有点观测的简单或加权算术平均获取尺度上推结果可能带来极大的偏差，而考虑土地覆被分异的面积加权平均则相对可靠和稳健（Hufkens et al.，2008）。Shi 等（2015）开展了这方面的实证研究，利用 HiWATER 中游试验中的 LAI 无线传感器网络多点观测数据，分两步实现了 LAI 从点尺度到像元尺度的尺度上推。步骤 1 使用多点观测的线性加权计算每一种土地覆被类型的代表性 LAI，权重由期望最大化算法计算；步骤 2，以足迹范围内各种土地覆被类型的面积比例为权重，加权得到像元尺度上总的 LAI。该方法的精度非常高，当 LAI 观测节点为 23 个时，LAI 的误差仅为 0.03，完全能够满足 LAI 遥感产品真实性检验的需求。

Fan 等（2015）利用 BME 方法融合 HiWATER 土壤水分传感器网络观测数据、ASTER 土壤蒸发效率、灌溉统计和机载 PLMR 土壤水分产品，结果表明，通过引入有结构的灌溉信息，有助于提高生长季初期（植被覆盖度低）土壤水分的尺度上推精度；而通过融合航空 PLMR 土壤水分产品，则可有效改善植被覆盖度较高时的精度，从而证实了引入结构信息及高分辨率遥感信息的作用。

Peng 等（2015）发展了一个结合地面观测和高分辨率遥感的反照率尺度上推方案，讨论了其不确定性来源及其估计方法，并在黑河流域进行了实证研究。结果表明，通过使用大小样方嵌套采样、根据地面测量校正高分辨率反照率的偏差及几何匹配误差分级等措施，能有效控制尺度上推结果的不确定性及其对遥感产品验证的影响。

9.5.6 随机数据同化框架下的尺度转换

针对目前尺度问题研究的不足，在严格合理的数学理论框架下给出尺度以及尺度转换的概念；借助数据同化系统进行尺度转换建模，一方面建立数据同化中与尺度转换相关的不确定性的深入认知，另一方面论证尺度转换理论的解释能力。首先引入了研究尺度问题的数学理论基础。包括测度论（测度、测度空间、Lebesgue 积分等）和随机微积分（随机过程、伊藤过程、鞅与马尔可夫过程、伊藤引理、Girsanov 定理等）的基础概念和定理。定义尺度是观测足迹或模型单元的 Lebesgue 测度，尺度转换则是不同尺度间在二维实数空间的 Lebesgue 积分变换，其确定性部分的构建需要考虑地表要素在不同尺度下的空间异质性和动力过程的变化，而随机性部分则与基于尺度的布朗运动有关。其次基于 Bayes 理论和随机数据同化，建立了分析阶段系统状态从状态空间到观测空间的映射过程并对该过程建立尺度转换模型。最后引入随机辐射传输模型作为随机的观测算子，研究了地表要素实体（辐射强度）的随机表达以及在数据同化尺度转换过程中的演进（Liu and Li，2017）。

9.6　应用和成效

HiWATER 初步搭建形成了从异质性分析、采样设计、多尺度观测到尺度扩展及其不确定性评价的遥感产品真实性检验的理论框架和方法体系。以此为指导，推动了以下两方面的进展：

（1）标准是贯穿于遥感产品真实性检验整个过程的规范性文件。通过总结国内外遥感真实性检验方面的已有经验和研究成果，参考国家与行业已有标准和技术体系，根据陆地定量遥感产品的特点，制定了遥感产品真实性检验的系列性标准，最终形成了一套符合国家标准的、对遥感产品真实性检验具有指导意义的遥感产品真实性检验标准和技术流程体系。目前，已完成《陆地定量遥感产品真实性检验通用方法（GB/T 39468—2020）》、《陆地遥感产品真实性检验地面观测场的选址和布设》以及 24 个变量的单项真实性检验标准，包括植被指数、叶面积指数、植被覆盖度、土地覆盖/利用、物候期、光合有效辐射、净初级生产力、蒸散发、土壤水分、积雪面积、雪水当量、地表冻融状态、气溶胶光学厚度、反照率、地表温度、发射率、地表太阳总辐射、大气下行辐射、地表净辐射、吸收光合有效辐射比率、南极接地线、南极边缘线、南极冰盖表面高程及高分辨率光学卫星遥感影像质量检查。

（2）以黑河生态水文遥感试验为原型，提出了中国遥感产品真实性检验网的构想，并构建了原型网络，示范了其运行机制，为我国遥感产品真实性检验的业务化运行奠定了坚实的基础（Wu et al.，2019；Wang et al.，2016；Ma et al.，2015），实质性推动了我国遥感真实性检验工作。观测模式也被中国科学院遥感试验与地面观测网络和高分共性产品真实性检验场站网所采纳。

9.7　小　　结

本章回顾总结了 HiWATER 在多尺度观测数据获取、异质性地表的空间采样、定点观测的代表性误差度量，以及空间尺度上推方法等方面的进展。我们总结这些进展如下。

（1）尝试严格定义了空间平均、空间尺度上推、观测足迹、代表性误差、观测真值等概念。从观测算子误差的角度统一了代表性误差的定义，代表性误差既包括尺度转换带来的误差，也包括观测模型的不完美所带来的误差。观测真值可以定义为无偏最优估计，也就是观测误差的数学期望为零，而其不确定性可以被控制在所期望的范围内。

（2）发展了基于地统计理论的多变量、多尺度采样方法，其优势是在得到全局无偏最优估计的同时，可更好地捕捉多尺度的空间变异特征；改进了基于时间稳定性的采样方法，给出了利用瞬时高分辨率辅助信息提高采样精度的方法。

（3）利用 HiWATER 通量矩阵和传感器网络中的多点—足迹观测数据，研究了辐射、碳通量、土壤水分、LST 的代表性误差，证实了对于异质性地表，单点观测的代表性误差不可忽略甚至可能很大，当异质性较强时，单点观测的代表性误差小于真实性检验阈值的概率可能会很小，因此，在遥感产品真实性检验中必须考虑代表性误差；也证明了无论是采用哪种空间平均，都可以显著提升像元尺度真值估计的空间代表性。

（4）发展了针对点和足迹尺度定点观测的尺度上推方法，将克里金方法推广至回归克里金（利用协同信息）、面到面回归克里金、时空回归克里金、不等仪器误差等情形，并实证了高分辨率遥感（如航空遥感）作为重要的协同信息，可显著提高尺度上推的估计精度。发展了贝叶斯框架下的非线性尺度上推方法，其核心是引入可靠的辅助信息作为尺度上推的约束，这些辅助信息常常来自和观测变量密切相关的遥感数据。

（5）从观测技术角度看，传感器网络作为一种新的观测方式，为多点代面获取像元尺度真值提供了可能；此外，足迹尺度地面观测通常具有更好的空间代表性，将在遥感产品真实性检验中发挥重要作用。

然而，在未来，我们需要以随机的观点对待复杂的陆地表层系统，将模拟和观测的对象都作为随机变量来处理，才能从数学上找到合理的方法。对于观测，代表性误差的合理建模则是一个非常大的挑战，我们应该尝试认识与尺度密切相关的不确定性，设计真正的多尺度观测，捕捉空间异质性，度量观测的代表性误差。数据同化是减小和控制不确定性的一个广义方法论，它代表的不仅仅是新的方法，同时也是研究范式（paradigm）的转换。

克里金框架下的尺度上推方法假设空间平均是多点观测的线性加权和，但在真实的地理世界中，我们所关心的变量的空间、时间变化可能是非常复杂的非线性随机过程。贝叶斯估计虽然提供了融合非线性广义知识的可能，但如何在该框架下实现动态模型和多源观测互相融合的尺度上推，是一个很大的难题。我们还未见这方面的实证研究。如果把动力过程引入到定点观测的尺度上推中，则涉及系综平均（ensemble average）、空间平均、时间平均之间的关系，这是遍历理论所讨论的范畴。

总之，随机分析和遍历理论可能是尺度转换的理论基础和数学工具，而 HiWATER 等多尺度观测试验的数据宝库也有待进一步发掘。我们希望进一步"从数据和方法论两方面促进尺度效应和尺度转换研究"（李小文和王祎婷，2013），推进遥感尺度问题研究向更深层次迈进。

参 考 文 献

晋锐, 李新, 阎保平, 等. 2012. 黑河流域生态水文传感器网络设计. 地球科学进展, 27(9): 993-1005.

李小文, 王祎婷. 2013. 定量遥感尺度效应刍议. 地理学报, 68(9): 1163-1169.

李新. 2013. 陆地表层系统模拟和观测的不确定性及其控制. 中国科学(地球科学), 43(11): 1735-1742.

李新, 程国栋, 卢玲. 2000. 空间内插方法比较. 地球科学进展, 15(3): 260-265.

李新, 晋锐, 刘绍民, 等. 2016. 黑河遥感试验中尺度上推研究的进展与前瞻. 遥感学报, 20(5): 1993-2002.

李新, 刘绍民, 马明国, 等. 2012. 黑河流域生态——水文过程综合遥感观测联合试验总体设计. 地球科学进展, 27(5): 481-498.

Bai J, Jia L, Liu S, et al. 2015. Characterizing the footprint of eddy covariance system and large aperture scintillometer measurements to validate satellite-based surface fluxes. IEEE Geoscience and Remote Sensing Letters, 12(5): 943-947.

Christakos G, Li X. 1998. Bayesian maximum entropy analysis and mapping: a farewell to kriging estimators?. Mathematical Geology, 30(4): 435-462.

Fan L, Xiao Q, Wen J, et al. 2015. Mapping high-resolution soil moisture over heterogeneous cropland using multi-resource remote sensing and ground observations. Remote Sensing, 7(10): 13273-13297.

Gao S, Zhu Z, Liu S, et al. 2014. Estimating the spatial distribution of soil moisture based on Bayesian maximum entropy method with auxiliary data from remote sensing. International Journal of Applied Earth Observation and Geoinformation, 32(54-66): 54-66.

Ge Y, Liang Y, Wang J, et al. 2015b. Upscaling sensible heat fluxes with area-to-area regression kriging. IEEE Geoscience and Remote Sensing Letters, 12(3): 656-660.

Ge Y, Wang J H, Heuvelink G B M, et al. 2015a. Sampling design optimization of a wireless sensor network for monitoring ecohydrological processes in the Babao River basin, China. International Journal of Geographical Information Science, 29(1): 92-110.

He X, Xu T, Xia Y, et al. 2020. A bayesian three-cornered hat(BTCH)method: Improving the terrestrial evapotranspiration estimation. Remote Sensing, 12(5): 878.

Hu M, Wang J, Ge Y, et al. 2015. Scaling flux tower observations of sensible heat flux using weighted area-to-area regression kriging. Atmosphere, 6(8): 1032-1044.

Huang G, Li X, Huang C, et al. 2016b. Representativeness errors of point-scale ground-based solar radiation measurements in the validation of remote sensing products. Remote Sensing of Environment, 181: 198-206.

Huang G, Li X, Ma M, et al. 2016a. High resolution surface radiation products for studies of regional energy, hydrologic and ecological processes over Heihe River Basin, northwest China. Agricultural and Forest Meteorology, 230-231: 67-78.

Hufkens K, Bogaert J, Dong Q H, et al. 2008. Impacts and uncertainties of upscaling of remote-sensing data validation for a semi-arid woodland. Journal of Arid Environments, 72(8): 1490-1505.

Jia Z, Liu S, Xu Z, et al. 2012. Validation of remotely sensed evapotranspiration over the Hai River Basin, China. Journal of Geophysical Research Atmospheres, 117(D13): 13113.

Jin R, Li X, Yan B, et al. 2014. A nested ecohydrological wireless sensor network for capturing the surface heterogeneity in the midstream areas of the Heihe River Basin, China. IEEE Geoscience and Remote Sensing Letters, 11(11): 2015-2019.

Kachanoski R G, Jong E D. 1988. Scale dependence and the temporal persistence of spatial patterns of soil water storage. Water Resources Research, 24(1): 85-91.

Kang J, Jin R, Li X. 2015. Regression Kriging-Based upscaling of soil moisture measurements from a wireless sensor network and multiresource remote sensing information over heterogeneous cropland. IEEE

Geoscience and Remote Sensing Letters, 12(1): 92-96.

Kang J, Jin R, Li X. 2018. Spatial upscaling of sparse soil moisture observations based on ridge regression. Remote Sensing, 10: 192.

Kang J, Jin R, Li X, et al. 2017a. Block kriging with measurement errors: a case study of the spatial prediction of soil moisture in the middle reaches of Heihe River Basin. IEEE Geoscience and Remote Sensing Letters, 14(1): 87-91.

Kang J, Jin R, Li X, et al. 2017b. High spatio-temporal resolution mapping of soil moisture by integrating wireless sensor network observations and MODIS apparent thermal inertia in the Babao River Basin, China. Remote Sensing of Environment, 191: 232-245.

Kang J, Li X, Jin R, et al. 2014. Hybrid optimal design of the eco-hydrological wireless sensor network in the middle reach of the Heihe River Basin, China. Sensors, 14(10): 19095-19114.

Li X, Cheng G, Liu S, et al. 2013. Heihe Watershed Allied Telemetry Experimental Research(HiWATER): scientific objectives and experimental design. Bulletin of the American Meteorological Society, 94(8): 1145-1160.

Li X, Liu S, Li H, et al. 2018. Intercomparison of six upscaling evapotranspiration methods: From site to the satellite pixel. Journal of Geophysical Research: Atmospheres, 123(13): 6777-6803.

Liu F, Li X. 2017. Formulation of scale transformation in a stochastic data assimilation framework. Nonlinear Processes in Geophysics, 24(2): 279-291.

Liu S, Xu Z, Song L, et al. 2016. Upscaling evapotranspiration measurements from multi-site to the satellite pixel scale over heterogeneous land surfaces. Agricultural and Forest Meteorology, 230: 97-113.

Liu S M, Xu Z W, Wang W Z, et al. 2011. A comparison of eddy-covariance and large aperture scintillometer measurements with respect to the energy balance closure problem. Hydrology and Earth System Sciences, 15(4): 1291-1306.

Ma M, Che T, Li X, et al. 2015. A prototype network for remote sensing validation in china. Remote Sensing, 7(5): 5187-5202.

Ostoja-Starzewski M. 2006. Material spatial randomness: from statistical to representative volume element. Probabilistic Engineering Mechanics, 21(2): 112-132.

Peng J J, Qiang L, Wen J G, et al. 2015. Multi-scale validation strategy for satellite albedo products and its uncertainty analysis. Science China Earth Sciences, 58(4): 573-588.

Qu Y, Zhu Y, Han W, et al. 2014. Crop leaf area index observations with a wireless sensor network and its potential for validating remote sensing products. IEEE Journal of Selected Topics in Applied Earth Observations and Remote Sensing, 7(2): 431-444.

Ran Y, Li X, Jin R, et al. 2017. Strengths and weaknesses of temporal stability analysis for monitoring and estimating grid‐mean soil moisture in a high‐intensity irrigated agricultural landscape. Water Resources Research, 53(1): 283-301.

Ran Y, Li X, Sun R, et al. 2016. Spatial representativeness and uncertainty of eddy covariance carbon flux measurements for upscaling net ecosystem productivity to the grid scale. Agricultural and Forest Meteorology, 230-231: 114-127.

Shi Y, Wang J, Qin J, et al. 2015. An upscaling algorithm to obtain the representative ground truth of LAI time series in heterogeneous land surface. Remote Sensing, 7(10): 12887-12908.

Vachaud G, Silans A P D, Balabanis P, et al. 1985. Temporal stability of spatially measured soil water probability density function. Soil Science Society of America Journal, 49(4): 822-828.

Vereecken H, Kasteel R, Vanderborght J, et al. 2007. Upscaling hydraulic properties and soil water flow processes in heterogeneous soils: A review. Vadose Zone Journal, 6(1): 1-28.

Wang J F, Christakos G, Hu M G. 2009. Modeling spatial means of surfaces with stratified nonhomogeneity. IEEE Transactions on Geoscience and Remote Sensing, 47(12): 4167-4174.

Wang J H, Ge Y, Heuvelink G B M, et al. 2013. Spatial sampling design for estimating regional GPP with spatial heterogeneities. IEEE Geoscience and Remote Sensing Letters, 11(2): 539-543.

Wang J F, Ge Y, Heuvelink G B M, et al. 2015. Upscaling in situ soil moisture observations to pixel averages with spatio-temporal geostatistics. Remote Sensing, 7(9): 11372-11388.

Wang J F, Ge Y, Song Y, et al. 2014. A geostatistical approach to upscale soil moisture with unequal precision observations. IEEE Geoscience and Remote Sensing Letters, 11(12): 2125-2129.

Wang J F, Stein A, Gao B B, et al. 2012. A review of spatial sampling. Spatial Statistics, 2(1): 1-14.

Wang S G, Li X, Ge Y, et al. 2016. Validation of regional-scale remote sensing products in China: From site to network. Remote Sensing, 8(12): 980.

Wu H, Li Z L. 2009. Scale issues in remote sensing: A review on analysis, processing and modeling. Sensors, 9(3): 1768-1793.

Wu X D, Xiao Q, Wen J G, et al. 2015. Optimal nodes selectiveness from WSN to fit field scale albedo observation and validation in long time series in the foci experiment areas, Heihe. Remote Sensing, 7(11): 14757-14780.

Wu X D, Xiao Q, Wen J G, et al. 2019. Advances in quantitative remote sensing product validation: Overview and current status. Earth Science Reviews, 196.

Xu T, Guo Z, Liu S, et al. 2018. Evaluating different machine learning methods for upscaling evapotranspiration from flux towers to the regional scale. Journal of Geophysical Research: Atmospheres, 123(16): 8674-8690.

Xu Z, Liu S, Li X, et al. 2013. Intercomparison of surface energy flux measurement systems used during the HiWATER-MUSOEXE. Journal of Geophysical Research Atmospheres, 118(23): 13140-13157.

Yu W, Ma M. 2014. Scale mismatch between in situ and remote sensing observations of land surface temperature: implications for the validation of remote sensing LST products. IEEE Geoscience and Remote Sensing Letters, 12(3): 497-501.

Zeng Y, Li J, Liu Q, et al. 2015. An optimal sampling design for observing and validating long-term leaf area index with temporal variations in spatial heterogeneities. Remote Sensing, 7(2):1300-1319.

第10章 应用试验

车 涛 王维真 祁 元 李弘毅 徐菲楠

遥感可以为生态-水文模型提供空间分布的参数以及在空间尺度上验证模型结果,并且取得了很大进展,但是如何利用遥感数据对模型进行定标以及将遥感数据同化到模型中,还缺乏行之有效的方法,限制了遥感在生态-水文模型中的应用水平。为了回答遥感可以在多大程度上提高我们对生态水文过程的认识这一科学问题,HiWATER 设计了应用试验。

应用试验的目标是针对流域上、中、下游各具特色的生态-水文过程,以综合观测试验为手段,检验和标定生态-水文模型,实证遥感产品和其他观测数据在流域生态-水文集成研究和水资源管理中的应用能力(图 10-1)。应用试验包括以下几个方面。

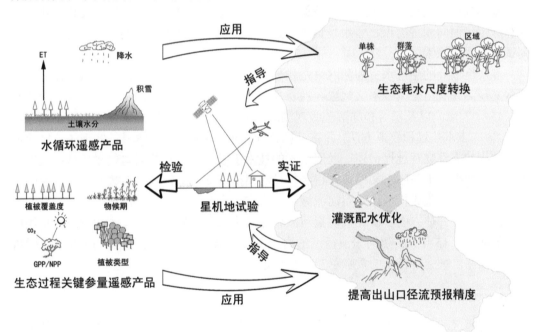

图 10-1　应用试验总体研究思路

(1)上游寒区遥感水文试验:开展针对性的综合观测试验,验证和标定包含了冻土过程的寒区分布式水文模型;通过航空-地面遥感试验验证复杂地形条件下的亚像元积雪面积比例产品算法,发展了积雪面积和雪水当量之间的动态函数关系;以降水同化产品作为主要驱动之一,将积雪面积和土壤水分遥感产品同化到寒区水文模型中,改进了山区径流预报——特别是春季径流的预报精度。

（2）中游灌区遥感支持下的灌溉优化配水试验：开展针对水资源和作物关键参量的综合观测试验，验证和标定地表水-地下水-农作物生长耦合模型；在植被类型分布、植被覆盖度、物候期、NPP、土壤水分等遥感产品的支持下，将地表水-地下水-农作物生长耦合模型扩展应用到灌区尺度；根据对水资源供需状况和农作物长势的监测和短期预测，结合最优化方法，优化灌溉配水计划，提高灌溉效率，初步实现灌区尺度上的灌溉优化管理。

（3）下游绿洲生态耗水尺度转换遥感试验：开展生态耗水的多尺度综合观测试验，验证和标定从单株→冠层→群落→区域的蒸散发尺度转换方法；开展航空激光雷达遥感试验，获取尺度转换所需要的核心植被结构参数（树高、胸径、叶面积指数、植被覆盖度和植被类型等）；在遥感数据的支持下，精确计算河岸林生态系统耗水量。

10.1　上游寒区遥感水文试验

上游寒区遥感水文试验围绕遥感观测增强寒区水文过程理解的科学问题，以航空遥感试验作为地面观测与卫星遥感的桥梁，通过遥感综合观测试验对寒区水文模型进行验证和标定，面向积雪面积、雪水当量等遥感产品在寒区水文模型中的应用，开展了一系列试验与研究探索。

多尺度嵌套的生态水文观测网络是构建完整寒区观测的基础。黑河流域上游寒区遥感水文观测系统由全流域水文气象—通量观测站、子流域（八宝河）生态水文传感器网络（45 个节点）以及积雪和冻融超级观测站组成（图 10-2）。发展了包含完整物理过程的积雪-冻土水热过程模拟方法，并将其耦合到分布式坡面水文模型中，实现了寒区流域水文过程的完整物理过程描述。发展了新的技术手段，将遥感数据与气候模型降尺度产生的驱动数据用于寒区水文模拟，将春季径流模拟精度（纳什效率系数）提高到80%。通过综合观测与集成模型，对黑河流域寒区水文过程有了新的科学认识，特别是在降水与蒸发的定量评估方面。研究发现黑河流域上游降水量被显著低估，蒸散发总量也相应地被低估。近 15 年来，黑河干流径流的增加主要来源于降水，特别是降雨的增加，融雪径流对黑河流域上游径流的贡献总量比较稳定。

10.1.1　观测试验

上游寒区水文试验建立了分布式普通气象站与积雪和冻土超级观测站，除了基本的风、温、湿、压、辐射和降水等气象要素的观测外，还重点观测积雪和冻土的水热过程，包括：雪深、雪水当量、风吹雪、雪面温度；分层的土壤水分、温度、热导率、水势、热通量和冻结/融化深度等（Che et al., 2019）。

为了获取上游水文气象总体信息，依据海拔高度和坡向布设了 7 个自动气象站，各自动气象站基本信息如表 10-1 和图 10-3 所示。

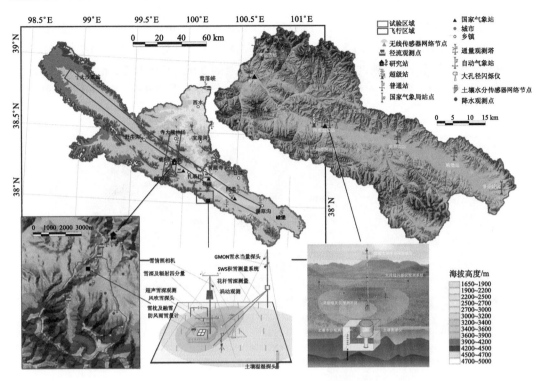

图 10-2 上游多尺度寒区生态水文观测网络

表 10-1 各个观测点的经纬度

站点	经度	纬度	下垫面
景阳岭站	101°06′E	37°50′N	高寒草甸
峨堡站	100°54′E	37°56′N	高寒草地
黄草沟站	100°43′E	38°00′N	高寒草地
黄藏寺站	100°11′E	38°13′N	农田
大沙龙站	98°56′E	38°50′N	高寒草甸
阿柔阴坡站	100°24′E	37°59′N	高寒草地
阿柔阳坡站	100°31′E	38°05′N	高寒草地
阿柔超级站	100°27′E	38°20′N	亚高山山地草甸
大冬树山垭口站	100°14′E	38°00′	高寒草甸

其中，景阳岭站、峨堡站、黄草沟站、黄藏寺站、阿柔阴坡站、阿柔阳坡站为普通站，采用了相同的布设方案：风速、风向与雨量设备安装在 10 m 高度处，空气温湿度设备安装在 5 m 高度处。四分量辐射以及地表辐射温度设备安装在 6 m 高度处，土壤热通量设备安装在地表以下 6 cm 处。土壤温度测量共分 8 层，设备安装深度分别为 0 cm、4 cm、10 cm、20 cm、40 cm、80 cm、120 cm 及 160 cm。土壤水分与土壤温度配合观测，分别安装在 4 cm、10 cm、20 cm、40 cm、80 cm、120 cm 及 160 cm 深度处。大沙龙站在上述标配安装之外，加装了涡动相关仪，架高 4.5 m。

阿柔冻土超级站架设了6层风温湿设备（1 m、2 m、5 m、10 m、15 m、25 m，支臂长2 m，其中温湿度探头在1.5 m处、风速\风向探头在2 m处，朝北）、涡动相关仪（架高3.5 m，支臂长2.2 m，朝北）、四分量辐射仪（架高5 m，支臂长2.5 m，在2.5 m处，朝南）、地表辐射温度计与光合有效辐射仪（架高5 m，支臂长2.5 m，在2 m处，朝南）、雨量筒（高0.7 m）。

图 10-3　上游自动气象观测系统

大冬树垭口建立了积雪超级观测站（图 10-4），通过多组先进测量仪器配合，实现了积雪的多尺度观测，形成了完整、全面的积雪遥感验证数据，服务于积雪遥感及积雪水文研究。该系统主要观测积雪自身物理属性与积雪质能交换过程。

图 10-4　积雪观测系统

　　积雪自身物理属性观测仪器包括：SPA 积雪属性观测设备、GMON 伽马射线雪水当量观测设备。测量方法为：使用 GMON 观测设备进行 100 m^2 区域内雪水当量连续观测。配合 GMON 的连续观测，采用 SPA 积雪观测探头，获取区域内积雪含水量及密度的分层连续数据。此外在 SPA 探头处，布设超声雪深探测仪。积雪物质能量交换过程的观测仪器包括防风雨雪量计、涡动相关仪、四分量辐射仪和风吹雪粒子测量仪。防风雨雪量计可准确测量不同气象条件下降雪量。涡动相关仪则主要观测雪面以上能量交换过程中的潜热通量、感热通量，并由此获取质量交换过程中的雪面升华/凝结量。同时采用四分量辐射仪测量距地面高度 2 m 处的上行和下行长、短波辐射，从而获取积雪表面反照率数据，为积雪遥感参数的地面验证提供支持。风吹雪粒子测量仪用来测量风吹雪粒子的通量及摩擦风速。

　　试验期间开展了积雪面积与雪水当量的无人机地面同步观测试验，在此基础上，构建了网格尺度上积雪面积比例与雪水当量之间的动态函数关系。2013 年冬季，进行了积雪调查野外联合实验，主要包括：①在冰沟地区开展了按高程分布的多个 snow course 调查，测量项包括雪深、粒径、反射率等积雪属性参数，为模型验证提供了较好的积雪分布数据；②针对积雪模型中的辐射传输模拟方案，开展了积雪粒径与污染物反演的野外实验，调查积雪观测系统附近的积雪属性参数；③根据风吹雪模型需求，进行野外观测试验。

　　2014 年春季，在黑河流域上游开展了加强的积雪水文遥感测量工作。选择位于冰沟流域不同高度带的三个典型区域进行了加强观测，包括无人机航拍、地基激光雷达雪深测量、积雪属性路线测量、逐日径流以及气象数据观测等。围绕遥感积雪面积数据在积雪水文模型中的应用这一科学问题，本次试验的核心目标集中在山区复杂地形下的积雪衰减曲线发展和寒区积雪水文模型验证数据获取两个方面。

10.1.2 寒区水文模型改进

　　在观测系统丰富数据的基础上，改进并发展了包含完整物理过程的积雪-冻土水热过程模拟方法，并将之耦合到分布式坡面水文模型中，实现了寒区流域水文过程的完整物理过程描述；通过对寒区积雪-冻土过程模拟方法的改进，实现了积雪-冻土过程的水热耦合求解（图 10-5），并将此套方案耦合到分布式的坡面水文模型 GBEHM（基于地形的生态水文模型）中（Yang et al., 2015；杨大文等，2019）。积雪观测系统以及阿柔超级站的数据分别应用于积雪模型与冻土模型的标定与检验，流域观测系统网络数据所提供的气象以及水文数据用于纠正模型驱动以及标定模型参数。

　　针对积雪模块，在综合多套积雪模拟方案的基础上，构建了关键的能量平衡方程，发展了基于能量平衡方法的多层积雪模型。通过升华潜热与升华质量损耗的参数化方案改进以及雪层中融雪水流过程求解的迭代处理，使得积雪水文过程更加符合实际。发展了积雪表面受到风扰动的分层参数化方案，该项方案可更好地反映高海拔地区高风速对积雪表面热传导过程的重要影响。使用耦合积雪模块的寒区水文模型，并结合 WRF 模拟的气象驱动数据，对黑河流域上游多年来的水文过程进行了模拟，取得了很好的模拟效果：莺落峡水文站多年平均 NASH 系数达到 0.62（图 10-6）；在祁连水文站以及扎马什克水文站模拟的多年平均 NASH 系数达到 0.8 以上（Li et al., 2019）。

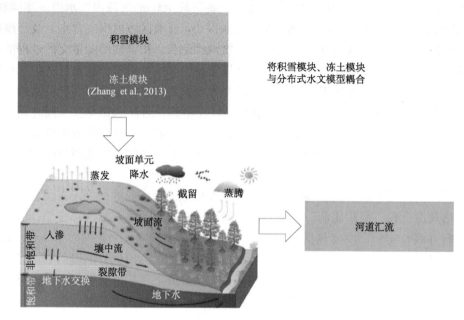

图 10-5　积雪-冻土模拟方案与分布式水文模型 GBEHM 耦合的示意图

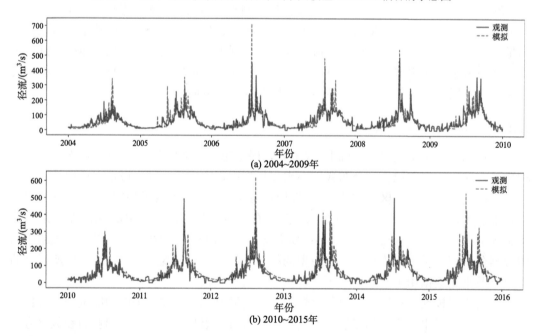

图 10-6　使用改进后的集成模型对黑河流域上游莺落峡出山口径流的模拟

在冻土模块的发展上，将水热耦合的冻土模拟方案与分布式水文模型 GBEHM 进行耦合，并在黑河上游进行了初步验证（Zhang et al., 2013）。以水文模型的时空框架对单点冻土模型进行了分布式改造，实现了并行计算，提高了计算效率；对冻土模块的饱和入渗过程进行改进，提高模型的稳定性。这些改进使得模型能更稳定地在流域空间尺度上实现冻土过程模拟。构建了山区太阳辐射中山体阴影的参数化方案，考虑了山体阴影对冻土能水平衡的影响。该项方案可以更准确地反映流域复杂地形对寒区水文过程的影响（Zhang et al., 2018）。

10.1.3 遥感数据在寒区水文模拟中的应用

将遥感数据在内的多源数据与寒区水文模拟相结合，是提高寒区水文过程模拟精度的重要手段。本研究借助寒区水文试验获取的积雪衰减曲线来提高寒区水文模型的模拟能力，主要包括：使用遥感数据来促进次网格尺度和流域尺度的积雪分布以及融雪径流模拟；使用遥感积雪面积数据对积雪模型进行分布式标定，改进 MODIS 数据的积雪反照率反演精度并用于提高融雪模拟能力等。通过这些研究，促进了遥感数据在春季径流模拟中的应用，发展了结合多源数据进行寒区水文模拟的技术手段。以下从几个方面进行阐述：

1. 使用遥感积雪面积数据对基于能量平衡的积雪模型进行分布式标定

构建了基于物理过程的积雪模型，采用遥感积雪面积对基于能量平衡的积雪模型进行了分布式标定，并与集总式标定的结果进行了比较。将积雪参数划分为具有空间异质性的参数与不具有空间异质性的参数。它们分别包括：雪面粗糙度纠正系数、新雪密度纠正系数、降水纠正系数、雨雪临界温度和新雪反照率（可见光与近红外两个波段）、积雪热传导纠正系数、可见光与近红外穿透系数。研究区域选择黑河上游八宝河流域，研究数据来自本项目获得的综合数据集。标定结果表明，使用分布式标定的积雪日数明显与实际更吻合，而集总式标定结果存在较大的高估现象（图 10-7）。

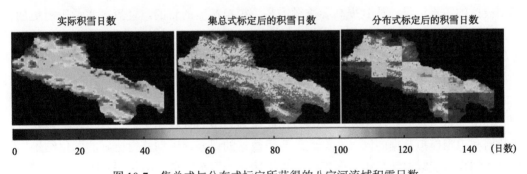

图 10-7　集总式与分布式标定所获得的八宝河流域积雪日数

2. 改进 MODIS 数据的积雪反照率反演精度并用于提高融雪模拟能力

选取代表典型高寒山区积雪的黑河上游八宝河流域作为研究区，开展山区积雪反照率反演及其在融雪模型中的应用研究。基于辐射传输模型建立 MODIS 亚像元积雪反照率反演算法，并使用站点数据对反演结果及 MODIS 积雪逐日反照率产品进行验证；结合实测数据分析多种融雪模型中积雪反照率参数化方案模拟效果，建立融雪期积雪反照率参数化方案；在 Snow17EB 融雪模型基础上融合遥感数据，首先利用 MODIS 逐日积雪面积比例数据采用粒子群优化算法标定模型参数，然后使用直接插入法在融雪模型中加入 MODIS 积雪反照率数据。在八宝河流域，比较分析了融雪模型中加入 MODIS 积雪面积和积雪反照率数据后对积雪属性模拟结果的影响。研究结果表明，积雪反照率产品 MOD10A1 在八宝河流域存在明显的低估；基于辐射传输模型的 MODIS 数据亚像元积雪反照率反演，提高了山区积雪反照率反演精度；不同积雪反照率参数化方案在融雪期的模拟结果具有明显的差异，而且存在高估的现象。发展了融雪期积雪反照率参数化方案，提高融雪期积雪反照率模拟精度。在八宝河流域融雪模拟中，发展了基于 MODIS 积雪面积比例数据分布式标定了模型参数，直接插入 MODIS 积雪反照率数据的方法，对积雪覆盖率的模拟有一定的改善作用（Shao et al., 2018）。

3. 使用积雪衰减曲线与遥感积雪面积提高寒区水文模型的模拟能力

利用合成孔径雷达 ENVISAT-ASAR 数据反演得到积雪面积、雪水当量信息，结合重采样后的地形因子，分析了 500 m 像元尺度上积雪面积比例与雪水当量的关系，讨论各因子对积雪衰减曲线的影响。结合遥感积雪属性数据，建立了积雪面积比例和雪水当量之间的关系，拟合出研究区域的积雪衰减曲线并用多种方式对积雪衰减曲线进行了验证。结果表明，通过将积雪面积比例进行区间划分，求取每一个区间的平均雪水当量，能够明显降低地形因子对积雪衰减曲线的影响，较好地反映积雪面积比例与雪水当量的关系。研究表明地形因子也是影响积雪衰减曲线形态的重要因素。

以八宝河流域为研究区，采用分布式水文模型 GBEHM 作为工具，利用适合研究区的积雪衰减曲线，将光学遥感获取的积雪面积数据转化为雪水当量，并用其更新 GBEHM 模型模拟的雪水当量，达到提高春季融雪径流模拟精度的目的，使流域水量平衡更加合理。结果表明：GBEHM 模型在八宝河流域有较好的径流模拟精度，但模型对春季融雪过程的模拟效果较差，通过引入积雪遥感数据，这一问题得到很大改善。2008 年 3～6月加入遥感数据前后径流模拟精度 Nash 系数和 Bias 系数分别由−1.0、−0.45 提高至 0.64、0.06，流域水量平衡也更加合理（图 10-8）。

利用集合卡尔曼滤波将积雪遥感数据同化到 GBEHM 模型中。该方法在融合积雪遥感数据和模型模拟数据的同时，考虑到两组数据的误差，以期获得更好的同化结果。选择合适的积雪衰减曲线将积雪面积遥感数据转化为雪水当量，同化到 GBEHM 模型中，提高春季融雪径流模拟精度，进而提高径流模拟精度。同化方法包括：简单同化和集合卡尔曼滤波。利用同化方法模拟的 2008 年径流模拟精度获得提高，其 Nash 系数、Bias 系数、R^2 分别达到 0.87、0.03、0.88（图 10-9）。

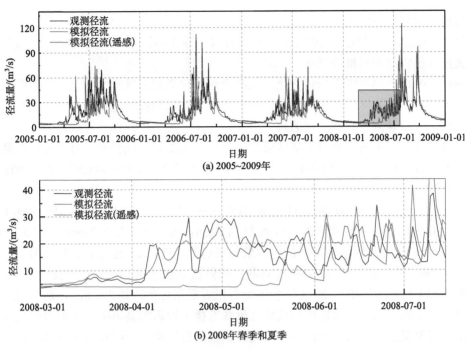

(a) 2005~2009年

(b) 2008年春季和夏季

图 10-8　八宝河流域加入遥感数据前后径流模拟对比

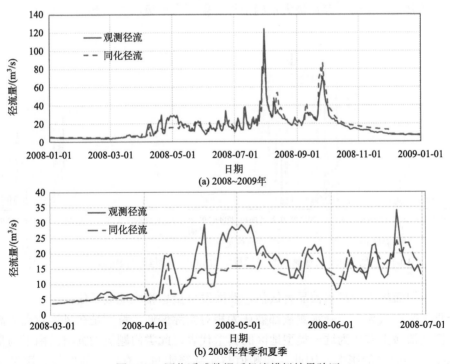

(a) 2008~2009年

(b) 2008年春季和夏季

图 10-9　同化遥感数据后径流模拟结果验证

10.1.4　应用案例

通过综合观测与集成模型，对黑河流域寒区水文过程有了新的科学认识，特别是在降水与蒸发的定量评估方面。

（1）高海拔山区风吹雪对积雪聚集过程有着主导作用，挑战传统陆面-水文模型以一维方式进行积雪过程模拟的基础。

通过 GMON 测量雪水当量变化，风吹雪测量仪器记录风吹雪通量，防风降水测量获取降水，涡动相关仪观测获取地表升华/蒸发通量，从而构建起积雪水量平衡的观测网络。利用该网络观测了积雪过程的每一个质量分量。为了提高伽马射线反演雪水当量的精度，我们考虑了土壤水分对测量结果的扰动以及参数的地域特征，对 GMON 测量方法进行了改进。该方法在参数率定期对雪水当量反演的 Nash 系数为 0.97，验证期的 Nash 系数为 0.99。

通过以上观测，发现在海拔 4147 m 的大冬树垭口积雪观测系统所在地，2014 年全年使用 T200B 防风降水测量到的总降水为 745 mm，其中降雪为 107 mm（图 10-10）。然而，借助 GMON 测量到降雪期间的积雪聚集量达到 167 mm，远远高于防风雨量计测量值；而在无降雪的风吹雪期间，GMON 观测到的降雪累积达到 124 mm。这表明，在 GMON 所观测到的 100 m² 范围内，2014 年全年度的积雪累积总量达到 291 mm，而防风雨量计只测到 107 mm。因此，可以推断该地区风吹雪极大地影响高海拔地区积雪聚集过程，甚至在积雪聚集过程中占主导作用。传统的积雪模拟通常在一维垂向上开展，以降水作为模型驱动。研究表明，以垂向一维方式对高海拔地区积雪过程进行模拟，是建立在完全不可靠的基础上，结果存在极大不确定性，需要考虑风吹雪引起的积雪再分配过程。

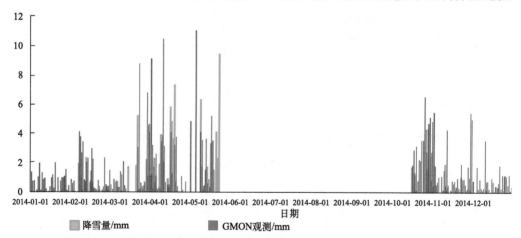

图 10-10　大冬树垭口观测到的降雪量与 GMON 观测到的积雪聚集之间的差异

（2）黑河流域上游降水被显著低估，蒸散发总量也相应地被低估。

一直以来，气象台站降水测量都被认为是相对实际偏低，特别是在风速较高的高海拔地区。黑河流域上游作为这一类型地区的典型代表，此类问题更加突出。由于雨量计观测降水受众多因素的影响，因此其观测值与实际降水量常有一定的偏差。雨量计观测值比实际降水量系统偏小，尤其降雪观测偏小严重。因此，需要对降水数据进行修正。对黑河流域上游气象台站降水测量进行系统纠偏后，各站修正后年累计降水量约增加100 mm。另外，还使用 WRF 大气模式进行了黑河流域上游降水驱动数据的制备。制备方法采用两种不同 GCM 初始场（GFS-FNL 和 CFS）及 9 种不同的微物理过程，在 WRF 模式中模拟黑河流域 2000～2015 年的降水。降水模拟结果与台站纠偏后的降水测量保持了较好的一致性。

　　将上述降水数据用于黑河流域上游水文过程模拟（图 10-11）。结果表明黑河流域上游降水、蒸发及径流都呈现显著增加的趋势。其中降水多年平均值为 592.6 mm，蒸发为 372.2 mm，径流为 209.7 mm。降水与蒸发都远大于类似研究。例如，长期以来，黑河流域上游平均降水量被认为在 500 mm 以下，而蒸发在 300 mm 左右（汤懋苍，1985；王海军等，2009）。然而经过纠正的降水驱动与水文模型模拟结果表明，以往研究中降水和蒸发极可能存在显著低估。通过上游观测网络中的涡动相关观测，发现了比实际更大的蒸发量。例如，在垭口（4148 m）涡动观测到的年际蒸发总量（2015 年）约为 490 mm；在阿柔（3033 m）观测到的蒸发总量约为 561 mm（2014 年）与 504 mm（2013 年）；在大沙龙（3739 m）观测到的蒸发总量为 583 mm（2014 年），这些不同海拔的观测都清楚地表明，黑河流域上游年蒸发量相对较大，这从另一个侧面证明了蒸发可能存在低估的论点。

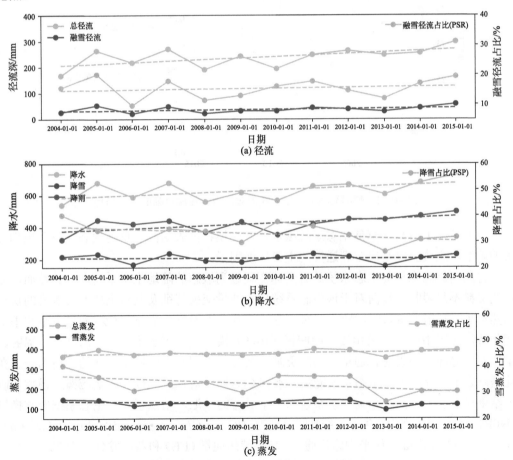

图 10-11　黑河流域上游年际降水、蒸发以及径流的变化趋势

（3）近15年来，黑河干流径流的增加主要来源于降水，特别是降雨的增加。融雪径流对黑河流域上游径流的贡献量相对稳定。

近年来，特别是2000年以后，黑河流域上游出山口径流有了显著增加。一直以来，径流增加的原因并不明确。新的研究结果表明，这种径流的快速增加，主要来自降水，特别是降雨的增加。使用完全基于物理过程的分布式寒区水文模型，并结合 WRF 模式生产的流域驱动进行长年模拟，结果表明融雪径流总量的年际变化并不显著。相反地，由于降雨的逐年增加，融雪径流对黑河干流出山径流的贡献有显著的减小趋势（图10-12）。该结果表明，在黑河流域上游这样冰雪融水不占流域水文过程主导地位的地区，降雨的变化对径流起到了支配作用。虽然近15年来，该地区年均气温有所上升，但冰雪消融对径流增加的贡献可能被夸大，而降水量特别是降雨的贡献却被低估。

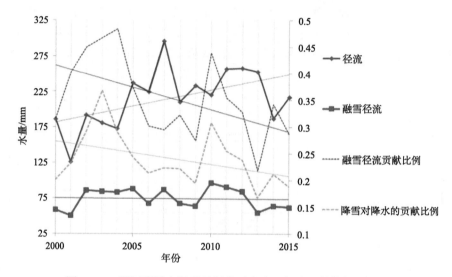

图 10-12　黑河流域上游融雪径流对出山口径流贡献的年际趋势

（4）黑河上游高寒草甸生态系统碳水通量交换特征表明高寒草甸生态系统表现为显著的碳汇，土壤温度是决定碳通量的主要环境因子。

青藏高原高寒草甸生态系统是对全球变暖最为敏感的陆地生态系统之一。然而，受观测资料不足限制，目前对于该生态系统碳水通量交换特征及其对全球变暖响应的认识仍然不足。利用上游寒区试验数据对比分析了各站点能量、水分和 CO_2 通量大小和季节变化特征（图10-13）。采用提升回归树（BRT）模型定量揭示了降水、温度、净辐射、土壤湿度等环境因素对各通量影响的贡献率及导致不同站点间通量差异的环境因子。在此基础之上，提出了该生态系统能量、水和 CO_2 通量对未来气候变暖响应概念模型。研究结果显示，上游高寒草甸生态系统为一个显著的碳汇，站点平均净生态系统碳交换量（NEE）、总初级生产力和生态系统呼吸分别为–187.6 g C/（m²·a）、504.8 g C/（m²·a）和317.2 g C/（m²·a）；年平均感热通量（H）、潜热通量（LE）和蒸散发分别为23.2 W/m²、36.3 W/m² 和458.2 mm；辐射和温度是影响能量和水分交换的主要环境因子，土壤温度是决定碳通量的主要环境因子；未来升温引起的 GPP 增加速率大于 Re，进一步导致生态系统碳汇减小。

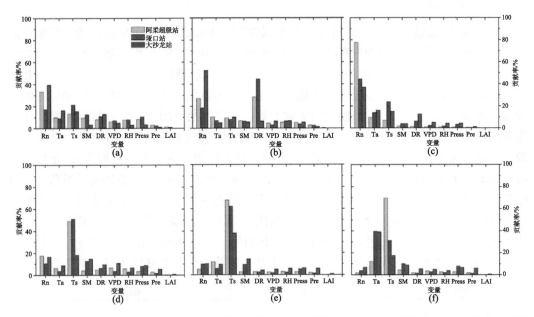

图 10-13 主要环境因子对不同站点（a）潜热通量、（b）感热通量、（c）蒸散发、（d）净生态系统碳交换量、（e）总初级生产力和（f）生态系统呼吸影响的贡献率

Rn，净辐射；Ta，气温；Ts，土壤温度；SM，土壤水分；DR，向下短波辐射；VPD，水汽压亏缺；RH，空气相对湿度；Press，大气压；Pre, 降水；LAI，叶面积指数

10.2 中游灌区遥感支持下的灌溉优化配水试验

中游灌区遥感支持下的灌溉优化配水试验取得以下成果：开展了针对水资源和作物关键变量的综合观测试验，获取灌区尺度的生态水文过程观测参量数据集；发展和改进地下水-农作物生长耦合模型；在遥感产品（GPP、LAI、土壤水分等）支持下，结合数据同化将作物生长模型/地下水-作物生长耦合模型扩展应用到灌区尺度，实现了区域农作物长势的监测和短期预测；并有效提高了地表能量平衡遥感估算蒸散发模型的估算精度，有助于分析农业灌溉中水资源的贡献平衡。在此基础上，结合最优化方法，优化灌溉配水计划，提高灌溉效率，初步实现了灌区尺度上的灌溉优化管理。①基于农作物生长模型/地下水-农作物生长耦合模型，融合多源地面观测资料（GPP、LAI 和产量），利用顺序滤波算法同化空间分辨率较高的叶面积指数产品，获得了较为准确的灌区尺度玉米产量预报结果。②地表能量平衡遥感估算蒸散发模型引入遥感土壤水分产品，有效地提高了灌区/区域尺度作物蒸散耗水的估算精度，有助于准确地评价灌区/区域灌溉水资源利用效率与供需状况。③发展的渠道蒸发估算模型有效地用于估算灌溉渠道水蒸发损失量，补充了灌区尺度水平衡计算中的渠道蒸发模块。④在遥感数据与地面试验观测数据支持下，建立了灌区灌溉水量多目标时空优化配置模型，优化灌溉配水计划，初步实现了灌区尺度上渠系与灌溉单元灌溉多目标智能优化管理。

10.2.1　观测试验

　　"中游灌区遥感支持下的灌溉优化配水试验"是 HiWATER 三个应用试验的重要组成部分。选择盈科灌区作为加密观测区（图 10-14），HiWATER 组织开展的航空遥感试验（第 3 章）提供了详细的作物种植结构、植被高度及叶面积指数、植被生物物理参数 FPAR 与生物量、灌溉渠系以及多尺度的土壤水分空间分布数据；流域水循环关键变量观测试验（第 6 章）提供了作物生长模型的关键参数，主要包括（图 10-15）：物候参数（作物生育期的生长季节起始日期和结束日期）；生物物理参数（植株各部分生物量、叶面积指数、株高、密度及产量）；生理生态特征参数（光合作用、光合有效辐射等）；土壤理化特征参数（土壤萎蔫点、田间持水量、饱和含水量、渗透速率）；碳循环特征参数（土壤呼吸、碳通量等）；生物化学参数（叶绿素含量、褐色色素、类胡萝卜素含量、土壤反射率和冠层反射率），以及灌溉优化配水所需的渠道流量、灌溉的轮期、亩均灌溉水量、田块的灌水深度、田块的沟垄高度、田块的下渗时间、灌溉水温、田间调查等（图 10-16，图 10-17）；生态水文无线传感器网络（第 5 章）以及通量与水文气象网（第 7 章）提供

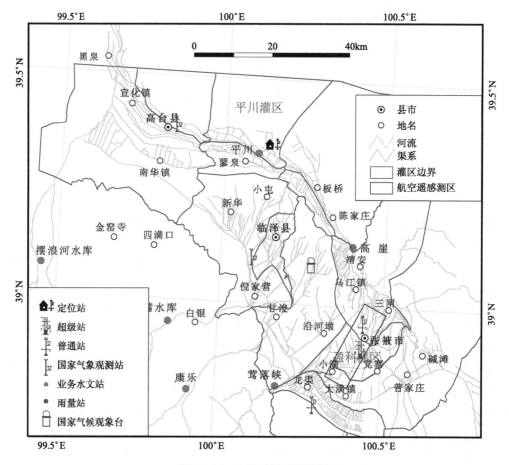

图 10-14　中游盈科试验灌区

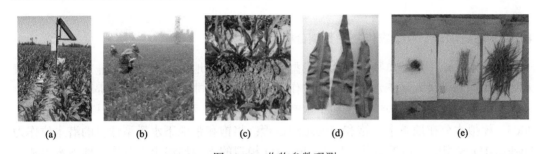

（a）　　　　　（b）　　　　　（c）　　　　　（d）　　　　　（e）

图 10-15　作物参数观测

（a）土壤呼吸观测；（b）和（c）作物生物参数观测；（d）和（e）生物量观测

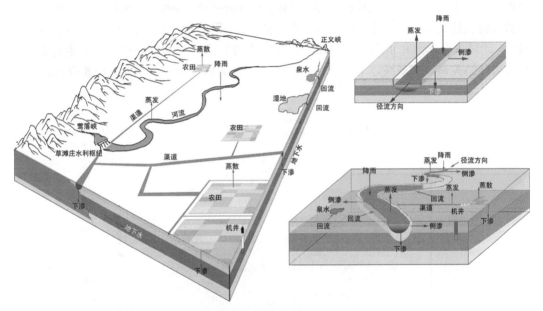

图 10-16　灌区水量平衡概念图

(a) 渠道流量观测　　　　　(b) 渠道水面辐射观测　　　　　(c) 渠道蒸发观测

图 10-17　灌溉渠道地面观测

了多种下垫面类型的辐射、风温湿、气压、降水、蒸散发以及土壤温度与水分等关键气象水文观测数据。以上丰富的遥感数据与地面试验观测数据为中游灌区灌溉优化配水系统的实施奠定了良好的观测基础，初步实现灌区尺度上的灌溉优化管理。

10.2.2 地表水-地下水-农作物生长耦合模型

地表水、地下水和作物生长 3 个模型的耦合关键是地下水模型中的非饱和带。地表水通过非饱和带进入地下水饱和带，农作物通过根系从非饱和带土壤中提取水分。同时非饱和带还通过毛细力与饱和带地下水产生联系。首先，利用 Hydrus-1D 模型（Šimůnek，2005）模拟水分在地下水非饱和带的运动过程：将饱和带地下水模型计算的潜水位作为 Hydrus-1D 模型的下边界条件，以 Hydrus-1D 模拟的下边界渗出水分作为地下水饱和模型的补给来源，并驱动更新地下水饱和带某个特定时刻的新水位。接着，在水文循环耦合模型基础上，加入作物生长模型 WOFOST（Supit et al.，1994）来模拟作物在生长过程中的蒸腾蒸发耗水量，以及作物在不同灌溉制度，不同的环境和气候条件下的收获产量。最后，通过耦合非饱和水文模型 Hydrus-1D 与作物生长模型 WOFOST，建立生态系统—水文循环的关系，并最终建立绿洲尺度的生态—水文耦合模型，如图 10-18 所示。

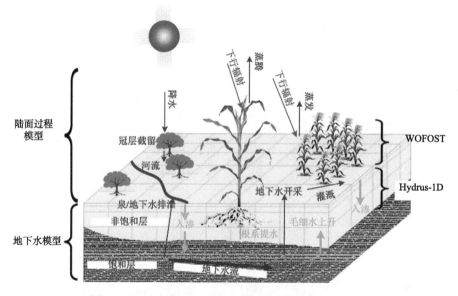

图 10-18 地表水-地下水-农作物生长耦合模型示意图

灌溉优化配水试验为流域中游地表水-地下水-农作物生长耦合模型的参数化方案发展提供了重要支持。在中游灌区内开展的温度、降水、多层土壤水分、蒸散发等水文气象要素的观测，田间调查、玉米生物量、根系长度、叶面积指数等陆表过程参数，以及不同级别渠道流速流量、渠道蒸发量、灌区配水调查等工作，为中游灌溉水资源管理模型的应用提供了精确的数据支撑。

10.2.3 应用案例

中游灌区遥感支持下的灌溉优化配水试验的目标是通过先进的观测手段和综合集成模型来为流域水资源管理与决策提供科学依据，因此，在试验设计上涵盖了与流域中游水资源管理所需参数的计算和验证以及科学模型在流域尺度应用，主要包括耦合作物生长 WOFOST 模型和地下水 HYDRUS 模型来获取不同物候时段作物的生长状况、需水量以及产量；结合土壤水分和遥感蒸散发在多尺度上精确地估算田间蒸散发；利用能量平衡法、空气动力学方法来估算中游渠道蒸散发来获取灌溉水量损失；通过集成多层水资源管理模型、灌溉管理模型和作物生长模型，并结合观测数据建立决策支持系统来实现中游灌溉优化配水试验观测参数和科学模型在决策过程中的应用。

1. 作物生长和地下水模型耦合发展及验证

1）作物生长模型 WOFOST 的参数敏感性分析

参数敏感性分析目前已成为模型应用、模型改进、模型发展的一个基本工具。WOFOST 模型由荷兰瓦赫宁根大学开发的用于模拟作物生长的一种机理模型，其模型结构如图 10-19 所示。作物生长模型 WOFOST 包括 94 个生物物理和生物化学参数，参数数量以及部分参数的难以获取和计量都为正确确定这些参数提出了难题，这些参数的确定是作物生长模型区域应用的一个主要问题。采用全局敏感性分析算法 EFAST（Saltelli et al., 1999）开展了 WOFOST 模型的参数敏感性分析，获得了各个参数的一阶敏感性及总敏感性指数，分析不同状态变量的参数敏感性（Wang et al., 2013a）。结果表明：①针对 WOFOST 模型，有的参数虽然对最终的结果没有作用，但是在模型开始的时候起到了关键作用，而部分参数的重要性则是逐渐增加直至影响最终结果；②开展参数敏感性分析、参数校正及模型改进，需要考虑模型与参数之间的各种相互作用，便于更好地理解模型，对模型进行多效用分析，发挥作物生长模型的多种功能。

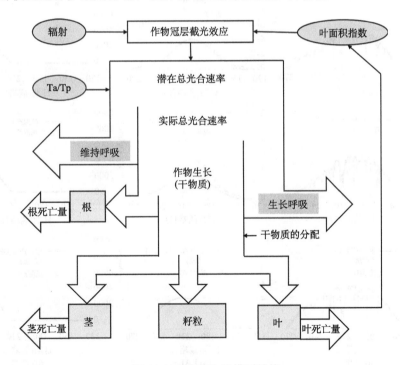

图 10-19　作物生长模型结构

2）作物生长模型 WOFOST 的作物产量估算

基于 WOFOST 模型参数敏感性分析的基础上，开展了利用时间序列数据同化算法（顺序滤波算法）进行区域产量预报的研究。利用默认参数数据集对 WOFOST 模型在张掖盈科绿洲的可用性进行评价，结果表明 WOFOST 模型能够较好地模拟作物生长趋势和产量，尤其是对农田生态系统中作物同化碳的趋势和变化规律的模拟，但对各状态变量的模拟存在较大的误差。融合多源地面观测资料（GPP、LAI 和产量），采用模拟退火算法对模型参数进行校正，使其能够更好地模拟点尺度作物生长过程中的相关状态变量，同时改进了模型对整个作物生长发育过程的模拟精度（图 10-20）。利用顺序滤波算法同化空间分辨率较高的 CHRIS-LA 开展了区域产量估计研究（Wang et al., 2013b）。结果表明，同化 PROBE/CHRIS-LAI 明显改善了作物生长模拟结果，得到较为准确的盈科绿洲的玉米产量预报结果（图 10-21）。

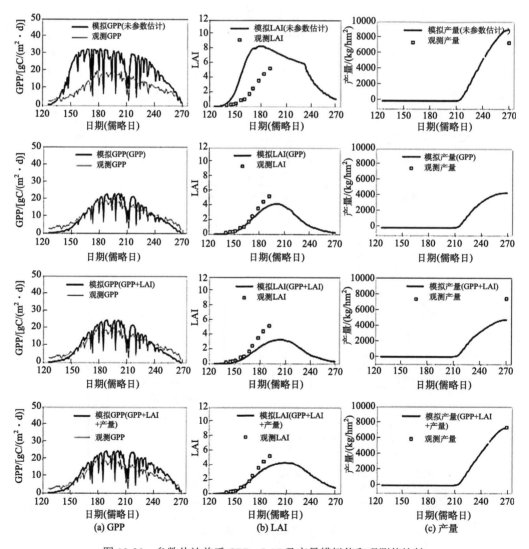

图 10-20　参数估计前后 GPP、LAI 及产量模拟值和观测值比较

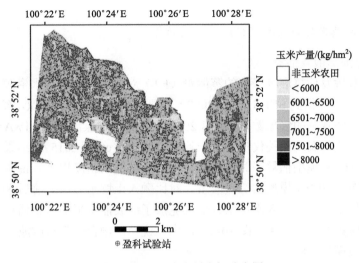

图 10-21 玉米产量空间分布图

3）WOFOST 和 HYDRUS 模型耦合

有效控制水资源在作物生长过程中的供需平衡，对于缓解农业和生态用水具有非常重要的意义。基于作物生长 WOFOST 模型和包气带水文 HYDRUS-1D 模型构建作物生长-水文耦合 WOFOST-HYDRUS 模型，该耦合模型考虑了生态系统和水文过程间的交互作用，量化作物在生长过程中对水的需求量和蒸腾量，进而实现水资源的有效管理。其中，WOFOST 模块用来模拟作物的生长过程，HYDRUS-1D 模块用来模拟作物根区土壤水分变化和水平衡过程，通过 SCE 算法标定该耦合模型计算所需的土壤水文特性参数（Zhou et al., 2012）。

通过地面观测试验数据对 WOFOST-HYDRUS 耦合模型的模拟结果进行验证，结果表明，该耦合模型模拟的土壤水分与野外测量土壤水分具有很好的一致性。与现行的灌溉方案相比，基于 WOFOST-HYDRUS 耦合模拟得到的指导灌溉方案可以节约灌溉总水量的 27.27%。在耦合模型指导灌溉策略下，灌溉水量相比现行灌溉方案的灌溉水量减少了 131.9 mm，节约水量主要来自深层渗漏量（123.6 mm）的减少，约占到节约水量的 93.7%。

结合 Morris 方法和 Sobol 方法对 WOFOST-HYDRUS 耦合模型进行不确定性和敏感性分析，预测作物产量的同时，分析作物生长发育参数和环境因子对作物产量的影响。并采用 Monte Carlo 方法分析了作物参数和环境参数不确定条件下以及减少灌溉对作物产量的影响。总共考虑四种不同的情景，四种灌溉情形中单次灌溉量分别为 10 mm/次，20 mm/次，30 mm/次和 40 mm/次，总共灌溉次数为 8 次。结果显示，当单次灌溉量为 10 mm，作物产量从 2960 kg/hm^2 增加到 4410 kg/hm^2；当单次灌溉量超过 30 mm，作物产量分布于 3500 kg/hm^2 到 5500 kg/hm^2 之间的概率占到了 90%。表明，采用优化方法集成 WOFOST-HYDRUS 耦合模型可以用来指导农业节水灌溉、作物估产以及研究环境参数对作物产量带来的影响。

2. 中游绿洲蒸散发以及灌溉渠道蒸发量估算

1）张掖绿洲蒸散发估算

通过遥感蒸散发估算灌溉绿洲的蒸散量（ET）对灌区合理利用水资源极其重要。引入 PLMR 土壤水分数据到 SEBS（Su, 2002）模型，利用 ASTER 影像，结合 WRF 模式输出的格网和地面观测的气象数据，估算 2012 年黑河中游绿洲灌区 HiWATER 试验区蒸散发，模型估算值与涡动相关仪观测值一致性较好（Li et al., 2015）。结果表明，加入土壤水分信息的 SEBS 模型估算瞬时感热通量与日蒸散量的精度提高，说明引入土壤水分信息能很好地改善 SEBS 模型估算蒸散发。对比融入土壤水分信息前后 SEBS 模型估算的张掖绿洲蒸散量，发现引入土壤水分信息克服了地表能量平衡遥感估算蒸散模型高估干旱、半干旱区蒸散发的现象（图 10-22）。由此说明，融合光学与微波遥感数据可有效地提高遥感蒸散模型的精度。

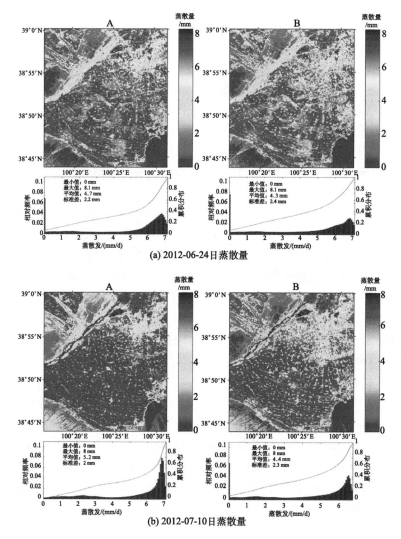

(a) 2012-06-24 日蒸散量

(b) 2012-07-10 日蒸散量

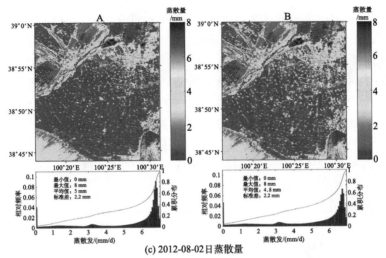

(c) 2012-08-02 日蒸散量

图 10-22　融合遥感土壤水分前后 SEBS 模型估算的日蒸散发空间分布与频率分布

A：SEBS 模型计算的蒸散发；B：融合土壤水分信息后 SEBS 模型计算的蒸散发

2）盈科-大满灌区灌溉渠道蒸发量估算

在渠系分布广泛的干旱灌区，降水量少蒸发量大，因此开放性渠道水面会造成很大的蒸发损耗，因此在灌水优化分配中，有必要对渠道蒸发损耗量进行估算。渠道水面蒸发具有一定的特殊性，相对下垫面均一的大面积水库水面，渠道呈细长分布，下垫面状况与周围环境差别很大，且相对复杂。在黑河中游地区，灌溉渠道的干渠和支渠长度达4500 km，其中 82%的渠道为硬化铺设渠道，斗渠和农渠长度达 22700 km，64%为硬化铺设。基于 2013 年 5～8 月观测数据，主要采取两种方法（能量平衡法和动力学方法）对渠道蒸发进行了估算。

A. 能量平衡法

结合基于能量平衡法的渠道观测与同步观测的气象数据（风速、风向、空气温度和湿度、辐射等）及渠道数据，利用能量平衡法计算了渠道流动水体蒸发量。图 10-23 为

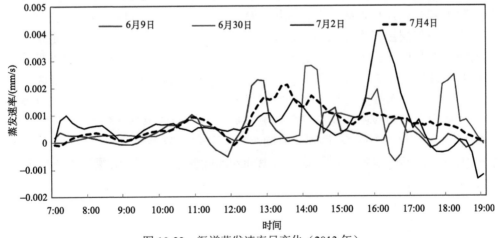

图 10-23　渠道蒸发速率日变化（2013 年）

不同时期的渠道蒸发速率日变化率，可知 2013 年 6 月 9 日与 30 日，7 月 2 日与 4 日这四天的渠道蒸发速率日变化不一致，尤其从中午 11 点左右开始，渠道蒸发速率日变化剧烈，并且每日的日变化速率差异大。

图 10-24 为不同时期渠道的日累计蒸散量，不同时期渠道的蒸散量不同，而且差异较大，平均日累计蒸散量约为 7 mm。6 月 10 日累计蒸散量达到 20 mm，而 6 月 11 日累计日蒸散量值为负值，原因在于张掖地区灌溉水来自冰雪融水，造成水温很低，出现渠道水面饱和水汽压低于空气实际水汽压的可能性，此时水汽传输向下运动。6 月 30 日之后，每隔一天日累计蒸散量就会减小，此变化规律与当日的空气温湿度变化有关。

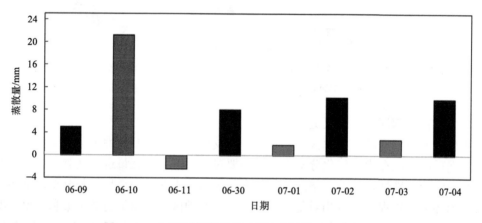

图 10-24　不同时期渠道的日累计蒸散量（2013 年）

B. 空气动力学法

一般来说，干旱区灌溉沟渠设计的水流速度较高，高于表面风速，以减少水流在运输中的蒸发损失。开阔水面的蒸发率取决于表面风速（U_a），并随其增加而增加。此外，流动水体表面蒸发率（E）不仅与表面风速有关，还取决于水流速度（U_w）。基于以上理论，Kobayashi 等（2014）提出了一种水表面双层空气模型（DSAL）计算流动水体表面蒸发。图 10-25 展示了渠道流动水体上方 DSAL 模型原理示意图。DSAL 模型设定流动水体上方空气层由两个子层组成，上方是近地层空气层（SAL），下方是水流影响形成的特殊空气层（SAL-W），其空气层厚度为 σ。DSAL 模型理论公式详见相关文献（Kobayashi et al., 2014）和 Wang 等（2019）。应用 DSAL 模型估算渠道流动水体蒸发量时，所需输入数据包括 2 m 处空气温度（T_a），空气相对湿度（RH_a）以及风速（U_a），主要由大满超级站多梯度气象观测数据与渠道旁气象站数据拟合关系式[Wang等（2019）中式（8～10）]，得到长时间序列的 DSAL 模型输入气象数据。渠道水温（T_w）由大满超级站气象站气温数据结合 Boltzmann 模型拟合得到。渠道水流速度（U_w）由地面观测得到。

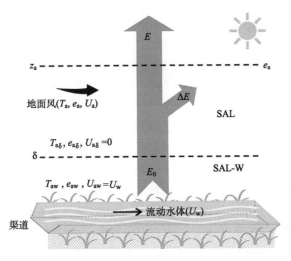

图 10-25　DSAL 模型原理示意图

图中符号参见正文和 Wang et al., 2019

　　首先，基于 2013 年渠道旁气象观测数据和大满超级站拟合气象数据，结合地面观测数据，利用 DSAL 模型分别计算渠道流动水体蒸发速率并做比较（图 10-26）。结果表明，基于模拟数据得到的蒸发速率与观测值所得结果一致性较好，大约 20% 的模拟值偏高。总体来看，基于大满超级站气象数据模拟值得到的蒸发速率是渠道旁观测数据估算结果的 1.2 倍左右。Kobayashi 等（2014）指出当忽略平流影响时，DSAL 模型估算的蒸发速率低估约 10%～20%。由此说明，利用大满超级站气象观测拟合的模型输入数据能够得到合理的实际蒸发速率。

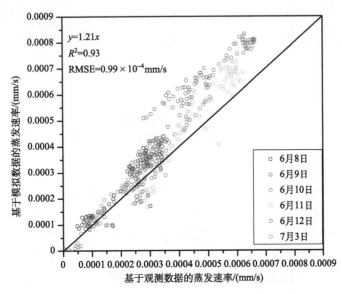

图 10-26　基于模拟与观测数据的 DSAL 模型估算蒸发速率散点图

　　然后，基于 2013 年 6～9 月大满超级站每 10 min 的气象观测数据，利用拟合关系式
得到 DSAL 模型所需输入数据并得到长时间序列的渠道日蒸发量（E），并分析其季节变
化特征（图 10-27）。张掖灌区渠道日蒸发量在整个灌溉期变化趋势呈凹型，即 6 月和 9
月渠道蒸发量较高，7 月和 8 月较小。这种变化趋势看起来很奇特，但这是干旱区夏季
空气潮湿时的现象。图中也给出了实际水汽压（EA）和水面饱和水汽压（EW），当 EA
小于 EW 时，水面存在蒸发现象；若 EA 大于 EW，则出现凝结现象，蒸发量 E 值小于
0。由此说明，渠道水面日蒸发量的变化趋势与 EA 和 EW 之间的差值密切相关。从图中
可以看出，6 月初期和 9 月下旬，渠道蒸发量为 20～50 mm/d；7～8 月蒸发量最高 10 mm/d
左右。另外，其中有几天蒸发量小于 0，如 7 月 14 日渠道蒸发量为 -7.7 mm/d。主要原
因在于，张掖灌区渠道流水由黑河分配而来，而黑河地表水来源于祁连山冰雪融水，水
温低于空气温度，导致 EA 大于 EW，则 E 小于 0。刘素华等（2014）利用能量平衡法估
算渠道蒸发也报道了同样的发现。经统计，月平均蒸发量分别为 23.4 mm/d（6 月）、
6.5 mm/d（7 月）、10.3 mm/d（8 月），28.3 mm/d（9 月）。

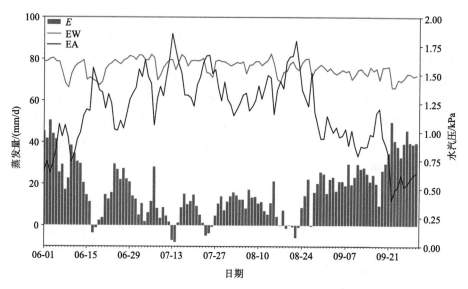

图 10-27　长时间序列的渠道流动水体日蒸发量 E
EA 和 EW 分别表示实际水汽压和水面饱和水汽压

　　最后，结合 DSAL 模型估算的渠道蒸发量和各级渠系过水面宽度及渠系长度等估算
灌区渠道蒸发损失量（E_T），并通过各级渠系水量计算得到蒸发损失率（R_{EL}），即蒸发损
失量与灌溉渠道水量的比值。具体公式参见文献（Wang et al., 2019）中公式 12 和 13。
表 10-2 列出了张掖盈科和大满灌区各级渠系 2013 年 6～9 月蒸发损失量。对于盈科灌区，
各级渠系每月总蒸发损失量分别为 84 万 m³（6 月）、23 万 m³（7 月）、36 万 m³（8 月）
和 95 万 m³（9 月）。大满灌区各级渠系每月总蒸发损失量分别为 128 万 m³（6 月）、35
万 m³（7 月）、56 万 m³（8 月）和 146 万 m³（9 月）。盈科和大满灌区渠系水体蒸发损
失总量分别为 239 万 m³ 和 366 万 m³，说明大满灌区渠道蒸发损失量大约是盈科灌区的

1.5 倍。从表 10-2 得知，盈科灌区这四个月的蒸发损失率（R_{EL}）分别为 4.5%（6 月）、1.2%（7 月）、1.9%（8 月）和 5.2%（9 月）；大满灌区分别为 6.8%（6 月）、1.8%（7 月）、2.9%（8 月）和 7.8%（9 月）。盈科和大满灌区平均蒸发损失率分别为 3.2% 和 4.8%。陈菁等（2007）利用水量平衡法得到的蒸发损失为 8%（包含了毛渠的蒸发损失），高于 DSAL 模型的结果。

表 10-2　2013 年盈科-大满灌区渠道蒸发损失量

月份	灌溉渠系	盈科灌区		大满灌区	
		E_T/万 m^3	R_{EL}/%	E_T/万 m^3	R_{EL}/%
6	干渠	15.06		22.79	
	支渠	22.36	4.5	35.17	6.8
	斗渠	18.72		37.34	
	农渠	27.72		33.15	
7	干渠	4.10		6.21	
	支渠	6.09	1.2	9.58	1.8
	斗渠	5.10		10.17	
	农渠	7.55		9.03	
8	干渠	6.55		9.91	
	支渠	9.72	1.9	15.29	2.9
	斗渠	8.14		16.23	
	农渠	12.05		14.41	
9	干渠	17.17		25.99	
	支渠	25.49	5.2	40.10	7.8
	斗渠	21.35		42.57	
	农渠	31.61		37.80	

注：E_T 指各级渠系总蒸发量（单位：万 m^3），R_{EL} 指蒸发损失量与灌溉渠道水量的比值

张掖绿洲灌区四级渠系（干渠、支渠、斗渠、农渠）水利用效率大约为 62%，表明大约 38% 的水量通过灌溉渠系到达农田时已损失，其中包括渠道蒸发损失、渗漏以及不当的水资源管理如私自抽取渠道水等。本研究发现盈科和大满灌区各级渠系总的蒸发损失率大约 4%，由此说明大约 34% 的灌溉水由农渠渗漏（仅 30% 硬化铺设）或不当水资源管理造成损失。但是这些水量损失似乎有助于形成适合当地居民的植被环境。

3. 黑河流域水资源决策支持系统（HDSS）

1）水资源决策支持系统

灌溉管理与水资源优化配置的总体思路如图 10-28 所示。

A. 数据集制备

数据集包括三类：①航空/卫星遥感产品，如土壤水分含量、LAI、作物蒸散量等，作为作物耗水模型的输入，估算作物日实际耗水量；②地面观测数据，主要包括降水、日平均温度、河流流量、水库蓄水量和地下水开采量等；③调查数据，包括渠口引水量、

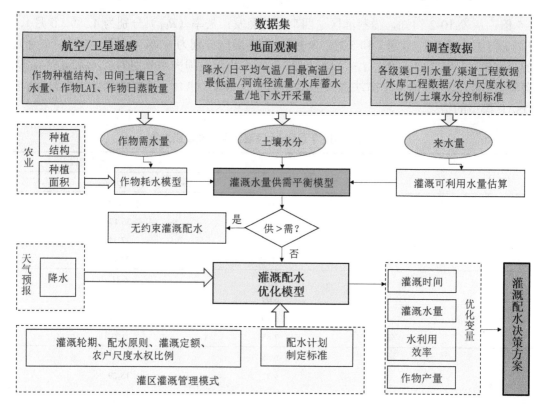

图 10-28 灌溉优化配水框架

渠道工程参数、水库工程数据、种植结构。这两类数据作为水量平衡模型的输入，分析中游水量供需平衡关系。

B. 水量供需平衡分析

利用 WOFOST 模型输出的作物需水量，结合灌区渠系工程数据（渠系类别、长度、水利用系数）得到灌区作物实际耗水量，连同定额生态、生活用水一起作为中游实际需水量；将各时段河流来水量、水库蓄水量和可开采地下水量作为实际供水量，分析供水与需水的关系，当供水小于需水时，计算灌溉用水比例，即可供灌溉水量/作物实际耗水量，并将其作为灌溉优化配水模型的约束条件之一。

C. 建立灌溉配水优化模型

以灌溉水量供需平衡分析结果为基础，结合高分辨率土壤水分、种植结构和作物土壤水分控制标准，以无效灌溉水损失量最小、农业用水效率最高和产量最高为目标，其中无效灌溉水损失由渠道渗漏、渠道蒸发、田间渗漏和棵间蒸发决定；产量则是作物种子类型、播种时间、生长期中灌溉时间和灌溉水量、施肥量、灌溉水温的函数。约束条件包括：①土壤水分含量必须位于作物土壤水分控制标准区间之内；②灌水轮次的周期应满足中游灌区实际灌水轮次周期（可略做调整，由供水情况而定）；③供灌溉用水小于农业实际耗水；④满足黑河调水任务；⑤灌溉水温范围；⑥施肥量范围；⑦灌溉输水距离。

D. 制定灌溉配水优化方案

灌溉配水优化方案是将灌溉配水优化模型输出的田块尺度的作物需水量与灌溉时间推算到引水口。利用田块的作物需水量、作物种植面积与田间水利用系数可得到农渠引水口引水量，同理所有农渠引水口水量与农渠水利用系数比值可得到斗渠引水口门处引水量，以此类推，可分别得到分支渠口门、支渠口门、干渠口门出引水量。同时，根据各引水口门处流量，计算引水口开口和闭口时间。

E. 多层次的多智能体结构优化配置方案

该系统可以分为 4 层结构：第 1 层地理数据层，提供基本的栅格、矢量结果的地理信息数据为上层模型计算提供地理数据支持；第 2 层地理对象层，将关键地区的对应作物均定义为"对象"，每一个对象与地理位置、面积、特定作物的需水模型进行对应，根据需要，每个对象均可即时计算出一段时间内的需水数据；第 3 层灌溉模型层，内部包含灌溉信息，将灌渠等对象直接与该层中的对象对应，每个对象可以计算流量等信息；第 4 层为优化、控制、模拟模型，通过该层进行基于 GIS 网络（灌渠）空间分析的多目标智能优化。所有层均由时间、环境参数、流量参数进行总体控制，通过模型可以进行灌溉结果的模拟并提出多目标智能优化方案，其结果将以某时间点关注地区的时间序列快照输出。

2）多层次、多智能体结构的灌溉优化配置系统

灌区灌溉水资源优化配置所考虑的目标与需求是相互影响甚至相互冲突的。通过各种措施，对不同时间和空间的水资源进行协调，以实现灌溉水资源的可持续利用与经济社会的可持续发展，这是一个典型的多目标优化问题。为此，基于系统性策略，建立了盈科灌区灌溉水量多目标时空优化配置模型（程帅和张树清，2015）。

该模型采用三层结构，自上而下将灌溉水资源进行时间和空间上的优化配置。最上层采用某个作物水分生产函数模型，以作物产量最大为目标函数；中间层采用分阶段作物水分生产函数，优化配置作物不同生育期水资源，目标函数仍选取作物产量最大；最底层是针对灌区内某次灌溉，将此次的灌溉水量达到空间上的优化配置，包括灌溉水量在不同作物间的优化配置，及渠系水量优化配置；最后，采用帕累托优化理论，综合运用现代智能算法，求解以上建立的多层次模型（图 10-29）。

灌溉渠系优化配水是提高灌溉水资源利用率的有效手段之一，它是指在配水渠道及下级渠道过水能力一定的条件下，为满足某次灌水要求，对配水渠道所辖的下级渠道进行编组排序，使总的配水时间不超过配水渠的配水周期，而配水渠的流量过程线与下级渠道闸门的开关次序相匹配，达到水量损失最小的目的。本项目以渠道输水时间最短以及轮灌组之间开启时间差异最小作为目标，建立基于多目标的田间渠系配水模型。

上级渠道来水流量，引水口引水流量通过查找灌区灌溉手册得到；区域的净灌溉需水量根据被配水渠道控制面积及各作物灌水定额计算获得；引水口持续时间根据各引水口控制面积毛灌溉需水量（=净灌溉需水量×区域灌溉水利用系数）得到。将被配水渠道按"定流量，变历时"配水方式运行时的最优分组方案确定为最终渠道轮灌组，轮灌分组组合数，由配水渠道净引水流量和被配水渠道的出水口引水流量确定。基于渠系配水模型，以帕累托优化理论为基础，使用人工智能算法对模型进行求解，从而制定盈科灌区渠系配水优化方案。

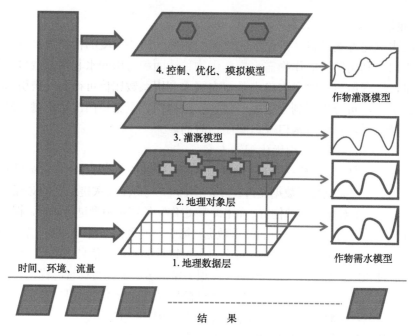

图 10-29　优化配置结构框架图

遗传算法是解决多目标优化问题的有效方法。本研究将多目标遗传算法（MOGA）引入到渠系轮灌组最优组合中来，利用遗传算法的内在并行机制及全局优化特性，解决多目标优化配置问题。得出最终最优轮灌组合如表 10-3 所示。

表 10-3　基于 MOGA 的盈科灌区最终最优轮灌组合方案

轮灌组	斗口组合	轮灌组引水时间/h	轮灌组引水流量/（m³/s）
1	十斗，十一斗，十七斗	113.4	0.1
2	四斗，十四斗，二十斗	112.0	0.1
3	六斗，七斗，十五斗	113.6	0.1
4	五斗，十三斗，十九斗	114.5	0.1
5	十六斗，十八斗	105.3	0.1
6	一斗，三斗，十二斗	109.4	0.1
7	二斗，八斗，九斗	113.3	0.1

各轮灌组引水差异值：9.2 h

遗传算法在处理复杂问题时容易陷入局部最优，因此，引入了基于 Pareto 的蚁群算法（PACA），进一步优化渠系配水方案，得出最终最优轮灌组合如表 10-4 所示。

表 10-4　基于 PACA 的盈科灌区最终最优轮灌组合方案

轮灌组	斗口组合	轮灌组引水时间/h	轮灌组引水流量/（m³/s）
1	二斗，八斗，九斗	113.3	0.1
2	四斗，五斗，二十斗	112.4	0.1

续表

轮灌组	斗口组合	轮灌组引水时间/h	轮灌组引水流量/（m³/s）
3	一斗，三斗，七斗	110.7	0.1
4	六斗，十三斗，十五斗	113.5	0.1
5	十二斗，十四斗，十九斗	112.9	0.1
6	十六斗，十八斗	105.3	0.1
7	十斗，十一斗，十七斗	113.4	0.1

各轮灌组引水差异值：8.2 h

多目标粒子群算法（MPSO）是目前热门的智能算法，但其应用于渠系配水的研究较少。探讨了 MPSO 的渠系配水优化能力，得出最终最优轮灌组合如表 10-5 所示。

表 10-5　基于 MPSO 的盈科灌区最终最优轮灌组合方案

轮灌组	斗口组合	轮灌组引水时间/h	轮灌组引水流量/（m³/s）
1	五斗，十二斗，十九斗	113.3	0.1
2	十斗，十三斗，十七斗	113.2	0.1
3	二斗，八斗，九斗	113.3	0.1
4	一斗，四斗，六斗	112.5	0.1
5	三斗，七斗，十一斗	110.3	0.1
6	十四斗，十五斗，二十斗	113.6	0.1
7	十六斗，十八斗	105.3	0.1

各轮灌组引水差异值：8.3 h

制定有效的灌溉方案，并通过科学、合理的手段实施灌溉活动，对黑河中游灌区农业生产十分重要。GIS 技术是水利行业信息管理标准化、网络化、空间化、可视化的有效工具。不同类型的数据可通过地理信息相互联系，为灌区水资源综合管理和科学决策提供依据。在数据库数据的基础上，以 GIS 技术为核心，建立可视化渠系配水管理系统，界面系统与功能展示分别如图 10-30 所示。

10.3　下游绿洲生态耗水尺度转换遥感试验

黑河下游属极端干旱荒漠地区，下游的额济纳绿洲是河西走廊及内陆地区的最后一道生态屏障。由于中游张掖地区耗水量的逐年增加，自 20 世纪 50 年代开始，狼心山水文站的下泄水量开始呈现逐年下降的趋势，年径流量由 50 年代的 8.66 亿 m³ 减少为 90 年代的 3.47 亿 m³，下游天然植被群落快速退化，尾闾湖干涸，荒漠化迅速扩张，风沙危害加剧，生态环境急剧恶化。为了整治流域内，特别是下游地区日益恶化的生态环境，2000 年实施了黑河流域生态分水方案（EWDP），干涸很久的东居延海在 2002 年再度灌水，额济纳绿洲地下水位逐渐上升，河岸林生态系统也随之逐渐恢复，生态退化有所减

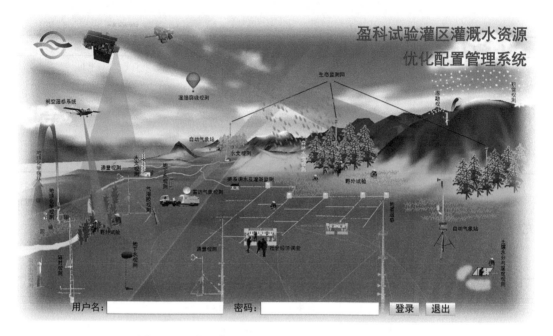

图 10-30 灌区灌溉水资源优化配置管理信息系统界面

弱（Cheng et al., 2014）。为维持下游天然绿洲的稳定发展，必须在深刻认识干旱区水资源循环机理与水资源转化规律的基础上，从生态保护与社会经济可持续发展的角度科学地管好水、用好水，科学地解决生态需水问题。

干旱区生态需水问题具有显著的区域特点，必须从土壤水分状况、植被生长模型、植物蒸腾三方面进行综合考虑，同时还要考虑个体、群落、生态系统的尺度转换问题。此外，植物消耗的水分来源于地下水、地表水和降水的比例和时间变化，维持生态系统的正常运转的水分除植物蒸腾外还有土壤蒸发。解决以上涉及下游生态需水的科学问题，急需建立卫星遥感-航空-地面一体化的多尺度观测体系，获得长期、连续、高精度的多尺度生态水文过程观测数据，为揭示干旱区不同尺度生态水文过程耦合机制，建立合理的尺度转换方法提供数据支持；为构建完善的干旱区生态需水理论框架，精确估算生态耗水提供技术支撑与数据保障。最终科学回答下游生态需水问题，保证下游天然绿洲生态系统的可持续发展。

10.3.1 下游胡杨河岸林多尺度生态水文综合观测平台

以下游额济纳绿洲河岸林生态系统为研究对象，通过卫星遥感、航空遥感、水文气象观测、通量观测、植被变化观测、土壤观测等手段，开展地面、航空和卫星遥感互相配合的大型综合观测试验，获得生态系统从叶片、单株、冠层、群落和区域尺度的 H_2O、CO_2 通量；以多尺度蒸散发为桥梁，为尺度转化方法研究提供基础数据；建立高空间分辨率的遥感和长时间序列地面综合观测数据集，为利用遥感估算蒸散发模型、陆面过程模型等提供多尺度的标定和验证数据。

与基金委重点项目群于 2013 年 7 月初共同建成了下游典型河岸林生态系统从单株→冠层→群落→区域的多尺度综合观测系统。主要包括：3 套热扩散液流计，分布于胡杨、柽柳、胡杨/柽柳混交林、农田、裸地上的 5 个水文气象观测站（自动气象站+涡动相关仪），2 组大孔径闪烁仪以及 10 套土壤水分无线传感器网络（图 10-31）。自动气象站观测项有四分量辐射、风速和风向、空气温湿压、降雨，以及土壤温湿度廓线观测等（第 7 章）。2014 年 6 月在每个水文气象观测站附近一眼 6 m 深地下水井，并布设了 HOBO 地下水位观测仪。2015 年 5 月增设荒漠站点（100°59′13.78″E，42° 6′48.49″N；926 m），包含涡动相关仪通量观测及同步的自动气象观测，获得了长时间序列的水文气象观测数据集。目前，三个水文气象站（四道桥超级站、混合林站以及荒漠站）以及一套南北走向大孔径闪烁仪仍在持续运行。经数据汇总与标准化，获得额济纳绿洲典型下垫面长时间序列的多尺度水热通量数据集，以及同步的气象要素、土壤温湿度观测数据集和无线传感器网络数据集。

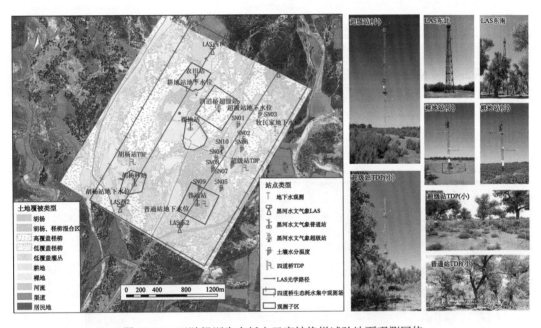

图 10-31　下游绿洲生态耗水尺度转换样试验地面观测网络

航空遥感方面：2014 年 7 月 29 日和 8 月 4 日分别在胡杨林核心保护区高光谱+激光雷达+CCD 相机和热像仪+5 波段多光谱的航空遥感作业任务。同步航空遥感飞行试验，根据胡杨林保护区植被覆盖情况，选取 3 个 100 m×100 m 样地完成生长季不同树龄胡杨植被结构参数每木测量。在航空遥感地面同步试验期间，围绕四道桥多尺度生态耗水加密观测场，根据胡杨与柽柳群落分布完成了五个样地每木的植被结构参数测量。经数据汇总与标准化，共计 8 个样地，胡杨 615 棵，柽柳 111 丛及一个 10 m×10 m 草地（苦豆子）样方，其中胡杨植被结构参数包括胸径、冠幅、树高、枝下高等；柽柳灌丛与苦豆子的植被结构参数主要测量株高与冠幅。另外，开展了航空遥感地面同步观测，包括土壤变量（地表温度、土壤呼吸、土壤水分）、植被参数（植被结构参数与覆盖度、叶面积指数、光合作用、地物光谱)、三维地基激光雷达单株胡杨植被结构扫描等(第 6 章)。经整理与汇总形成了下游生态水文综合观测数据集,共计有水文气象观测、地面观测数据和遥感数据 3 大类,35 个不同条目的观测数据。

10.3.2 基于航空高光谱遥感和激光雷达的下游河岸林植被结构参数估算

开展航空激光雷达遥感试验,获取尺度转换方法研究所需要的核心植被结构参数(树高、胸径、叶面积指数、植被覆盖度、植被类型等)。下游航空遥感利用机载 LiCHy 系统(包括激光雷达传感器、CCD 相机、AISA Eagle 高光谱传感器、IMU),获取了额济纳绿洲胡杨保护区核心区的激光雷达、高光谱和 CCD 成像数据,利用航空飞行数据提取了胡杨河岸林精细的植被覆盖分类(苏阳等,2018)以及树高、胸径、冠幅等植被结构参数(苏阳等,2017)。

1. 基于航空高光谱遥感的胡杨河岸林土地覆被分类

高光谱遥感影像具有更加丰富的光谱信息与空间信息,地物轮廓清晰等特点,有利于破碎景观下的植被覆盖分类信息提取。利用空间分辨率 0.8 m 的航空高光谱数据,共 64 个波段,经过 MNF 降维和最大似然方法分类方法,得到胡杨保护区核心区精细的植被覆盖分类(苏阳等,2018)。保护区主要地类有胡杨、柽柳、草地、农田、水体、人工建筑、盐碱地、沙质土地等(图 10-32)。通过误差矩阵对分类结果进行精度评价,详见表 10-6。

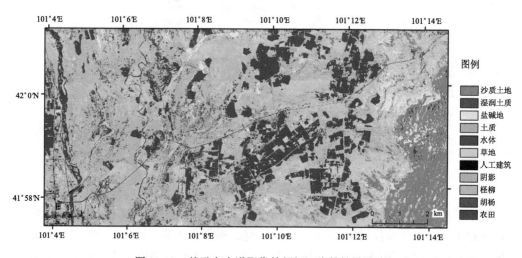

图 10-32 基于高光谱影像的胡杨河岸林植被分类

基于航空高光谱影像提取的土地覆被分类总体精度为 87.95%,Kappa 系数为 0.85,分类结果精度较高。说明通过 MNF 变换与最大似然法分类方法能够有效地提取额济纳绿洲土地覆被分类。MNF 降维方法可有效区分干旱区破碎景观下不同地物的高光谱数据信息;最大似然法监督分类方法通过像元光谱信息相似度能够有效区分不同地物类别,尤其是光谱相似的多类植被类型。结合面向对象分类方法中的形状统计特性提取农田，明显地提高分类精度。

表 10-6　分类结果精度评价

分类结果	参考点											总计	制图精度/%	用户精度/%
	胡杨	柽柳	草地	农田	水体	人工建筑	阴影	盐碱地	沙质土地	土质	湿润土质			
胡杨	58	5	8	0	0	0	0	0	0	0	0	71	85.29	81.69
柽柳	5	82	8	0	0	0	0	0	0	0	0	95	83.67	86.32
草地	4	9	185	2	0	0	0	3	0	2	3	208	86.05	88.94
农田	0	0	0	99	0	0	0	0	0	0	0	99	95.19	100
水体	0	0	0	0	9	0	0	0	0	0	0	9	75	100
人工建筑	1	0	0	0	0	3	0	0	0	0	0	4	75	75
阴影	0	0	3	0	2	0	7	0	0	0	0	12	100	58.3
盐碱地	0	0	6	1	0	1	0	79	1	5	0	93	94.05	84.95
沙质土地	0	0	3	0	1	0	0	1	2	2	0	33	96.3	78.79
土质	0	0	1	2	0	0	0	0	0	54	0	57	85.71	94.74
湿润土质	0	0	1	0	0	0	0	1	0	0	4	6	57.14	66.67

注：总体精度为 87.95%；Kappa 系数为 0.85

对比正射航空影像与分类结果可以看出胡杨林核心保护区植被群落类型分布状况。胡杨主要集中在水体干道以及农田周围，胡杨林、胡杨柽柳混交区、柽柳密集区、稀疏柽柳灌丛和裸地沿远离河道方向依次分布。密集生长的胡杨主要聚集在农田区域周边，较为茂密胡杨集中分布在河道两边及农田较远处；而稀疏胡杨分散生长在距离河道与农田较远处，此周边主要生长有片状分布的柽柳灌丛区。由此说明，群落分布变化受水源因素影响，水源充足处，胡杨得到充足生长，未受到水分胁迫；而水源匮乏区域，胡杨生长状况相对较差，逐渐被柽柳演替。同时人类活动极大地影响植被群落分布范围和过渡间隙，并且密集柽柳灌丛紧靠高覆盖度的胡杨生长在农田周边，与人工种植和灌溉等人类活动影响密切相关。土质分散在核心区，盐碱地主要在干枯河道区域，个别密集柽柳周边存在湿润土质，沙质以靠近沙漠边缘的七道桥附近为主，基本以土质、盐碱地和沙质沿主河道到沙漠边缘分布。

2. 基于激光雷达的胡杨河岸林植被结构参数估算

航空激光雷达数据具有高空间分辨率、强抗干扰能力和高自动化等特点，能够提取出植被三维特征，并具有一定的穿透能力，可以弥补光学遥感在反演植被结构参数方面的不足。利用获取的 LiDAR 点云数据（平均点云密度 1 point/m²）生成 DEM 和 DSM 数据产品,进一步处理得到区域冠层高度模型(CHM)。通过阈值分割、数学形态学、纹理特征以及滤波等方法处理 CHM 数据,提取胡杨、柽柳、建筑等主要地物(图 10-33),建立胡杨冠幅模型。再依据冠幅模型从 CHM 数据中提取胡杨树高。根据胡杨河岸林植被与地物高度分布特点,对比野外调查、正射影像胡杨冠幅和 LiDAR 数据采样点位置,利用经验和抽样拟合选定数学形态学卷积算子大小,为弥补点云密度分辨率(1 m 的空间采样间隔)相对冠幅较低的问题,通过膨胀运算补充胡杨冠幅损失区域,最终得到胡杨冠幅模型。利用泰森多边形对成片胡杨树进行分割,得到单木冠幅数据;利用树高、冠幅与胸径的双变量拟合关系模拟胸径;利用单株胡杨的非地面点像元面积与冠幅之比估测叶面积指数(苏阳等,2017)。

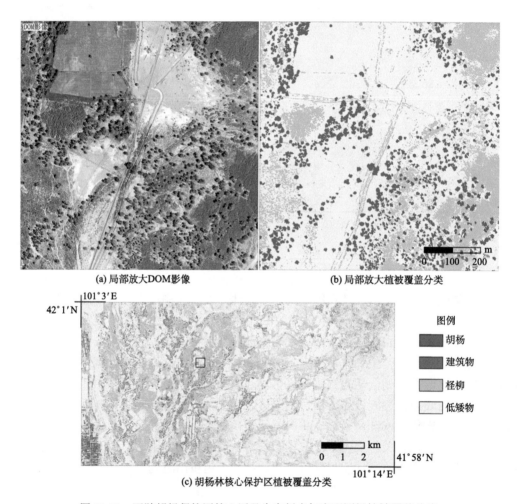

(a) 局部放大 DOM 影像　　　　　　(b) 局部放大植被覆盖分类

图例
■ 胡杨
■ 建筑物
▨ 柽柳
□ 低矮物

(c) 胡杨林核心保护区植被覆盖分类

图 10-33　下游胡杨保护区核心区及生态耗水加密观测场植被覆盖分类

图 10-34 为野外实地测量胡杨树高、冠幅、胸径、LAI 与解译胡杨植被结构参数对比。结果表明,基于激光雷达数据获得的植被结构参数精度较高。树高、冠幅、胸径和 LAI 估测值决定系数(R^2)分别为 0.917、0.87、0.76、0.73。LiDAR 的三维特性能够极

好地反映地物上表层与地面落差距离，得到精准的地物表层高度。但 LiDAR 具有穿透能力，易受到胡杨反射面大小、树叶密集程度和枝叶平稳状况等影响；同时 1 点/m² 的点云密度较难提取到胡杨实际最高点，从而影响树高估测的精度[图 10-34（a）]。针对冠幅面积[图 10-34（b）]，估算精度较高（RMSE = 17.51 m²，MAPE = 19.78%）。统一的数学形态学处理方法，较难估测极端形态胡杨的冠幅，在一定程度上影响估测精度。稀疏胡杨的 LiDAR 有效回波较少，在单木分割的过程中容易产生过度分割的状况，也影响冠幅的估测。对于胸径[图 10-34（c）]，胸径实测值与估测值的 RMSE 为 11.79 cm，MAPE 为 17.06%。说明改进的胸径拟合关系，有效提高了胸径估测的精度。老龄胡杨树因自然环境影响存在树高、冠幅与年龄极度不符的现象，造成估测胸径与实测胸径较大的误差。LiDAR 估测的胡杨树高、冠幅参数的误差传递，也对胸径估算有一定影响。对于 LAI [图 10-34（d）]，估测精度较高（RMSE = 0.23，MAPE = 16.41%）。核心区内胡杨林覆盖度较低，LAI 采集仪器实测值误差较大；另外受限于 LiDAR 分辨率，最终影响 LAI 估算精度。

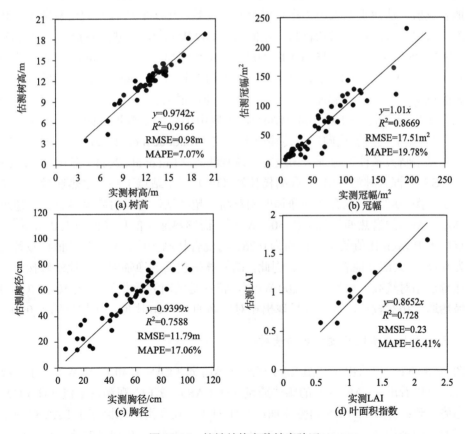

图 10-34　植被结构参数精度验证

10.3.3 胡杨河岸林生态系统的多尺度水热通量特征

开展额济纳绿洲典型下垫面以及不同尺度水热通量特征分析，捕捉极端干旱区植被生态水文过程，揭示不同尺度水热通量的差异，为发展地表蒸散发的尺度转化方法提供基础研究。

1. 额济纳绿洲典型下垫面水热通量输送特征

为了深入了解额济纳绿洲不同下垫面近地层辐射和能量的分配过程，选取 2014 年 8 月 4 ～ 9 日 6 天持续晴天条件下的地表水热通量数据，结合风温湿、土壤水分、辐射能量等初步对比分析 5 种典型下垫面能量和水分输送特征（图 10-35）。在生长期，植被下垫面的地表能量输送以潜热通量为主，而裸地下垫面，感热通量在地表能量交换中占主导作用。并且绿洲不同下垫面的能量分配（H/LE，Bowen 比）具有明显的差异性（Xu et al., 2019）。农田下垫面的净辐射峰值最低（图 10-35 （a）），因为农田反射率（0.27）高于裸地（0.20）。原因在于：当地农民通常在地垄间使用塑料薄膜以保持土壤水分，增强了地表反射，从而影响农田的净辐射收支。可是，由于农田较高的植被覆盖度和充足的灌溉，农田的潜热通量仍然较高（峰值高于 600 W/m^2），感热通量最低，峰值低于 70 W/m^2[图 10-35 （b）和图 10-35 （c）]。因此，农田呈现出很低的 Bowen 比，其值在−0.3～ 0.4 间变化[图 10-35 （d）]。农田站下垫面于 8 月 2 日进行了灌溉，灌溉后的几天，农田的地表能量交换出现了"绿洲效应"：白天潜热通量很大甚至高于净辐射；而感热通量很小并在下午出现负值（−10～100 W/m^2），主要由于周围干燥地表的热平流（胡隐樵，1994）。因为热空气的能量向地表传输用于蒸散（Baldocchi et al., 2000; Ward, 2017）。此现象已在夏季晴天条件下绿洲农田生态系统观测到（Liu et al., 2011; 王介民等，1990）。超级站（SS）、混合林站（MF）和胡杨林站（PF）三个站点下垫面水热通量交换差异性相对较小（图 10-35）。混合林站净辐射相对高于超级站，与反射率差异有关。超级站与混合林站下垫面的潜热通量峰值约 500 W/m^2，而感热通量的日峰值为 150 W/m^2；这两个站点白天 Bowen 比值的平均值约为 0.26。与混合林站相比，胡杨林站植被较稀疏（反射率为 0.16），大部分地表是裸土。因此，胡杨林站观测的净辐射与裸地站较接近，同时感热通量也相对较高，日峰值约 200 W/m^2，特别是风向为西北风时[图 10-35 （e）]；相反，潜热通量相对较小，则白天呈现出相对较高的 Bowen 比值，平均值约为 0.41。

2. 冠层与区域不同尺度水热通量对比

图 10-35 （c）也给出了 2 组 LAS 观测感热通量（LAS_E 和 LAS_W）与 EC 观测值的比较。可以看出，LAS 观测的感热通量（H_LAS）与 EC 观测通量值（H_EC）的日变化趋势一致；并且 H_LAS 日变化曲线相比 H_EC 较光滑，原因在于 LAS 观测值是更大区域的空间平均（Lagouarde et al., 2006）。另外，两组 LAS 观测的感热通量也有明显的差异，特别是当 8 月 7 日下午风向发生变化时[图 10-35 （e）]。对于 LAS_E，感热通量日峰值约为 150 W/m^2，而 LAS_W 日峰值为 100 W/m^2。

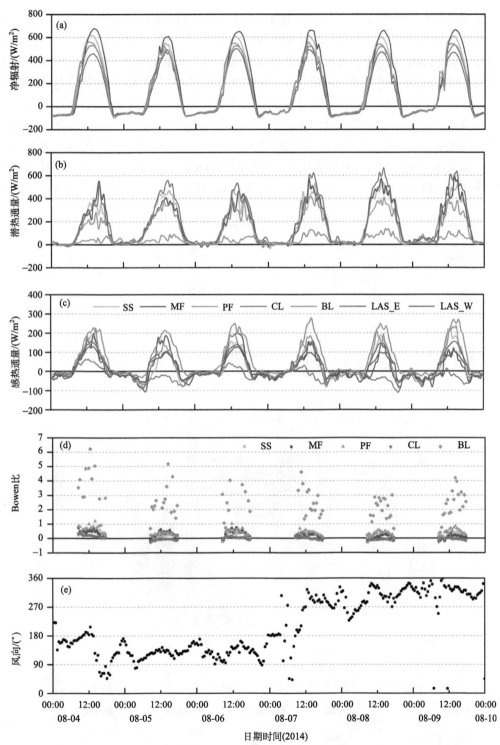

图 10-35　不同下垫面（a）净辐射、（b）潜热通量和（c）感热通量、（d）Bowen 比和（e）风向的
日变化

图（d）中只给出白天 Bowen 比值；SS 是柽柳灌丛下垫面，MF 是胡杨柽柳混合灌丛，PF 是胡杨柽柳稀疏灌丛，CL 是农田，
BL 是裸地；LAS_E 和 LAS_W 表示集中观测场两组 LAS

　　图 10-36 清楚地展示了 2014 年 8 月 4～9 日这 6 日 EC 与 LAS 观测通量的足迹分布。由于有效观测高度的差异及风速与风向的变化，5 个 EC 站点观测通量源区的大小与位置明显不同。LAS 观测通量源区沿着其光径分布，并且位置也随风向变化。与 EC 相比，LAS 观测通量代表了更大并异质的区域。表 10-7 给出了 EC 与 LAS 观测通量足迹中（70% 通量贡献源区）不同地类的相对贡献比例。对于农田（CL）和裸地站（BL），其源区主要地表覆盖类型分别为农田和裸地下垫面。而对于其他三个站点，其足迹范围内包含一种以上的地表类型，并且植被的贡献比例随风向变化而有所改变。当风向为东南方向时，四道桥超级站（SS）EC 观测通量源区内柽柳的相对贡献比例为 0.92，混合林站（MF）和胡杨林站（PF）胡杨与柽柳对 EC 观测通量的总贡献比例分别占 0.74 和 0.53。而当风

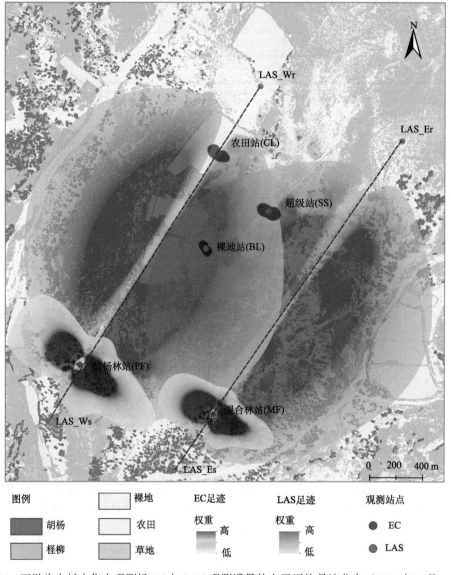

图 10-36　下游生态耗水集中观测场 EC 与 LAS 观测通量的白天平均足迹分布（2014 年 8 月 4～9 日）

向变为西北方向时，这两种植被的相对贡献比例分别为 0.81 和 0.47。超级站柽柳贡献比例降为 0.62，裸地贡献占 0.38。

表 10-7　EC 与 LAS 观测通量白天平均足迹中各地类的相对贡献比例

（8:30～17:30 BST, 2014 年 8 月 4～9 日）

站点	8 月 4～6 日（东南风）				8 月 7～9 日（西北风）			
	胡杨	柽柳	农田	裸地	胡杨	柽柳	农田	裸地
SS	—	0.92	—	0.08	—	0.62	—	0.38
MF	0.46	0.28	—	0.26	0.36	0.45	—	0.19
PF	0.27	0.26	—	0.47	0.35	0.12	0.01	0.52
CL	—	—	1.00	—	—	—	1.00	—
BL	—	0.02	—	0.98	—	—	—	1
LAS_E	0.2	0.34	0.04	0.42	0.16	0.41	0.02	0.41
LAS_W	0.12	0.36	0.13	0.39	0.12	0.61	0.07	0.2

在 2014 年 8 月 4～9 日期间，LAS_E 足迹中植被的相对贡献权重为 0.67；而在 LAS_W 足迹中，当风向为西北方向时，植被贡献比例由 0.6 增加到 0.8。该发现可能在一定程度上解释两组 LAS 观测通量的差异与变化性。并且揭示了 LAS 源区内较高的植被比例使得感热通量观测值较低，因为更多的可利用能量被分配为潜热通量而不是感热通量。不同地区异质性下垫面观测站点，比如干旱区（Liu et al., 2011）、半干旱区（Ezzahar et al., 2009）和城市环境（Ward et al., 2015）也报道了类似的发现。表明：LAS 提供了空间代表范围较大、异质区域的平均通量观测值。

10.3.4　通量聚合方法与生态耗水估算方法

基于多尺度水热通量观测平台（EC 和 LAS）提供的数据集，结合航空遥感数据，发展了一种基于足迹分析与多元回归的通量聚合方法，实现复杂下垫面站点观测到卫星像元尺度蒸散量的尺度转换，为遥感估算蒸散发模型提供尺度匹配的验证数据；在遥感数据的支持下，利用遥感蒸散发模型精确计算河岸林生态系统耗水量。

1. 基于足迹分析与多元线性回归的通量聚合方法

一般认为，特定区域景观尺度的平均通量是区域内各地类通量面积加权的平均值（Hutjes et al., 2010），即

$$F = \sum_{k=1}^{n} A_k F_k \tag{10-1}$$

式中，F 指特定区域内总的湍流通量（如感热与潜热通量等）；A_k 为该区域 k 地类的覆盖面积比例；F_k 为 k 地类的湍流通量；n 是区域内土地覆被类型总数。式中有两个关键的假设条件：①构成景观的斑块在空间组织上是不相关的；②各地类内的通量变异性远小于不同地类之间的通量变异性。

　　对于非均匀下垫面，涡动相关仪足迹内包含多类土地覆被，若要利用面积比平均法和足迹比加权法获取区域平均通量，首先需确定研究区各地类地表通量 F_k 值。利用足迹函数可将站点观测通量与地表实际通量联系起来。单点的垂直观测通量定义为（Horst and Weil, 1992）：

$$F_{\text{obs}}(x_{\text{obs}}, y_{\text{obs}}, z_m) = \int_{-\infty}^{\infty} \int_{-\infty}^{\infty} F(x, y, 0) w(x, y, z_m) \mathrm{d}x\mathrm{d}y \qquad (10\text{-}2)$$

式中，x_{obs}、y_{obs} 指站点观测位置；z_m 为有效观测高度（$z_m = z - d$，z 为传感器架设高度，d 为零平面位移）；$w(x, y, z_m)$ 是足迹函数，表示点 x, y 处地表类型对观测通量的贡献比例。基于高分辨率土地覆被分类数据，式（10-2）可离散化为

$$F_{\text{obs}} = \sum_{k=1}^{n} F_k \sum_{i=1}^{N} \sum_{j=1}^{M} w_{ij} \Delta x \Delta y \qquad (10\text{-}3)$$

　　式（10-3）假设土地覆被数据中每个像元 $\Delta x \Delta y$ 是均质的，只包含一种地类。定义足迹函数中 k 地类所占的相对贡献比例为 $\Phi_{fp,k}$，通过叠加足迹与土地覆被分类图空间统计分析而得。

$$\Phi_{fp,k} = \sum_{i=1}^{N} \sum_{j=1}^{M} w_{ij} \Delta x \Delta y \qquad (10\text{-}4)$$

　　结合式（10-3）与式（10-4），建立地面观测通量的多元线性模型：

$$F_{\text{obs}} = \sum_{k=1}^{n} F_k \Phi_{fp,k} \qquad (10\text{-}5)$$

　　该方法假设相邻地物间的无相互作用及相同地类的通量变化小于不同地类之间的变化。依据式（10-5）可建立地面观测通量（F_{obs}）与其足迹中各种土地覆盖类型通量（F_k）的多元线性回归关系。因此，基于多个站点通量观测数据（如潜热与感热通量等），结合足迹分析与土地覆被分类图（式（10-4）），建立包含 n 个未知系数的多元线性方程组（式（10-5））。若通量塔数目（m）大于特定区域地类总数（n），则用最小二乘法求解方程组获得回归系数（F_k 值），即"通量分解（dis-aggregation）方案"。当获得 F_k 值后，通过式（10-1）获取面积平均通量，即"通量聚合（aggregation）方案"。基于通量矩阵观测数据，结合足迹分析与多元线性回归获取非均匀下垫面卫星像元/模式网格尺度面积平均水热的具体流程如图 10-37 所示。

　　基于 HiWATER 下游集中观测场 5 套 EC 和 2 组 LAS 观测通量，结合足迹分析与高分辨率土地覆被分类图，依据图 10-37 所示的流程，首先分解 5 个 EC 站点通量观测值获得四种地类（胡杨、柽柳、农田和裸地）每 30 min 的感热通量；然后结合 LAS 足迹分析，聚合 EC 分解的各地类通量获得 LAS 观测源区的面积平均感热通量。与 LAS 观测通量相比，结合足迹分析与多元线性回归的通量聚合方法能够获得合理的感热通量，MAPE 值在 20%～30%左右。而简单面积比平均方法产生较大的 RMSE 和 MAPE 值，即使在相对均匀的景观；对于非均匀下垫面，MBE 和 RMSE 值分别增加 66～81 W/m² 和 62～78 W/m²，MAPE 值将增加 60%～94%（Xu et al., 2019）。表明当前的新通量聚合方

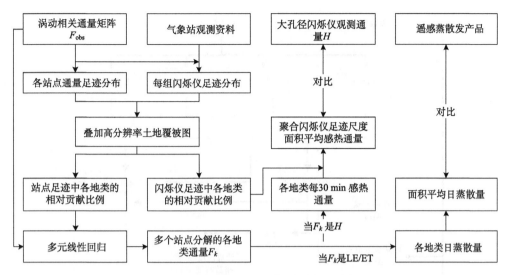

图 10-37 非均匀下垫面面积平均通量获取的流程图

H 是感热通量，LE 是潜热通量，ET 是蒸散发

法在获取非均匀下垫面面积平均通量时表现得很好。其分解方案将异质通量分解为单个土地覆盖类型的方案在复杂的绿洲景观中使用是有效且实用的，结合其聚合方案具有将多站点通量测量扩展到闪烁仪源区的可行能力，甚至到更大区域如绿洲景观尺度。

2. 基于地表能量平衡的遥感估算蒸散发 M-SEBAL 模型

M-SEBAL（modified surface energy balance algorithm for land）模型（Long et al., 2012）引入地表辐射温度-植被指数的梯形特征空间来代替地表能量平衡算法（SEBAL）模型（Bastiaanssen et al., 1998）中潜在的矩形特征空间。M-SEBAL 模型求解潜热通量的流程如图 10-38 所示。利用 HiWATER 下游集中观测场不同下垫面 EC 观测数据检验 M-SEBAL 模型估算蒸散发的精度。发现，遥感估算的总体蒸散发为 599.82 mm，观测的总体蒸散发为 577.79 mm，相对偏差为 3.81%（Zhou et al., 2018）。与以前研究结果一致，偏差在 5%之内。M-SEBAL 模型和参考蒸发比的时间尺度扩展方法可以较为准确地估算出额济纳旗三角洲的蒸散发。

10.3.5 应用案例

下游绿洲生态耗水尺度转换遥感试验的目标是开展地面、航空和卫星遥感互相配合的大型综合观测试验，获得生态系统从叶片、单株、冠层、群落和区域尺度的 H_2O、CO_2 通量，增进对干旱区荒漠河岸林生态水文过程的认识，并为尺度转化研究提供方法与数据；获得多尺度的、高分辨率的干旱区生态水文过程数据集，为利用遥感估算蒸散发模型提供多尺度的标定和验证数据。因此，在丰富的多尺度观测数据集基础上，结合航空遥感数据，发展了一种通量聚合方法实现非均匀下垫面卫星像元尺度面积平均通量的获取，为遥感估算蒸散发模型提供像元尺度的地面验证数据；利用基于能量平衡的蒸散发模型准确估算下游生态耗水量。

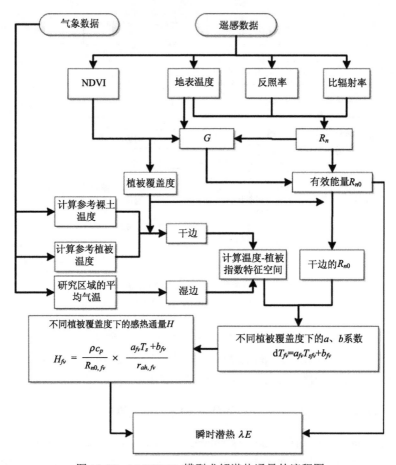

图 10-38　M-SEBAL 模型求解潜热通量的流程图

1. 通量聚合方法实现复杂下垫面卫星像元尺度蒸散量的尺度扩展

利用基于足迹分析与多元回归分析的通量聚合方案（10.3.4 节）估算胡杨林核心保护区面积平均蒸散量（Xu et al., 2019）。分解下游通量矩阵中 5 个 EC 站点观测的潜热通量，获得 4 种地类（裸地、柽柳、胡杨和农田）日蒸散量。图 10-39 为 2014 年 7 月 25 日至 9 月 30 日各地类日蒸散量的变化。在这 68 天的生长期，各地类日蒸散量变化与气象条件和植被物候密切相关。在生长季期间，随着植被快速生长，日蒸散增大，到植被生长末期开始逐渐减小，因为植被开始衰老，蒸腾能力逐渐变弱。对于极端干旱区，稀少的降雨基本上很少对植被生长有贡献（0.6 mm，图 10-39），因为降水通常在渗入土壤之前已完全蒸发（陈亚宁等，2003）。

如图 10-39 所示，在植物生长季，裸地日蒸散量变化较小，基本为 2 mm；胡杨、柽柳灌丛和农田的日蒸散较高，并且变化较大。其中，在作物生长期，柽柳和农田的日蒸散较接近，在 3～8 mm 之间。司建华等（2005）利用波文比-能量平衡系统测得的日蒸散量最高为 7 mm；此差异主要是由气候和水文条件、植被结构参数以及观测方法的不同而引起。胡杨林日蒸散量较高，ET 值在 6～12 mm 之间变化。本研究估算的胡杨日蒸散量值在该绿洲胡杨林参考蒸散量（reference ET）范围内（Hou et al., 2010）。在额济纳绿洲，当地下水位埋深为 2～2.5 m 时，胡杨蒸腾 90%以上的水来源于地下水（Zhu et al., 2009）。在 2014 年植物生长期，四道桥集中观测场的平均地下水位埋深在 2～3 m 之间，低于胡杨生存的最佳地下水位埋深（3～5 m）（Si et al., 2014）。由此说明，四道桥地下水位较高，足以为胡杨林的自然生长提供充足的水量。在胡杨生长区域，0.8 m 埋深处的土壤水含量（36%）高于 1.2 m（22%）。原因在于，成熟胡杨的吸收根密度最高在深度 0.8～1.0 m（冯起等，2008;付爱红等，2014），并且其根系有抽取较深水资源的能力（Baldocchi et al., 2000）。

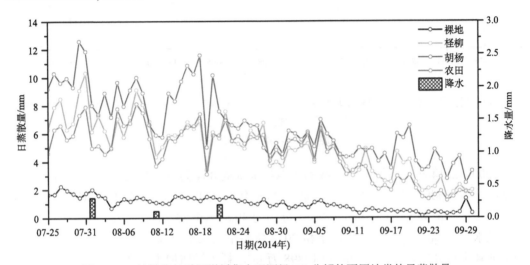

图 10-39 植被生长季四道桥集中观测场 EC 分解的不同地类的日蒸散量

基于航空激光雷达点云数据分类的精细土地覆被数据（苏阳等，2017）估算了 2014 年 7 月 25 日至 9 月 30 日胡杨林核心保护区（11 km × 7.5 km）面积平均日蒸散量（图 10-40）。该核心保护区面积平均日蒸散量在 1～5 mm/d 之间，并且每日变化与气候条件和植被生长状况密切相关。该区域日蒸散量在 7 月和 8 月中旬达到最高值，然后随着植被开始衰老和凋零而逐渐减小。经统计，2014 年这 68 天生长季期间，该区域的蒸散量为 171 mm。在此期间，该核心保护区浅层地下水位埋深也在逐渐降低，直至 9 月中旬地下水被黑河来水所补给（图 10-40 红色箭头）。表明地下水位逐渐下降是由于河岸植被通过蒸发蒸腾吸收地下水。此发现与 Wang 等（2014）在额济纳绿洲的研究结果一致。并且对比了 EC 聚合面积平均日蒸散量与遥感 ET 产品空间平均值（图 10-40），发现差异较小。可以看出，7～8 月 Landsat ET（Zhou et al., 2018）产品值较高，在 9 月 ET 值较低；而 MODIS ET（Song et al., 2018）产品表现出相反的变化趋势。

2. 基于遥感蒸散发模型计算的下游生态耗水

基于地面观测数据和 TM5/TM7/TM8 影像，利用 M-SEBAL 模型和参考蒸发比的时间尺度扩展方法，估算了 2000 年和 2014 年额济纳绿洲整个生长季（5～10 月）的蒸散发，分析不同下垫面类型的蒸散发时空分布，确定绿洲生态耗水关键期，为下游供水的合理分配提供理论支持（Zhou et al., 2018）。

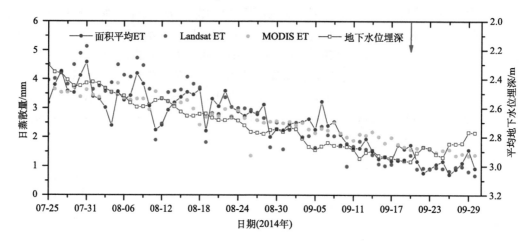

图 10-40　胡杨林核心保护区面积平均日蒸散量、Landsat 和 MODIS ET 空间平均蒸散量以及地下水位埋深变化

红色箭头表示黑河水补给地下水

2000～2014 年，下游额济纳绿洲耕地耗水量从 864 万 m³ 增加到 3319 万 m³，增长了 284.14%；林地和草地的耗水量分别从 2000 年的 4348 万 m³、4140 万 m³ 增长到 2014 年的 6125 万 m³ 和 5556 万 m³，增长率分别为 40.87% 和 34.20%。2014 年 5～10 月份湖泊的耗水量为 3898 万 m³。2000 年和 2014 年整个生长季绿洲（林地、耕地和草地和湖泊）的耗水量分别为 9352 万 m³ 和 18898 万 m³，耗水量增加了 102%。

不同下垫面蒸散发的差异较大，依次为湖泊>耕地>林地>草地>戈壁>沙地。图 10-41

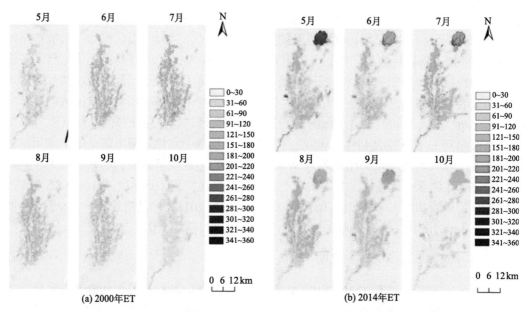

图 10-41　2000 年和 2014 年额济纳绿洲生长季每月蒸散发空间分布

分别为 2000 年和 2014 年额济纳绿洲植被生长季的蒸散发空间分布，与 2014 年相比，2000 年的不同植被覆被在整个生长季的蒸散发均低于 2014 年的蒸散发，林地、耕地和草地的蒸散发增长率分别为 23%、37% 和 38%。

　　额济纳旗三角洲蒸散发总量的空间分布差异较大（图 10-42）。其中东北部的东居延海蒸散发最高，整个生长季的蒸散发总量在 1300～1400 mm，平均蒸散发 1040.55 mm；中部的绿洲区域蒸散发次之，整个生长季的蒸散发总量在 400～800 mm 之间，平均蒸散发 236.55 mm；绿洲周边的荒漠、沙漠等区域蒸散发最低，整个生长季的蒸散发量在 0～100 mm 之间。

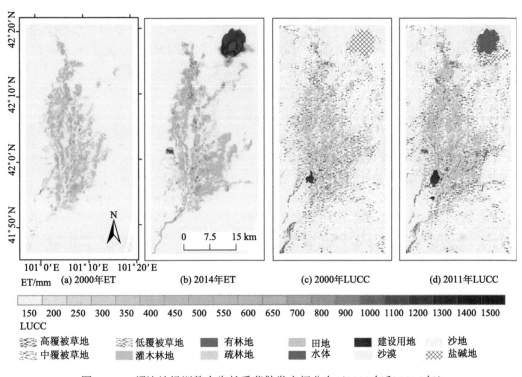

图 10-42　额济纳绿洲整个生长季蒸散发空间分布（2000 年和 2014 年）

10.4　小　　结

　　应用试验以综合性的观测试验场为基础，以航空-地面同步试验作为地面观测与卫星遥感的桥梁，实证了遥感产品和其他观测数据在流域生态-水文集成研究和水资源管理中的应用能力。通过先进的观测手段与综合集成模型，对流域寒区水文过程有了新的科学认识，为中游灌区水资源管理与决策提供科学依据，科学回答下游生态需水问题。

　　针对上游寒区遥感水文试验，发展了包含完整物理过程的积雪-冻土水热过程模拟模型，并与分布式坡面水文模型进行耦合，完整地描述了寒区流域水文过程的各个分量；结合遥感积雪面积数据、积雪衰减曲线等多源信息，提高了积雪模型以及寒区水文模型的模拟能力，促进了遥感数据在寒区水文径流模拟中的应用。

中游灌溉优化配水试验，利用灌区尺度地表水-地下水交换、作物关键参量等综合观测试验数据，发展和改进了地下水-农作物生长耦合模型；在遥感产品支持下，结合数据同化与作物生长模型/地下水-作物生长耦合模型实现了农作物长势的监测和短期预测；有效提高了地表蒸散发的估算精度，更准确地评价了农业灌区灌溉水资源利用效率与供需状况；在此基础上提出了优化灌溉配水计划，提高灌溉效率，初步实现了灌区尺度上的灌溉优化管理。

下游绿洲生态耗水尺度转换遥感试验以综合性的多尺度生态水文观测体系为手段，获取了长期、连续、高精度的观测数据，揭示了极端干旱区地表-大气间能量交换过程；通过航空-地面遥感试验获取了尺度转换方法研究所需要的核心植被结构参数，为建立合理的水热通量尺度转换方法提供数据支持；以此为精确估算生态耗水提供技术支撑与数据保障，最终科学回答下游生态需水问题，保证下游天然绿洲生态系统的可持续发展。

参 考 文 献

陈菁, 加孜拉. 2007. 黑河中游灌区水平衡模型的构建与应用: 黑水城人文与环境研究-黑水城人文与环境国际学术讨论会文集. 北京: 中国人民大学出版社.

陈亚宁, 崔旺诚, 李卫红, 等. 2003. 塔里木河的水资源利用与生态保护. 地理学报, 58(2): 215-222.

程帅, 张树清. 2015. 基于系统性策略的灌溉水资源时空优化配置. 应用生态学报, 26(1): 321-330.

冯起, 司建华, 李建林, 等. 2008. 胡杨根系分布特征与根系吸水模型建立. 地球科学进展, 23(7): 765-772.

付爱红, 陈亚宁, 李卫红. 2014. 中国黑河下游荒漠河岸林植物群落水分利用策略研究. 中国科学(地球科学), 4: 693-705.

胡隐樵. 1994. 黑河实验(HEIFE)能量平衡和水汽输送研究进展. 地球科学进展, 9(4): 30-34.

刘素华, 王维真, 小林哲夫. 2014. 基于能量平衡法的黑河中游灌溉渠道蒸发量估算. 冰川冻土, 36(1): 80-87.

司建华, 冯起, 张小由, 等. 2005. 极端干旱条件下柽柳种群蒸散量的日变化研究. 中国沙漠, 25(3): 380-385.

苏阳, 祁元, 王建华, 等. 2017. 基于 LiDAR 数据的额济纳绿洲胡杨(populus euphratica)河岸林植被覆盖分类与植被结构参数提取. 中国沙漠, 37(4): 689-697.

苏阳, 祁元, 王建华, 等. 2018. 基于航空高光谱影像的额济纳绿洲土地覆被提取. 遥感技术与应用, 33(2): 202-211.

汤懋苍. 1985. 祁连山区降水的地理分布特征. 地理学报, 4: 323-332.

王海军, 张勃, 靳晓华, 等. 2009. 基于 GIS 的祁连山区气温和降水的时空变化分析. 中国沙漠, 29(6): 1196-1202.

王介民, 刘晓虎, 祁永强. 1990. 应用涡旋相关方法对戈壁地区湍流输送特征的初步研究. 高原气象, 9(2): 120-129.

杨大文, 郑元润, 高冰, 等. 2019. 高寒山区生态水文过程与耦合模拟. 北京: 科学出版社.

Baldocchi D, Kelliher F, Black T A, et al. 2000. Climate and vegetation controls on boreal zone energy exchange. Global Change Biol, 6(S1): 69-83.

Baldocchi D D, Xu L, Kiang N. 2004. How plant functional-type, weather, seasonal drought, and soil physical properties alter water and energy fluxes of an oak-grass savanna and an annual grassland. Agricultural and Forest Meteorology, 123(1): 13-39.

Bastiaanssen W G M, Menenti M, Feddes R A, et al. 1998. A remote sensing surface energy balance algorithm for land 1. Formulation. Journal of Hydrology, 198-212.

Che T, Li X, Liu S M, et al. 2019. Integrated hydrometeorological, snow and frozen-ground observations in the alpine region of the Heihe River Basin, China. Earth System Science Data, 11: 1483-1499.

Cheng G, Li X, Zhao W, et al. 2014. Integrated study of the water-ecosystem-economy in the Heihe River Basin. National Science Review, 1(3): 413-428.

Ezzahar J, Chehbouni A, Er-Raki S, et al. 2009. Combining a large aperture scintillometer and estimates of available energy to derive evapotranspiration over several agricultural fields in a semi-arid region. Plant Biosyst, 143(1): 209-221.

Flerchinger G N, Saxton K E. 1989. Simultaneous heat and water model of a freezing snow-residue-soil system I. Theory and development. Transactions of the ASAE, 32(2): 565-571.

Ge Y, Li X, Huang C, Nan Z. 2013. A Decision Support System for irrigation water allocation along the middle reaches of the Heihe River Basin, Northwest China. Environmental Modelling and Software, 47: 182-192.

Horst T, Weil J. 1992. Footprint estimation for scalar flux measurements in the atmospheric surface layer. Boundary Layer Meteorology, 59(3): 279-296.

Hou L, Xiao H, Si J, et al. 2010. Evapotranspiration and crop coefficient of Populus euphratica Oliv forest during the growing season in the extreme arid region northwest China. Agricultural Water Management, 97(2): 351-356.

Hutjes R, Vellinga O, Gioli B, et al. 2010. Dis-aggregation of airborne flux measurements using footprint analysis. Agricultural and Forest Meteorology, 150(7): 966-983.

Kobayashi T, Mori M, Liu S, et al. 2014. Evaluating the advection effect on the estimates of evaporation from irrigation canals made by a new aerodynamic method. Kyushu Journal of Agricultural Meteorology Series, 2: 7-12.

Lagouarde J-P, Irvine M, Bonnefond J-M, et al. 2006. Monitoring the sensible heat flux over urban areas using large aperture scintillometry: case study of Marseille city during the ESCOMPTE experiment. Boundary Layer Meteorol, 118(3): 449-476.

Li H Y, Li X, Yang D W, et al. 2019. Tracing snowmelt paths in an integrated hydrological model for understanding seasonal snowmelt contribution at basin scale. Journal of Geophysical Research: Atmospheres, 124(16): 8874-8895.

Li Y, Zhou J, Wang H, et al. 2015. Integrating soil moisture retrieved from L-band microwave radiation into an energy balance model to improve evapotranspiration estimation on the irrigated oases of arid regions in northwest China. Agricultural and Forest Meteorology, 214: 306-318.

Liu S, Xu Z, Wang W, et al. 2011. A comparison of eddy-covariance and large aperture scintillometer measurements with respect to the energy balance closure problem. Hydrology and Earth System Sciences, 15(4): 1291-1306.

Long D, Singh V P. 2012. A modified surface energy balance algorithm for land(M-SEBAL)based on a trapezoidal framework. Water Resources Research, 48(2): W02528.

Saltelli A, Tarantola S, Chan K S. 1999. A quantitative model-independent method for global sensitivity analysis of model output. Technometrics, 41: 39-56.

Shao D, Xu W, Li H, et al. 2018. Reconstruction of remotely sensed snow albedo for quality improvements based on a combination of forward and retrieval models. IEEE Transactions on Geoscience and Remote Sensing, 56(12): 6969-6985.

Si J, Feng Q, Cao S, et al. 2014. Water use sources of desert riparian Populus euphratica forests. Environmental Monitoring and Assessment, 186(9): 5469-5477.

Šimůnek J. 2005. Models of Water Flow and Solute Transport in the Unsaturated Zone. Encyclopedia of Hydrological Sciences. John Wiley & Sons, Ltd.

Song L, Liu S, Kustas W P, et al. 2018. Monitoring and validating spatially and temporally continuous daily evaporation and transpiration at river basin scale. Remote Sensing of Environment, 219: 72-88.

Su Z. 2002. The Surface Energy Balance System(SEBS)for estimation of turbulent heat fluxes. Hydrology and Earth System Sciences Discussions, 6: 85-100.

Supit I, Hooijer A A, van Diepen C A. 1994. System Description of the WOFOST 6. 0 Crop Simulation Model Implemented in CGMS. Volume 1: Theory and Algorithms, EUR 15956. Luxembourg: Office for Official Publications of the European Communities.

Wang J, Li X, Lu L, et al. 2013. Estimating near future regional corn yields by integrating multi-source observations into a crop growth model. European Journal of Agronomy, 49: 126-140.

Wang J, Li X, Lu L, et al. 2013. Parameter sensitivity analysis of crop growth models based on the extended Fourier Amplitude Sensitivity Test method. Environmental Modelling and Software, 48: 171-182.

Wang P, Grinevsky S O, Pozdniakov S P, et al. 2014. Application of the water table fluctuation method for estimating evapotranspiration at two phreatophyte-dominated sites under hyper-arid environments. Journal of Hydrology, 519: 2289-2300.

Wang W, Xu F, Liu S, et al. 2019. Estimating evaporation from irrigation canals in the midstream areas of the heihe river basin by a Double-Deck Surface Air Layer (DSAL) model. Water, 11(9): 1788.

Ward H C. 2017. Scintillometry in urban and complex environments: A review. Measurement Science and Technology, 28(6): 064005.

Ward H C, Evans J G, Grimmond C S B. 2015. Infrared and millimetre-wave scintillometry in the suburban environment - Part 2: Large-area sensible and latent heat fluxes. Atmospheric Measurement Techniques, 8(1): 1407-1424.

Xu F, Wang W, Wang J, et al. 2019. Aggregation of area-averaged evapotranspiration over the Ejina Oasis based on a flux matrix and footprint analysis. Journal of Hydrology, 575: 17-30.

Yang D, Gao B, Jiao Y, et al. 2015. A distributed scheme developed for eco-hydrological modeling in the upper Heihe River. Science China: Earth Sciences, 58: 36-45.

Zhang Y, Cheng G, Li X, et al. 2013. Coupling of a simultaneous heat and water model with a distributed hydrological model and evaluation of the combined model in a cold region watershed. Hydrological Processes, 27(25): 3762-3776.

Zhang Y, Li X, Cheng G, et al. 2018. Influences of topographic shadows on the thermal and hydrological processes in a cold region mountainous watershed in northwest China. Journal of Advances in Modeling

Earth Systems, 10(7): 1439-1457.

Zhou J, Cheng G, Li X, et al. 2012. Numerical modeling of wheat irrigation using coupled HYDRUS and WOFOST models. Soil Science Society of America Journal, 76: 648-662.

Zhou Y, Li X, Yang K, et al. 2018. Assessing the impacts of an ecological water diversion project on water consumption through high-resolution estimations of actual evapotranspiration in the downstream regions of the Heihe River Basin, China. Agricultural and Forest Meteorology, 249: 210-227.

Zhu Y, Ren L, Skaggs T H, et al. 2009. Simulation of Populus euphratica root uptake of groundwater in an arid woodland of the Ejina Basin, China. Hydrological Processes, 23(17): 2460-2469.

第11章 生态水文应用

李　新　刘绍民　周彦昭　徐自为　刘　睿　王海波　张　凌

本章主要介绍 HiWATER 数据在全流域生态水文关键过程中的应用，包括内陆河流域水循环的精细闭合、绿洲-荒漠相互作用、生态系统碳通量和水分利用梯度、涡动相关仪观测的能量闭合、精细闭合流域水循环。算清水账是黑河生态水文遥感试验的预设目标之一，对于理解流域生态水文过程起到基础性的支撑作用；流域生态水文过程中，蒸散发和生态系统生产力，既是两个最关键的过程，也是水文和生态耦合的变量；绿洲-荒漠相互作用，一直是内陆河流域干旱区生态水文过程研究的核心主题之一；近地层能量闭合问题一直是地气相互作用研究的瓶颈问题之一。得益于 HiWATER 在黑河流域获取了高质量的数据，上述生态水文应用均取得了新的突破。因此，本章选择以上几个主题，阐述黑河遥感试验在全流域生态水文过程研究的关键应用中所发挥的作用。

11.1　流域水循环精细闭合

全球内陆河流域都面临着水资源短缺与生态退化的危机。为了实现内陆河流域的可持续发展，摸清内陆河流域水循环家底十分重要，然而气候变化和人类活动如何影响内陆河流域的水循环目前尚不清楚。

HiWATER 构建的多要素-多尺度-网络-立体-精细化的综合观测系统，可以提升黑河流域生态水文变量时空循环的刻画，并支持流域生态水文集成模拟，使全流域以及不同景观类型、灌区、河道的水循环精细闭合成为可能。

黑河综合观测实验为流域生态水文集成模拟提供了翔实的数据支持，从模型驱动、模型参数化和模型标定等多方面支持了流域生态水文集成模型的发展，显著提升了模型对流域水循环的刻画能力。例如，黑河综合观测实验数据在上游生态水文集成模型 GBEHM（Yang et al., 2015）和中下游生态水文模型 HEIFLOW（流域尺度生态水文集成模型）（Tian et al., 2018）的验证、改进和发展中，均发挥了重要的作用。同时，黑河流域综合观测实验，获得了更精细、更准确的水循环变量（如降水、蒸散发、径流）观测数据。结合流域生态水文集成模型和观测实验数据，我们在黑河流域多个空间尺度（上中下游、灌区、河道、景观）上估算了流域水循环变量，精细闭合了流域水循环过程（Li et al., 2018）。

黑河流域的水文循环主要由山地冰冻圈和干旱环境所主导。我们使用流域生态-水文集成模型和多种综合观测数据，对黑河流域水循环进行分析，量化并闭合了流域、子流域、景观、河道和灌区多个尺度的水量平衡。由于篇幅限制，在此仅概述水循环的主要特征，水循环闭合的详细内容见原文献（Li et al., 2018a, 2021）。黑河流域（东部子水系，下同）的水量平衡如图 11-1 所示。2001～2012 年期间，黑河流域的年平均降水量为 156.75 亿 m^3/a，在东部子水系的单位面积平均通量相当于（以下同）134.70 mm/a，年平均蒸散发量为 155.06 亿 m^3/a（133.25 mm/a）。土壤水、地下水、湖泊和水库，以及冰冻圈蓄水量的变化分别为–0.55（–0.48 mm/a）、0.68（0.59 mm/a）、0.07（0.06 mm/a）和–0.15（–0.13 mm/a）亿 m^3/a。由于上游气候趋于"暖湿"的变化特征，黑河流域出山径流呈显著的增加趋势（0.72 亿 m^3/a，即 0.62 mm/a），其中积雪和冰川融水对径流的贡献比例分别为 25%和 4%。尽管如此，由于耕地的不断扩张，黑河流域中游农业灌溉用水显著增加（0.52 亿 m^3/a，即 0.45 mm/a），导致中游地下水储量呈显著的减少趋势（–0.12 亿 m^3/a，即–0.10 mm/a）。黑河流域"生态分水"政策的实施，显著改善了下游生态环境，蒸散发量和东居延海水储量显著提升（幅度分别为 0.14 亿 m^3/a 和 0.17 亿 m^3/a，约等于 0.12 mm/a 和 0.15 mm/a）。

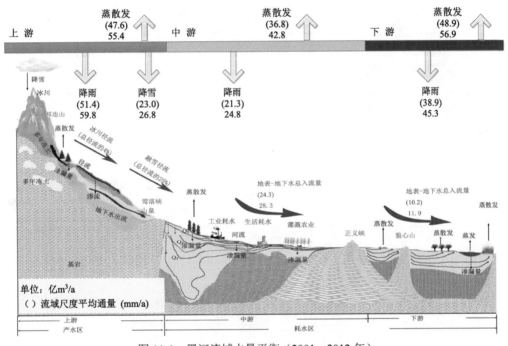

图 11-1　黑河流域水量平衡（2001～2012 年）

括号中的数值表示每平方米通量（mm/a），即黑河流域东部子水系尺度的平均通量

黑河流域水循环有几个明显的特点：

（1）上游山区：垂直地带性明显，具体表现为随着海拔升高，降雨增加，蒸散发减小，径流深和径流系数增加。冰冻圈水文过程对水循环有重要影响：冰川、积雪、冻土消融形成稳定径流，径流年际变化小，基流占比大（图 11-2）。

（2）中游农业绿洲：自然过程（强烈的地表水-地下水交换）和人类活动（灌溉、地下水开采和生态输水）占据主导，水资源利用已达到其临界阈值；地下水的过度开采改变了河流-含水层系统，造成地表水-地下水相互作用发生巨大变化（图 11-3）。

（3）下游极端干旱区天然绿洲：随着 2000 年生态输水工程的实施，下游输水从每年

7.6 亿 m³ 增长到每年超过 10 亿 m³。其中，约 39%用于滋养天然绿洲，4%维持尾闾湖等水体，13%用于灌溉迅速增加的耕地，剩余的 34%则通过荒漠蒸发散失（图 11-4）。总的来说，下游地区的生态系统已经恢复到一定程度，但耕地的不断扩张引起了人们对整个流域水资源分配可能的不公平性产生极大关注。

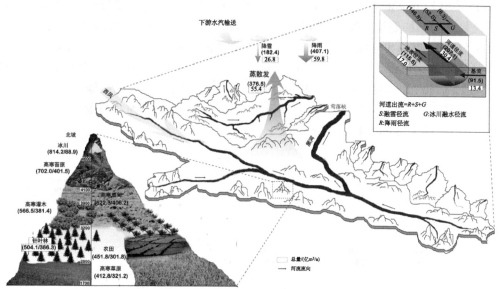

图 11-2　黑河流域上游的水量平衡（2001～2012 年）
（/）表示 P/ET(mm/mm)；（）表示每平方米通量（mm/a）

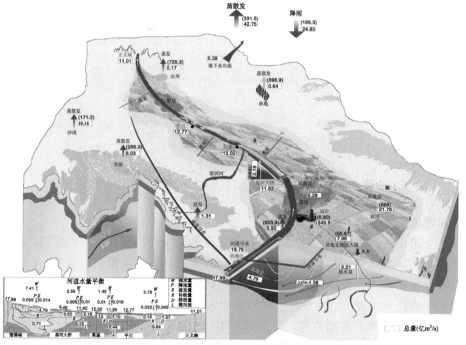

图 11-3　黑河流域中游的水量平衡（2001～2012 年）
括号中的数值表示中游平均通量（mm/a）

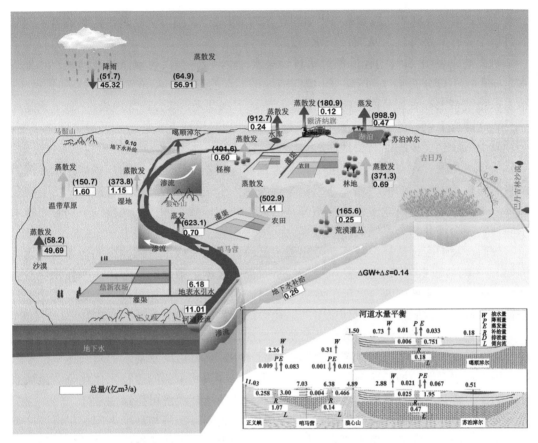

图 11-4　黑河流域下游的水量平衡（2001～2012 年）

括号中数值表示下游平均通量（mm/a）

　　在 2000～2011 年中，黑河流域水循环最主要的变化是：由气候变暖引起的降水增加，冰川、积雪消融而导致的径流量增加；中下游地区由生态输水工程导致的水资源重分配和不合理过度用水。这些变化有利有弊：水资源时空再分配，下游生态系统修复，耕地面积扩张和地下水开采增加。人类活动比气候变化起着更加重要的作用。

　　为了适应上述水循环的变化，黑河流域的水资源管理策略需要进行调整来适应气候变化和人类活动双重驱动下水循环的动态变化。目前，气候变暖是黑河流域的一个有利因素，可利用的再生淡水资源持续不断增加，因此中下流域不同地区之间的水资源配置可以有较大的调整空间，比如：可以给生态系统分配更多的水资源。然而，一旦未来降水开始减小，冰川逐渐消失，径流相应地减少，中下游地区的一些耕地则不得不放弃。如果不及时调整，一些绿洲可能面临崩溃。因此，我们需要未雨绸缪，为未来可能会发生的变化做好准备。

　　中下游地区的耕地扩张已经导致了一些负面效应。耕地扩张造成中游地下水的过度开采以及绿洲边缘带的生态系统退化；而在下游区域，它又阻碍了生态系统进一步恢复。耕地扩张进一步激化了中游与下游地区的水资源矛盾。因此，我们建议有关部门立即采取行动：减少或者至少控制耕地面积，恢复地下水水位。为落实这一提议，我们提出了一个类似"退耕还林"的政策——"退耕还水"，即保证农民可以从退耕还草或者还湿地的过程中获得经济补偿，从而保护水资源。

研究结果表明 50%的径流都经历过地表水-地下水转换，也就意味着地表水和地下水是一个密不可分的整体。近年来，黑河流域地下水的过度开采导致了水循环快速改变，给生态系统带来一系列负面影响。因此，监测地下水开采，综合管理地表水-地下水是一项需要立即提上议程的重要议题。我们再次强调，为确保地下水补给和开采之间的平衡，必须减少或者至少控制现有耕地面积。

从技术角度看，在小地块和灌区尺度上提高灌溉效率仍是可行的，例如，增加滴灌或喷灌面积。但是，如前所述，灌溉效率需要从一个更综合的视角来理解，从这一视角出发，整个流域的灌溉效率已经非常高。因此，我们怀疑，如果宏观政策不调整，技术手段到底能否提升整个流域的灌溉效率。

最后，我们应该从社会经济角度出发来解决内陆河流域水资源冲突的一系列问题。例如，在黑河流域，作物生产是主要的经济来源，根据虚拟水的概念，这些作物交易到其他地区将会把流域内四分之一的水资源带出。这就意味着，如果以一个更广阔的视野来管理水资源，我们就能够找到更多的途径去缓和水资源冲突。

总而言之，由于黑河流域降水和径流的增加，生态输水工程的实施，表面上，流域环境流量和农业用水之间的冲突在缓和；然而，实际上目前用水需求的增长速率已经超出了再生淡水资源的增长速率。因此，我们不得不寻找一个新的途径来优化整个流域系统，确保水资源的可持续性，造福全流域生态系统和社会经济可持续性发展。

由于全球内陆河都有着共同的特点，不同地区之间、经济与环境之间的水资源冲突随处可见。因此，我们相信本研究结果，不仅有助于理解黑河流域的水文循环，同样也可以为全球其他内陆河流域水资源管理政策的制定者和利益相关者提供重要的参考。

11.2　黑河流域蒸散发时空变化特征

黑河发源于祁连山北麓，上游海拔较高，气候阴湿寒冷，植被较好（主要为高寒草甸、青海云杉林），是黑河流域的产流区；中下游为耗水区，中游光热资源充足，但干旱严重，人工绿洲面积较大，同时有较多的荒漠区域；下游除河流沿岸和额济纳天然绿洲外，大部为沙漠戈壁，气候非常干燥，属极端干旱区。水资源是贯穿黑河研究的主线和核心，是联系流域生态和经济系统的纽带。地表蒸散发是植被蒸腾和土壤、水体、植被冠层截留降水的蒸发以及冰雪升华的总和，是地表能量平衡和水循环的重要环节。

本节应用黑河流域内典型下垫面布设的涡动相关仪的中长期观测资料，翔实给出黑河流域内蒸散发的时空变化。从典型生态系统、绿洲-荒漠系统和全流域三个方面分析了黑河流域蒸散发的时间和空间变化特征（Xu et al., 2020）。黑河流域最多时有 23 个观测站，其中包括了 17 个通量观测站点（均有涡动相关仪的观测，另 3 个观测站点有闪烁仪的观测，2 个观测点有植物液流仪的观测），覆盖了黑河流域的主要下垫面类型（第 4 章，图 4-1）；2012 年在中游开展了非均匀下垫面地表蒸散发的多尺度观测试验，包括了两个嵌套的大、小通量观测矩阵。在大矩阵中（绿洲-荒漠区域）包括绿洲内外 5 个观测站，在小矩阵中（绿洲内）包括 17 个观测点（第 7 章，图 7-1）。此外，已经系统地生产了黑河流域降水、蒸散发、土壤水分等水循环要素产品（Xu et al., 2018）。这些数据为研究黑河流域关键的水循环变量—蒸散发的时空变化特征提供了坚实的基础。

11.2.1　典型生态系统蒸散发及其组分的变化特征

1. 蒸散发的变化特征

选取流域内上、中、下游 9 个典型的生态系统，即上游冰冻圈（高寒草甸、青海云杉、灌丛和高寒草甸）、中游绿洲-荒漠生态系统（农田、湿地、红砂荒漠）、下游天然绿洲-荒漠生态系统（柽柳、胡杨、红砂荒漠），利用站点多年的观测数据分析了蒸散发的变化特征（图 11-5）。

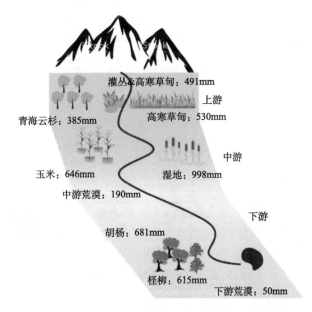

图 11-5　黑河流域典型生态系统的蒸散发变化特征

黑河流域各生态系统的年蒸散发总体上在 43～1053 mm 之间变化。黑河流域上游是产水区，总体上降水量大于蒸散发，年降水量为 500～600 mm，年蒸散发为 380～530mm。其中，高寒草甸下垫面多年蒸散发量为 430～590 mm（均值为 530 mm），青海云杉下垫面多年蒸散发为 330～413 mm（均值为 385 mm），灌丛和高寒草甸下垫面多年蒸散发为 412～550 mm（均值为 491 mm）。

中游是耗水区，年降水量为 100～200 mm，荒漠下垫面蒸散发略大于降水量，而农业绿洲不同植被下垫面的蒸散发量级相当，且明显大于降水，蒸散发的最大值出现在湿地下垫面；中游农田一般有 4 次灌溉，2016 年由漫灌改为滴灌后，灌溉次数增加，每次的灌溉量较少，灌溉农田下垫面多年蒸散发为 550～700 mm（均值为 646 mm），湿地下垫面多年蒸散发为 891～1056 mm（均值为 998 mm），中游红砂荒漠下垫面多年蒸散发为 180～215 mm（均值为 190 mm）。

下游同样是耗水区，年降水量小于 50 mm，荒漠下垫面蒸散发与降水相当，而天然绿洲植被（河岸林）年蒸散发大于 600 mm，远远大于降水。河岸林的水分来源主要为灌溉（一年在春、秋两次灌溉）和地下水的补给。下游河岸林（柽柳）下垫面多年蒸散发为 540～680 mm（均值为 615 mm），下游河岸林（胡杨）下垫面多年蒸散发为 670～690 mm 间（均值为 681 mm），蒸散发大于上游的林地蒸散（青海云杉林）。下游红砂荒漠下垫面多年蒸散发为 43～56 mm 间（均值为 50 mm），荒漠蒸散发的主要来源为降水，该站远离绿洲，蒸散发量和降水量大体相当。

进一步，为了研究蒸散发的影响因子，选取解耦因子（Ω）作为指标，可用于表示受水分或能量驱动的蒸散发占总蒸散发的比例。Ω 位于 0～1 之间，Ω 越接近于 0，ET 受地表导度和饱和水汽压差影响越大，相反，Ω 接近于 1，蒸散发则主要受可利用能量的影响。图 11-6 为以三个超级站为例查看蒸散发的影响因子，可以看到：阿柔超级站（上游，高寒草甸）和大满超级站（中游，制种玉米）在作物生长季蒸散发主要受可利用能量的影响，而四道桥超级站（下游，柽柳）则主要受地表导度和饱和水汽压差的影响。

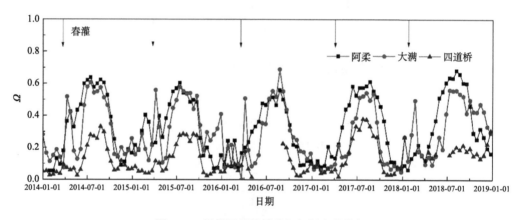

图 11-6　解耦因子的季节与年际变化特征

2. 蒸散发的拆分

干旱和半干旱生态系统中的蒸散发拆分对于灌溉用水管理非常重要，蒸腾估算结果可以作为确定实际需水量和设计灌溉策略的重要依据。水资源管理的主要目标是减少农田和自然植被的非生产性的水蒸发损失，增加植被蒸腾占蒸散发的比重（T/ET），因此研究黑河流域上游到下游不同生态系统的 T/ET 十分重要。

利用 uWUE 方法（Zhou et al., 2014; 2016）对黑河流域上中下游 6 个典型生态系统（高山草甸、青海云杉、玉米、荒漠、柽柳、胡杨和柽柳）多年生长季 ET 进行拆分，并从日、季节、年际尺度分析了典型生态系统 T/ET 的变化特征（Xu et al., 2021）。从日尺度来看，各生态系统白天变化趋势基本一致，且在日间呈逐渐上升趋势。从季节尺度来看，在高山草甸、玉米生态系统 T/ET 呈现倒"U"形变化趋势，柽柳、柽柳和胡杨混合生态系统 T/ET 呈现在生长季初期较大，之后逐渐下降趋势，青海云杉与中游荒漠生态系统则无明显的季节变化，分别在 0.5 和 0.3 上下波动。各生态系统的年际变化趋势也存在一定的差异，生长季日均 T/ET 分别为 0.53（高寒草甸）、0.52（青海云杉）、0.59（玉米）、0.37（荒漠）、0.56（柽柳）、0.59（胡杨和柽柳）（图 11-7）。

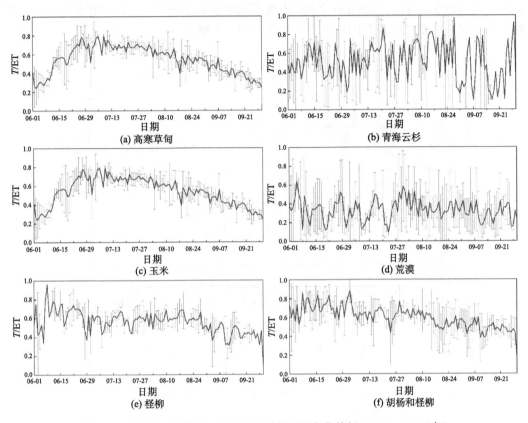

图 11-7　不同生态系统的 T/ET 生长季的季节变化特征（2008～2016 年）

11.2.2　绿洲-荒漠系统蒸散发时空变化特征

黑河流域中下游典型的特征是较小的绿洲被大面积的荒漠围绕，中游为人工绿洲-荒漠系统，下游为天然绿洲-荒漠系统，主要关心的问题之一分别为在中度和高度非均匀地表类型下蒸散发的空间异质性（Li et al., 2018b）。

以中游绿洲-荒漠系统为例，通过 2012 年在黑河流域中游开展的通量观测矩阵试验数据（第 7 章），研究了绿洲-荒漠系统蒸散发变化特征（图 11-8），可以看到蒸散发呈现 3 个层次，①绿洲植被下垫面的蒸散量最大（玉米、蔬菜、果园、湿地），其次是村庄下垫面，而戈壁、沙漠和荒漠下垫面蒸散发最小。这种差异主要是由于不同下垫面间土壤水分的差异（不同的降水、农田的灌溉等）所导致。植被下垫面在 6 月中旬至 9 月中旬的累积蒸散量为 400～500 mm，村庄下垫面为 250 mm，而戈壁、沙漠和荒漠下垫面蒸散量在 100～150 mm 之间。②绿洲内不同下垫面的蒸散量存在较大的差异，表明绿洲内不同下垫面类型间也存在较大的空间异质性。果园（5.53 mm/d）、玉米田（4.80 mm/d）和蔬菜（4.77 mm/d）蒸散量最大，其次是湿地（4.28 mm/d）和防护林（4.07 mm/d），村庄蒸散量最小（2.63 mm/d）。玉米田累计蒸散量较村庄高约 210 mm。这种差异主要是由于各种下垫面间可利用能量、土壤含水量的差异等导致的。③绿洲内玉米下垫面在 6～9 月的累计蒸散发为 472～608 mm 之间，表明不同的玉米田蒸散发之间仍存在着空间异质性。这种差异主要是由于各田块玉米长势的不同、土壤含水量等所导致的。

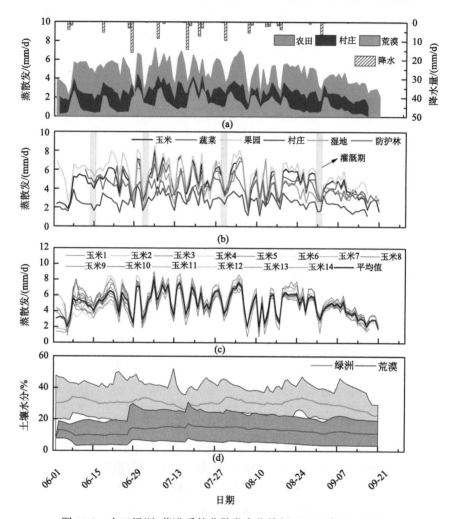

图 11-8　人工绿洲-荒漠系统蒸散发变化特征（2012 年 6～9 月）

（a）绿洲荒漠系统 ET 总体变化特征；（b）绿洲内植被下垫面 ET 变化特征；（c）绿洲内玉米下垫面 ET 变化特征；
（d）绿洲荒漠土壤水分变化特征
图中阴影区域为土壤水分的变化范围

11.2.3　全流域蒸散发时空变化特征

基于黑河流域涡动相关仪的多年观测数据，选用 36 个站点（65 个站年，包括黑河综合观测网长期观测站、2012 年通量观测矩阵站点及 3 个收集的站点数据）的地表蒸散发地面观测数据，结合多源遥感数据（土地利用与植被类型图、叶面积指数等）和大气驱动数据（太阳辐射、空气温度、相对湿度、降水）等，运用机器学习方法（随机森林）构建了地表蒸散发尺度扩展模型，以区域遥感及大气驱动数据作为输入，生产了 2012～2016 年生长季（5～9 月）黑河流域地表蒸散发相对真值（ET-Map，Xu et al., 2018）。获取的流域尺度蒸散发相对真值数据集可用于遥感估算及模式模拟结果的验证。这些研究解决了地面观测与遥感像元/模式网格之间空间尺度不匹配的问题，获取的像元尺度及区域尺度"地面真值"数据集可用于遥感估算及模式模拟结果的验证。

图 11-9 为流域蒸散发及其相关参数时空变化特征，可以看到：流域内蒸散发空间分

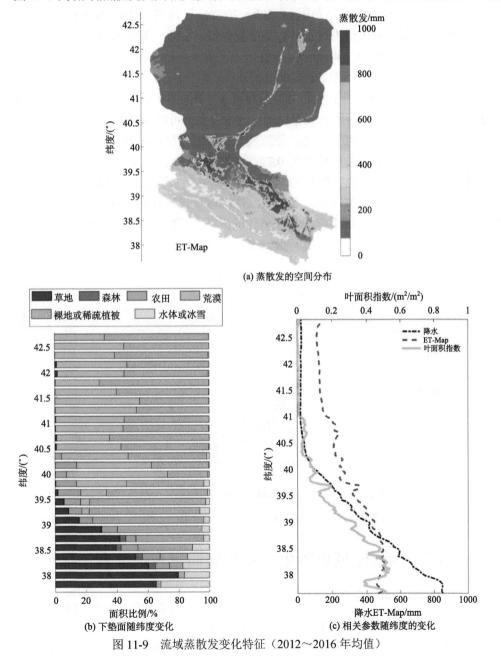

图 11-9　流域蒸散发变化特征（2012～2016 年均值）

布呈现上游整体较大，中下游绿洲内蒸散发较大，且大于上游蒸散发的平均水平，其余大面积的区域蒸散发较小，但沿着黑河河道两侧蒸散发量相对较大。上游为产水区且植被较好（主要为高寒草甸、青海云杉林），中下游为耗水区，主要为绿洲荒漠区域，因此叶面积指数总体上从上游到下游有减少的趋势，而降水从上游到下游则明显减小。上游有充足的降水，降水大于蒸散发（当纬度小于 38.6°时，蒸散发大于降水），相比较下，中下游是水分消耗区域，蒸散发明显大于降水，下游尤为显著，但由于有地下水和灌溉的供给，绿洲的蒸散发也维持很高的水平。总体上，流域蒸散发量在 50～1000 mm 之间变化，蒸散发在上游区域较大（山区：500～700 mm，河谷：500～600 mm），从下游到上游呈现增加趋势，最大值为绿洲内，如中游张掖、临泽、金塔和酒泉（600～800 mm）和下游额济纳绿洲（600～700 mm），低值出现在荒漠和稀疏植被下垫面，尤其是下游区域（中游 100～250 mm，下游 50～200 mm）。

　　蒸散发在流域内不同的下垫面类型差异很大（图 11-9），为了进一步研究蒸散发时空分布格局等影响因素，选取地表温度（在一定程度上可以表征土壤水分）、归一化植被指数和净辐射进行分析。可以看出，蒸散发与地表温度呈现很好的一致性（在中游农田和下游河岸林 Pearson 相关系数大于 0.7）；在植被下垫面，如上游高寒草甸、中下游绿洲区域，蒸散发与归一化植被指数的 Pearson 相关系数大于 0.8；净辐射是蒸散发的能量来源，在上游和中下游植被区域，蒸散发与净辐射呈现很好的一致性，但在裸地和稀疏地表相关性较弱（这些区域主要受水分条件的限制）（图 11-10）。因此，黑河流域地表蒸散发的时空分布格局主要受土地利用/覆盖、土壤水分条件、植被条件和可利用能量的影响。

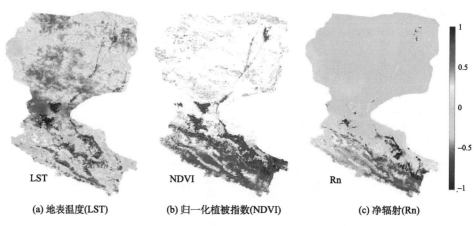

(a) 地表温度(LST)　　　　(b) 归一化植被指数(NDVI)　　　　(c) 净辐射(Rn)

图 11-10　蒸散发空间分布（ET-Map）与相关影响因子间的 Pearson 相关系数

11.3　黑河流域典型生态系统碳通量和水分利用梯度

11.3.1　干旱区碳通量研究意义

　　陆地生态系统碳循环是全球变化研究的核心问题之一。准确评估区域陆地碳源汇时空格局变异及其不确定性，可以为科学预测气候变化、服务于减缓和适应气候变化的区

域碳管理提供科学依据。干旱区半干旱区占到全球陆地面积的超过 40%（Reynolds et al.,
2007; GLP, 2005）。由于其独特的能量平衡等环境特征（Unland et al., 1996），同时也是重
要的无机碳库，因而在全球变化和碳循环研究中具有重要作用。尽管如此，目前对干旱
区生态系统碳通量的观测与模拟研究仍然被忽视（Wang et al., 2019a; Wang et al., 2019b）。
考虑到干旱半干旱区域的广泛分布以及它对全球变化极度敏感的特性，因此，很有必要
对干旱区陆地生态系统植被生产力的时空分布格局进行评估。

　　黑河流域是我国西北干旱区典型的内陆河流域，从上游山区冰冻圈到中游人工绿洲
再到下游极端干旱的天然绿洲依次分布着"高寒草甸-森林-河流、湿地-绿洲-荒漠、天
然绿洲-荒漠"等独特的生态景观结构（Liu et al., 2018; Li et al., 2013），在维持荒漠-绿
洲生态系统结构和功能的稳定性方面具有十分重要的作用（Wang et al., 2019a, 2019b）。
目前，针对干旱区异质性景观生态系统下不同生态系统碳通量的整合分析还不太多，本
研究利用 HiWATER 实验期间构建的涵盖干旱区内流河流域的主要的典型生态系统类型
的黑河流域典型生态系统通量观测网络（Li et al., 2013），在对黑河流域通量数据进行质
量控制的基础上，分析干旱区典型生态系统碳通量和水分利用效率的时空变化格局
（Wang et al., 2019b, 2021）。这对于准确评估干旱区陆地生态系统在区域和全球碳循环中
的作用具有重要意义。

11.3.2　黑河流域生态系统碳通量及水分利用梯度特征

1. 黑河流域碳通量的季节动态变化

　　黑河流域各通量站点时间序列的生态系统净生产力、生态系统总初级生产力（GEP）
和生态系统呼吸（R_{eco}）如图 11-11 所示。可以看到黑河流域不同生态系统的碳通量具有
明显的时空差异。黑河流域通量站点包括草地、森林、农田、荒漠和湿地等五种生态系
统类型，各生态系统类型的碳通量除荒漠生态系统外，均表现出明显的季节性动态。由
于西北干旱区雨热同期的特性，黑河流域碳通量的季节动态与气温和降水的季节性动态
保持较好的一致性。虽然各生态系统碳通量具有相似的季节性，然而不同生态系统碳通
量的变化幅度却不一样。相对而言，生态系统内部的碳通量变异较小。农田和湿地生态
系统的变化幅度较其他类型大，其次是草地和森林生态系统。而荒漠生态系统的变化幅
度最小，其季节变化不明显。大多数站点的碳吸收的最大月份在 7 月，生态系统从每年
的 5 月开始逐渐表现为碳吸收，而 10 月份开始逐渐变为碳排放。

2. 不同气候梯度下生态系统碳通量特征

　　黑河流域各通量站点的碳通量的年平均值随温度、降雨和蒸散发梯度变化如
图 11-12、图 11-13 和图 11-14 所示。不同生态系统碳通量具有明显的差异。总体而言，
黑河流域各站点的年 NEP 为 46.76～536.06 gC/（m^2·a）。多数站点都表现为典型的碳汇
特征，平均碳通量为 191.01 gC/（m^2·a）。农田玉米的碳交换量最大，为 536.06 gC/（m^2·a）；
其次是湿地生态系统，NEP 为 508.67 gC/（m^2·a）。最小为戈壁站点，NEP 为 46.76 gC/
（m^2·a）。GEP 范围从戈壁荒漠站的 174.57 gC/（m^2·a）到大满农田站的 1204.62 gC/（m^2·a）。

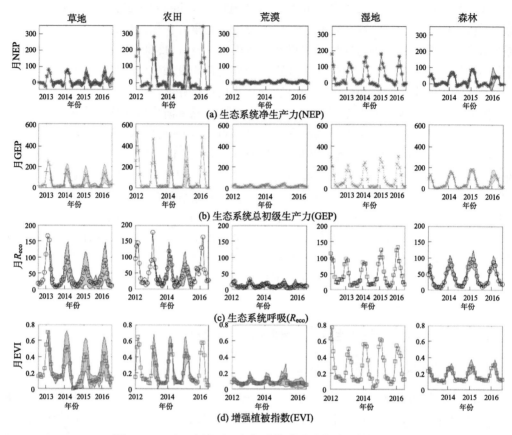

图 11-11 黑河流域不同生态系统碳通量的季节变化特征

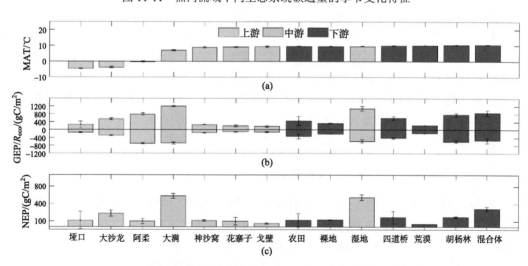

图 11-12 黑河流域不同站点碳通量随温度的变化特征

（a）年平均气温（MAT）；（b）生态系统总初级生产力与生态系统呼吸（R_{eco}）；（c）生态系统净生产力

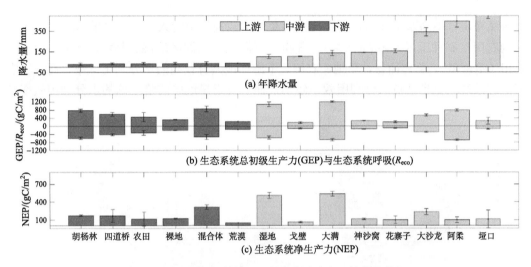

图 11-13　黑河流域不同站点碳通量随降雨的变化特征

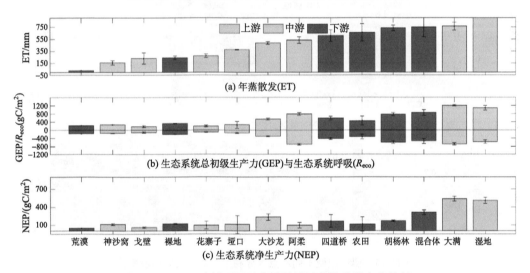

图 11-14　黑河流域不同站点碳通量随蒸散发的变化特征

R_{eco} 范围从荒漠站的 105.60 gC/（m^2·a）到阿柔草地站的 694.40 gC/（m^2·a）。农田生态系统和湿地生态系统具有最高的碳同化能力和碳汇强度,年同化量超过 1000 gC/（m^2·a）,年吸收量超过 500 gC/（m^2·a）。通过比较各站点的碳通量随降雨、温度和 ET 梯度变化,可以发现相比降雨和温度的趋势变化,不同生态系统碳通量的空间变化趋势和 ET 的趋势更为接近。由此可见,黑河流域各生态系统碳通量的空间格局主要受到蒸散发的控制,而受温度和降雨的影响相对较弱。

3. 不同气候梯度下生态系统水分利用效率特征

水分利用效率用于表征单位水分耗散所固定的碳含量,反映了作物光合作用碳同化过程中水分消耗水平。图 11-15 是黑河流域典型生态系统的 WUE 等随流域气候梯度（温度、降雨等）变化的情况。不同生态系统类型的 WUE 差异较大,从 0.7 到 1.8 g C/ kg H_2O。

上游高寒山区中高寒草甸的 WUE 比高寒草甸的较高；中游人工绿洲区的 WUE 大小分别为农田（制种玉米）>湿地>戈壁>荒漠；下游人工绿洲区的混合林>胡杨林>柽柳林>农田（哈密瓜）。总体而言，草地、农田、下游林地具有较高的水分利用效率；而对于农田生态系统，玉米站点水分利用效率较高，而下游干旱地区的哈密瓜的水分利用效率则较低。

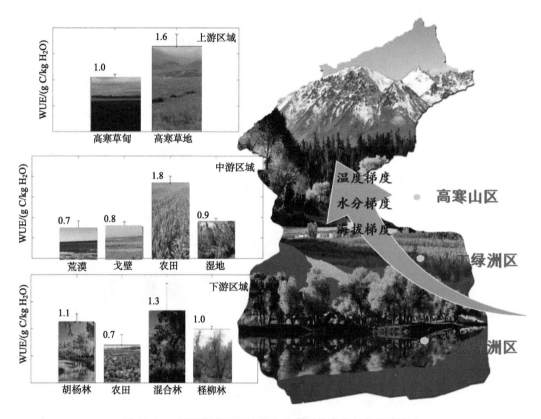

图 11-15　黑河流域不同站点水分利用效率沿气候梯度变化

11.3.3　黑河流域生态系统碳通量时空变化的影响因素

1. 温度对碳通量空间格局的影响较小

对黑河流域典型生态系统碳通量变化的关键影响因素进行了分析。温度作为生态系统碳通量的重要影响因素，在不同的时间尺度上，分析了碳通量对温度的响应（图 11-16）。可以发现月尺度碳通量随温度的增加而增加，然而在年尺度碳通量随温度增加先增加后减少。分别应用了不同的响应函数来拟合不同尺度碳通量-温度的关系。月尺度上，碳通量-温度关系应用了指数函数，统计显著（$p < 0.001$）。而年尺度上符合一元二次回归方程。可以看到碳通量-温度的相关关系相对较弱（图 11-16）。

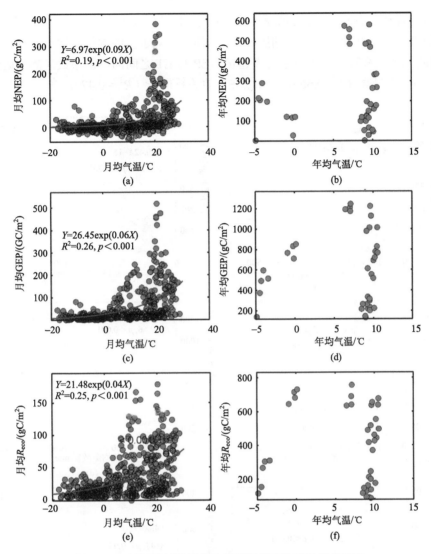

图 11-16　黑河流域典型生态系碳通量变化对温度的响应

（a）、（c）、（e）分别表示月尺度生态系统碳通量（净生态系统生产力、生态系统总初级生产力、生态系统呼吸 R_{eco}）与月均气温之间的关系；（b）、（d）、（f）分别表示年尺度生态系统碳通量（NEP、GEP、R_{eco}）与年均气温之间的关系

2. 可利用水分决定了碳通量的空间格局

总体而言，碳通量随降水量的增加而增加，但是降雨和碳通量总体的相关关系相对较弱（图 11-17）。由于干旱区很多站点的年降水量都低于 400mm，干旱区绿洲内部的一些站点受到水分补给影响较大，碳通量-降水量关系具有明显的空间分布格局差异。在绿洲外部的植被，降雨是水分利用的主要来源，例如位于黑河上游高寒地区的草地生态系统和中游的荒漠生态系统等，NEP 对降水量较为敏感。而处于绿洲内部的生态系统，包括受人类管理活动（如农业灌溉等）显著的农田生态系统和受地下水分补给的湿地站和

邻近河道的森林生态系统等，与绿洲边缘的站点不同，这些站点除了受降雨影响以外，还受到地表水灌溉和地下水补给的影响。与碳通量-降水量的弱敏感性不一样，碳通量-ET 之间的相关关系较强。生态系统碳通量 NEP 与 ET 之间的可决系数（R^2）达到 0.59，GEP-ET 的关系最高（R^2=0.66），而 R_{eco}-ET 的关系最低（R^2 = 0.47）。

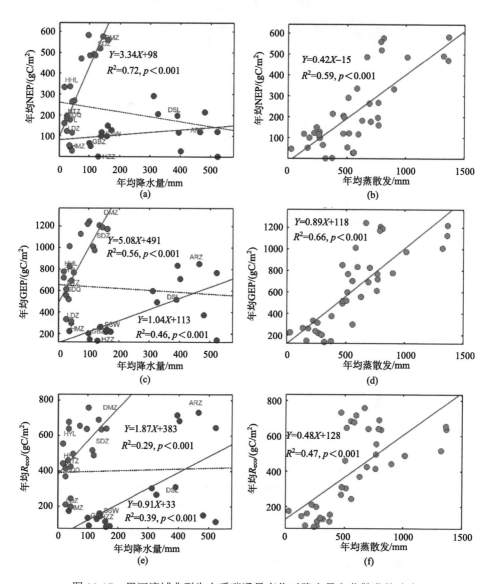

图 11-17　黑河流域典型生态系碳通量变化对降水量和蒸散发的响应

（a）、（c）、（e）分别表示年生态系统碳通量（净生态系统生产力、生态系统总初级生产力和生态系统呼吸 R_{eco}）与年降水量之间的关系；（b）、（d）、（f）分别表示年生态系统碳通量与年蒸散发之间的关系

11.4　绿洲-荒漠相互作用

11.4.1　引言

干旱半干旱区约占全球陆地总面积的 41%，该地区降水稀少、水资源缺乏、生态环境极其脆弱，对人为扰动十分敏感，是气候变化的关键区（GLP, 2005; Reynolds et al., 2007）。研究表明，干旱半干旱区是近 100 年来温度增加最显著的地区，特别是半干旱区，对全球陆地变暖的贡献达到 44%（Huang et al., 2012）。同时由于气候变化和人类活动的影响，干旱区的面积将在 21 世纪末会达到全球陆地面积的 50%（Huang et al., 2016）。

在干旱半干旱地区普遍呈现以荒漠为景观基质、以绿洲为景观镶嵌的基本景观格局（程国栋等, 1999; Cheng et al., 2014）。绿洲作为与荒漠相伴生的一种景观类型，在干旱半干旱地区有着十分重要的作用。绿洲是干旱区人们赖以生存的基础和经济发展的载体。其面积不足我国干旱区面积的 10%，却哺育着该地区 90% 以上的人口（韩德林, 1999）。在干旱半干旱地区，绿洲和荒漠是两个既相对独立又相互作用的矛盾体。首先，绿洲和荒漠在下垫面土壤水分状况、植被类型与分布、辐射特性以及生物群落等方面不同，两者表现为相互独立的生态系统；同时，绿洲和荒漠之间存在着相互作用。众多的野外观测和数值模拟研究已经表明，绿洲与荒漠之间下垫面水热和动力特征对比强烈，两者之间存在较强的平流作用，受到天气条件的影响，形成绿洲内边界层、"绿洲-荒漠"局地环流和绿洲内部二次环流等现象；导致一些局地小气候特征，如绿洲"风屏效应"、绿洲"冷、湿岛效应"和临近绿洲的荒漠的"增湿、逆湿效应"等（图 11-18），这些小气候特征都对绿洲系统的自我维持与发展有着重要的作用（Li et al., 2016）。

绿洲与荒漠的相互作用，即两者之间的物质（水汽和 CO_2）和能量输送是绿洲大气、生态、水文系统研究的一个关键问题，对于认识绿洲区域气候效应的自然规律，支持绿洲自我维持，形成保障绿洲生态系统稳定维持和发展的良性机制具有重要而深远的意义（Zhang and Huang, 2004）。经过近几十年的研究，绿洲与荒漠能量、物质的交换研究无论在观测（Li et al., 2013, 2009; Wang et al., 1993）还是数值模拟（Liu et al., 2018, 2020; Meng et al., 2012, 2015; Wen et al., 2012; Han et al., 2010; Meng et al., 2009; 姜金华等, 2005; Gao et al., 2004; 左洪超等, 2004; 薛具奎和胡隐樵, 2001; 阎宇平等, 2001）都取得了巨大的进步，进一步证实了绿洲效应，发现了荒漠效应，揭示绿洲自我维持机理，加深了对绿洲小气候形成物理机制的理解，为绿洲地区的可持续发展提供了保障。但是目前绿洲、荒漠能量与物质的交换研究还存在以下问题（Li et al., 2016）：绿洲内部异质性对于绿洲、荒漠交互的影响，特别是绿洲内部小尺度的能量和水分交换、农田防护林引起的动力异质性以及灌溉造成的热力异质性等，对于绿洲的稳定性和绿洲-荒漠的相互作用的机制尚不清楚。

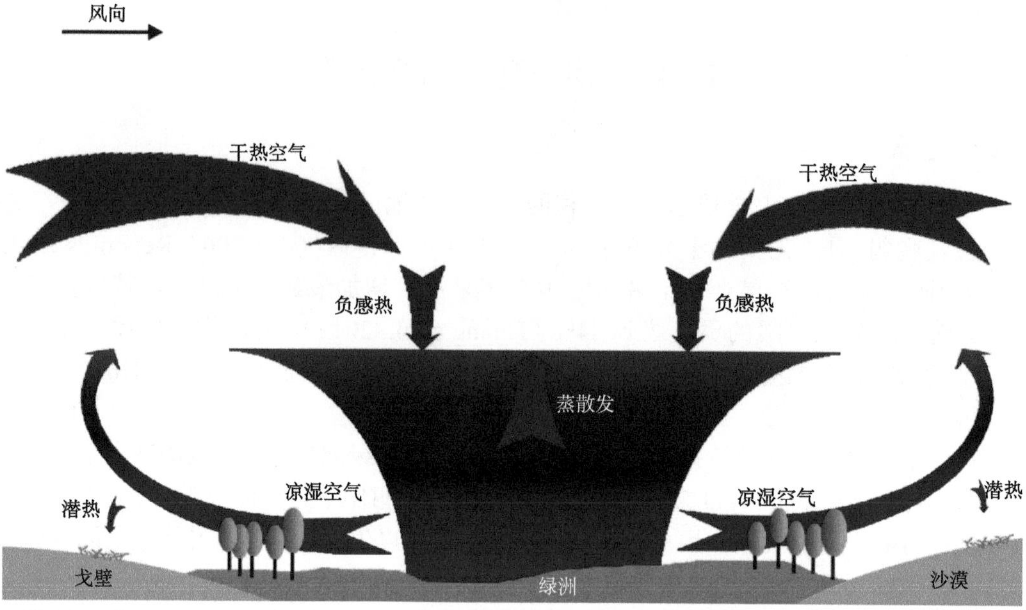

图 11-18　绿洲与荒漠相互作用示意图

要解决上述问题，不仅需要高精度的地面观测数据支持，同时也需要时空分辨率的数值模拟研究。HiWATER 在黑河中下游荒漠绿洲区域构建的多要素-多尺度-网络-立体-精细化的综合观测系统，为上述问题的解决提供了契机。本节详细介绍利用 HiWATER 在黑河中下游荒漠绿洲区域构建的综合观测系统，基于计算流体力学数值模拟方法（computational fluid dynamics, CFD）精细刻画绿洲内部局地小气候特征的形成和影响机制；并探讨加强绿洲自我维持与发展机制的途径。

11.4.2　绿洲-荒漠相互作用的特征

本节将基于 HiWATER 的地面、航空和卫星遥感观测数据，以张掖绿洲-荒漠区域下垫面实际状况为依据，设计一个简化的绿洲-荒漠模拟研究区，利用以精细尺度（几十米分辨率）的模拟见长的计算流体力学方法，进行多组不同天气条件、地表类型以及下垫面水热特性的情景模拟试验，通过模拟得到的风速、温度、湿度场的变化精细地刻画"绿洲-荒漠"相互作用产生的各种现象，进一步探讨"绿洲-荒漠"局地小气候特征的形成和影响机制（Liu et al., 2020）。

1. 数值试验设计

为了排除地形影响，"绿洲-荒漠"模拟区域下垫面是平坦的。非均匀下垫面分布采用条带状排列，与 y 方向平行，中间条带为绿洲，两侧条带为荒漠即荒漠包围绿洲。这与我国西北地区绿洲处于荒漠的包围中或荒漠边缘的事实一致。本研究设计绿洲水平空间大小为 10 km × 5 km（$x \times y$），周围荒漠的大小各为 30 km × 5 km（$x \times y$），周围荒漠的长度为绿洲长度的 3 倍。并且三条带状非均匀下垫面的异质性地表长度为大气边界层高度的 5 倍以上，以保证湍流的充分发展（图 11-19）（Patton et al., 2005）。

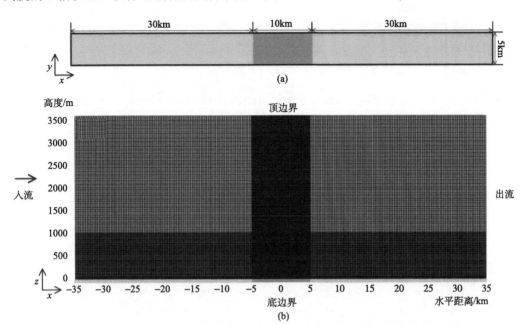

图 11-19　（a）非均匀绿洲-荒漠区域示意图和（b）绿洲-荒漠区域模拟计算域

2. 绿洲-荒漠相互作用

　　下垫面粗糙度突变和下垫面水、热性质非均匀都会对大气边界层特征产生影响，绿洲-荒漠系统是典型的空气动力学粗糙度和水、热分布非均匀的复杂下垫面，由于动力和热力性质存在差异，绿洲和荒漠既相互对立又相互作用，背景风场是影响绿洲-荒漠相互作用的重要因素。背景风较弱，尤其是静稳风情景（0 m/s）下，"绿洲-荒漠"之间存在局地环流，绿洲上空存在着较强的下沉气流，两侧荒漠存在着较强的上升气流，以绿洲中心为几何中心形成了两个对称的闭合环流圈[图 11-20（a）]；中风情景（约 3 m/s）下，绿洲内存在热力内边界层，上游荒漠和绿洲的局地环流被强大的背景风压制，绿洲上空气流只有微弱的下沉运动，绿洲上空主要为荒漠干热空气的水平输送，"绿洲-荒漠"相互作用主要表现为绿洲热力内边层[图 11-20（b）]。在大风情景下，即入流风速继续增大到 5 m/s 时，"绿洲-荒漠"局地环流和热力内边界层彻底被破坏，绿洲内仅存在由于植被等高粗糙元造成的绿洲动力内边界层，即气流仅存在从平坦荒漠向粗糙绿洲过渡中，由于空气动力学粗糙度跃变引起的风廓线的微弱抬升，整体来看"绿洲-荒漠"温度场趋于一致[图 11-20（c）]。

3. 绿洲-荒漠小气候效应

　　绿洲-荒漠相互作用会引起绿洲-荒漠小气候效应，包括绿洲"冷、湿岛效应"和临近绿洲的荒漠的"增湿、逆湿效应"、绿洲"风屏效应"等。背景风较弱情景下，绿洲上游荒漠由于平流作用向绿洲输送热空气，并越过绿洲"冷岛"与下游的荒漠连成一体，

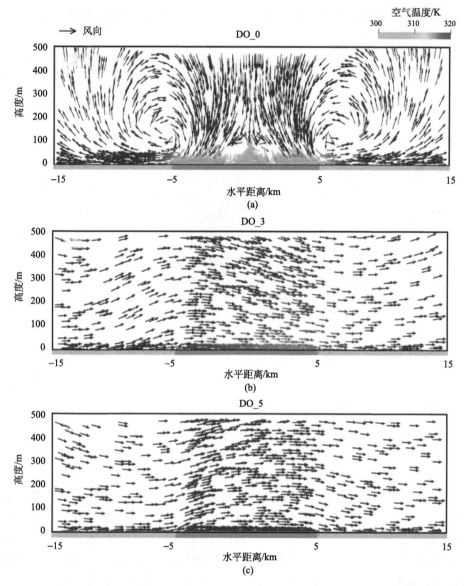

图 11-20　10 m 高度入流风速为（a）0 m/s（算例 DO_0）、（b）3 m/s（算例 DO_3）和（c）5 m/s（算例 DO_5）的绿洲–荒漠区域风向和温度垂直剖面图

其中箭头表示风向，色标表示空气温度的变化（图底部的黄线和绿线分别表示荒漠和绿洲）

输送来的干热空气与绿洲下层的冷湿空气形成稳定层结（绿洲低层"平流逆温"），即绿洲热力内边界层，高度约为 100m[如图 11-21（b）]；尤其是在静稳风情境下，绿洲低层"平流逆温"以绿洲中心为几何中心对称分布，高度约为 200m[如图 11-21（a）]。该高度以下，绿洲中心出现逆温，且上游荒漠的低层空气温度远远高于绿洲，下游荒漠的空气温度也较上游荒漠低一些。由于绿洲低层"平流逆温"的稳定层结抑制了绿洲凉湿空气向高空的输送，使得绿洲形成"冷岛、湿岛效应"（如图 11-22）。

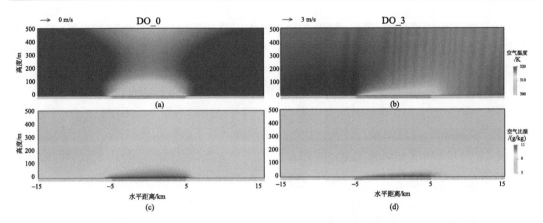

图 11-21　绿洲-荒漠区域 10 m 高度入流风速为 0 m/s（a）温度、（c）比湿垂直剖面（算例 DO_0）；
10 m 高度入流风速为 3 m/s（b）温度、（d）比湿垂直剖面（算例 DO_3）

图底部的黄线和绿线分别表示荒漠和绿洲

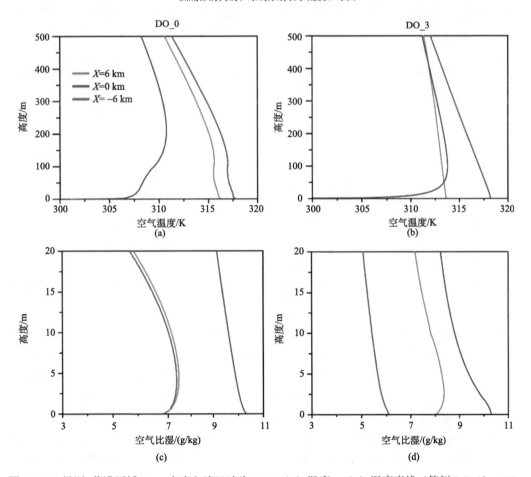

图 11-22　绿洲-荒漠区域 10 m 高度入流风速为 0 m/s（a）温度、（c）湿度廓线（算例 DO_0）；10 m
高度入流风速为 3 m/s（b）温度、（d）湿度廓线（算例 DO_3）

由于热力内边界层的存在，绿洲的地表蒸发向高层的输送受到抑制。且绿洲内的水汽通过平流作用输送到周围荒漠，不仅绿洲本身空气比湿较高，临近绿洲的荒漠区空气比湿也较高，绿洲对于下游绿洲湿度场的影响较上游湿度场更显著一些[图 11-23（c）和图 11-23（d）]。从绿洲中心（$x = 0$ km）和距绿洲上、下游（$x = -6$ km 和 $x = 6$ km）各 1 km 处荒漠的空气湿度垂直廓线可以看出，在背景风较弱情景下，不仅临近绿洲的下游荒漠空气比湿较上游荒漠空气比湿大，而且临近绿洲的下游荒漠在贴地层有"逆湿效应" [图 11-24（d）]；在静稳风情景下，绿洲上游荒漠和下游荒漠低层都存在来自绿洲的水汽输送，存在着"逆湿效应" [图 11-24（c）]。

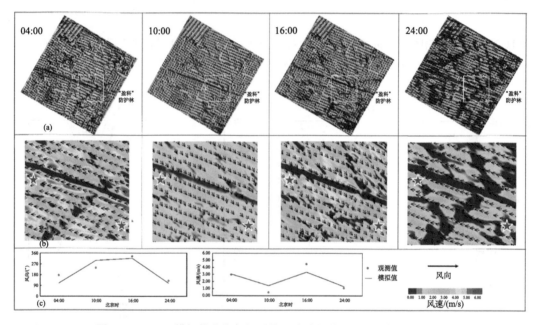

图 11-23　CFD 模拟的非均匀绿洲的风速流场的时间和空间变化特征
（a）核心计算区域；（b）白色框线放大区域；（c）10 m 高度风速、风向的日变化
（a）图红色三角形表示 4 号站点（村庄下垫面）；红色五角星表示其他植被下垫面站点，白色框线为"盈科"防护林附近样区；模拟时间：2012 年 7 月 15 日

由于绿洲内植被有效地消耗了气流的动能，不仅绿洲低层水平风速比其上游和下游荒漠同高度的水平风速都小，而且其下游荒漠的风速也小于上游荒漠，即绿洲表现出"风屏效应"。为了进一步研究绿洲"风屏效应"，Liu 等（2018）以 WRF 中尺度模式模拟风场为背景场，利用机载 LiDAR 数据刻画高度非均匀绿洲下垫面的粗糙元结构特征，基于 CFD 方法模拟研究了黑河中游高度非均匀绿洲核心矩阵 5.5 km × 5.5 km 下垫面的风场结构特征。并利用 HiWATER 高密度、多站点的 EC 和 AWS 观测数据，分别从风速日变化趋势、风廓线、风向等方面对风场模拟结果进行验证，结果表明：CFD 模拟的风场精度较高，与观测结果具有较好的一致性。并且通过绿洲的风场结构特征来进一步分析绿洲的"风屏效应"。图 11-23 以风速较大的 2012 年 7 月 15 日为例，显示了 CFD 模拟的高度非均匀绿洲的风速流场的时间和空间变化特征。7 月 15 日绿洲风场空间分布的日变化

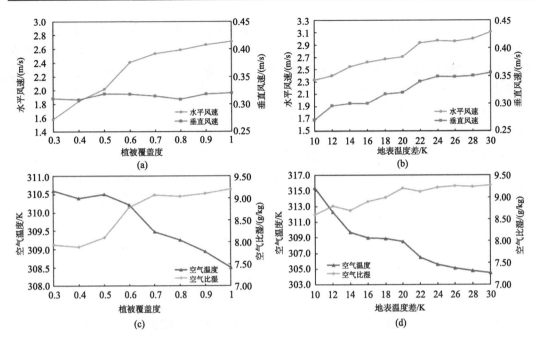

图 11-24 （a）和（c）局地环流强度（绿洲风的最大水平风速和垂直风速）、（b）和（d）"冷、湿岛效应"强度（绿洲最小空气温度和最大空气比湿）随绿洲植被覆盖度和地表温度差的变化

[图 11-23（a）]表明，绿洲内农田、防护林和建筑物等对非均匀绿洲的风场有着显著的影响。图 11-23（b）放大了图 11-23（a）白色框线区域的风场，该区域主要由绿洲内的主要防护林带——"盈科"防护林带以及周围农田组成，可以明显看出：不同来向的风经过防护林后，风速减小，风向发生转变。图 11-23（a）中红色三角形为 4 号观测站点，主要下垫面类型为村庄的建筑物，建筑物区域也是风向发生转变和风速衰减的主要影响区域。根据 AWS 观测结果[图 11-23（c）所示]，7 月 15 日夜间风速较小，白天风速较大，5:00 前的主风向为东南风，6:00～16:00 是为西北风，22:00 之后是东南风。对比图 11-23（a），CFD 的风场模拟结果准确地捕捉到了风速和风向的日变化。

11.4.3　加强绿洲自我维持和发展机制的途径

高度非均匀绿洲的动力内边界层，使得绿洲具有"风屏效应"，绿洲系统有效地阻挡了来自荒漠的风蚀，减弱了绿洲内的风速，从而有利于绿洲热力内边界层和"绿洲-荒漠"局地环流的形成。综合以上对于"绿洲-荒漠"相互作用的模拟与分析，绿洲-荒漠小气候效应共同对抗干旱气候环境，提供了一个稳定的、凉爽的、湿润的、适宜植被生长和人类生存的，且具有自我维持和发展机制的绿洲生态环境系统。

但是绿洲的自我维持与发展机制是有限的，其主要受到天气条件、"绿洲-荒漠"下垫面热力差异、绿洲内部下垫面植被覆盖度以及高矮植被分布格局等的影响。Liu 等（2020）进一步设置不同的绿洲植被覆盖度（绿洲植被覆盖度范围在 30%～100%范围，并以 10%为步长），绿洲地表温度（荒漠和绿洲的地表温度差在 10～30 K 范围，并以 2 K 为步长变化）（图 11-24），以及不同绿洲内部下垫面植被分布格局用于探讨"绿洲-荒漠"

局地小气候特征的影响因素。研究结果表明：绿洲内闭合防护林网的配置防风效能最大；绿洲"冷、湿岛效应"以及绿洲和荒漠过渡区的"增湿、逆湿效应"强度与背景风场成反比关系。"绿洲-荒漠"局地环流强度和绿洲"冷、湿岛效应"与绿洲和荒漠的地表温度差成正比关系，临界值为 20～22 K；与绿洲内植被覆盖度成正比关系，临界值为 50%～70%；在绿洲内部高矮植被交错分布，甚至均为高大植被的分布格局下，绿洲"冷、湿岛效应"较强。科学地管理、保护和发展绿洲，就是要通过改造、影响和选择这些影响因素，使"绿洲-荒漠"局地小气候特征充分发挥。因此，通过本研究提出的加强绿洲自我维持与发展机制的途径包括：合理灌溉，维持绿洲和荒漠的地表温度差在 20～22 K 左右即可；维持绿洲的植被覆盖度为 50%～70%，重视并防止绿洲内弃耕、居民地和道路扩大等现象；兼顾生态效应和经济效益，人工绿洲的土地覆被类型应以低矮农田和高大防护林交错分布为宜，尤其应在绿洲周围种植防护林。

11.5　近地层能量闭合问题

在过去的十几年，大量的学者对近地层能量闭合问题进行了深入的研究，极大地促进了人们对于近地层能量闭合问题的认识（Mauder et al., 2020; Zhou and Li, 2019; Zhou et al., 2018, 2019; Xu et al., 2017; Foken, 2008）。

然而，到目前为止，尚缺乏对内陆河流域不同生态系统的近地层能量闭合情况的系统研究。基于 HiWATER 在黑河流域构建的生态水文观测网络，本节系统地分析了黑河流域不同生态系统的近地层能量闭合情况，并在此基础上基于大涡数值模拟数据（large eddy simulations, LES）探讨了大尺度湍涡对于近地层能量闭合的影响。主要内容包括：①黑河流域不同生态系统的近地层能量闭合分析；②大尺度湍涡对近地层能量闭合的影响。

11.5.1　黑河流域不同生态系统的近地层能量闭合情况

黑河流域水文气象观测网涵盖草甸、农田、湿地、柽柳、胡杨、荒漠、沙地、戈壁、裸地等主要地表类型。流域水文气象观测网上、中、下游的观测站点的相关信息见第四章表 4-1 所示，各个观测站点的分布图如第 4 章图 4-1、图 4-2 所示。表 11-1 列出了黑河流域不同生态系统的近地层的能量闭合率（EBR）。EBR 的详细计算可参考 Xu 等（2017）和 Zhou 等（2019）。

表 11-1　黑河流域不同生态系统的近地层的能量闭合率

	站点名	下垫面	站点代号	半小时			整天		
				数据个数	EBR	R^2	数据个数	EBR	R^2
上游	阿柔站	高寒草甸	AR	50251	0.83	0.94	1374	0.93	0.96
	大沙龙站	高寒草地	DSL	40166	0.75	0.91	1146	0.83	0.88
	垭口站	积雪与高寒苔原	YK	16128	0.52	0.84	468	0.64	0.92

站点名	下垫面	站点代号	半小时			整天		
			数据个数	EBR	R^2	数据个数	EBR	R^2
中游　超级站	玉米	YM	45380	0.89	0.90	1558	1.03	0.89
戈壁站	戈壁滩	GB	29539	0.79	0.89	931	0.99	0.92
荒漠站	荒漠草原	HMM	36048	0.95	0.88	875	1.01	0.94
湿地站	湿地	SD	44510	0.73	0.87	907	1.01	0.89
下游　超级站	柽柳	CL	33416	0.99	0.94	1015	0.98	0.93
荒漠站	荒漠	HMD	23771	0.71	0.93	608	0.86	0.93
农田站	哈密瓜	HMG	14644	0.91	0.88	435	1.06	0.85
胡杨站	胡杨	HY	17931	0.98	0.90	517	1.12	0.83
混合林站	胡杨和柽柳	PP	31999	0.90	0.92	993	0.98	0.91

　　总体上，半小时的 EBR 为 0.52~0.99，均值为 0.83；其可决系数为 0.83~0.94，均值为 0.90。这与其他试验中的结果是相似的（Xu et al., 2017）。日尺度上 EBR 的范围在 0.64~1.12 之间，均值为 0.95。日尺度上的 EBR 比半小时尺度的 EBR 高。这主要是因为一天之内地表能量通量有时被低估，有时被高估，平均时相互抵消（张强和李宏宇，2010），故日尺度上 EBR 值较高。与之前的研究不同（McGloin et al., 2018; Wilson et al., 2002; 李正泉等, 2004），本研究中一些站点（如下游胡杨站和农田站）日尺度的 EBR 高于 1 且午后的 EBR 也高于 1；Xu 等（2017）也发现了该现象。导致地表能量高估即 EBR 大于 1，主要有两方面的原因。一方面是，能量平衡各分量间的相位差（Gao et al., 2010; Xu et al., 2017）。由于湍流通量的峰值一般要比有效能量滞后 1~2 h，这使得午后的湍流通量高于有效能量即 EBR 大于 1（Gao et al., 2010）。另一方面，西北地区广泛存在的绿洲与周边的荒漠间的二次环流会向绿洲和荒漠地区分别输送额外的热量和水汽，即"绿洲效应"和"沙漠效应"（见 11.4 节），使得绿洲和荒漠地区的 EBR 大于 1（图 11-25）。由于绿洲、荒漠间的二次环流一般出现在午后，故午后绿洲和荒漠地区的 EBR 大于 1（如中游的超级站和绿洲周边的戈壁、荒漠站，图 11-25）。

　　在各个站点中，上游垭口站半小时和日尺度的 EBR 仅为 0.52 和 0.64，是所有站点中最低的。这与李泉等（2008）基于青藏高原当雄草原站观测数据计算的半小时的 EBR 是相近的（0.53）。在全球能量水循环之亚洲季风青藏高原试验/TIPEX 试验中也发现，即使经过严格质量控制的当雄、安多和林芝等站，其 EBR 也仅有 0.4~0.6（蔡雯悦等, 2012）。导致垭口站 EBR 较低的可能原因有以下几个。首先，积雪的影响。垭口站海拔 4148 m，试验区域在秋末、冬季和初春期间常被积雪覆盖。此时地表能量平衡公式中需要额外考虑积雪融化所消耗的能量。这部分能量的缺失导致了计算的 EBR 偏低。若只计算无积雪覆盖时的 EBR（即 6~9 月），则该站的半小时和日尺度的 EBR 分别为 0.60 和 0.74，高于全部月份的 EBR。其次，垭口站周边地形的影响。尽管垭口站足迹（footprint）区域内相对平坦，但其周边沟壑纵横，地形起伏较大。地表异质性引起了较大的平流通量，进而导致了较小的 EBR。最后，云的影响。与青藏高原地区类似，该区域低云量较大。由此导致了该区域较大的地表热力差异，诱发了较大的平流通量，进而导致较低的 EBR。

然而，由于站点观测只能观测到大尺度环流的局部信息，难以观测到中尺度环流的整体结构，因此很难深入分析中尺度环流对近地层能量闭合的影响机制。下节将介绍基于大涡数值模拟方法分析大尺度湍涡对于近地层能量闭合的影响。

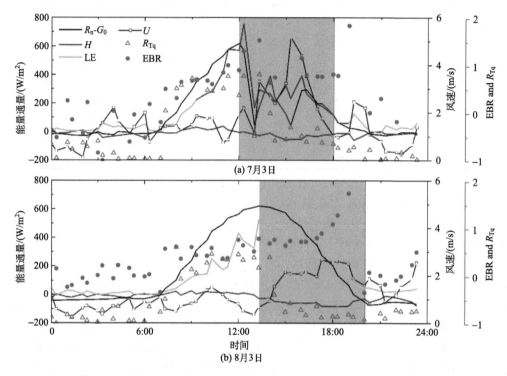

图 11-25　绿洲–荒漠诱发的中尺度环流状态下，大满超级站下层 EC 观测的能量平衡各个组分的日变化

棕色部分为平流存在的时间段

11.5.2　大尺度湍涡对近地层能量闭合的影响

本节主要基于大涡数值模拟方法探讨大尺度湍涡对近地层能量闭合的影响。首先，分析了一维地表异质性诱发的大尺度湍涡（以绿洲–荒漠之间的中尺度环流为例）对近地层能量闭合的影响；然后探讨了真实环境中常见的二维地表异质性诱发的大尺度对近地层能量闭合的影响，探讨地表异质性引起的大尺度湍涡导致近地层能量不闭合的机制。

1. 一维地表异质性诱发的大尺度湍涡对近地层能量闭合的影响

1）数值试验设计

为了分析绿洲–荒漠诱发的中尺度环流对近地层能量闭合的影响，本研究基于 HiWATER 中游观测数据（Li et al., 2013; Liu et al., 2018），设计了简单的沙漠、绿洲交互模拟方案（图 11-26）。该方案中，绿洲"嵌套"于沙漠中间，这与中国西北地区，绿洲嵌套式分布于荒漠中的事实是相符的（Li et al., 2016）。为了简化，只在 x 设置异质性，y 方向地表均为均匀。

本节设计两个案例分别来分析绿洲-荒漠之间的二次环流对近地层能量闭合问题的影响。第一个案例（HO）使用水平均匀的沙漠地表（即无绿洲情景下），EC 能量闭合变化。地表温度的日变化使用正弦函数来模拟，其均值、振幅和周期分别为 305 K、10 K 和 24 h[图 11-26（b）]。第二个案例（HE）使用沙漠、绿洲地表（即绿洲存在情景下），分析绿洲-荒漠之间地表温度的日变化和空间变化诱发的二次环流对于 EC 能量闭合的影响。绿洲镶嵌于两块沙漠之中[图 11-26（a）]，绿洲及两侧沙漠块的大小均为 5 km × 5 km。该异质性地表的长度大概是大气边界层高度的 5 倍，足以诱发沙漠、绿洲之间的中尺度环流（Patton et al., 2005）。沙漠地表温度的日变化与案例 HO 相同，而绿洲地表温度的均值、振幅和周期分别为 300 K、5 K 和 24 h。以上沙漠、绿洲的地表温度值为 2012～2014 年晴天时黑河中游沙漠、绿洲的观测平均值。为研究风速的影响，在每个案例中设置三个不同风速的模拟。x 方向的风速分别为 0 m/s、1 m/s 和 10 m/s。y 方向的风速均为 0 m/s。风速为 0 代表自由对流大气情况，而风速不为 0 表征剪切对流大气情况。为了方便，每个模拟以"case_wind"来表示，如"HO_1"代表 HO 案例中风速为 1 m/s 的模拟。

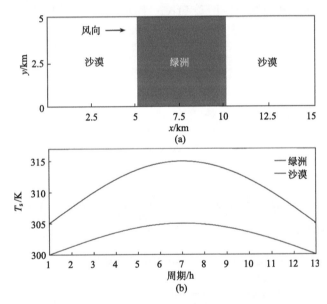

图 11-26　（a）计算域；（b）绿洲和沙漠上地表温度的日变化

2）结果分析

图 11-27 为沙漠绿洲地表热通量的日变化。在绿洲区域，地表热通量远小于沙漠区域以及 HO 案例的值。另外，与沙漠区域地表热通量随风速升高而升高的趋势相反，绿洲区域的地表热通量值随风速的升高而减小。两者的差异导致沙漠和绿洲地表热通量之差随风速升高而增大，在 HE_10 时，两者的相差近 300 W/m²。导致上述趋势的主要原因是：二次环流在绿洲上部形成了内边界层，即绿洲上部存在从沙漠输送来的热空气，这减小了绿洲上部的地气温差，同样也减小了绿洲区域的地表热通量。这也使得绿洲区域的地表热通量要比沙漠区域早 1 h 达到峰值。

图 11-28（a）～（c）为 HE 案例中湍流通量，有组织结构和中尺度环流输送的热通

量与总通量的比值（即 Fr_{TU}、Fr_{TOS} 和 Fr_{TMC}）。图 11-28（d）为能量不闭合率 I 的日变化趋势。其中 Fr_{TOS} 的值低于 5%，且随着时间略微减小。Fr_{TMC} 的值高于 55%，且在第 5 个小时之前逐渐减小，然后开始升高直到绿洲区域达到稳定层结。由于 Fr_{TOS} 值很小，I 的值以及日变化趋势与 Fr_{TMC} 十分接近。上述结果直接证实了实际观测的较大的 I 可能主要是由热力异质性引起的中尺度环流而不是湍流有组织结构导致的（Foken, 2008）。

随着风速的增加，HE 案例中的 I 逐渐地减小。不同的是，此时的 I 的值仍然很大且其日变化趋势也并未随着风速增加发生变化，该差异说明地表异质性诱发的二次环流不仅改变了 I 的值同时也改变了其日变化趋势。

Fr_{TMC} 和 Fr_{TOS} 与 u_*、w_* 和 u_*/w_* 的关系是明显不同的（图 11-29）。其中，Fr_{TOS} 随着 u_* 和 u_*/w_* 的升高而减小。同时，Huang 等（2008）给出的 I 与 u_*/w_* 拟合函数同样可以适用于 Fr_{TOS} 与 u_*/w_* 关系[图 11-29（f）]。但 Fr_{TOS} 先随着 w_* 升高而减小（第 1～5 小时），而后随着 w_* 升高而升高（第 6～8 小时），同时存在明显的迟滞现象。与 Fr_{TOS} 不同，Fr_{TMC} 与 u_*，w_* 和 u_*/w_* 的关系要复杂得多。其中，Fr_{TMC} 与 u_* 和 u_*/w_* 间无明显的关系。尽管总体上 Fr_{TMC} 随着 w_* 的升高而减小，但是 Fr_{TMC} 与 w_* 间存在一定的迟滞现象。

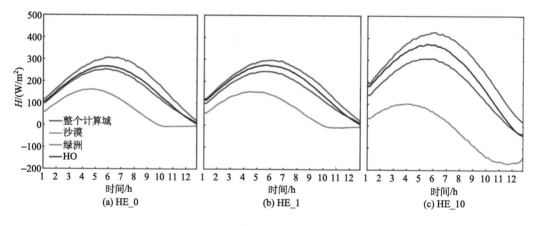

图 11-27　HO 和 HE 案例中地表热通量的日变化

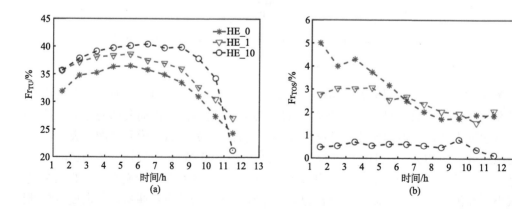

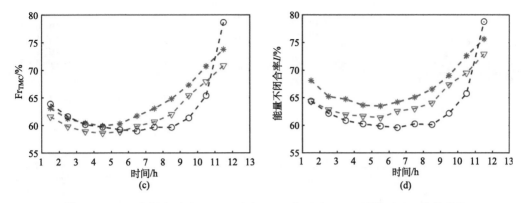

图 11-28 HE 案例中（a）Fr_{TU}、（b）Fr_{TOS} 和（c）Fr_{TMC} 以及（d）I 的日变化

上述的结果表明：u_*/w_* 可以较好地用于 Fr_{TOS} 的参数化，但是并不能用于 Fr_{TMC} 的参数化。鉴于在异质性地表，中尺度环流是导致 EC 能量闭合问题的主因，故此时 I 同样无法使用 u_*/w_* 来参数化。这可能是导致实际观测中用 u_*/w_* 来参数化 I 或 EBR 失败（Eder et al., 2014）的原因之一。

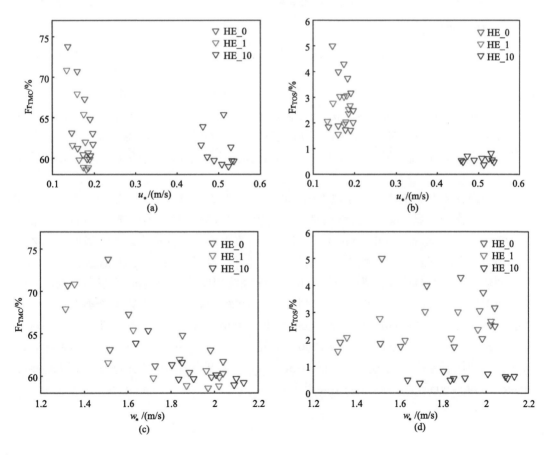

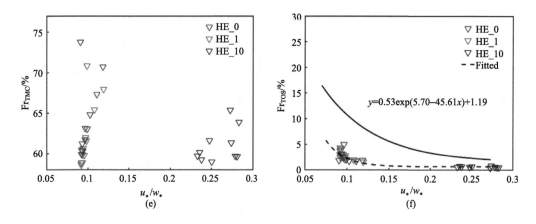

图 11-29 HE 案例中 103 m 处的（a）、（c）Fr_{TMC} 和（b）、（d）Fr_{TOS} 与（a）、（c）w_*、（b）、（d）u_* 以及（e）、（f）u_*/w_* 的散点图

（f）中的虚线为拟合线，拟合公式在图中已给出；实线为 Huang 等（2008）中的拟合线

2. 二维地表异质性对近地层能量闭合的影响

1）数值试验设计

为了更真实地表征实际地表异质性，本节采用二维地表异质性设计。研究区域 x 方向为 5 km，y 方向为 5 km，高 2 km。水平分辨率为 50 m，垂直方向采用拉伸网格（Talbot et al.，2012），其分辨率在 6～20 m 之间。x、y、z 方向上的网格数量分别为 100、100 和 100。时间分辨率为 0.25 s。初始位温廓线采用中性边界层的位温廓线。其中，低于 850 m，位温为 298 K；850～1050 m 之间为梯度 60 K/km 的逆温层，1050 m 之上为位温逐渐缓慢升高，梯度为 3 K/km。所有模拟中均采用相同的初始位温廓线且风速为 0。

本节设计两个案例分别来模拟不同的地表异质性类型对于 EC 能量闭合的影响。这两个案例的详细信息见表 11-2。然后基于不同的地表异质性类型的创建方法（Bou-Zeid et al.，2007; Huang and Margulis，2009），创建了两种类型的异质性地表。其中基于 Bou-Zeid 等（2007）方法创建的异质性地表称之为"B"案例；将基于 Huang 和 Margulis（2009）方法创建的异质性地表称之为"H"案例。两种案例中，均使用相同的基准地表，故所有案例中地表特征的概率密度函数都是相同的。在每个案例中，设置 4 个不同异质性长度的模拟，分别为 2000 m、1200 m、550 m 和 240 m。这 4 个地表异质性长度分别对应 1.7 z_i、z_i、0.5 z_i 和 0.25 z_i。（z_i 约为 1200 m，见表 11-2）。不同案例以及不同地表异质性长度模拟中地表温度的空间分布如图 11-30 所示。所有的模拟中，均先进行 2 h 的 spin-up（Patton et al.，2005），此后 1 h 的结果用于分析。

表 11-2 B 和 H 案例中的基本信息

案例	地表异质性尺度/m	z_i/m	u_*/（m/s）	w_*/（m/s）
B2000	2000	1215	0.37	2.64
B1200	1200	1211	0.36	2.74
B550	550	1168	0.40	2.73
B240	240	1154	0.43	2.62
H2000	2000	1254	0.42	2.91
H1200	1200	1249	0.40	2.90
H550	550	1210	0.43	2.80
H240	240	1228	0.43	2.80

注：z_i 为边界层高度，u_* 和 w_* 分别为摩擦风速和对流速度尺度

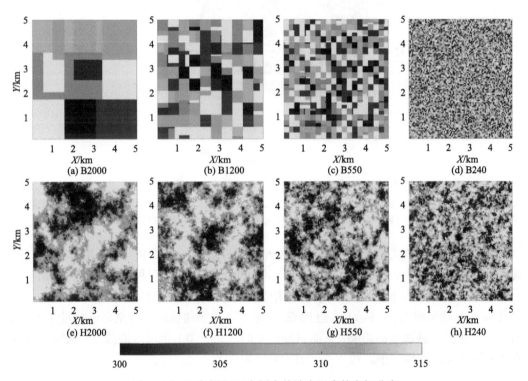

图 11-30 B 案例和 H 案例中的地表温度的空间分布

2）结果分析

识别导致 EC 能量不闭合的大尺度湍涡特征变量是探讨 EC 能量不闭合机制的关键。基于湍流协谱，我们初步构建了大尺度湍涡导致 EC 能量不闭合的理论框架，并基于该框架探讨了大尺度湍涡导致能量不闭合的机制。下面详细介绍该理论框架。

湍流协谱描述了在不同尺度湍涡上通量的大小，便于解释大尺度湍涡对于能量不闭合的影响。图 11-31 为感热通量的协谱（$F_{w\theta}$）示意图。其中 k 为波数（即波长的倒数），k_p 为 $F_{w\theta}$ 的峰值波数。由于在一定时间内 EC 只能采样到一定波数范围内湍涡，小于（大于）该波数（波长）的大尺度湍涡，EC 无法采样，因而导致了 EC 能量不闭合。基于此，

我们将 EC 能采样的最小（大）波数（波长）定义为截断波数 k_{ec}（图 11-31）。通过理论推导，可以得到：

$$[I] = 1 - f_1 f_2 \qquad\qquad (11\text{-}1)$$

式中，$[I]$ 为平均能量不闭合率；f_1 为某一高度处的通量与地表"通量真值"的比值，用于表征存储项的影响；f_2 表征某一高度处大尺度湍涡对于 EC 能量不闭合的影响。从该公式可以看出，$[I]$ 随着 f_1 和 f_2 的减小而升高。详细地推导过程可参见文献（Zhou et al., 2019）。

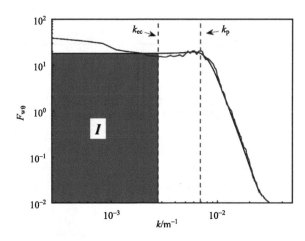

图 11-31　大尺度湍涡导致 EC 能量不闭合的理论框架

其中，蓝线为大涡模拟结果；黑线为基于 Massman and Clement（2005）湍流协谱表达式拟合的协谱。图中 k 为波数；$F_{w\theta}$ 为 w 和 θ 的协谱；I 为能量不闭合率；k_p 和 k_{ec} 分别为峰值波数和 EC 的截断波数

图 11-32（a）为考虑亚格子热通量时 f_1 的垂直廓线。从图中可以清楚地看到，f_1 随着高度的升高而减小。但是需要注意的是，不同地表异质性类型和尺度间 f_1 几乎无差别。另外，由于亚格子热通量的影响，f_1 在近地表处存在较大的不确定性[图 11-32（b）为不包括 SGS 热通量时的 f_1]。例如，在近地表，考虑亚格子热通量时 f_1 甚至可以超过了 100%。为了避免亚格子热通量的影响，下面只分析 $0.03 < z/z_i < 0.1$ 范围内的数据。从图中可以，看出 f_1 随着 z 线性地减小，故 f_1 与 z 的关系可表达为

$$f_1 = a\frac{z}{z_i} + b \qquad\qquad (11\text{-}2)$$

式中，$a = -1.46$ 和 $b = 1.0$ 为拟合参数（拟合线见图 11-32）。需要注意的是：为了避免亚格子参数化的影响，只使用 $0.03 < z/z_i < 0.1$ 范围内的数据来拟合上述公式。上述结果与已知的对流边界层内湍流热通量随着高度线性减小的结果是一致的。另外，将上述公式外插到地表时，$f_1 = 1$，这与预期的结果是一致的。这说明基于 $0.03 < z/z_i < 0.1$ 范围内的数据来拟合上述公式是合理的。

图 11-33 为 f_2 与 $-z_i/L \times l_w/(UT)$ 的散点图。在所有的速度尺度中，$-z_i/L \times l_w/(UT)$ 与 f_2 的 R^2 最高。这表明相比其他速度尺度，平均水平速度 U 能够更好地用于表征 k_{ec}。类似地，鉴于 f_2 与 $-z_i/L \times l_w/(UT)$ 之间的线性关系，f_2 可以表达为

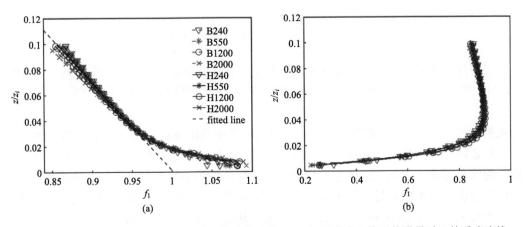

图 11-32 （a）考虑亚格子热通量时 f_1 的垂直廓线、（b）不考虑亚格子热通量时 f_1 的垂直廓线

黑线为根据公式（5-15）的拟合线

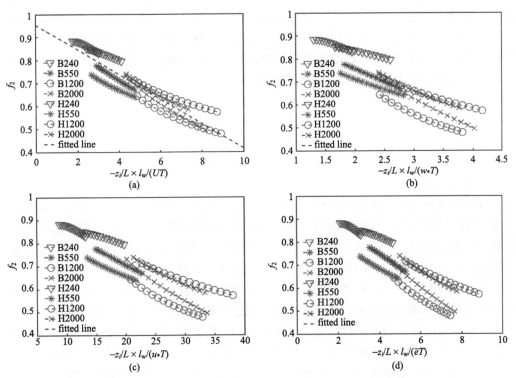

图 11-33 f_2 与（a）$-z_i/L \times l_w/(UT)$ 、（b）$-z_i/L \times l_w/(w_*T)$ 、（c）$-z_i/L \times l_w/(u_*T)$ 和（d）$-z_i/L \times l_w/(\bar{e}T)$ 的散点图

图中只显示 $0.03 < z/z_i < 0.1$ 的数据

$$f_2 = K \frac{z_i}{L} \frac{l_w}{UT} + C \tag{11-3}$$

式中，$K = -0.05$ 和 $C = 0.95$ 为拟合参数[拟合线见图 11-33（a）]。综合 f_1 和 f_2，能量不闭合率可以表征为：

$$[I] = 1 - \left[a\frac{z}{z_i} + b \right] \left[K\frac{z_i}{L}\frac{l_w}{UT} + C \right] \tag{11-4}$$

需要注意的是，在实际的观测中，上述公式中有些变量是无法直接观测到的。例如，z_i/L 的计算需要边界层高度和地表感热通量。前者在大部分 EC 站点并没有观测；后者则是地表"通量真值"，更不可能事先得到。从这点来看，上述公式只是诊断方程而不能作为预测方程来计算 I。类似的情形，在之前的研究中也出现过（Huang et al., 2008）。

与之前的方法相比，本节从协谱模型出发，基于异质性地表的 LES 结果给出了感热通量的修正方法。因此，上述方法物理基础更好，更简单易理解，同时能适用于不同的异质性地表。更重要的是，基于协谱模型和上述公式，可以直接推导出目前已知的大部分因子与 I 的关系（Zhou et al., 2019）。这是上述几个方法做不到的。当然，该修正方法也存在一些不足。其中最重要的是，该修正方法假设大尺度湍涡是导致 EC 能量闭合问题的原因，未考虑实际造成 EC 能量不闭合的其他因子（如地表热储量测量和计算误差）。此外，与 Huang 等（2008）一样，本文给出的修正方法只是诊断方程，无法直接应用于实际 I 的计算。最后，由于分辨率的影响，本节只能使用 $0.03 < z/z_i < 0.1$ 范围的数据来构建上述公式。这比实际 EC 的观测高度要高。因此，上述公式在近地表（$z/z_i < 0.03$）是否成立需要未来更高分辨率的 LES 结果来验证。

11.6　小　　结

本章展示了 HiWATER 数据如何应用于黑河流域生态水文关键过程的认知。重点介绍了以下几个方面的应用研究。

（1）黑河流域水循环的精细闭合。HiWATER 构建的覆盖全流域的多要素-多尺度-网络-立体-精细化的综合观测系统，为流域生态水文集成模型提供了翔实的输入和验证数据，实现了流域、子流域、景观、河道和灌区多个尺度的水循环精细闭合，首次算清了黑河流域的"水账"，同时也显著提升了对流域上游冰冻圈、中游绿洲平原和下游荒漠生态水文过程的认识。该研究不仅有助于深入理解黑河流域的水文循环特征，同样也可以向全球其他内陆河流域水资源管理政策的制定者和利益相关者提供重要的参考。

（2）黑河流域蒸散发的时空变化。HiWATER 构建的覆盖全流域的多要素-多尺度-网络-立体-精细化的综合观测系统，为量化蒸散发多尺度（典型生态系统、绿洲-荒漠系统和全流域）的时空变化提供了便利。研究结果对流域水资源管理可提供数据支撑，同时对认识和理解气候和景观类似的内陆河流域蒸散发的时空变化特征可起到借鉴作用。

（3）黑河流域典型生态系统碳通量和水分利用梯度。HiWATER 构建的覆盖全流域的典型生态系统的多要素-多尺度-网络-立体-精细化的综合观测系统，便于量化黑河流域典型生态系统碳通量及水分利用效率的格局。结果发现碳通量的空间格局主要由可利用水分来控制，而对温度和降雨的敏感性相对较差。草地、胡杨林、农田玉米具有较高的水分利用效率，而极端干旱区的哈密瓜地的水分利用效率则较低。该研究将为黑河流域水资源管理和决策支持提供重要的参考。

（4）绿洲-荒漠相互作用。HiWATER 在黑河中下游荒漠绿洲区域构建的多要素-多尺度-网络-立体-精细化的综合观测系统，不仅便于直接分析绿洲、荒漠交互的影响，同时间接地有助于为计算流体力学数值模型的标定和改进，促进了绿洲内部异质性对于绿洲、荒漠交互的影响，特别是绿洲内部的小尺度的能量和水分交换、农田防护林引起的动力异质性，以及灌溉造成的热力异质性等，对于绿洲的稳定性和绿洲、荒漠的相互作用影响的研究起到关键的支撑作用。该研究将为绿洲的稳定性及可持续性提供重要的参考。

（5）近地层能量闭合。HiWATER 在黑河中下游荒漠绿洲区域构建的多要素-多尺度-网络-立体-精细化的综合观测系统，克服了传统的单点涡动相关观测的局限，便于分析大尺度湍涡对于近地层能量闭合的影响。结果发现：地表异质性诱发的大尺度湍涡是导致近地层能量不闭合的主要原因；并给出了在自由对流条件下，近地层能量不闭合与大尺度湍涡特征变量之间的定量关系，为近地层能量闭合问题的解决奠定了基础。

总体上，HiWATER 试验数据在全流域生态水文关键过程研究中，特别是在算清全流域水账，理解全流域蒸散发、生产力和水分利用系数从山区冰冻圈到绿洲荒漠再到极端干旱区的梯度，描绘绿洲-荒漠相互作用的完整图景，澄清涡动相关仪能量闭合的未解之谜方面，发挥了不可替代的作用。

参 考 文 献

蔡雯悦, 徐祥德, 孙绩华. 2012. 青藏高原东南部云状况与地表能量收支结构. 气象学报, 70(4): 837-846.

程国栋, 肖笃宁, 王根绪. 1999. 论干旱区景观生态特征与景观生态建设, 地球科学进展, 14(1): 13-17.

韩德林. 1999. 中国绿洲研究之进展, 地理科学, 19(4): 313-319.

姜金华, 胡非, 角媛梅. 2005. 黑河绿洲区不均匀下垫面大气边界层结构的大涡模拟研究. 高原气象, 24(6): 857-864.

李泉, 张宪洲, 石培礼, 等. 2008. 西藏高原高寒草甸能量平衡闭合研究. 自然资源学报(3): 391-399.

李正泉, 于贵瑞, 温学发, 等. 2004. 中国通量观测网络(ChinaFLUX)能量平衡闭合状况的评价. 中国科学(地球科学)(S2): 46-56.

牛国跃, 洪钟祥, 孙菽芬. 1997. 沙漠绿洲非均匀分布引起的中尺度通量的数值模拟. 大气科学, 21(4): 385-395.

薛具奎, 胡隐樵. 2001. 绿洲与沙漠相互作用的数值试验研究. 自然科学进展, 11(5): 68-71.

阎宇平, 王介民, 玛曼奈提, 等. 2001. 黑河实验区沙漠戈壁上空"逆湿"的数值模拟. 气象科学, 21(1): 36-43.

阎宇平, 王介民, Menenti M, 等. 2001. 黑河实验区非均匀地表能量通量的数值模拟. 高原气象, 20(2): 132-139.

张强, 李宏宇. 2010. 黄土高原地表能量不闭合度与垂直感热平流的关系. 物理学报, 59(8): 5889-5896.

左洪超, 吕世华, 胡隐樵, 等. 2004. 非均匀下垫面边界层的观测和数值模拟研究(Ⅱ): 逆湿现象的数值模拟研究. 高原气象, 23(2): 163-170.

Bou-Zeid E, Parlange M B, Meneveau C. 2007. On the parameterization of surface roughness at regional scales. Journal of the Atmospheric Sciences, 64(1): 216-227.

Cheng G, Li X, Zhao W, et al. 2014. Integrated study of the water-ecosystem-economy in the Heihe River

Basin. National Science Review, 1(3): 413-428.

Eder F, de Roo F, Kohnert K, et al. 2014. Evaluation of two energy balance closure parametrizations. Boundary-Layer Meteorol, 151: 195-219.

Emmerich W. 2003. Carbon dioxide fluxes in a semiarid environment with high carbonate soils. Agricultural and Forest Meteorology, 116: 91-102.

Foken T. 2008. The energy balance closure problem: An overview. Ecological Applications, 18(6): 1351-1367.

Foken T, Aubinet M, Finnigan J J, et al. 2011. Results of a panel discussion about the energy balance closure correction for trace gases. Bulletin of the American Meteorological Society, 92(4): Es13-Es18.

Gao Y H, Chen Y C, Lü S H. 2004. Numerical simulation of the critical scale of oasis maintenance and development in the arid regions of Northwest China. Advances in Atmospheric Sciences, 21(1): 113-124.

Gao Z, Horton R, Liu H P. 2010. Impact of wave phase difference between soil surface heat flux and soil surface temperature on soil surface energy balance closure. Journal of Geophysical Research-Atmospheres 115: D16112.

Han B, Lü S H, Ao Y H. 2010. Analysis on the interaction between turbulence and secondary circulation of the surface layer at Jinta Oasis in Summer. Advances in Atmospheric Sciences, 27(3): 605-620.

Huang H Y, Margulis S A. 2009. On the impact of surface heterogeneity on a realistic convective boundary layer. Water Resources Research, 45(4): W04425.

Huang J, Guan X, Ji F. 2012. Enhanced cold-season warming in semi-arid regions. Atmospheric Chemistry and Physics, 12(12): 5391-5398.

Huang J, Lee X, Patton E G. 2008. A modelling study of flux imbalance and the influence of entrainment in the convective boundary layer. Boundary-Layer Meteorol, 127(2): 273-292.

Inagaki A, Letzel M O, Raasch S, et al. 2006. Impact of surface heterogeneity on energy imbalance: a study using LES. Journal of the Meteorological Society of Japan, 84: 187-198.

Li X, Yang K, Zhou Y Z. 2016. Progress in the study of oasis-desert interactions. Agricultural and Forest Meteorology, 230-231: 1-7.

Li X, Cheng G, Ge Y, et al. 2018a. Hydrological cycle in the Heihe River Basin and its implication for water resource management in endorheic basins. Journal of Geophysical Research: Atmospheres, 123(2): 890-914.

Li X, Cheng G D, Liu S M, et al. 2013. Heihe watershed allied telemetry experimental research (HiWATER): Scientific objectives and experimental design. Bulletin of the American Meteorological Society, 94(8): 1145-1160.

Li X, Li X W, Li Z Y, et al. 2009. Watershed allied telemetry experimental research. Journal of Geophysical Research-Atmospheres, 114: D22103.

Li X, Liu S M, Li H X, et al. 2018b. Intercomparison of six upscaling evapotranspiration methods: from site to the satellite pixel. Journal of Geophysical Research: Atmosphere, 123: 6777-6803.

Li X, Zhang L, Zheng Y, et al. 2021. Novel hybrid coupling of ecohydrology and socioeconomy at river basin scale: A watershed system model for the Heihe River Basin. Environmental Modelling & Software, 141:105058.

Liu R, Liu S, Yang X, et al. 2018. Wind dynamics over a highly heterogeneous Oasis Area: An experimental and numerical study. Journal of Geophysical Research: Atmospheres, 123(16): 8418-8440.

Liu R, Sogachev A, Yang X, et al. 2020. Investigating microclimate effects in an oasis-desert interaction zone, Agricultural and Forest Meteorology, 290: 107992.

Liu S M, Xu Z W. 2018. Micrometeorological methods to determine evapotranspiration. In: Li X, Vereecken H. Observation and Measurement of Ecohydrological Processes. Berlin: Springer.

Liu S M, Li X, Xu Z, et al. 2018. The Heihe integrated observatory network: A basin-scale land surface processes observatory in China. Vadose Zone Journal, 17(1): 180072.

Liu S M, Xu Z W, Song L S, et al. 2016. Upscaling evapotranspiration measurements from multi-site to the satellite pixel scale over heterogeneous land surfaces. Agricultural and Forest Meteorology, 230-231: 97-113.

Mauder M, Foken T, Cuxart J. 2020. Surface-energy-balance closure over land: A review. Boundary-Layer Meteorol, 177: 395-426.

McGloin R, Šigut L, Havránková K, et al. 2018. Energy balance closure at a variety of ecosystems in Central Europe with contrasting topographies. Agricultural and Forest Meteorology, 248: 418-431.

Meng X H, Lv S H, Gao Y H, et al. 2015. Simulated effects of soil moisture on oasis self-maintenance in a surrounding desert environment in Northwest China. International Journal of Climatology, 35(14): 4116-4125.

Meng X H, Lv S H, Zhang T, et al. 2012. Impacts of inhomogeneous landscapes in oasis interior on the oasis self-maintenance mechanism by integrating numerical model with satellite data. Hydrology and Earth System Sciences, 16(10): 3729-3738.

Meng X H, Lv S H, Zhang T T, et al. 2009. Numerical simulations of the atmospheric and land conditions over the Jinta oasis in northwestern China with satellite-derived land surface parameters. Journal of Geophysical Research-Atmospheres, 114: D6.

Patton E G, Sullivan P P, Moeng C H. 2005. The influence of idealized heterogeneity on wet and dry planetary boundary layers coupled to the land surface. Journal of Atmospheric Sciences, 62(7): 2078-2097.

Reynolds J F, Stafford Smith D M, Lambin E F, et al. 2007. Global desertification: Building a science for dryland development. Science, 316(5826): 847-851.

Stoy P C, Mauder M, Foken T, et al. 2013. A data-driven analysis of energy balance closure across FLUXNET research sites: The role of landscape scale heterogeneity. Agricultural and Forest Meteorology, 171: 137-152.

Taha H, Akbari H, Rosenfeld A. 1991. Heat island and oasis effects of vegetative canopies. Theoretical and Applied Climatology, 44: 123-138.

Talbot C, Bou-Zeid E, Smith J. 2012. Nested mesoscale large-eddy simulations with WRF: performance in real test cases. Journal of Hydrometeorology, 13(5): 1421-1441.

Tian Y, Zheng Y, Han F, et al. 2018. A comprehensive graphical modeling platform designed for integrated hydrological simulation. Environmental Modelling and Software, 108: 154-173.

Unland H. 1996. Surface flux measurement and modeling at a semi-arid Sonoran Desert site. Agricultural and Forest Meteorology, 82: 119-153.

Wang H, Li X, Ma M, et al. 2019a. Improving estimation of gross primary production in dryland ecosystems by a model-data fusion approach. Remote Sensing, 11(3): 225.

Wang H, Li X, Xiao J, et al. 2019b. Carbon fluxes across alpine, oasis, and desert ecosystems in northwestern China: the importance of water availability. Science of the Total Environment, 697: 133978.

Wang H, Li X, Xiao J, et al. 2021. Evapotranspiration components and water use efficiency from desert to alpine ecosystems in drylands. Agricultural and Forest Meteorology, 298 -299: 108283.

Wang J M, Gao Y X, Hu Y Q, et al. 1993. An overview of the HEIFE experiment in the People's Republic of China exchange processes at the land surface for a range of space and time scales. Int Assoc Hydrological Sciences, Wallingford: 397-403.

Wen X H, Lv S H, Jin J M. 2012. Integrating remote sensing data with WRF for improved simulations of oasis effects on local weather processes over an arid region in Northwestern China. Journal of Hydrometeorology, 13(2): 573-587.

Wilson K, Goldstein A, Falge E, et al. 2002. Energy balance closure at FLUXNET sites. Agricultural and Forest Meteorology, 113(1-4): 223-243.

Xu T R, Guo Z X, Liu S M, et al. 2018. Evaluating different machine learning methods for upscaling evapotranspiration from flux towers to the regional scale. Journal of Geophysical Research: Atmospheres, 123: 8674-8690.

Xu Z W, Liu S M, Li X, et al. 2013. Intercomparison of surface energy flux measurement systems used during the HiWATER-MUSOEXE. Journal of Geophysical Research-Atmospheres, 118: 13140-13157.

Xu Z W, Liu S M, Zhu Z L, et al. 2020. Exploring evapotranspiration changes in a typical endorheic basin through the integrated observatory network. Agricultural and Forest Meteorology, 290: 108010.

Xu Z W, Ma Y F, Liu S M, et al. 2017. Assessment of the energy balance closure under advective conditions and its impact using remote sensing data. Journal of Applied Meteorology and Climatology, 56(1): 127-140.

Xu Z W, Zhu Z L, Liu S M, et al. 2021. Evapotranspiration partitioning for multiple ecosystems within a dryland watershed: seasonal variations and controlling factors. Journal of Hydrology, 598: 126483.

Yang D, Gao B, Jiao Y, et al. 2015. A distributed scheme developed for eco-hydrological modeling in the upper Heihe River. Science China Earth Sciences, 58(1): 36-45.

Zhang Q, Huang R H. 2004. Water vapor exchange between soil and atmosphere over a Gobi surface near an oasis in the summer. Journal of Applied Meteorology, 43(12): 1917-1928.

Zhou S, Yu B F, Huang Y F, et al. 2014. The effect of vapor pressure deficit on water use efficiency at the subdaily time scale. Geophysical Research Letters, 41: 5005-5013.

Zhou S, Yu B F, Zhang Y, et al. 2016. Partitioning evapotranspiration based on the concept of underlying water use efficiency. Water Resources Research, 52, 1160-1175.

Zhou Y, Li D, Li X. 2019. The effects of surface heterogeneity scale on the flux imbalance under free convection. Journal of Geophysical Research: Atmospheres, 124(15): 8424-8448.

Zhou Y, Li D, Liu H, et al. 2018. Diurnal variations of the flux imbalance over homogeneous and heterogeneous landscapes. Boundary-Layer Meteorology, 168(3): 417-442.

Zhou Y, Li X. 2019. Energy balance closures in diverse ecosystems of an endorheic river basin. Agricultural and Forest Meteorology, 274: 118-131.

第 12 章 信 息 系 统

郭建文 吴阿丹 刘 丰 尚庆生 常海龙

12.1 引 言

12.1.1 自动观测网络和智能化自动观测系统

野外观测一直是表层地球系统研究的重要基础，随着当今电子技术的发展，观测技术也在不断进步，野外观测手段已经从早期的人工观测方式，逐渐发展为目前普遍采用的借助于自动观测设备（以传感器和自动数据采集仪为核心）完成的自动观测方式。特别是近年来，随着信息技术、通信技术以及科学集成方法等在对地观测过程中的广泛应用，以无线传感器网络技术为代表的一大批自动观测手段已经成为表层地球系统研究中主要的观测数据来源（宫鹏，2010）。无线传感器网络通常包括传感器节点、汇聚节点和管理节点，其可通过灵活的自组网方式在观测区域内把大量的传感器节点用无线通道连接在一起，组织成一个自动观测网络，实现自动化的观测流程和观测数据的远程实时传输。

无线传感器网络技术因其灵活性而在野外观测中得到了越来越多的重视和应用（宫鹏，2010，2007）。在 2012 年开始的黑河流域生态-水文过程综合遥感观测联合试验（李新，2012）中，WSN 技术也得到了大量的应用，仅在前期的黑河中游试验地面观测中，就布设了各类 WSN 生态-水文观测节点 179 个、WSN 自动气象站 18 个，后期又在上游八宝河流域布设了 40 个 WSN 自动观测节点（晋锐，2012）、下游额济纳旗试验区布设了 20 多个 WSN 自动观测节点。

WSN 可以看作物联网的一个子集，其偏重解决传感器节点间的互联与数据传输问题，所以 WSN 不具备对观测数据的智能处理能力，通过引入与物联网相关的某些技术，比如边缘计算、云计算、大数据分析等，可以使基于 WSN 的自动观测网络升级为基于物联网的智能化自动观测系统（Li et al., 2019）。

12.1.2 观测数据自动综汇系统

WSN 节点间的自组网能力及远程数据传输能力解决了野外观测数据获取瓶颈的问题，使得可观测的区域面积、观测项目数量可以极大地增加，但是，一方面目前提供的 WSN 观测设备还没有统一的标准来规范其数据组织方式、数据传输方式、数据接口方式及一致的数据汇集管理模式，各设备厂商或有些研究机构的设备研发小组，都各自对自己的观测设备提供了集中的数据汇集与管理支持。这种情形下，得到的观测数据仍然是以离散的方式存在的，这对数据的管理、查询和共享都不利，并且当一个观测系统中单来源的 WSN 设备无法满足观测需求时，只能使用异源的观测设备来组建观测网，那么当观测数据离开 WSN 观测节点之后，异源数据的汇集、集中存储和应用发布就更是一个难题。另一方面，WSN 观测数据受传感器、数据采集仪、无线通道、网络状况等众多因素的影响，得到的观测数据中将包含各种类型的误差，当观测节点数量达到一定规模时，依靠观测人员手工对数量巨大的观测数据进行数据质量控制也是一项难度极大的工作。

例如，在黑河流域的生态水文观测中，此前黑河流域大多数自动观测仪器都是将观测数据首先临时存储在本地存储卡中，然后不定时地通过人工手段将存储卡中的数据转移到计算机中；近年新增加的基于 WSN 技术的观测节点虽然可以将野外观测仪器上的数据实时地传输到远程的主机上去，但这些节点在观测上也基本都是各自独立运行的，数据分散保存，不同观测仪器获取的数据，在获取后也没有统一的观测规范和数据处理规范，这些都非常不利于对观测数据的管理、使用和共享。

针对以上分析得出的 WSN 应用中的问题，极有必要开展对异源野外观测数据进行自动汇总、自动数据质量控制、自动集中入库存储的观测数据自动管理体系，也就是观测数据自动综汇系统（郭建文，2013）的应用研究。黑河流域观测数据自动综汇系统是服务于国家自然科学基金委员会 "黑河流域生态-水文过程集成研究" 重大研究计划中建立的野外观测网的数据自动采汇系统，主要面对流域内的自动水文气象观测，提供对野外观测数据的全自动采集、质量控制和规范化处理，以及可视化的远程在线数据管理与服务功能。

12.2　观测数据自动综汇系统

观测数据自动综汇系统的设计重点是考虑在自动获取野外观测数据后，如何在数据自动检查与预处理的基础上实现数据的自动入库，将数据及时传输到集中的数据库中，再通过数据在线发布系统将数据分发给研究者的方法。

系统逻辑体系中主要包括以下几个部分：数据自动接收模块、数据自动预处理模块、数据自动入库模块、WSN 观测数据库和数据可视化在线管理应用平台（图 12-1）。

WSN 观测节点有自组网功能，其中有些节点只承担观测任务，还有一些节点还要兼任数据汇集与传输中继的作用，当负责汇集的节点具有 GPRS 通讯或者互联网通信条件时，汇集到此节点的数据将被自动发送到指定的服务器地址，服务器上部署的自动接收模块会从该网络地址上获取到远程传来的观测数据。

综汇系统能将观测数据及时自动上传到集中部署的 "数字黑河" 中心数据库，整个数据获取与入库过程完全自动化进行，无须人工值守干预；入库后的观测数据再通过在线可视化数据管理与共享系统将数据分发给研究者（逻辑体系如图 12-1 所示）。

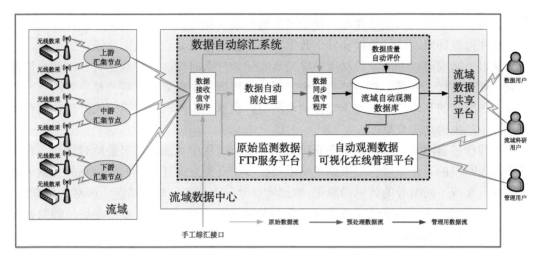

图 12-1 黑河野外观测数据自动综汇系统逻辑体系示意图

12.2.1 观测数据库

以往观测数据都以数据文件（txt、excel 等）的方式分散保存与管理，数据查询、共享效率很低，通过对野外观测数据的分析研究，发现自动观测数据基本上都是结构化很强的数值数据，而数据库技术在管理强结构化数据方面性能非常突出，所以根据数据分析结果建立了基于关系的自动观测数据库，可以方便地实现通过空间、时间、变量等条件进行精确查询与共享的功能。

1. 面向对象的数据库结构

数据库是综汇系统的核心与基础。通过把大量的非规范观测数据按照一定的模型组织起来，提供数据的存储、维护与检索等功能，使各个功能模块能方便、及时和准确地从数据库中获取所需数据。综汇系统中数据汇集、质量控制、可视化应用都与数据库的构建密切相关。因此，必须对数据库进行合理的规划与设计。

面向对象的数据库设计方法要求对数据和功能同时进行分析，既要了解数据，也要了解系统对数据的操作。

无线传感器网络中选定了若干观测场地，称为观测站。每个观测站布设了若干组仪器，每组仪器集中安装在一个塔架上或者分层埋在同一位置的土壤中，称为观测点。每个观测点有 1 台或多台数采仪，若干传感器连接到一台数采仪进行数据的采集与发送。每台传感器根据设计目标，观测一组变量。因此，在设计时将观测网络中的数据按照观测站、观测点、数采仪、传感器、观测变量 5 个层次进行描述。观测网络包含多个观测站，每个观测站可以包含多个观测点，每个观测点可以安装多台数采仪，每个数采仪可以连接多个传感器，每个传感器可以获取多个变量的观测值。数据可视化模块可以对特定观测点的某一个或多个观测变量在指定时间段的数据进行可视化。数据下载模块可以按位置、按时间、按观测变量类型等条件检索并下载数据。巡检报告生成模块按天生成各个观测变量随时间的变化曲线，便于发现数据缺失和数据异常。数据质量评价模块可以根据评价规则发现缺失数据和异常数据，对数据进行后处理并给出质量评价结论。

从以上需求可以看出，数据库中需要真实记录什么时间、在什么位置、由什么仪器观测、观测到什么变量、观测值是多少。因此，数据库中既要存储观测站、观测点、数采仪、传感器的基本信息，也需要存储观测值。也就是组网时已经确定的静态数据和观测过程中产生的动态数据。

无线传感器网络本身也是动态变化的。在实验过程中观测点不可能同时建设，它是逐步加入网络的。传感器也是根据观测需要在多个观测点间迁移。同一种观测变量可能用不同厂家或不同型号的传感器测量。数据库必须在不修改结构的情况下应对这些变化。

以上述需求分析为基础完成面向对象的观测数据库类图设计，以指导后续的数据库物理结构设计和实现。

2. 数据库的物理结构

数据库的物理设计阶段的工作是把类模型映射为表-关系模型，映射过程包括类的映射和类间关系的映射（车皓阳，2007）。

首先，要选择一套特定的 DBMS 产品。因为核心功能已经被 SQL 标准确定下来了，一般 RDBMS 的基本功能都相似，可以对综合考虑市场份额、第三方支持、性能、部署成本等因素进行选择。为了保持与"数字黑河"工作的兼容性，观测数据库选择了与"数字黑河"数据库相同的 PostgreSQL 对象-关系数据库管理系统。

图 12-2 中给出了主要的表及其关系，以及各表的主键和部分重要字段的定义。tbl_station_info 是观测站信息表；tbl_site_info 是观测点信息表；tbl_data_logger 是数采仪信息表；tbl_sensor_info 是传感器信息表，存放传感器分类信息；tbl_sensor 是传感器表，存放的是具体的某一传感器的分类、使用情况等信息；tbl_variable_info 是观测变量信息表，存放观测变量类型（风速、温度、气压、湿度等）、单位信息；tbl_value 是观测值表，

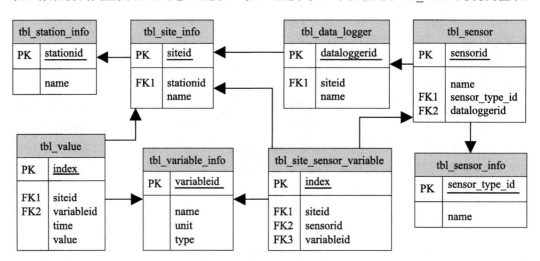

图 12-2 数据库表之间的关系

存放观测时间、观测值；tbl_site_sensor_variable 是单个传感器与观测变量关系表，记录某一个具体的传感器能观测哪些具体的变量。人员表 tbl_person 和制造商表 tbl_manufacturer 在图中没有给出，它们作为字典表与存放人员和制造商信息的其他表关联。除了 tbl_value 表，其他表中的信息都是静态配置信息，在 WSN 观测网络建设过程中进行维护，WSN 观测网络建好后当作字典表使用。tbl_value 表记录观测值，是数据库中最重要也是使用最频繁的表。目前系统中涉及的观测变量有 100 多种，还可能增加。把所有观测值用一张表存储，是考虑了可扩展、查询的简洁性和数据冗余等因素确定的。

　　黑河流域生态水文自动观测数据库（尚庆生，2013）以面向对象的设计方法，从需求分析入手，通过识别类和类间的关系，把类和类间的关系映射为表和表间的关系。设计过程自然流畅，能较好发挥面向对象分析技术用于数据库设计的优势。

　　3. 观测数据库的优化与升级

　　随着自动观测数据入库数据量的快速增长，单节点的数据库方案无法适应对数据查询性能的需求，从而影响数据服务的能力与效率。通过引入分布式存储技术，在原本 PostgreSQL 数据库的基础上，建立 Greenplum 分布式观测数据库（图 12-3），可以有效解决数据访问的性能瓶颈问题。

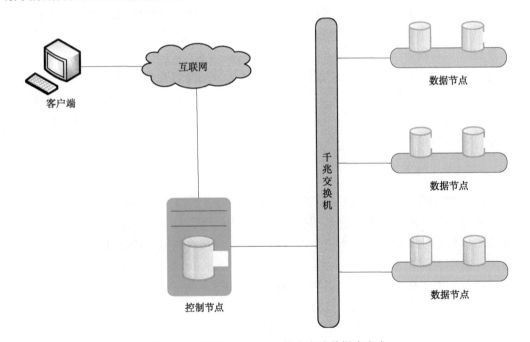

图 12-3　基于 Greenplum 的分布式数据库方案

　　采用分布式存储方案后，不但可以大幅度提升数据库的服务性能，还可以使系统具备良好的扩展能力，后续能够只通过增加数据存储节点数量的方式，就可以进一步提高数据访问的效率。表 12-1 是数据库方案升级前后，用部分观测节点的观测数据进行的数据查询性能测试对比情况。

表 12-1 不同数据库方案数据查询性能测试情况

数据库类型	一年的数据 （524 万条）	一月的数据 （43 万条）	一天的数据 （1.4 万条）
PostgreSQL 单机数据库（单节点）	471 秒	439 秒	433 秒
Greenplum 分布式数据库（30 个节点）	2.147 秒	0.242 秒	0.095 秒

12.2.2 观测数据自动采汇与入库

黑河流域布设的地面自动观测节点中，按 WSN 设备生产渠道来分，包括了多种不同的来源。由于 WSN 应用领域目前缺乏统一技术标准的约束，这些异源 WSN 观测设备在数据的存储方式、格式、无线传输协议、服务器端管理方式等方面都各不一样，这给数据服务流程后端的数据自动入库造成严重的不利影响；同时，随着今后黑河流域相关研究工作的不断进展，地面观测体系中必将会有新的异源 WSN 观测设备加入，现在要设计实现的数据自动管理及服务体系应该考虑到对这种扩展的支持，因此，为了实现对流域野外自动观测数据的准实时全自动入库，提高数据的时效性，研究建立了可靠高效的远程数据自动传输与入库体系。

不同厂家、类型的自动数据采集设备获取的数据，通过 WSN 网络远程传输到"数字黑河"的中心数据服务器后，先由自动综汇模块对传入的数据进行格式归一化处理，然后再自动存入数据库中。

观测系统中的数据分布可分为三级逻辑层次，分别是自动数采仪、位于野外的计算机（主汇集点）和"数字黑河"的中心数据服务器。为了保证数据的安全性，通过无线网络传输到流域观测台站主汇集节点的自动观测数据，会在本地和远程服务器上保留原始数据以备以后查阅。

1. 观测应用特点及需求

应用于黑河流域的异源 WSN 观测仪器都具有如下一些显著特征。

空间分布广：所有的观测仪器都在观测区域内呈离散分布，这从客观上增加了对系统接收过程稳定性的要求。若不能全天候稳定持续地接收数据，势必加重仪器维护人员的负担，影响观测的进展。

硬件种类的多样：基于不同观测目的的观测仪器有各自特定的运作模式，只有遵循各类仪器的运作模式，才能保证观测仪器的正常运转。

数据接收方式的差异：不同的观测仪器有不同的数据接收方式，有的附有厂家提供的接收软件，有的须对计算机进行特殊配置；甚至，同一厂家的观测仪器也会存在不同的接收方式。

数据格式不统一：WSN 观测仪器都内置有数据采集程序，实现对观测数据的采集、存储和输出，异源的 WSN 观测仪器在数据的格式和传输协议上不统一；甚至在观测仪器与接收方式都相同的情况下，由于内置采集程序版本不相同，接收到的数据格式也可能存在不一致的情况。仅在 HiWATER 的密集观测期投入运行的 6 大类观测仪器中，就存在有 20 多种不同的接收方式。

根据黑河流域异源观测仪器的特点，数据自动接收与入库系统设计时必须考虑以下应用需求。

实时性：所有观测仪器都需要经过一段时间的安装、调试，这一过程中系统研发人员需要实时获取观测到的数据，并根据数据判断仪器及接收过程工作是否正常；正式观测开始后，观测人员也需随时查看数据状态以判断仪器的工作状态，这些都要求能做到对数据的实时接收、实时存储和实时备份。

稳定性：为了保证观测数据的连续性，野外观测仪器是全天候 24 小时工作的，而仪器内部暂存存储器容量有限，一旦综汇系统的接收过程长时间中断，就会出现数据缺失，这就要求软件系统有足够的健壮性、稳定性。

安全性：数据的安全性主要存在于两个阶段，一个是传输阶段，另一个是存储阶段。观测仪器采集到数据后，由无线模块发送，经由互联网到达远端的接收服务器，整个传输过程遵循 TCP/IP 协议，这给数据安全带来了一些隐患，如曾经出现过网络上某一 IP 地址，持续大量地向数据传输使用的网络端口发送垃圾数据的情况。这要求软件系统能够实现甄别有效网络地址，剔除垃圾数据，禁止客户端恶意连接等功能。当数据到达接收端，系统应有合理的机制应对入库过程中的异常来保证数据的安全性。

容错性：野外观测仪器一般采用太阳能电池作为电力供应，为了节省电力消耗，会自动周期性定时唤醒，再向服务器发送观测数据。若观测仪器因故重启，或者更改仪器时间后，极有可能重复发送已经发送过的数据。系统应有甄别机制剔除掉重复数据。

2. 归一化接口

归一化的目的，是把观测数据由于异源设备造成的多样性，统一到规范化的单一格式数据。归一化接口（郭建文，2013）一方面增强了自动接收系统对异源 WSN 观测设备的兼容性，另一方面大大简化了系统后端的自动入库逻辑。具体实现的方法从三个方面来实现。

降低数据粒度：在关系型观测数据库的设计中，将观测数据的数据粒度定义到最小，比如在以往保存观测数据的数据表格中，一条数据记录记载了一个时刻一台数采仪上的所有观测量，由于不同的数采仪上的观测变量各不相同，所以相应的数据表字段也不相同，这给数据接收和入库带来很多麻烦，而在归一化的设计中，数据粒度被定义到一个具体的观测变量，这样，数据库中的每一条记录中只记载一个观测变量及其相关的位置、时间、仪器等有限的、固定不变的几项信息；通过这样的方法，原来的一条数据记录可能被分成了几条、甚至几十条数据记录，但显而易见的好处是，每一条数据记录的组织格式是一样的。

接收与处理：接收模块的主要工作就是把从远端的自动数采仪上取回的观测数据，按归一化接口要求的数据粒度，将数据分割成符合数据组织格式规范的数据。

调用入库进程：分割成合适粒度的观测数据虽然组织格式一致了，但可能仍然在内容格式上存在差异，这种差异如果在接收模块内来处理，对以后运行维护中的管理和配置会带来较多不便，而通过管理维护数据库内的关系映射表来处理这种差异则容易得多；因而，接收模块仅处理数据组织格式的问题，然后通过调用入库进程将内容格式的处理问题交给后面的自动入库模块来处理。

异源 WSN 观测仪器的归一化接口，保证了数据接收方式的一致性，能够满足黑河野外观测对于数据实时性、容错性，以及存储安全性方面的需求，在特殊处理模块中还可以针对特定的传输方式做一些保护性操作。此外，各个模块作为进程独立工作，在稳定性方面也更为健壮。

3. 自动接收系统

在深入了解所有观测仪器工作原理、工作方式的基础上，针对异源 WSN 观测仪器的复杂性，设计了一套基于文件系统，利用进程间通信机制实现数据自动接收、分割处理、缓存等功能的数据自动接收体系，如图 12-4 所示。该体系包括前端的监控模块与后端的处理模块。

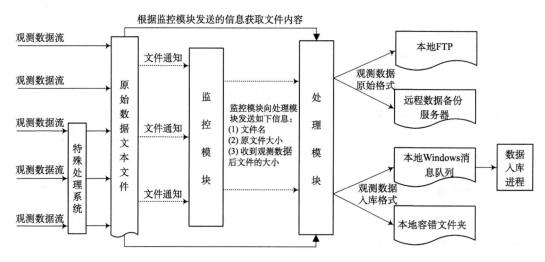

图 12-4　归一化自动接收系统

4. 自动入库系统

自动入库系统（郭建文，2013）的作用，一是为各种数据接收程序提供统一的数据库访问接口；二是统一数据内容的组织格式。

数据入库可以有同步方式和异步方式两种。同步方式下接收程序收到数据立刻调用入库程序，完成观测数据入库。异步方式下接收程序接收数据和入库程序完成数据入库各自独立运行，不需要同时进行。这两种方式的实现机制不同，同步方式下没有独立的入库程序运行，把入库业务逻辑封装为动态库，对外提供接口，由数据接收程序直接调用，实时完成数据入库。这种方式的优点是数据入库及时，数据接收和入库融为一体，不需要部署单独的入库程序。缺点是一旦由于网络中断等原因造成数据入库失败，会影响后续数据的正常接收。

异步方式下采用了消息队列。"消息"是在两台计算机间传送的数据单位，消息被发送到队列中，"消息队列"是在消息的传输过程中保存消息的容器。队列的主要目的是提供路由并保证消息的传递；如果发送消息时接收者不可用，消息队列会保留消息，直到可以成功地传递它。数据接收程序把接收到的数据按约定的标准格式写到消息队列中。入库程序独立运行，它按固定的周期检查消息队列并读取其中消息，解析消息中的数据，然后写入数据库中。这种方式的优点是数据接收和数据入库不必同时进行，即使入库程序中断，仅仅使消息在队列中堆积，不会影响后续数据接收。缺点是数据入库有可能会有一定延时。

观测变量数据表中有观测点编号、观测变量编号、观测时间、观测值这几个必填字段。数据入库前需要把观测点名称和观测变量名称转换为编号，观测点的转换直接用名称反查编号即可，但是观测变量名称在不同厂家的数据接收程序中不统一，可能与数据字典中的标准名称不一致。因此，制作了名称映射文件，将非标准名称映射为标准名称，再用标准名称反查变量编号。

12.3 生态水文观测物联网

12.3.1 观测设备状态远程监测与控制

通过设备硬件编程接口的支持，观测物联网可以实现对观测设备状态的远程监测与控制[图 12-5（a）]。状态监测包括对设备周边状况的摄像头视频监测[图 12-5（b）]，以及对仪器工作状态的远程监测[图 12-5（c）]；状态控制是从远程对硬件支持的一些仪器工作参数进行调整，比如可以远程同步各个观测节点数据采集器的系统时钟或数据采样频率[图 12-5（d）]。

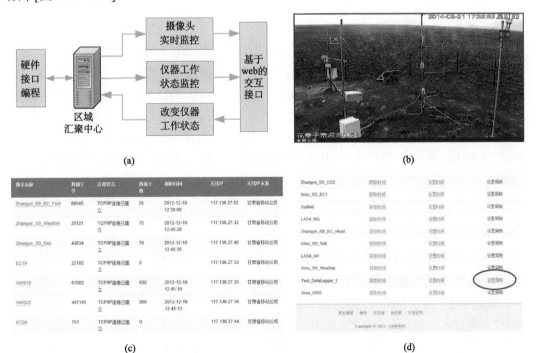

图 12-5 观测设备状态远程监测与控制

（a）逻辑示意图；（b）摄像头实时监控；（c）设备状态远程监测；（d）设备状态远程控制

12.3.2 数据质量自动控制

地理观测数据的采集过程中往往会包含一些不确定性的因素，影响了数据的质量。黑河 WSN 观测数据（以下简称 WSN 数据）受各种误差和无线传感器网络传输特征的影响，如传感器准确度存在偏差、有效传输能力有限、能源供给不足以及网络延迟等因素，存在完整性差、数据冗余、异常等诸多质量问题（Famili A, 1997; 费业泰, 2000; 朱文平, 2011）。完全靠传统的人工方法来对不间断持续入库的原始数据进行质量控制显然无法满足要求，因此，需要建立对海量观测数据自动地进行实时高效且合理的质量控制的体系。

由于现有的地理数据质量模型难以合理解决多源观测数据的自动质量控制问题，在对多源观测数据的质量元素进行了内容规范与分类后，给出了相应的质量判定方法，这些方法经过合理的程序实现，能够在一定程度上有效解决海量的多源数据的自动质量控制问题。

观测数据质量的自动控制主要包括两个方面的内容：自动质量评价和自动预处理。为了实现观测数据采集、处理与入库过程的全自动流程，自动质量评价和自动预处理的方法与原则必然有别于常规的质量评价与数据预处理方法与原则，需要通过可直接评价的质量因子和非人工干预的处理流程来实现。

通过研究总结多类数据质量控制模型和算法（刘丰, 2013），甄选出适合 WSN 数据的方法，并将之纳入一套兼具灵活性和独立性的 WSN 数据质量自动控制规则，然后以此为基础设计开发基于规则的 WSN 观测数据质量自动控制模块。

1. 数据质量自动控制规则

包括数据转换和质量评价在内的模型与算法是实现 WSN 数据质量自动控制的基本要素。数据转换模型是数据挖掘领域的重要内容，其领域涵盖数据清理、数据集成、数据变换、数据归约和概念分层等（朱文平, 2011; 张超, 2011; 杨春梅, 2006; 费业泰, 2000），研究相对比较成熟。而地理数据质量评价模型的研究在近年来发展十分迅速，并在其概念模型（Braya, 2009a, 2009b; 杜道生, 2000）、宏观模型（曾衍伟, 2004; 刘春, 2003; 金菊良, 2004; 李庆旭, 2007）和微观分析（Shi, 2010）等多个领域得到了充分应用。

然而现有的数据转换、质量评价模型及其衍生的各种处理算法，都是针对数据的部分特征所设计，或是对质量评价模型结果的定量加权统计。对于地理数据尤其是 WSN 数据而言，由于采集代价高、数据类别繁多、受系统误差影响大等各种原因，这些方法并不能完全胜任预处理工作。因此，有必要在归纳和改进上述模型的基础上，发展一套适合 WSN 数据的数据质量自动控制方法流程。

该工作的难点在于如何定义一种具有兼容多种质量控制算法并督促算法协同运作的机制，也即集成各种独立的质量控制算法，使其在一定的流程中共同协作完成对某类观测数据的质量控制。此外，还要求 WSN 数据的数据质量自动控制流程必须具备如下属性：

（1）算法相对流程具有独立性，其增加、删除、修改等变更操作不影响方法流程的稳定性；

（2）算法之间互不冲突，当流程串行实施时，任意更改算法的次序并不影响流程的结果。（部分改变数值的转换算法除外。）

将具备如上属性的数据质量自动控制方法流程定义为数据质量控制规则（以下简称规则）。其中属性 1 说明规则和算法间的关系：规则需要对算法的变更具有强适应性；属性 2 定义算法间的关系：无因果、依赖关系，完全独立。图 12-6 表明了 WSN 数据、模型、算法和规则的关系，结合该图可以看出，算法是规则运行的基本元素，数据质量控制预处理结果通过算法实现；规则是多种算法的载体，此外还包括算法的运行秩序和参数等附属信息；每种类型的数据都有一一对应的规则，而算法对多种规则是共享的。理论上凡是符合第 1、2 属性的算法皆可参与规则流程的运行；为避免转换后的数据会影响质量评价的结果，一般要求自动转换类算法在质量评价类算法之前执行。

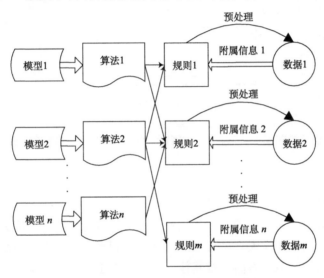

图 12-6 数据、模型、算法和规则的关系

相对于单一的数据质量控制模型和算法，规则具有综合性的功能优势，它可以有机整合多种处理算法（贾远信，2015），其运行结果是所有预置算法的总和；规则的另一个优势在于灵活性，即针对数据类型，允许规则对算法无条件地舍取和组合。当然这些优势必然会对规则的系统实现提出挑战。

2. 自动预处理系统及其实现

WSN 观测数据质量自动控制系统（以下简称质量控制系统）（Guo，2014）的核心功能基于规则实现，用于完成数据的自动转换和质量评价功能，此外系统还包括仪器异常通知和数据残缺检查等附加功能。质量控制系统通过 Microsoft Visual Studio 平台开发完成，由 PostgreSQL 提供数据存储支持，利用 Npgsql 程序集封装数据访问层以实现数据的存取，具体功能结构如图 12-7 所示。其中，原始观测数据、规则数据和静态信息数据构成质量控制系统执行前的准备数据集。在质量控制系统执行前，静态数据集必须完整无误，也即 WSN 数据通过预先设定的观测数据变量对应关系进入原始观测数据库，所有规则所对应的算法代码和参数信息人工配置完成，包括数据变量信息、仪器及相关责任人信息在内的静态信息数据输入完备等。

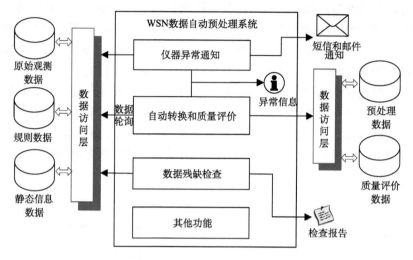

图 12-7　质量控制系统结构图

质量控制系统采用服务器后台实时运行的形式，除规则配置阶段需要人工参与之外，整个过程完全自动运行。

12.3.3　观测数据在线计算与在线分析

对于某些高频复杂观测要素的观测数据，比如通量观测数据，因为观测内容很复杂且其原始格式的数据量非常大，这带来两方面的不利影响，一方面观测数据很难通过无线通道及时收集入库，另一方面通过其他方式（如人工方式）收集回来的原始格式数据需要经过复杂的数据处理流程才能提供给用户使用，这都严重影响了此类观测数据的服务效率。黑河生态水文观测物联网通过对黑河流域观测设备软硬件的升级改造，发展了通量观测数据的在线计算能力，在线计算属于边缘计算的应用范畴，需要硬件系统的支持，主要涉及黑河流域地表过程综合观测网各个观测站点的数据采集器，因此对相关的硬件系统都进行了升级，并利用其内置的本地计算能力，将数据处理算法嵌入硬件的内置程序中，实现了高性能高质量的观测数据在线计算（图 12-8）。

借助物联网的云端计算能力，集成专业分析模型，能实现强大而方便快捷的观测数据在线分析功能（图 12-9）。例如，可以实现观测数据的趋势拟合分析功能，基于该功能，数据管理者及用户能够实时、直观地拟合出观测数据的变化趋势（图 12-10）；或者将离散观测点的实时观测数据与空间插值分析模型集成，实现土壤水分分布状况的在线实时插值分析功能（图 12-11）。

12.3.4　观测数据在线可视化管理

数据可视化管理子平台（吴阿丹，2013）会根据不同的节点，对不同的用户依据其权限向其提供不同的数据管理与服务功能。实现了支持远程在线对自动观测数据进行多

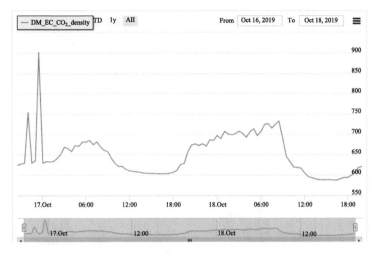

图 12-8　通量观测数据在线计算结果

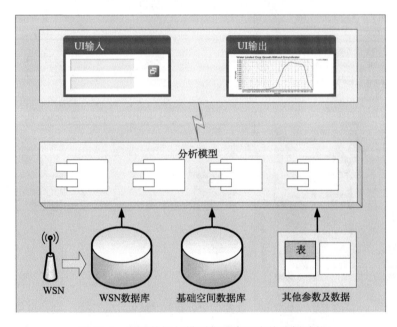

图 12-9　观测数据与模型集成实现在线分析功能

种形式可视化管理的数据应用子平台。相关的观测人员、数据管理人员、台站值守人员，以及从事相关研究的数据用户，可以通过直观的可视化数据管理手段对自动综汇入库的观测数据进行远程管理，并可对观测数据进行二维、三维或多维的实时可视化浏览。

　　系统体系结构如图 12-12 所示，采用 B/S 架构，由客户机端和服务器端两部分组成。客户机端是管理者和使用者对系统的操作，包括：利用 Web 浏览器进行的数据可视化、数据录入、管理、设备状态监控、与子系统集成。服务器端响应客户机端的请求，为客户端提供相应服务。在功能组成上包括数据库服务器、应用服务器和网站服务器。数据

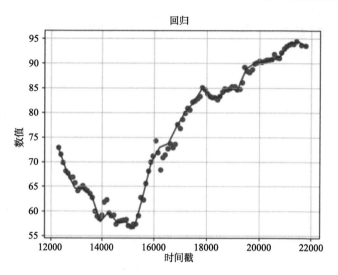

图 12-10 观测数据趋势拟合

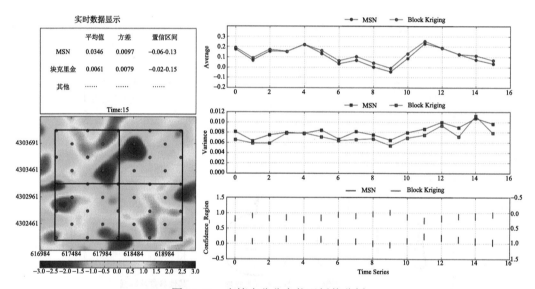

图 12-11 土壤水分分布状况插值分析

库服务器提供数据的存储、查询和管理；应用服务器部署与本系统集成的四个子系统及数据自动入库程序；网站服务器提供 Web 服务，处理网页请求信息。

将数据在线可视化技术应用于科学数据共享平台中，使抽象的数据转化为易于辨识的图像，从而为用户提供更加直观的数据可视化服务，是科技进步的必然要求，也是应对数据共享平台"数据丰富，信息贫乏"的有效手段（刘鹏，2011；张文，2002）。

系统根据科研人员的需求对观测数据进行了可视化，可视化工具使用了多种开源工具，运行速度快，具有很好的兼容性，可以实现自适应尺寸，能够完美支持当前大多数浏览器，如图 12-13 所示。

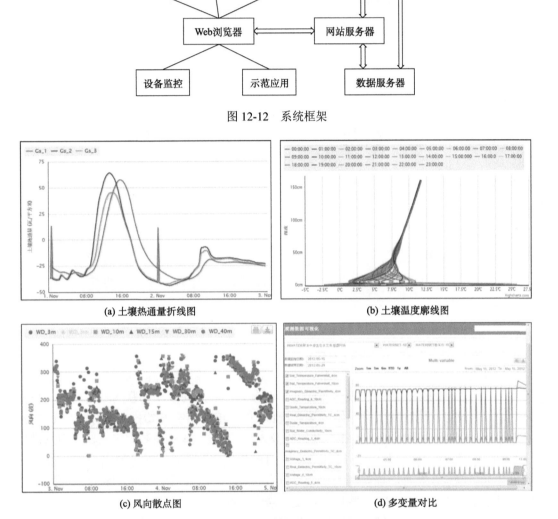

图 12-12 系统框架

(a) 土壤热通量折线图

(b) 土壤温度廊线图

(c) 风向散点图

(d) 多变量对比

图 12-13 部分变量的可视化图形

　　黑河流域生态水文观测数据自动综汇系统的可视化在线应用平台采用了 B/S 应用架构，这种应用架构统一了客户端，把系统的核心处理业务都放在服务端完成，用户只需要在自己的计算机上安装一个浏览器，就可以通过互联网与服务器端上的处理程序和数据库进行数据交互，如图 12-14 所示。

　　通过综汇系统的可视化在线应用平台，用户可以很方便地在线浏览实时观测数据、进行多变量趋势对比，也可以根据用户自己的需求灵活下载所需要的观测数据（吴阿丹，2015），该平台还可以集成专业分析模型，实现更强大的在线数据分析功能。

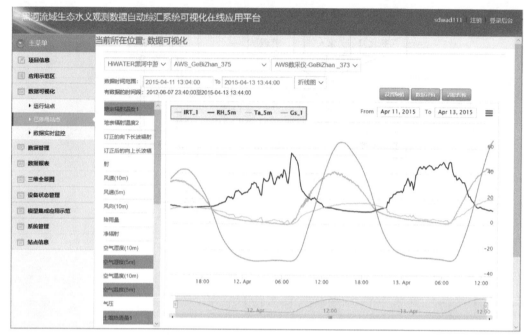

图 12-14　黑河流域生态水文观测数据自动综汇系统在线应用平台主界面

12.4　小　　结

黑河流域生态水文观测物联网系统是在充分分析了流域野外自动观测中的数据问题及相关应用需求的基础之上，设计实现的高度自动化的面向观测物联网数据的自动数据采汇、管理及可视化在线服务系统，该系统自 2012 年 5 月初开始投入运行，截至 2020 年 6 月底，8 年多时间里已经累计自动接收及入库了超过 14 亿条数据记录，平均每月超过 1400 万条数据记录，其中 2012 年 5～10 月的集中密集观测期内平均每月接收数据条数超过 4000 万条，8 月加强观测期一个月就有 3.4 亿条数据记录自动入库。这种高强度、长时间、连续的异源 WSN 观测过程，是无法靠传统的数据采集、入库与管理方式实现的，物联网技术在黑河流域的观测信息化进程中发挥了重要的作用。

参 考 文 献

车皓阳, 杨眉. 2007. UML 面向对象建模与设计. 北京: 人民邮电出版社.

杜道生, 王占宏, 马聪丽. 2000. 空间数据质量模型研究. 中国图象图形学报, 5(7): 559-562.

费业泰. 2000. 误差理论与数据处理. 北京: 机械工业出版社.

宫鹏. 2007. 环境监测中无线传感器网络地面遥感新技术. 遥感学报, 11(4): 545-551.

宫鹏. 2010. 无线传感器网络技术环境应用进展. 遥感学报, 14(2): 387-395.

郭建文, 常海龙, 尚庆生. 2013. 异源 WSN 观测仪器归一化数据接口及自动入库系统的设计与实现. 遥感技术与应用, 28(3): 405-410.

郭建文, 尚庆生, 常海龙, 等. 2013. 野外观测数据自动综汇系统方案设计. 遥感技术与应用, 28(3):

399-404.

贾远信, 郭建文, 刘丰. 2015. 基于时间序列相似性的自动观测数据时空异常探测方法研究. 遥感技术 与应用, 30(4): 700-705.

金菊良, 魏一鸣, 丁晶. 2004. 基于改进层次分析法的模糊综合评价模型. 水利学报, 3: 65-70.

晋锐, 李新, 阎保平, 等. 2012. 黑河流域生态水文传感器网络设计. 地球科学进展, 27(9): 993-1005.

李庆旭, 刘光琇, 邵麟惠. 2007. 层析分析法在高速公路生态环境影响评价中的应用. 冰川冻土, 29(4): 653-658.

李新, 刘绍民, 马明国, 等. 2012. 黑河流域生态-水文过程综合遥感观测联合试验总体设计. 地球科学 进展, 27(5): 481-498.

刘春, 史文中, 刘大杰. 2003. GIS 属性数据精度的缺陷率度量统计模型. 测绘学报, 32(1): 36-41.

刘丰, 郭建文. 2013. 面向黑河无线传感器网络观测数据的质量控制方法研究. 遥感技术与应用, 28(2): 252-257.

刘鹏, 郭建文, 付卫平, 等. 2011. 基于 Web 的科学数据可视化在数据共享中的应用. 遥感技术与应用, 26(6): 11-14.

尚庆生, 郭建文, 李建轩. 2013. 黑河流域生态水文观测数据库设计与优化. 遥感技术与应用, 28(3): 411-415.

吴阿丹, 郭建文, 李建轩, 等. 2013. 基于 Web 的黑河流域生态水文 WSN 自动观测数据可视化系统应用 研究. 遥感技术与应用, 28(3): 416-422.

吴阿丹, 郭建文, 王亮绪. 2015. 黑河流域自动观测数据下载系统的改进与应用. 遥感技术与应用, 30(5): 1027-1032.

杨春梅, 万柏坤, 高晓峰. 2006. 基因聚类分析中数据预处理方式和相似度的选择. 自然科学进展, 16(3): 293-299.

曾衍伟, 龚健雅. 2004. 空间数据质量控制与评价方法及实现技术. 武汉大学学报(信息科学版), 29(8): 686-690.

张超, 杨志义, 马峻岩. 2011. 限幅滤波算法在 WSN 数据预处理中的应用. 科学技术与工程, 11(6): 1207-1217.

张文, 李晓梅. 2002. 基于 Web 的可视化研究与实现. 计算机工程与科学, 24(3): 25-27.

朱文平, 张耀南, 罗立辉. 2011. 生态-水文中无线传感器网络应用研究. 冰川冻土, 33(3): 573-581.

Braya F, Parkin D M. 2009a. Evaluation of data quality in the cancer registry: Principles and methods. Part I: Comparability, validity and timeliness. European Journal of Cancer, 45: 747-755.

Braya F, Parkin D M. 2009b. Evaluation of data quality in the cancer registry: Principles and methods. Part II. Completeness. European Journal of Cancer, 45: 756-764.

Famili A, Shen W M, Weber R, et al. 1997. Data Preprocessing and Intelligent Data Analysis. International Journal on Intelligent Data Analysis, 1(1): 1-28.

Guo J W, Liu F. 2015. Automatic Data Quality Control of Observations in Wireless Sensor Network. IEEE Geoscience and Remote Sensing Letters, 12(4): 716-720.

Li X, Zhao N, Jin R, et al. 2019. Internet of Things to network smart devices for ecosystem monitoring. Science Bulletin, 64(2019): 1234-1245.

Shi W Z. 2010. Principles of Modeling Uncertainties in Spatial Data and Spatial Analysis. Boca Raton, FL: Taylor & Francis.

第 13 章 总结与展望

李 新 冉有华

黑河生态水文遥感试验从 2012 年正式启动到 2017 年结束,历时 6 年,在试验遥感、流域综合观测、生态水文遥感方法与产品、尺度转换、模型-观测集成及生态水文应用方面开展了系统的创新研究,在国内外产生了重要学术影响,历经两次试验,黑河流域已成为国际上知名的试验流域。试验结束后,获取的丰富数据资源持续共享,建立的黑河流域地表过程综合观测网持续运行,继续在流域科学、在陆地表层系统科学研究中发挥重要作用。本章概述了黑河生态水文遥感试验的主要成果,并总结存在的问题、展望未来发展方向。

13.1 主 要 成 果

"黑河生态水文遥感试验"显著提升了流域生态水文观测能力,有力支持了一系列的生态、水文、遥感模型研发和相关成果产出,主要成果包括以下几个方面:

(1) 提出了非均匀下垫面地表参数多尺度观测试验的设计原理,开展了国际领先的通量观测矩阵和生态水文传感器网络试验,构建了流域尺度多要素-多过程-多尺度-网络-立体-精细化的综合观测系统,显著提升了流域表层系统综合观测能力。

针对流域上、中、下游各具特色的生态水文特征,在各区域分别布置了点-足迹-像元-子流域-流域多尺度的水文气象观测网、通量观测矩阵、生态水文无线传感器网络,并开展了大量航空遥感和地面同步加强观测试验。其中,在上游,建成了多尺度嵌套的寒区生态水文观测网络,由流域尺度水文气象—通量观测站、子流域(八宝河)生态水文传感器网络(40 个节点),及积雪和冻融超级观测站组成。在中游,针对中游绿洲—荒漠系统,在绿洲内部农田和湿地以及绿洲外围的戈壁、沙丘和荒漠草原上布置了由 6 套涡动相关仪、自动气象站以及其他水循环和能量平衡观测设备组成的大矩阵;在绿洲内部,选择典型的农田生态系统,布置了由 18 套涡动相关仪、4 组大孔径闪烁仪、17 台自动气象站、野外同位素原位观测系统、200 多个土壤温湿度传感器节点、50 多个叶面积指数传感器节点构成的小矩阵,并开展了探空、地基遥感、地面配套参数等加强观测。在下游,建成了由 2 组大孔径闪烁仪,分布于胡杨、柽柳、胡杨/柽柳混交林、农田、裸地上的 5 套涡动相关仪与自动气象站,以及土壤水分无线传感器网络组成的多尺度观测系统(Li et al., 2013, 2018)。

与地面观测网络相配合,开展了大规模和高质量的航空遥感试验。针对寒区积雪和土壤冻融、森林结构参数和森林水文参数、干旱区的植被生物物理参数、结构参数、土壤水分和蒸散发等观测目标,搭载激光雷达、光学—近红外—热红外波段成像光谱仪、多角度热红外成像仪、微波辐射计，开展了 21 个架次，总计约 100 小时的航空遥感飞行，获取了一套超高分辨率遥感数据。

（2）系统地发展了生态水文遥感的新方法，特别是形成了多源遥感数据（多传感器、主被动、多分辨率、极轨和静止）协同反演的新方法，制备了一套生态-水文集成研究迫切需要的遥感产品，其精度和时空分辨率整体上优于国际同类产品。

在蒸散发方面，发展了融合高时间分辨率和高空间分辨率遥感数据的方法，将蒸散发估算的分辨率提高到田间尺度和逐日，基于双源模型拆分了植被蒸腾和土壤蒸发，从而为水资源管理提供了精细的蒸散发与组分产品（Li et al., 2017a; Ma et al., 2018; Song et al., 2018）；在森林、作物、湿地植物的生物量估算方面，融合 LiDAR 和光学遥感数据显著提高了其估计精度，同时，该方法也具有同时估计地上和地下生物量的潜力（Luo et al., 2017; Cao et al., 2018）；在植被参数方面，发展了利用多种传感器反演 LAI 和 FPAR 的通用方法（Liu et al., 2018），利用多角度遥感提高了植被覆盖度的估计精度（Mu et al., 2018）。

生产了近 5 年黑河流域高时空分辨率和高精度的积雪面积、土壤水分、降水、土地覆被类型、植被覆盖度、物候期、NPP 和蒸散发遥感产品。实现了流域尺度土地覆被图时间分辨率从逐年到逐月的跃升（Zhong et al., 2015），植被指数和植被覆盖度产品 5 d/30m 的业务化生产（Li et al., 2015），通过在中尺度天气模型框架内同化微波遥感和地面多普勒雷达观测得到流域尺度逐小时、5 km 高分辨率降水产品（Pan et al., 2015），将蒸散发产品的分辨率提高到逐日 90 m（Li et al., 2017a），制备了流域复杂地形条件下逐日 1 km 土壤水分产品（Kang et al., 2017）。

（3）提出了遥感尺度转换理论框架，形成了遥感产品真实性检验技术体系，制定了 14 项遥感产品真实性检验的标准规范草案，实质性推动了我国遥感真实性检验工作。

以测度论和随机微积分（伊藤过程）为理论基础，提出了尺度转换新的数学框架（Liu and Li, 2017; Li, 2014）。严谨定义了空间平均、空间尺度上推、观测足迹、代表性误差、观测真值等概念。从观测算子误差的角度统一了代表性误差的定义，代表性误差既包括尺度转换带来的误差，也包括观测模型的不完美所带来的误差。观测真值可以定义为无偏最优估计，也就是观测误差的数学期望为零，而其不确定性可以被控制在所期望的范围内。

利用黑河遥感试验通量矩阵和传感器网络中的多点—足迹观测数据，系统实证和定量估计了太阳短波辐射、地表蒸散发、碳通量、地表温度、土壤水分单点观测的空间代表性误差，提出了纠正代表性误差的新方法（Huang et al., 2016; Ran et al., 2016）。证实了对于异质性地表，单点观测的代表性误差不可忽略甚至可能很大。当异质性较强时，单点观测的代表性误差小于真实性检验阈值的概率可能会很小，因此，在遥感产品真实性检验中必须考虑代表性误差；也证明了无论是采用哪种空间平均，都可以显著提高像元尺度真值估计的空间代表性。

发展了针对点和足迹尺度定点观测的尺度上推方法（Wang et al., 2014a; Ge et al., 2015a; Ran et al., 2017），将克里金方法推广至回归克里金（利用协同信息）、面到面回归克里金、时空回归克里金、不等仪器误差等情形，高分辨率遥感（如航空遥感）作为重要的协同信息，可显著提高尺度上推的估计精度（Gao et al., 2014; Wang et al., 2014b; Ge et al., 2015b; Hu et al., 2015; Fan et al., 2015; Kang et al., 2015, 2017）。发展了贝叶斯框架下的非线性尺度上推方法，其核心是引入可靠的辅助信息作为尺度上推的约束，这些辅助信息常常来自和观测变量密切相关的遥感数据（Liu and Li, 2017）。证实了机器学习方法在高度非均匀地表尺度上推的优势（Xu et al., 2018），发展了结合机器学习和物理模型的地表蒸散发尺度上推综合方法（Li et al., 2018b; Liu et al., 2016）。

形成了从异质性分析、采样设计、多尺度观测到尺度扩展及其不确定性评价的遥感尺度转换方法体系（李新等，2016a），推动了系列（14 项）遥感产品真实性检验国家标准规范草案的编写，并以黑河生态水文遥感试验为原型，提出了中国遥感产品真实性检验网的构想并构建了原型网络（晋锐等, 2017; Wang et al., 2016b; Ma et al., 2015），实质性推动了我国遥感真实性检验工作。

（4）显著提高了遥感和综合观测在流域集成模型和水资源管理中的应用能力，支持了流域生态水文集成模型的发展，实现了流域水循环精细闭合，提升了对流域关键生态水文过程的认识。

黑河综合观测以多种形式应用于上游生态水文集成模型 GBEHM（Yang et al., 2015）和中下游生态水文集成模型 HEIFLOW（Tian et al., 2018）的验证、改进和发展中。在上游，基于综合观测，发展了积雪-冻土水热过程模拟方法，并将之耦合到分布式坡面水文模型中，实现了寒区流域水文过程的完整描述。对于积雪模块，发展了积雪表面受到风扰动的分层参数化方案。通过该项方案，可更好地反映高海拔地区高风速对积雪表面热传导过程的重要影响（Li et al., 2018a）。对于冻土模块，将水热耦合的冻土模拟方案与分布式水文模型 GBHM 进行了耦合，验证结果表明，耦合模型能够较好地模拟土壤冻融、未冻土含水量和雪深（Zhang et al, 2013）。在中游，基于作物生长模型 WOFOST 和包气带水文模型（HYDRUS-1D）构建作物生长-水文耦合模型（WOFOST-HYDRUS），该耦合模型考虑了生态系统和水文过程间的交互作用，量化作物在生长过程中对水的需求量和蒸腾量，利用综合观测数据验证表明，耦合模型提高了土壤水分的模拟精度（Zhou et al., 2012）。利用综合观测数据直接发展了渠道蒸散发估算模型，可有效估算灌溉渠道蒸发损失量，补充了灌区尺度水平衡计算中的渠道蒸散发模块（Liu et al., 2016）。

在综合观测与模型融合方法方面，发展了流域多源、多要素流域水文数据同化系统，实现了对多源遥感数据、无线传感器网络观测数据、宇宙射线土壤水分观测数据的同化（Zhang et al., 2017; Huang et al., 2016a; Han et al., 2012, 2015），实现了与地统计的结合，研究表明，通过空间相关结构有助于改善观测未覆盖网格单元的同化效果（Han et al., 2012）。利用顺序滤波算法，基于 WOFOST-HYDRUS 耦合模型，通过同化 CHRIS 反演的 LAI，明显改善了作物生长模拟结果，提高了玉米的产量预报精度（Wang et al., 2013）。

在生态水文应用方面，结合综合观测与流域集成模型，在流域、灌区、河道多个尺度上精细估算了流域水循环的各分量，首次算清了黑河流域的"水账"（Li et al., 2018a），提升了对流域上游冰冻圈、中游绿洲平原和下游荒漠生态水文过程的认识和理解。量化了黑河流域典型生态系统碳通量及水分利用效率的格局，发现碳通量的空间格局主要受可利用水分的控制，而对温度和降雨的敏感性相对较差。草地、胡杨林、农田玉米具有较高的水分利用效率，而极端干旱区的哈密瓜地的水分利用效率则较低（Wang et al., 2019, 2020）。结合综合观测与计算流体力学数值模型，研究了绿洲内部异质性对于绿洲-荒漠小气候效应，包括绿洲"冷、湿岛效应""风屏效应"和临近绿洲荒漠的"增湿、逆湿效应"等的影响，特别是绿洲内部小尺度的能量和水分交换、农田防护林引起的动力异质性及灌溉造成的热力异质性等对绿洲稳定性和绿洲、荒漠的相互作用的影响（Liu et al., 2020），促进了绿洲稳定性和绿洲-荒漠相互作用机制的理解，为绿洲可持续发展提供了重要参考。针对近地层能量不闭合的问题，发现地表异质性诱发的大尺度湍涡是导致近地层能量不闭合的主要原因，给出了在自由对流条件下，近地层能量不闭合与大尺度湍涡特征变量之间的定量关系（Zou et al., 2018, 2019; Zhou and Li, 2019），为近地层能量闭合问题的解决奠定了基础。

黑河生态水文遥感试验被国际同行评价为"中国的综合流域科学"。黑河遥感试验被认为是可与德国陆地生态系统研究网络、美国关键带观测、丹麦水文观测系统、澳大利亚陆地生态系统研究网络、亚洲通量网、中国通量网等国际和国内重要观测并列的观测系统（Hubbard et al., 2020; Beven et al., 2020; Vereecken et al., 2015）。黑河流域已成为 INARCH、UNESCO IHP G-WADI、国际土壤水分观测网络等重要国际计划的试验流域（Gupta et al., 2021）。

13.2 问题与展望

地球观测技术依然在快速进步和变革中，和陆地表层系统科学的结合也更加紧密。面临这样的机遇和挑战，未来黑河流域综合观测系统的建设，应该既要更加顺应新的技术进步，也应该更深刻响应流域科学集成研究中新的需求和新时期"山水林田湖草"综合监测的需求。

1. 黑河流域应该继续成为新的观测技术的演兵场

新兴观测技术不断给流域观测带来新的机遇和探索未知的新手段。目前，在黑河流域已有初步应用并有可能在流域观测中发挥更大作用的新技术包括：

（1）透视遥感和地下浅表层（subsurface）遥感：黑河遥感试验中曾尝试机载探地雷达和时域瞬变电磁法测量，限于条件，未能实施。这两项技术对于冰川厚度、冻土水文、森林结构、地表-地下水相互作用的透视和地下浅表层遥感观测都至关重要，随着国内外 p 波段雷达卫星相继提上日程，黑河流域内应尽快实施 p 波段雷达航空遥感试验以及其他地下浅表层遥感的机载试验，为将生态水文的观测从地表深入到地下浅表层观测打好前站。

（2）荧光遥感：荧光遥感技术突飞猛进，为生态系统生产力的更准确估算、干旱监测等带来革新手段。黑河流域已架设多台塔基荧光遥感观测设备（Liu et al., 2020），进一步应发挥黑河综合观测系统涵盖多种景观的优势，布设从山区到戈壁荒漠沿景观梯度分布的荧光观测设备，更好支持荧光遥感的发展。

（3）物联网观测：黑河流域是我国最早建立生态水文传感器网络野外观测系统的区

域（第 5 章）。近年来，也开始逐步扩展为生态水文监测物联网。核心技术包括：研发了一系列可以更好接入物联网的智能监测设备，包括同时直接测量大尺度的潜热和感热通量的双波段闪烁仪、新型植物液流计、分布式叶面积指数自动观测仪、植物物候自动观测仪、树木径向生长自动观测仪、支持多种联网方式的数据采集仪和中继设备等（李新等，2016b; Li et al., 2019）；研发了无人机物联网中继技术，即无人机搭载中继设备升空飞行作为通信中继节点，与地面物联网设备建立数据传输链路，实现各个物联网终端的数据高速传输和转发（Zhang and Li, 2020）。这些技术，对于建立完备的智能物联流域观测系统打下了基础。

2. 发起针对能量闭合问题的更加系统的专题试验

近地层能量闭合问题一直是困扰通量观测甚至整个陆地表层系统科学的一个基础性科学问题（王介民等，2009）。黑河生态水文遥感试验，承继自 20 世纪 80 年代后期的黑河地气交换试验，率先在黑河流域构建了通量矩阵观测，即由密集的多站涡动相关仪，再配合以观测足迹更大的大孔径闪烁仪（Liu, et al., 2011, 2018; Li et al., 2013），实现了通量的"地毯式"观测，在获取空间平均通量上取得了突破（Liu et al., 2016），为近地层能量闭合问题的解决提供了翔实的数据支持。发现在特定大气条件下，垂直速度的积分长度、大气稳定度参数、平均水平速度和平均时间是导致近地层能量不闭合的大尺度湍流结构的四个特征变量，并初步定量描述了能量闭合率与大尺度湍涡结构变量之间的关系（Zhou et al., 2018, 2019）。然而，要真正解决近地层能量闭合问题，还有待于更加深入的理论分析和更加精心设计的试验。

已有的研究发现：较小尺度的湍涡是可遍历的，其时间平均等于系综平均；但较大尺度的湍涡受边界条件影响较大，是非平稳的和不可遍历的，其时间平均并不等于系综平均。因此，当大尺度湍涡存在时，在有限平均时间内，由于单个涡动站点的时间平均无法观测到大尺度湍涡输送的低频通量，时间平均的观测结果一般小于系综平均的结果。这种条件下，空间平均可以有效地弥补时间平均的不足，改善大尺度湍涡的可遍历性（Chen et al., 2015）。因此，综合空间通量测量方法（如航空的通量测量、闪烁仪及地面通量矩阵观测方法）与传统的地面单个站点的通量测量方法，可能是实现近地层能量闭合的一种新途径。特别是多点协同的地面通量矩阵观测方法，可以实现对地表通量的长时间连续观测，可能是实现近地层能量闭合的一种新途径。然而，目前关于多点协同的地面通量观测的研究还很少，该方法的基本理论尚不成熟。例如，如何进行空间有限站点的通量协同计算？如何区分和量化多个站点观测的大尺度湍涡输送的通量？空间多个站点的如何布设？等等，这些都需要更深入的理论探索、更针对性的专题科学试验。

3. 发起尺度试验

黑河生态水文遥感试验的多尺度观测数据，在支持定点观测的尺度上推、发展代表性误差估计方面，起到了不可或缺的作用。然而，尺度问题的真正突破，还需要理论研究、科学实验、观测实践的更紧密结合。正如前述能量闭合问题，它本质上是一个复杂的尺度问题。类似的尺度问题广泛存在于异质性地表的生态水文过程和辐射传输中，在理论上可以用三个随机微分方程描述这些过程：包括随机纳维斯托克（Navier-stoke）方程、随机 Richards 方程、随机辐射传输方程，尺度问题的一个重要视角就是要研究这些方程的系综和空间平均与时间平均的关系。在观测试验中，应对这一目标设计相应的方案，开展专题科学试验，用空间平均和时间平均逼近系综平均，为发展普适的尺度转换方法，并且发展起尺度显式的生态水文模型和观测模型准备试验条件。

4. 寒区旱区生态水文的一些关键过程还有待试验去揭示和澄清

降水、叶面积指数和生态系统生产力等观测试验有待进一步展开提高。

（1）水循环中最关键变量——降水在寒区一直存在地面测量显著偏低的问题，另外，固态降水的遥感方法也依然是一个没有解决的问题。黑河综合遥感联合试验期间，曾开展了双偏振多普勒雷达降雨观测试验，对寒区降水滴谱特征进行了短期观测；黑河生态水文遥感试验期间，又开展了系统的寒区和干旱区降水校正试验。然而，寒区旱区降水器测误差校正的普适方程、固态降水的滴谱特征、固态降水强度的雷达反演方程，均还没有系统的结论。而这些认识对于系统地认识我国寒区旱区的降水特征，修正青藏高原等高寒地区水循环的偏差，都至关重要。因此，应进一步开展系统的寒区降水观测试验。

（2）内陆河流域广泛分布的荒漠植被区域，如骆驼刺、柽柳等，其 LAI 如何定义尚存在争议，对荒漠植被 LAI 的观测试验至今尚未系统开展，这是黑河遥感试验的一个缺憾。鉴于叶面积指数在生态水文模拟中的重要地位，需通过系统的观测试验来发展荒漠植被 LAI 地面观测方法和遥感观测方法，以提高对荒漠植被区域生态水文过程的模拟精度。

（3）涡动相关仪观测得到的荒漠植被区域的异常碳汇尚没有完美的解释，荒漠植被的地下生物量和呼吸过程的遥感方法还有待去探索。今后将强化相关试验，探索应用遥感方法开展荒漠植被区域生物量估算和呼吸过程的量化，进一步提高对干旱区生态水文过程和碳循环过程的理解。

5. 加强对人类活动过程的观测

传统的流域观测无法实现对"人"的要素显式观测，导致"水土气生人"完整之环中缺失了对"人"——特别是行为、观点、价值、文化等社会要素的观测。在黑河流域集成研究的实施过程中，曾开展了一系列大规模社会调查，但这些调查结果依然不足以支持流域水资源用水行为等模型的发展。随着大数据技术，特别是社会感知的快速发展（Liu et al., 2015），开展个体尺度的流域社会感知已越来越现实。黑河流域观测系统应该尽早尝试迈开这一步，以支持水资源管理决策为突破口，从主体建模（agent based moldeing）需求的角度，针对性地发展黑河流域社会感知系统，实现个体粒度的社会要素观测，并集成到黑河流域综合观测系统中，推进自然-社会系统高密度分布式观测实践，建立真正的流域尺度"水土气生人"观测系统。

6. 推动卫星虚拟星座和无人机观测网在流域综合观测中的应用

卫星虚拟星座已进入以小卫星为主的低价格、可定制时代。多星组网，通过灵活的变轨能力和凝视观测，针对特定区域展开多星、多传感器、专题性的密集观测已经完全可能。无人机的加入，进一步突破了卫星重访周期的限制（廖小罕等，2019），无人机遥感观测的成本在过去5年内成量级下降，因而性价比大大提高；其搭载激光雷达、微波传感器的能力也突破了瓶颈；此外，无人机也将成为重要的物联中继手段（Zhang and Li，2020）。这两方面技术的进步，把星机地观测从科学试验阶段推动到了应用阶段，业务化、低成本运行的星机地综合观测系统已经完全现实。因此，建立业务化运行的黑河流域星机地观测系统应早日提上日程。

7. 服务山水林田湖草监测，助力生态文明建设

"黑河流域综合观测的科学任务已经告一段落，而服务于自然资源管理任务才刚刚开始"（郗文聚和宋长青，2020）。打通观测—流域尺度产品生产—真实性检验—流域模型应用—决策支持链条，全方面服务于内陆河流域山水林田湖草监测，在生态文明建设中发挥更大作用，是黑河流域综合观测系统需要继续努力的方向。

总之，黑河流域是流域科学的试验场，而观测试验——作为流域科学研究方法论的基石，将继续孕育观测的新理念、新技术，也将更好地服务于流域科学的探索和实践。

参 考 文 献

程国栋, 李新. 2015. 流域科学及其集成研究方法. 中国科学(地球科学), 45(6): 811-819.

程帅, 张树清. 2015. 基于系统性策略的灌溉水资源时空优化配置. 应用生态学报, 26(1): 321-330.

晋锐, 李新, 马明国, 等. 2017. 陆地定量遥感产品的真实性检验关键技术与试验验证. 地球科学进展, 32(6): 630-642.

李新, 晋锐, 刘绍民, 等. 2016a. 黑河遥感试验中尺度上推研究的进展与前瞻. 遥感学报, 20(5): 1993-2002.

李新, 刘绍民, 马明国, 等. 2012. 黑河流域生态-水文过程综合遥感观测联合试验总体设计. 地球科学进展, 27(5): 481-498.

李新, 刘绍民, 孙晓敏, 等. 2016b. 生态系统关键参量监测设备研制与生态物联网示范. 生态学报, 36(22): 7023-7027.

李新, 马明国, 王建, 等. 2008. 黑河流域遥感-地面观测同步试验: 科学目标与试验方案. 地球科学进展, 23(9): 897-914.

廖小罕, 肖青, 张颢. 2019. 无人机遥感: 大众化与拓展应用发展趋势. 遥感学报, 23(6): 1046-1052.

王介民, 王维真, 刘绍民, 等. 2009. 近地层能量平衡闭合问题——综述及个例分析. 地球科学进展, 24(7): 705-713.

Beven K, Asadullah A, Bates P, et al. 2020. Developing observational methods to drive future hydrological science: Can we make a start as a community? Hydrological Processes, 34(3): 868-873.

Cao L D, Pan J J, Li R J, et al. 2018. Integrating Airborne LiDAR and Optical Data to Estimate Forest Aboveground Biomass in Arid and Semi-Arid Regions of China. Remote Sensing, 10(4): 532.

Che T, Li X, Liu S M, et al. 2019. Integrated hydrometeorological, snow and frozen-ground observations in the alpine region of the Heihe River Basin, China. Earth System Science Data, 11(3): 1483-1499.

Chen J, Hu Y, Yu Y, et al. 2015. Ergodicity test of the eddy-covariance technique. Atmospheric Chemistry and Physics, 15(17): 9929-9944.

Cheng G, Li X. 2015. Integrated research methods in watershed science. Science China: Earth Sciences, 58 : 1159-1168.

Cheng G D, Li X, Zhao W Z, et al. 2014. Integrated study of the water-ecosystem-economy in the Heihe River Basin. National Science Review, 1(3): 413-428.

Fan L, Xiao Q, Wen J G, et al. 2015. Mapping high-resolution soil moisture over heterogeneous cropland using multi-resource remote sensing and ground observations. Remote Sensing, 7(10): 13273-13297.

Gao S G, Zhu Z L, Liu S M, et al. 2014. Estimating the spatial distribution of soil moisture based on Bayesian maximum entropy method with auxiliary data from remote sensing. International Journal of Applied Earth Observation and Geoinformation, 32: 54-66.

Ge Y, Liang Y Z, Wang J H. 2015. Upscaling sensible heat fluxes with area-to-area regression kriging. IEEE Geoscience and Remote Sensing Letters, 12(3): 656-660.

Ge Y, Wang J H, Heuvelink G B M, et al. 2015. Sampling design optimization of a wireless sensor network for monitoring ecohydrological processes in the Babao River basin, China. International Journal of Geographical Information Science, 29(1): 92-110.

Gupta S, Hengl T, Lehmann P, et al. 2021. SoilKsatDB: Global soil saturated hydraulic conductivity measurements for geoscience applications. Earth System Science Data Discussions, 13: 1593-1612.

Han X J, Hendricks Franssen H, Rosolem R, et al. 2015. Correction of systematic model forcing bias of CLM using assimilation of cosmic-ray Neutrons and land surface temperature: A study in the Heihe Catchment, China. Hydrology and Earth System Sciences, 19(1): 615-629.

Han X J, Li X, Hendricks Franssen H, et al. 2012. Spatial horizontal correlation characteristics in the land data assimilation of soil moisture. Hydrology and Earth System Sciences, 16(5): 1349-1363.

Hu M G, Wang J H, Ge Y, et al. 2015. Scaling flux tower observations of sensible heat flux using weighted area-to-area regression Kriging. Atmosphere, 6(8): 1032-1044.

Huang C L, Chen W J, Li Y, et al. 2016. Assimilating multi-source data into land surface model to simultaneously improve estimations of soil moisture, soil temperature, and surface turbulent fluxes in irrigated fields. Agricultural and Forest Meteorology, 230 : 142-156.

Huang G H, Li X, Huang C L, et al. 2016. Representativeness errors of point-scale ground-based solar radiation measurements in the validation of remote sensing products. Remote Sensing of Environment, 181 : 198-206.

Hubbard S S, Varadharajan C, Wu Y, et al. 2020. Emerging technologies and radical collaboration to advance predictive understanding of watershed hydrobiogeochemistry. Hydrological Processes, 34(15): 3175-3182.

Jin R, Li X, Liu S M. 2017. Understanding the heterogeneity of soil moisture and evapotranspiration using multiscale observations from satellites, airborne sensors, and a ground-based observation matrix. IEEE Geoscience and Remote Sensing Letters, 14(11): 2132-2136.

Jin R, Li X, Yan B P, et al. 2014. A nested ecohydrological wireless sensor network for capturing the surface heterogeneity in the midstream areas of the Heihe River Basin, China. IEEE Geoscience and Remote Sensing Letters, 11(11): 2015-2019.

Kang J, Jin R, Li X, et al. 2017. Block kriging with measurement errors: A case study of the spatial prediction of soil moisture in the middle reaches of Heihe River Basin. IEEE Geoscience and Remote Sensing Letters, 14(1): 87-91.

Kang J, Jin R, Li X. 2015. Regression kriging-based upscaling of soil moisture measurements from a wireless sensor network and multiresource remote sensing information over heterogeneous cropland. IEEE Geoscience and Remote Sensing Letters, 12(1): 92-96.

Kang J, Jin R, Li X, et al. 2017. High spatio-temporal resolution mapping of soil moisture by integrating wireless sensor network observations and MODIS apparent thermal inertia in the Babao River Basin, China. Remote Sensing of Environment, 191 : 232-245.

Li H Y, Li X, Yang D W, et al. 2019. Tracing snowmelt paths in an integrated hydrological model for understanding seasonal snowmelt contribution at basin scale. Journal of Geophysical Research: Atmospheres, 124(16): 8874-8895.

Li L, Xin X Z, Zhang H L, et al. 2015. A method for estimating hourly photosynthetically active radiation(PAR)in China by combining geostationary and polar-orbiting satellite data. Remote Sensing of Environment, 165 : 14-26.

Li X. 2014. Characterization, controlling, and reduction of uncertainties in the modeling and observation of land-surface systems. Science China Earth Sciences, 57(1): 80-87.

Li X, Cheng G D, Ge Y C, et al. 2018. Hydrological cycle in the Heihe River Basin and its implication for water resource management in endorheic basins. Journal of Geophysical Research: Atmospheres, 123(2): 890-914.

Li X, Cheng G D, Liu S M, et al. 2013. Heihe Watershed Allied Telemetry Experimental Research(HiWATER): Scientific objectives and experimental design. Bulletin of the American Meteorological Society, 94(8): 1145-1160.

Li X, Li X W, Li Z Y, et al. 2009. Watershed Allied Telemetry Experimental Research. Journal of Geophysical Research, 114: D22103.

Li X, Li X W, Roth K, et al. 2011. Preface "Observing and modeling the catchment scale water cycle". Hydrology and Earth System Sciences, 15(2): 597-601.

Li X, Liu S, Li H, et al. 2018. Intercomparison of six upscaling evapotranspiration methods: From site to the satellite pixel. Journal of Geophysical Research: Atmospheres, 123(13): 6777-6803.

Li X, Liu S M, Xiao Q, et al. 2017. A multiscale dataset for understanding complex eco-hydrological processes in a heterogeneous oasis system. Scientific Data, 4: 170083.

Li Y, Huang C L, Hou J L, et al. 2017. Mapping daily evapotranspiration based on spatiotemporal fusion of ASTER and MODIS images over irrigated agricultural areas in the Heihe River Basin, Northwest China. Agricultural and Forest Meteorology, 244 : 82-97.

Liu C, Liu J, Hu Y, et al. 2016. Airborne thermal remote sensing for estimation of groundwater discharge to a river. Groundwater, 54(3): 363-373.

Liu F, Li X. 2017. Formulation of scale transformation in a stochastic data assimilation framework. Nonlinear Processes in Geophysics, 24(2): 279-291.

Liu R, Sogachev A, Yang X, et al. 2020. Investigating microclimate effects in an oasis-desert interaction zone. Agricultural and Forest Meteorology, 290 : 107992.

Liu R Y, Ren H Z, Liu S H, et al. 2018. Generalized FPAR estimation methods from various satellite sensors and validation. Agricultural and Forest Meteorology, 260 : 55-72.

Liu S M, Li X, Xu Z W, et al. 2018. The Heihe integrated observatory network: A basin-scale land surface processes observatory in China. Vadose Zone Journal, 17(1): 1-21.

Liu S M, Xu Z W, Song L S, et al. 2016. Upscaling evapotranspiration measurements from multi-site to the satellite pixel scale over heterogeneous land surfaces. Agricultural and Forest Meteorology, 230 : 97-113.

Liu S M, Xu Z W, Wang W Z, et al. 2011. A comparison of eddy-covariance and large aperture scintillometer measurements with respect to the energy balance closure problem. Hydrology & Earth System Sciences, 15(4): 1291-1306.

Liu X, Liu L, Hu J, et al. 2020. Improving the potential of red SIF for estimating GPP by downscaling from the canopy level to the photosystem level. Agricultural and Forest Meteorology, 281 : 107846.

Liu Y, Liu X, Gao S, et al. 2015. Social sensing: A new approach to understanding our socioeconomic environments. Annals of the Association of American Geographers, 105(3): 512-530.

Luo S Z, Wang C, Xi X H, et al. 2017. Retrieving aboveground biomass of wetland Phragmites australis(common reed)using a combination of airborne discrete-return LiDAR and hyperspectral data. International Journal of Applied Earth Observation and Geoinformation, 58 : 107-117.

Ma M G, Che T, Li X, et al. 2015. A prototype network for remote sensing validation in China. Remote Sensing, 7(5): 5187-5202.

Ma Y F, Liu S M, Song L S, et al. 2018. Estimation of daily evapotranspiration and irrigation water efficiency at a Landsat-like scale for an arid irrigation area using multi-source remote sensing data. Remote Sensing of Environment, 216 : 715-734.

Mu X H, Song W J, Gao Z, et al. 2018. Fractional vegetation cover estimation by using multi-angle vegetation index. Remote Sensing of Environment, 216 : 44-56.

Pan X D, Li X, Cheng G D, et al. 2015. Development and evaluation of a river-basin-scale high spatio-temporal precipitation data set using the WRF model: A case study of the Heihe River Basin. Remote Sensing, 7(7): 9230-9252.

Qu Y H, Zhu Y Q, Han W C, et al. 2014. Crop leaf area index observations with a wireless sensor network and its potential for validating remote sensing products. IEEE Journal of Selected Topics in Applied Earth Observations and Remote Sensing, 7(2): 431-444.

Ran Y H, Li X, Jin R, et al. 2017. Strengths and weaknesses of temporal stability analysis for monitoring and estimating grid-mean soil moisture in a high-intensity irrigated agricultural landscape. Water Resources Research, 53(1): 283-301.

Ran Y H, Li X, Sun R, et al. 2016. Spatial representativeness and uncertainty of eddy covariance carbon flux measurements for upscaling net ecosystem productivity to the grid scale. Agricultural and forest meteorology, 230: 114-127.

Shi Y C, Wang J D, Qin J, et al. 2015. An upscaling algorithm to obtain the representative ground truth of LAI time series in heterogeneous land surface. Remote Sensing, 7(10): 12887-12908.

Song L, Liu S, Kustas W P, et al. 2018. Monitoring and validating spatially and temporally continuous daily evaporation and transpiration at river basin scale. Remote Sensing of Environment, 219: 72-88.

Tian Y, Zheng Y, Han F, et al. 2018. A comprehensive graphical modeling platform designed for integrated hydrological simulation. Environmental Modelling & Software, 108: 154-173.

Vereecken H, Huisman J A, Hendricks Franssen H J, et al. 2015. Soil hydrology: Recent methodological advances, challenges, and perspectives. Water Resources Research, 51(4): 2616-2633.

Wang H, Li X, Tan J. 2020. Interannual variations of evapotranspiration and water use efficiency over an oasis cropland in Arid Regions of North-Western China. Water, 12(5): 1239.

Wang H, Li X, Xiao J, et al. 2019. Carbon fluxes across alpine, oasis, and desert ecosystems in northwestern China: the importance of water availability. Science of the Total Environment, 697 : 133978.

Wang H, Li X, Xiao J, et al. 2021. Evapotranspiration components and water use efficiency from desert to alpine ecosystems in drylands. Agricultural and Forest Meteorology, 298-299: 108283.

Wang J, Li X, Lu L, et al. 2013. Estimating near future regional corn yields by integrating multi-source observations into a crop growth model. European journal of Agronomy, 49 : 126-140.

Wang J H, Ge Y, Heuvelink G B M, et al. 2014b. Spatial sampling design for estimating regional GPP with spatial heterogeneities. IEEE Geoscience and Remote Sensing Letters, 11(2): 539-543.

Wang J H, Ge Y, Heuvelink G B M, et al. 2015. Upscaling in situ soil moisture observations to pixel averages with spatio-temporal geostatistics. Remote Sensing, 7(9): 11372-11388.

Wang J H, Ge Y, Song Y Z, et al. 2014a. A geostatistical approach to upscale soil moisture with unequal precision observations. IEEE Geoscience and Remote Sensing Letters, 11(12): 2125-2129.

Wang S G, Li X, Ge Y, et al. 2016. Validation of regional-scale remote sensing products in China: From site to network. Remote Sensing, 8(12): 980.

Xu T, Guo Z, Liu S, et al. 2018. Evaluating different machine learning methods for upscaling evapotranspiration from flux towers to the regional scale. Journal of Geophysical Research: Atmospheres, 123(16): 8674-8690.

Xu Z W, Liu S M, Li X, et al. 2013. Intercomparison of surface energy flux measurement systems used during the HiWATER-MUSOEXE. Journal of Geophysical Research: Atmospheres, 118(23): 13140-13157.

Yang D W, Gao B, Jiao Y, et al. 2015. A distributed scheme developed for eco-hydrological modeling in the upper Heihe River. Science China Earth Sciences, 58(1): 36-45.

Yu W, Ma M. 2015. Scale mismatch between in situ and remote sensing observations of land surface temperature: Implications for the validation of remote sensing LST products. IEEE Geoscience and Remote Sensing Letters, 12(3): 497-501.

Zhang M H, Li X. 2020. Drone-enabled Internet of Things relay for environmental monitoring in remote areas without public networks. IEEE Internet of Things Journal, 7(8): 7648-7662.

Zhang Y, Hou J L, Gu J, et al. 2017. SWAT-based Hydrological Data Assimilation System(SWAT‐HDAS): description and case application to river basin-scale hydrological predictions. Journal of Advances in Modeling Earth Systems, 9(8): 2863-2882.

Zhang Y L, Cheng G D, Li X, et al. 2013. Coupling of a simultaneous heat and water model with a distributed hydrological model and evaluation of the combined model in a cold region watershed. Hydrological Processes, 27(25): 3762-3776.

Zhong B, Yang A, Nie A, et al. 2015. Finer resolution land-cover mapping using multiple classifiers and multisource remotely sensed data in the Heihe river basin. IEEE Journal of Selected Topics in Applied Earth Observations and Remote Sensing, 8(10): 4973-4992.

Zhou J, Cheng G D, Li X, et al. Numerical modeling of wheat irrigation using coupled HYDRUS and

WOFOST models. Soil Science Society of America Journal, 2012, 76(2): 648-662.

Zhou Y, Li X. 2019. Energy balance closures in diverse ecosystems of an endorheic river basin. Agricultural and Forest Meteorology, 274 : 118-131.

Zhou Y Z, Li D, Li X. 2019. The Effects of Surface Heterogeneity Scale on the Flux Imbalance under Free Convection. Journal of Geophysical Research: Atmospheres, 124(15): 8424-8448.

Zhou Y Z, Li D, Liu H P, et al. 2018. Diurnal variations of the flux imbalance over homogeneous and heterogeneous landscapes. Boundary-Layer Meteorology, 168(3): 417-442.

附 录 A

冉有华　李　新　胡晓利　王雪梅

黑河生态水文遥感试验将"黑河遥感试验"推向了一个新的阶段，在组织管理方面做了一些新的尝试，试验数据的发布共享更加规范，支持了一系列生态、水文、遥感模型研发和相关成果的产出。本附录给出了试验参加人员名单，总结了试验组织方面的相关制度条款，分析了试验数据集的发布与使用情况。

A1　黑河遥感试验参加人员及专家组

黑河遥感试验搭建了一个开放的观测和研究平台，两个阶段"黑河综合遥感联合试验"和"黑河生态水文遥感试验"共吸引了 52 家单位、超过 670 位科研工作者、研究生和工程技术人员参加了试验。其中，来自 27 家单位的 281 人参加了"黑河综合遥感联合试验"，来自 39 家单位的 420 人参加了"黑河生态水文遥感试验"（表 A1-1），其中野外工作 1 个月以上的 130 多人。试验科学指导委员会（表 A1-2）、国际顾问小组（表 A1-3）、"黑河计划"专家组（表 A1-4）及国家自然科学基金委员会和中国科学院科技促进发展局领导多次提出过宝贵建议。

表 A1-1　黑河生态水文遥感试验参加人员

序号	参加单位	人数	参加人员姓名
1	中国科学院寒区旱区环境与工程所	86	李新、马明国、王介民、晋锐、车涛、王维真、郭建文、李弘毅、冉有华、祁元、周剑、盖迎春、何晓波、亢健、谭俊磊、曹永攀、常海龙、钞振华、戴礼云、方苗、盖春梅、耿丽英、韩辉邦、郝晓华、侯金亮、胡宁科、胡晓利、黄春林、黄晓明、家淑珍、贾远信、姜衡、雷芳妮、李大治、李建轩、李艳、李艺梦、梁继、刘丰、刘素华、马超、马春锋、宁天祥、任志国、苏阳、孙建勇、孙少波、汤瀚、田伟、田志伟、王海波、王宏伟、王建华、王树果、王伟、王旭峰、王瑗、王增艳、闻熠、王亮绪、吴阿丹、吴灏、吴月茹、肖林、谢燕梅、徐菲楠、徐凤英、徐蓬辰、于文凭、张健、张金龙、张苗、张彦丽、张阳、张莹、赵承贤、郑中、钟兰鸿、潘小多、黄广辉、周建军、周胜男、周彦昭、庄金鑫、郭东、张智
2	北京师范大学	61	刘绍民、徐自为、高胜国、马燕飞、朱忠礼、孙睿、徐同仁、焦其顺、杜帆、杨光超、白洁、朱明佳、贾贞贞、张蕾、乔晨、郝虑远、唐侥、谭磊、张芬、许荩、陈宇洁、赵谦益、焦安争、赵少杰、屈永华、穆西晗、谢东辉、张涛、杨俊涛、刘军、程久全、寇晓康、陈雪停、胡容海、陈一铭、李云、黄帅、赵静、闫凯、焦中虎、汪艳、朱叶青、韩文超、刘晓龙、柏延臣、宋立生、季辰、张希、李怀香、刘睿、李炜、张赐成、王阳、李恩贵、柴琳娜、王琦、陈西羽、叶勤玉、陆峥、张谦、刘雨亭

序号	参加单位	人数	参加人员姓名
3	中国科学院遥感与数字地球研究所	76	柳钦火、肖青、闻建光、贾立、刘良云、吴炳方、仲波、辛晓洲、历华、李静、方俊永、黄爱红、范洪宇、王合顺、彭菁菁、游冬琴、吴小丹、杨健、王昆、李占胜、商豪律、周杰、阮照洁、杨锦鑫、崔要奎、王宁、李娜娜、陈琪婷、胡光成、宋承运、柏军华、杨乐、麻庆苗、赵静、龙鑫、高帅、侯学会、于博、李旺、邢强、冯学良、吴亮、祁增营、黎东、焦全军、高建威、李振旺、杨威、王志慧、刘新杰、王成、李奇、骆社周、陈权、曾江源、曹吉星、于江丰、余珊珊、矫京均、马鹏、杜腾腾、吴善龙、杨爱霞、聂爱华、张航、吕文博、袁冉胤、彭志晴、周偲、李丽、曹彪、曾也鲁、吴俊君、郝莹莹、王楒颖、王守志
4	Monash University，澳大利亚	2	Jeffery Walker，高莹
5	核工业北京地质研究院	5	裴承凯、宫宝昌、乔志伟、李伟伟、张杰林
6	中国科学院东北地理与农业生态研究所	9	赵凯、郑兴明、李晓洁、李洋洋、任建华、武黎黎、张树清、李华朋、程帅
7	中国科学院地理科学与资源研究所	11	温学发、王劲峰、葛咏、张仁华、黄绿君、孟瑶、杨斌、付东杰、王江浩、胡茂桂、梁永忠
8	青岛农业大学	2	王建林、有德宝 ·
9	南京信息工程大学	6	高志球、银莲、温新龙、周彦均、万秉成、张元杰
10	西北师范大学	15	赵军、王作成、董存辉、孟福军、贾虎军、黄永生、胡艳兴、李辉东、王鑫、樊洁平、李亚娟、林灵生、王小敏、李国亮、车彦军
11	中国科学院计算机网络信息中心	6	阎保平、罗万明、欧阳欣、罗泽、杨涛、张泽鑫
12	中国科学院青藏高原研究所	3	阳坤、秦军、陈莹莹
13	中国科学院南京地理与湖泊研究所	5	刘元波、吴桂平、陈书林、范兴旺、潘鑫
14	中国科学院地球环境研究所	3	宋怡、李元、时伟宇
15	同济大学	5	张松林、刘向峰、孟雯、秦岭、李天鹏
16	中国科学院研究生院	4	宋小宁、冷佩、马建威、周芳成
17	中国农业科学院农业资源与农业区划研究所	2	张钊、谢玉玲
18	电子科技大学	17	何彬彬、李世华、周纪、罗欣、张瑛、权凌、彭莉、王洪蜀、周贵云、李明松、代冯楠、李国全、张淮岚、曹帅、张晓东、朱琳清、彭志兴
19	兰州大学	9	朱高峰、李妍、张伟、田杰、闭建荣、高中明、胡志远、程善俊、杨登海
20	中国气象局兰州干旱气象研究所	1	王静
21	北京雨根科技有限公司	16	施生锦、黄勇彬、谢智、叶飞、舒婷、肖萌、贾晓俊、施明德、詹福炳、陈振东、陈秀城、李涛、刘夺、李艳伟、郝明、施明棣
22	北京得瑞紫蜂科技有限公司	1	王占备
23	基因有限公司	3	洪明、李尚刚、张金柱
24	北京天诺基业有限公司	4	张蓓、苏彦、焦其昌、马晓文

续表

序号	参加单位	人数	参加人员姓名
25	珠海通航公司	13	刘志祥、杨夏、张海涛、闫学成、杨谊、王东磊、冯超、韩斌、罗晟昊、陆志谦、王军、陈菲、桑奇
26	中飞通用航空公司	1	陈刚
27	兰州神龙航空科技有限公司	7	李青富、李凯、郭亮、高春生、王景林、韩昭、赵嘉伟
28	中国农业大学	8	黄冠华、徐旭、李航、姜瑶、白亮亮、刘婷、展郡鸽、张明政
29	淮海工学院	4	彭红春、杨保、李彦辉、杨天骄
30	中国科学院大气物理研究所	5	谢正辉、李爱国、贾京京、贾炳浩、谢瑾博
31	中国科学院植物研究所	3	郑元润、蔡文涛、周继华
32	北京大学	12	邱国玉、张清涛、范闻捷、梁晓健、王月、陈高星、刘媛、王大成、王永强、姚莹莹、刘传珉、刘杰
33	清华大学	4	段萌、潘宝祥、章诞武、卢麾
34	中国林业科学研究院资源信息研究所	4	庞勇、卢昊、荚文、夏永杰
35	南宁三维遥感信息工程技术有限公司	1	钟开田
36	中国科学院力学研究所	3	李帅辉、陈涉、马月芬
37	兰州财经大学	1	尚庆生
38	日本九州大学	1	小林哲夫
39	浙江大学	1	陈耀亮

表 A1-2 试验科学指导委员会

姓名	单位
程国栋	中国科学院寒区旱区环境与工程研究所
李小文	北京师范大学
符淙斌	中国科学院大气物理研究所
吕达仁	中国科学院大气物理研究所
童庆禧	中国科学院遥感与数字地球研究所
郭华东	中国科学院遥感与数字地球研究所
金亚秋	复旦大学
傅伯杰	中国科学院生态环境研究中心
宋长青	国家自然科学基金委员会
冯仁国	中国科学院科技促进发展局
李加洪	中华人民共和国科学技术部国家遥感中心
冷疏影	国家自然科学基金委员会
黄铁青	中国科学院东北地理与农业生态研究所
王介民	中国科学院寒区旱区环境与工程研究所
康尔泗	中国科学院寒区旱区环境与工程研究所
张仁华	中国科学院地理科学与资源研究所

续表

姓名	单位
李增元	中国林业科学研究院资源信息研究所
阎保平	中国科学院计算机网络信息中心
李传荣	中国科学院光电研究院
肖洪浪	中国科学院寒区旱区环境与工程研究所
李秀彬	中国科学院地理科学与资源研究所
陈镜明	南京大学
施建成	中国科学院遥感与数字地球研究所
梁顺林	北京师范大学
阳 坤	中国科学院青藏高原研究所
赵 涛	中国科学院科技促进发展局

表 A1-3 试验国际顾问小组

姓名	单位
Prof. Henk de Bruin	Delft University of Technology, the Netherlands
Prof. Qingyun Duan	Beijing Normal University, China
Prof. Paolo Gamba	University of Pavia, Italy
Prof. Wolfgang Kinzelbach	Swiss Federal Institute of Technology, Switzerland
Prof. Toshio Koike	The University of Tokyo, Japan
Prof. Xuhui Lee	Yale School of Forestry & Environmental Studies, USA
Prof. Massimo Menenti	Delft University of Technology, the Netherlands
Prof. John Pomeroy	University of Saskatchewan, Canada
Prof. Kurt Roth	University of Heidelberg, Germany
Prof. Soroosh Sorooshian	University of California, USA
Prof. Bob Su	Geo-information Science and Earth Observation (ITC) of the University of Twente, the Netherlands
Prof. Harry Vereecken	Jülich Research Centre, Germany
Prof. Wolfgang Wagner	Vienna University of Technology, Austria
Prof. Jeffery Walker	Monash University, Australia
Prof. Howard Wheater	University of Saskatchewan, Canada

表 A1-4 "黑河计划"专家组

姓名	单位
程国栋	中国科学院寒区旱区环境与工程研究所
傅伯杰	中国科学院生态环境研究中心
夏 军	武汉大学
康绍忠	中国农业大学
周成虎	中国科学院地理科学与资源研究所
安黎哲	兰州大学

姓名	单位
冷疏影	国家自然科学基金委员会
柳钦火	中国科学院遥感与数字地球研究所
李小雁	北京师范大学
李秀彬	中国科学院地理科学与资源研究所
宋长青	国家自然科学基金委员会
王岐东	国家自然科学基金委员会
王彦辉	中国林业科学研究院
王　毅	中国科学院科技政策与管理科学研究所
肖笃宁	中国科学院沈阳应用生态研究所
杨大文	清华大学
延晓冬	北京师范大学
张甘霖	中国科学院南京土壤研究所
郑春苗	北京大学
郑元润	中国科学院植物研究所
刘世荣	中国林业科学研究院
肖洪浪	中国科学院寒区旱区环境与工程研究所

A2　试验的组织管理

　　由于参加试验的人员和单位众多，试验的组织管理本着"服务、协同、共享、卓越"的原则，打破了项目边界，实行由国际和国内科学指导委员会指导下的试验总体组负责制，成立了 10 个技术组和 1 个数据管理委员会，制定了试验管理制度、数据共享政策和新闻与简报发布制度，顺利完成了各项试验任务，成功尝试了由科学家群体自发组织开展大型科学试验的新模式。这里附上相关制度条款，期望对今后类似试验的组织提供借鉴。

A2.1　试验管理制度

　　第一条　为了保证顺利、高效、完整、有序地完成"黑河生态水文遥感试验"的既定目标，规范试验的组织实施，特制定本制度。

　　第二条　参与"黑河生态水文遥感试验"的个人与单位，均应该遵守本制度。

　　第三条　试验在一定范围内征集联合试验，合作者（参与试验的小组或个人）围绕"黑河生态水文遥感试验"的总体设计，向试验总体组提出与已有试验互补的试验方案，包括拟解决的科学问题、研究方案、数据和观测需求并说明自己所能匹配的仪器、人员等，试验方案通过试验总体组评估后，进入参加试验的技术程序。技术程序如下：①签订联合试验协议；②在试验秘书组处登记领取试验手册和试验相关资料；③加入某一技术组开展试验；④离场时在试验秘书组处登记。

　　第四条 试验的重要决策由试验总体组会商决定。遇有重要的试验方案调整，由试验总指挥召集相关技术组长会商决定。

　　第五条 参与联合试验的各项目，应积极配合试验总体组的组织协调，主动贯彻试验总体组的各项决策。

　　第六条 联合试验参与者的观测内容须纳入到整个"黑河生态水文遥感试验"的观测计划中，由具体的技术组统一协调仪器的标定和仪器架设。

　　第七条 在观测试验期间，所有观测须按照试验的观测规范来实施，在试验技术组的指导下进行仪器的使用与维护。

　　第八条 联合试验参与者的野外观测设施的数据传输如采用无线输送方式，需要同时传送到试验的数据管理中心；如采用定期人工采集方式，需要及时向试验数据管理中心汇交。

　　第九条 试验数据在各参与项目之间共享，共享的范围由具体的协议规定。试验鼓励跨项目的合作研究，提倡以共同署名等方式实现成果共享。

　　第十条 数据的后期处理须采用相应技术组制定的数据处理规范进行，以保证数据的可比性和一致性。

　　第十一条 根据试验数据管理和发布的技术要求，实现数据的规范化处理和存储并撰写元数据。

A2.2 数据共享政策

　　第一条 为规范"黑河生态水文遥感试验"的数据共享，特制定本数据共享政策。

　　第二条 "黑河生态水文遥感试验"核心项目[包括重点基金项目群、中国科学院西部行动计划项目（KZCX2-XB3-15）和生态水文无线传感器网络组]之间的数据完全共享，数据服务即时响应。

　　第三条 对参加"黑河生态水文遥感试验"的非核心项目以及"黑河计划"项目的数据申请由"黑河计划"数据管理中心（westdc@lzb.ac.cn）受理，"黑河生态水文遥感试验"总体组负责审批，数据服务尽快响应。

　　第四条 数据用户对所得到的数据只享有有限的、不排他的使用权，不得将数据转让给第三方，不得将数据作为商业用途。

　　第五条 试验核心项目用户必须标注：国家自然科学基金委员会重大研究计划"黑河流域生态—水文过程集成研究"重点项目群"黑河流域生态—水文过程综合遥感观测试验"（编号：91125001、91125002、91125003、91125004）；中国科学院西部行动计划三期项目"黑河流域生态—水文遥感产品生产算法研究与应用试验"（编号：KZCX2-XB3-15）资助，标注顺序与相关技术组负责人商定。

　　第六条 试验核心项目以外的用户，在数据的使用中，在正文的适当位置及致谢（Acknowledgements）部分应当说明数据来源于"黑河流域生态—水文过程综合遥感观测联合试验"，英文 Heihe Watershed Allied Telemetry Experimental Research（HiWATER），应引用有关文献，并以共同作者或致谢的形式体现 HiWATER 有关观测人员的贡献。

　　第七条 所共享的数据如属于国家保密范围，数据用户有义务遵守国家有关法律法规，如出现损害国家安全的数据泄密事件，责任由涉事个人承担。涉密数据（如碳通量与浓度、高分辨率遥感影像、DEM 和高精度定位数据等）共享的同时需要签订数据保密协议。

第八条 数据用户在使用过程中对发现的数据质量问题，应反馈给数据生产者，以利于进一步提高数据质量。

第九条 数据用户有义务将使用数据的发表物反馈给试验秘书组，以利于统计数据使用情况。

本政策执行中的具体问题由试验总体组负责解释。

A2.3 新闻与简报发布制度

第一条 为了规范化"黑河生态水文遥感试验"的对外宣传和报道，避免可能造成的混乱，特制定本信息发布制度。

第二条 所有试验参加者在本项目、本单位或向新闻媒体发布与试验相关的报道时，必须通过试验总体组的审核。

第三条 对于针对整个试验的报道，如果有单位或者个人署名的，必须按照试验总体组给出的顺序。

第四条 实行试验简报制度。由试验秘书组定期编制试验简报，经过试验总体组审核后向试验参与者发布，并抄送试验科学指导委员会、试验主管部门和相关地方政府。

第五条 在加强试验期间，实行试验快报制度，试验快报根据情况每天或者每周发布，向各试验组及相关单位和个人通报最新的试验执行情况。

A2.4 野外工作安全提醒

1. 保险

建议所有参加试验的人员购买意外伤害保险。

2. 安全常识

（1）不要擅自进入军事禁区等未经允许的区域；

（2）不要随意拍摄未经允许的区域和设施；

（3）在观测的时候，如果农民正在地里工作，未经允许不要进入，或者向对方解释并经允许后方可进入；

（4）如果有问题，解释自己的身份并说明参加"黑河生态水文遥感试验"，或者与自己的试验组长联系；

（5）提醒司机注意交通安全，不超载超速行驶。

3. 个人防护注意事项

在开展野外试验时，会存在一些潜在的危险，要注意防护。

（1）在可能的情况下，最少两个人一组开展试验。

（2）随时要清楚自己所处的位置并做试验记录，并随身携带手机或者其他通信设备。

（3）不要随意接触或靠近没有确认的可能危险目标。

（4）穿合适的衣服开展野外观测，长裤、长袖、高靴鞋和帽子。另外，佩戴结实手套以保护双手。

（5）某些人接触玉米花粉可能会有皮肤过敏反应。

（6）使用防晒霜。

（7）保护您的眼睛不受玉米叶子的划伤。

（8）携带足够的饮用水。

（9）在林区禁止用明火。

（10）不得擅自进入废弃地下井——井壁坍塌时有发生。

（11）野外不要打闹戏耍，防止绊倒摔伤。

（12）在冰川上小心冰川裂隙。

（13）在山区小心山崩。

（14）每天试验完成后尽量回基地住宿，如果有野外露营需要，要注意天气，以晴天为佳，同时在选择营地时，要选择避风处。大雨来临时，注意把外帐架好，寝具等用雨布保护好。遇到大风时，各类易吹走的物品要用石头压好，将火熄灭，以免火星飞入森林，造成火灾。

（15）注意避雷常识，避免站在高树下，金属类东西最好离手。如果逃避不及，就地卧倒也可将危险降至最低。

（16）昆虫叮咬人时，会将病菌带到伤口上，可能造成病菌感染。预防的方法是穿长袖长裤，试验基地喷洒杀虫剂或者点燃蚊香，少在湿地等停留。

（17）在草地或灌木地带行走，应该以手杖或竹竿随时拨弄几下，以"打草惊蛇"，使她们能迅速规避，以免得双方狭路相逢，引起无谓的伤害。

（18）在正式出外观测时，提醒你的组员和组长以前碰到的问题。

A3　主要数据集

黑河生态水文遥感试验数据集经过质量控制标准进行了定标、校正、质量检查与修正、质量标识等处理，对元数据多轮评审和修订后在中国寒旱区科学数据中心（http://westdc.westgis.ac.cn）和黑河计划数据管理中心（http://www.heihedata.org）发布共享，已发布中文数据集349条，英文版数据集214条。2019年后转移到"国家青藏高原科学数据中心"（https://data.tpdc.ac.cn）继续提供数据服务，截至2020年年底，已经被关注浏览超过290万次（表A3-1），并被广泛下载使用，有力支持了相关研究。这些数据也陆续以论文的形式在 *Nature* 开源期刊 *Scientific Data* 和 *Earth System Science Data* 等数据期刊发表（Li et al., 2017; Che et al., 2019），逐步实现完全无审核下载。

表 A3-1　黑河生态水文遥感试验主要数据集及服务情况

序号	数据集类别	数据集数量	用户浏览量
1	航空遥感数据	32	289228
2	航空遥感产品	21	190092
3	流域水文气象观测网	145	1038933
4	通量观测矩阵	50	470257
5	定标与真实性检验	63	581720
6	生态水文无线传感器网络	12	116056
7	卫星遥感数据	10	102820
8	卫星遥感产品	16	121923

A4　使用黑河生态水文遥感试验数据的出版物

截至 2019 年年底，黑河生态水文遥感试验共支持各类学术论文约 600 篇，其中期刊论文约 500 篇，SCI 期刊论文约 400 篇，详细列表见数字黑河网站（http://heihe.tpdc.ac.cn/zh-hans/）。论文作者分布在不同的单位、国家和学科领域，充分体现了"黑河生态水文遥感试验"的多单位、国际性和多学科综合性。其中，蒸散发、遥感、不确定性、真实性检验都是高频关键词（图 A4-1）。这些论文中，包括组织的 3 个英文专刊（专栏），系统介绍了试验在尺度转换、真实性检验、绿洲-荒漠系统生态水文研究方面的进展。

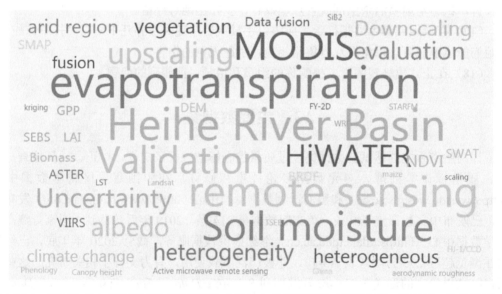

图 A4-1　黑河生态水文遥感试验支持发表的 SCI 论文关键词云图（根据出现 2 次及以上的关键词）

•*IEEE Geoscience and Remote Sensing Letters*：Understanding the Heterogeneity of Soil Moisture and Evapotranspiration，共出版论文 27 篇，报道了 HiWATER 试验在蒸散发、土

壤水分尺度问题方面的研究进展。

· *Remote Sensing*: The Development and Validation of Remote Sensing Products for Terrestrial, Hydrological, and Ecological Applications at the Regional Scale，共发表 38 篇论文，主题是区域/流域尺度遥感产品研发和真实性检验。

· *Agricultural and Forest Meteorology*：Energy balance and water cycle of the oasis-desert system，共出版 13 篇论文，介绍了试验在绿洲-荒漠相互作用、能量和水平衡方面的部分进展。

小结

本附录给出了黑河生态水文遥感试验参加人员的名单，列出了试验组织方面的相关制度条款，分析了试验数据集的发布与使用情况。作为黑河生态水文遥感试验的历史记录，同时期望为今后的类似试验提供参考。

附录 B　中英文缩略词表

（由首字母 A-Z 排列）

AATSR，advanced along-track scanning radiometer，先进沿轨扫描辐射计

ADCP，acoustic doppler current profiler，声学多普勒流速剖面仪

ADSL，asymmetric digital subscriber line，非对称数字用户线路

AMTIS，airborne multi-angle TIR/VNIR imaging system，机载多角度多光谱成像仪系统

APAR，absorbed photosynthetic active radiation，植被吸收光合有效辐射

ASTER，advanced spaceborne thermal emission and reflection radiometer，先进星载热辐射与反射辐射计

ATI，apparent thermal inertia，表观热惯量

AWS，automatic weather station，自动气象站

B/S，browser/server，浏览器/服务器（模式）

BATS，biosphere-atmosphere transfer scheme，生物圈-大气圈传输方案（模型）

BME，Bayesian maximum entropy，贝叶斯最大熵

BOREAS，boreal ecosystem-atmosphere study，北方生态系统-大气研究

BRDF，bi-directional reflection distribution function，二向性反射率分布函数

CASI，compact airborne spectrographic imager，轻便机载光谱成像仪

CCD，charge-coupled device，电荷耦合器件

CCRN，changing cold regions network，变化中的寒区观测网络（加拿大）

CLM，community land model，公共陆面模式

CLPX，cold land processes field experiment，寒区陆面过程试验

CMA，China meteorological administration，中国气象局

CoLM，common land model，通用陆面过程模型

CoReH2O, cold regions hydrology high-resolution observatory，寒区水文高分辨率观测 卫星

COSMOS，cosmic-ray soil moisture observing system，宇宙射线土壤水分观测系统

CRA，coupled regional approach，积雪面积比例制图集成算法

CZO，critical zone observatory，关键带观测平台

DEM，digital elevation model，数字高程模型

DESDynI, deformation, ecosystem structure, and dynamics of ice，地表变形、生态系统结构和冰动力学卫星计划

DHSVM, distributed hydrology soil vegetation model，分布式水文-土壤-植被模型

DOM，digital orthophoto map，数字正射影像图

DSAL，double-deck surface air layer，水表面双层空气模型

DSM，digital surface model，数字表面模型

DTD，dual temperature difference，双温差（模型）

EC，eddy-covariance system，涡动相关仪

EF，evapotranspiration fraction，蒸散比

ET，evapotranspiration，蒸散发

EWDP，ecological water diversion project，黑河流域生态分水方案

FIFE，the first ISLSCP (international satellite land surface climatology project) field experiment，第一次国际卫星陆面过程气候计划野外试验

FOV，field of view，视场角

FPAR，fraction of absorbed photosynthetically active radiation，植被光合有效辐射吸收比例

FVC，fractional vegetation cover，植被覆盖度

FY，Fengyun，风云系列气象卫星

GAME，GEWEX (global energy and water cycle experiment) Asian monsoon experiment，亚洲季风试验

GBEHM，geomorphology-based ecohydrological model，基于地形的生态水文模型

GCM，general circulation model，全球大气环流模式

GEP，gross ecosystem productivity，生态系统总初级生产力

GEWEX，global energy and water cycle experiment，全球能量与水循环试验

GMON，Gamma monitor，伽马射线雪水当量仪

GNSS，global navigation satellite system，全球导航卫星系统

GOCE，gravity field and steady-state ocean circulation explorer，重力场和稳态海洋环流探测卫星

GPM，global precipitation measurement，全球降水测量（计划）

GPP，gross primary productivity，总初级生产力

GPRS，general packet radio service，通用分组无线服务

GPS，global positioning system，全球定位系统

GRACE，gravity recovery and climate experiment，重力量测及气候监控卫星

HAPEX，hydrologic atmospheric pilot experiment，水文-大气先行性试验

HAPEX Sahel，the hydrologic atmospheric pilot experiment in the Sahel，撒哈拉沙漠南缘地区萨赫勒水文大气引导试验

HEIFE，atmosphere-land surface processes experiment at the Heihe River Basin，黑河地区地气相互作用野外观测实验研究

HEIFLOW，hydrological-ecological integrated watershed-scale FLOW model，流域尺度生态水文集成模型

HiWATER，Heihe Water shed allied telemetry experimental research，黑河流域生态-水文过程综合遥感观测联合试验

HYSPIRI，hyperspectral and infrared imager，高光谱红外成像仪

IGBP，international geosphere-biosphere programme，国际地圈-生物圈计划

ISLSCP，international satellite land surface climatology project，国际卫星-陆面-气候研究计划

LAI，leaf area index，叶面积指数

LAS，large aperture scintillometer，大孔径闪烁仪

LBA，large-scale biosphere-atmosphere experiment in Amazonia，亚马孙流域大尺度生物圈—大气圈试验

LiDAR，light detection and ranging，机载激光雷达

LUE，light use efficiency，光能利用率

MAE，mean absolute error，平均绝对误差

MERIS，medium resolution imaging spectrometer，中分辨率成像光谱仪

MODFLOW，modular three-dimensional finite-difference ground-water flow model，模块化三维有限差分地下水流模型

MODIS，moderate resolution imaging spectroradiometer，中分辨率成像光谱仪

MOGA，multi-objective genetic algorithms，多目标遗传算法

MSN，mean of surface with non-homogeneity model，非均质表面均值估计模型

NASA，National Aeronautics and Space Administration，美国国家航空航天局

NDVI，normalized difference vegetation index，归一化植被指数

NEE，net ecosystem exchange，净生态系统碳交换量

NEON，national ecological observatory network，美国国家生态观测站网络

NEP，net ecosystem productivity，净生态系统生产力

NIP，normal incidence pyrheliometer，直接辐射表

NPP，net primary productivity，净初级生产力

OMIS，operational modular imaging spectrometer，实用型模块化成像光谱仪

PAR，photosynthetically active radiation，光合有效辐射

PLF，piecewise linear fitting，分段线性拟合（法）

PLMR，polarimetric L-band multibeam radiometer，双极化 L 波段微波辐射计

POS，position and orientation system，定位定向系统

PSR，polarimetric scanning radiometer，极化扫描辐射计

Re，ecosystem respiration，生态系统呼吸

RMSE，root mean square error，均方根误差

RVI，ratio vegetation index，比值植被指数

SAR，synthetic aperture radar，合成孔径雷达

SBS，stimulated Brillouin scattering，受激布里渊散射

SCLP，snow and cold land processes，积雪和寒区陆面过程观测计划

SEBS，surface energy balance system，表面能量平衡系统

SiB，simple biosphere model，简单生物圈模型

SiB2，simple biosphere mode version 2，第二代简单生物圈模型

SIPI，structure insensitive pigment index，结构不敏感色素指数

SM，soil moisture，土壤水分

SMAP，soil moisture active passive，土壤水分主被动探测计划

SMOS, soil moisture and ocean salinity，土壤水分与海洋盐度卫星

SPA，snow pack analyzer，积雪属性分析仪

SPAD，soil plant analysis development，土壤-植物分析仪器开发

SQL，structured query language，结构化查询语言

StrBK，stratified block kriging，分层块克里金模型

SVM，support vector machine，支持向量机

SWAT，soil and water assessment tool，分布式水土评价模型

SWOT，surface water and ocean topography，地表水与海洋地形卫星

TASI，thermal airborne hyperspectral imager，机载高光谱热成像仪

TCP/IP，transmission control protocol/internet protocol，传输控制协议/网际协议

TDP，thermal dissipation probe，蒸渗仪/植物液流仪

TDR，time domain reflectometer，时域反射仪

TERENO，terrestrial environmental observatories，陆地环境观测平台

TES，temperature emissivity separation algorithm，温度与发射率分离算法

TM, thematic mapper，专题制图仪

TMMR，truck-mounted multi-frequency microwave radiometer，车载多频率微波辐射计

TRMM，tropical rainfall measuring mission，热带降雨测量任务

TVDI，temperature vegetation dryness index，温度植被干旱指数

UTM，universal transverse mercato，通用横轴墨卡托投影

WATER，watershed allied telemetry experimental research，黑河综合遥感联合试验

WCRP，world climate research programme，世界气候研究计划

WDRVI，wide dynamic range vegetation index，宽范围动态植被指数

WiDAS，wide-angle infrared dual-mode line/area array scanner，机载红外广角双模式成像仪

WOFOST，world food studies，世界粮食作物研究模型

WRF，weather research and forecasting model，天气研究与预测模型

WSN，wireless sensor network，无线传感器网络

SBM, simple biosphere model, version 2.　简化生物圈模式第 2 版

SIP, structure interactive pigment index.　结构交互色素指数

SM, soil moisture.　土壤水分

SMAP, Soil moisture active/passive.　土壤水分主/被动卫星

SMOS, soil moisture and ocean salinity.　土壤湿度和海洋盐度卫星

SPA, Sensor web enabler.　传感器网络使能技术

SPAD, soil plant analysis development.　土壤-植物分析仪

SQL, structured query language.　结构化查询语言

SRTM, shuttle radar topography.　航天飞机雷达地形测绘使命

SVM, support vector machine.　支持向量机

SWSI, surface water supply index.　地表水供应指数

SWE, surface water equivalent.　地表积雪当量

LAI, leaf-area index in hyperspectral images.　叶面积指数

PCA, principal component analysis.　主成分分析

SPP, spectral photosynthetic potential.　光谱光合势

TDR, time domain reflectometer.　时域反射仪

TAREMO, terrestrial ecosystem monitoring.　陆地生态系统监测

TVS, temperature vegetation soil moisture index.　温度植被土壤湿度指数

TIR, thermal infrared.　热红外

TAMR, track mounted multi-frequency microwave radiometer.　轨道式多频微波辐射计

TRMM, tropical rainfall measuring mission.　热带降雨测量使命

TVDI, temperature vegetation dryness index.　温度植被干旱指数

UVs, ultraviolet transform sensor.　紫外变换传感器

WALDIR, watershed allied laboratory experimental research.　流域实验研究

WCRP, world climate research programme.　世界气候研究计划

WDRVI, wide dynamic range vegetation index.　宽动态植被指数

WIDAS, wide-angle infrared dual-mode line/area array scanner.　宽角红外双模线阵/面阵扫描仪

WMODS, world food radiation.　全球食物辐射

WRF, weather research and forecasting model.　天气研究和预报模式

WSN, wireless sensor networks.　无线传感器网络